高等学校生物技术专业教材

中国轻工业“十三五”规划教材

工业微生物分子生物学实验原理与技术

张成林　主编

中国轻工业出版社

图书在版编目（CIP）数据

工业微生物分子生物学实验原理与技术 / 张成林主编. — 北京：中国轻工业出版社，2022.7

ISBN 978-7-5184-3864-8

Ⅰ. ①工… Ⅱ. ①张… Ⅲ. ①工业微生物学—分子生物学—实验 Ⅳ. ①Q939.97-33

中国版本图书馆 CIP 数据核字（2022）第 012121 号

责任编辑：王　韧　　责任终审：李建华　　整体设计：锋尚设计
策划编辑：江　娟　　责任校对：吴大朋　　责任监印：张　可

出版发行：中国轻工业出版社（北京东长安街 6 号，邮编：100740）
印　　刷：河北鑫兆源印刷有限公司
经　　销：各地新华书店
版　　次：2022 年 7 月第 1 版第 1 次印刷
开　　本：787×1092　1/16　印张：19.75
字　　数：443 千字
书　　号：ISBN 978-7-5184-3864-8　定价：48.00 元
邮购电话：010－65241695
发行电话：010－85119835　传真：85113293
网　　址：http://www.chlip.com.cn
Email：club@chlip.com.cn
如发现图书残缺请与我社邮购联系调换
210571J1X101ZBW

本书编委会

主　　编　张成林（天津科技大学）

编写人员　曹　威（天津科技大学）

陈叶福（天津科技大学）

高伟霞（天津科技大学）

黄　金（浙江工业大学）

李燕军（天津科技大学）

林良才（天津科技大学）

马立娟（天津科技大学）

马　倩（天津科技大学）

于爱群（天津科技大学）

前　言

作为国家战略性新兴产业，“生物产业”在国民经济中具有举足轻重的作用，其中发酵工业是“生物产业”的重要支柱产业。我国发酵工业在世界上具有举足轻重的地位。工业微生物菌株是生物产业的灵魂。自20世纪50年代DNA双螺旋结构被发现以来，分子生物学技术实现了突飞猛进的发展。大肠杆菌、谷氨酸棒状杆菌、枯草杆菌、酿酒酵母等多种工业微生物基因组被注释和分析。工业微生物菌株的合成生物学、系统生物学、代谢工程、发酵工程、生物化学、生理学等领域日新月异。与野生型菌株不同，工业微生物菌株往往来源于多次诱变或基因工程选育，其生理特性、营养需求等表现性状较出发野生型菌株发生了显著改变，从而增加了其分子生物学操作的难度。

针对上述问题，本教材在着重描述原理的同时，结合具体实验案例、实验结果和数据总结了实验过程中的经验、常见问题及分析和解决方案，是本教材的特色之处，可作为高等学校生物技术专业学生的教材，也可供从事工业微生物分子生物学的研究人员作为参考书。本教材包括基础篇和工业微生物篇，共十二章。基础篇主要包括基因克隆、表达、核酸及蛋白质的分析和检测等基础原理和技术。工业微生物篇包括大肠杆菌、谷氨酸棒状杆菌、枯草芽孢杆菌、酿酒酵母、丝状真菌等常见工业微生物的基因操作原理、技术和方法，以及常用的组学分析技术。

本书编写人员分工如下：天津科技大学张成林编写第一章、第二章第一节至第六节、第三章第一节至第三节、第四章、第五章、第六章、第八章第一节；天津科技大学林良才编写第二章第七节，第十一章第二、三节；天津科技大学高伟霞编写第三章第四节至第五节、第八章第二节；天津科技大学李燕军编写第七章；浙江工业大学黄金编写第九章；天津科技大学陈叶福、于爱群、马立娟分别编写第十章第一、二、三节；天津科技大学曹威编写第十一章第一节；天津科技大学马倩编写第十二章；附录由天津科技大学张成林编写。

芦楠、魏敏华、李宇虹、张稳杰、张宇、韩世宝参与了本教材的校对工作，在此一并感谢。

本教材均由一线青年科技工作者撰写，虽然几易其稿，但由于分子生物学技术发展迅速，再加上编者水平有限，不妥与遗漏之处在所难免，期盼读者与专家们不吝指正，使其日臻完善，我们不胜感谢。

主编

2022年于天津

目　录

第一篇　基础篇

第二篇　工业微生物篇

第一篇
基础篇

第一章　微生物菌株培养和保藏

菌株是分子生物学实验和发酵工业的核心，因此菌株的培养、纯化和保藏至关重要。大肠杆菌是分子生物学实验最常使用的宿主，常用于克隆载体和表达载体（包括大肠杆菌的载体和其他宿主细胞的穿梭载体）的保存和扩增、重组蛋白的表达、代谢工程育种等。本章以大肠杆菌为例，介绍其培养、分离纯化及常用保藏方法。

第一节　培养基制备

一、基本原理

（一）培养基

培养基泛指供给微生物、植物或动物（或组织）生长繁殖的营养基质。LB（Luria-Bertani）培养基是分子生物学中培养大肠杆菌的最常用培养基。该培养基中含有胰化蛋白胨、酵母提取物和 NaCl，能够提供大肠杆菌生长繁殖所需要的基本营养成分（碳源、有机氮源、氨基酸、维生素、碱基等生长因子和无机盐）。胰化蛋白胨是牛肉等经过胰酶处理后浓缩干燥而成，含有丰富的氨基酸、维生素等。酵母提取物含有丰富的氨基酸、生长因子、磷酸盐等。LB 培养基配方如表 1-1 所示。

表 1-1　LB 培养基配方

成分	用量	备注
胰化蛋白胨/(g/L)	10	用 1mol/L NaOH 溶液调节 pH 至 7.2，但自然 pH 也可以使用 121℃高压蒸汽灭菌 20min
酵母提取物/(g/L)	5	
NaCl/(g/L)	10	
蒸馏水/去离子水/双蒸水/L	1	
琼脂粉（配制固体培养基用）/(g/L)	12～15	
琼脂粉（配制半固体培养基用）/(g/L)	3.5～4	

根据不同需要，可将 LB 培养基配制成液体培养基、固体培养基和半固体培养基。LB 液体培养基主要用于摇管或摇瓶活化、培养、蛋白表达等。LB 固体培养基是在液体培养基的基础上加入 12～15g/L 凝固剂琼脂粉。琼脂粉来源于鹿角菜等红藻，主要成分为多糖，其水悬浊液在 96℃时熔化至透明，约 40℃时凝固，通常不被微生物分解利用。LB 固体培养基根据用途不同又可制备为固体培养基平板和斜面。前者可用于微生物纯化、筛选等，后者可用于微生物活化、短期保存等。

（二）棉塞的作用和制备

在对微生物进行摇管、摇瓶、斜面等培养时，需要在瓶（管）口塞上棉塞。棉塞的作用包括：①隔绝外界微生物，防止摇管或摇瓶内培养基受到污染；②保持良好通气。棉塞的制备方法如图 1-1 所示，棉塞应该大小合适，过松则达不到过滤空气的目的，过紧则不利于空气流通，也不利于操作（拔塞和盖塞）。另外，棉塞伸入管口或瓶口的部分不宜过长，约 1/3 保留在管口或瓶口外部。有时为了方便重复利用，可在棉塞外面包一至两层纱布。

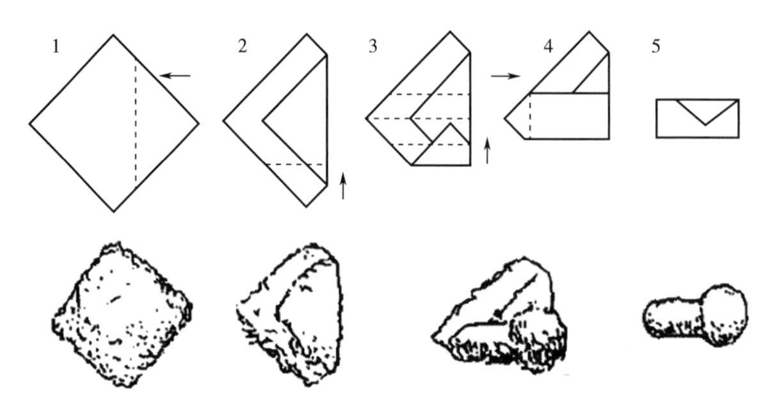

图 1-1　棉塞制作示意图

（资料来源：沈萍，陈向东．微生物学实验（第四版）[M]．北京：高等教育出版社，2007.）

除棉塞外，也可用纱布做成通气塞。通常将纱布折叠 3 次（共 8 层），塞到摇瓶瓶口，外面包扎牛皮纸高压蒸汽灭菌。接种后，将纱布塞拉平，用棉绳扎牢固，这样有利于空气的流通（图 1-2）。

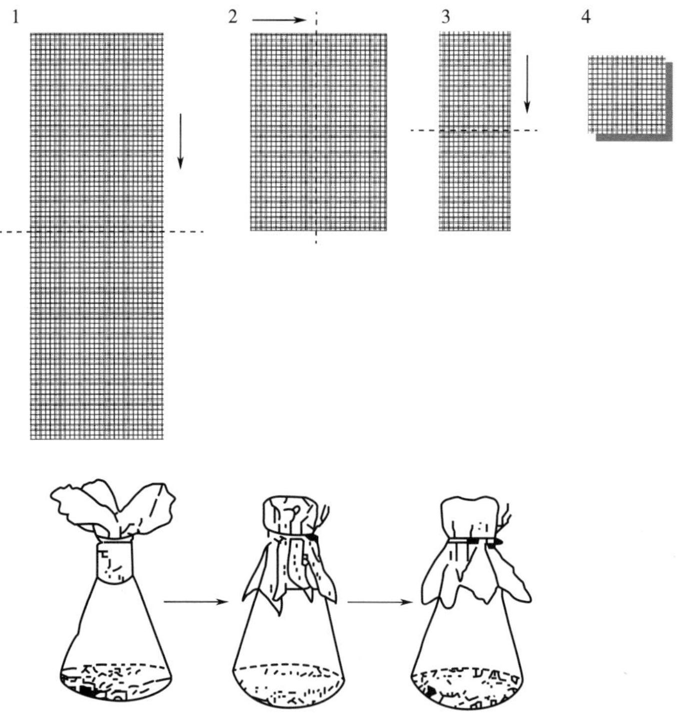

图 1-2　纱布塞制作过程和使用方法

（资料来源：沈萍，陈向东．微生物学实验 [M]．北京：高等教育出版社，2007.）

二、重点和难点

（1）培养基的配制原理。

（2）液体培养基、固体培养基平板和斜面培养基的配制方法。

三、实　　验

实验一　LB液体培养基的配制

1. 实验材料和用具

（1）仪器和耗材　天平、高压蒸汽灭菌锅、试管、摇瓶、烧杯、量筒、移液器、玻璃棒、药匙、pH试纸（或pH计）、棉花、纱布、牛皮纸、胶塞、蒸馏水（或去离子水、双蒸水）等。

（2）试剂和溶液　胰化蛋白胨、酵母提取物、NaCl、1mol/L NaOH、1mol/L HCl等。

2. 操作步骤及注意事项

（1）以配制1 L LB培养基为例　在称量纸上按培养基配方分别称取胰化蛋白胨、酵母提取物和NaCl并转移至烧杯中。

为防止试剂间交叉污染，称取完每一种试剂后换一支新的药匙，或洗净后用洁净纸巾擦干再用。

胰化蛋白胨和酵母提取物很容易吸潮，因此称取时动作要迅速。

（2）向烧杯中加入800～900mL水，用玻璃棒或磁力搅拌器搅拌至所有试剂完全溶解。

如不易溶解，可用温水浴或沸水浴，切忌使用明火加热，以免引起火灾。

（3）先用pH试纸测量培养基pH，根据实际pH用1mol/L NaOH或1mol/L HCl调节pH约至7.2。

注意调节pH时，边调节边搅拌，多次测定。避免调节过头后再回调，这样会引入过多离子，影响微生物细胞生长。

若所培养的微生物对pH要求不严格，可以不调节pH。

（4）补充水至1L。

（5）将配制好的LB液体培养基用量筒或移液器（管）分装至摇瓶或试管。

装液量为摇瓶的1/3～1/2；约为摇管的1/4。切忌把培养基沾到瓶口或管口，以免污染瓶（管）塞引起培养基污染。

（6）用棉塞（或纱布塞，试管也可用硅胶塞）塞上摇瓶或摇管。

（7）包扎　对于摇瓶，在棉塞或纱布塞外包一层牛皮纸；对于摇管，将其用棉绳捆好后，再在顶部包一层牛皮纸（可用铝箔纸代替牛皮纸），用棉绳扎好。其目的是防止冷凝水打湿棉塞。

（8）灭菌　将配制好的培养基放入高压蒸汽灭菌锅121℃高压蒸汽灭菌20min。对于摇管，最好放于搪瓷缸或铁丝框中，防止其倾倒，致使培养基流出。

（9）无菌检验　将灭菌后的培养基置于37℃培养箱放置24～48h，以检测是否彻底灭菌。若出现浑浊，表明有微生物生长，灭菌不彻底。应认真分析原因，重新配制培养基并灭菌。

（10）无菌检验合格后，置于室温保存。

3. 实验结果

培养基经无菌检验后，清澈透明，表明灭菌彻底，可以用于后续培养实验。

实验二　LB固体培养基平板的制备

1. 实验材料和用具

（1）仪器和耗材　培养皿，其余同本章实验一。

（2）试剂和溶液　琼脂粉（或琼纸条），其余同本章实验一。

2. 操作步骤及注意事项

（1）前期准备

①将培养皿用旧报纸包好后，121℃高压蒸汽灭菌20min。

②于65℃烘箱烘干后置于室温备用。

③倾倒培养基实验前40min，将上述灭菌后的培养皿置于超净工作台，打开紫外灯照射30min。

（2）以配制200mL LB固体培养基为例　在称量纸上按培养基配方分别称取胰化蛋白胨、酵母提取物及NaCl并转移至烧杯中。

注意问题同本章实验一。

（3）向烧杯中加入150mL水，用玻璃棒或磁力搅拌器搅拌至所有试剂完全溶解。

（4）先用pH试纸测量培养基pH，根据实际pH用1mol/L NaOH或1mol/L HCl调节pH至约7.2。

（5）加入琼脂粉，用玻璃棒搅拌均匀。

（6）置于加热套或加热板，加热至琼脂完全熔化。

在加热过程中，边加热边缓缓搅拌，防止因局部过热使琼脂粉烧焦。

（7）将熔化的培养基转移至摇瓶中，体积最好不要超过摇瓶容积的1/3。

（8）塞好棉塞，用牛皮纸包裹瓶口后用棉绳扎紧。

（9）121℃高压蒸汽灭菌20min。

（10）待高压蒸汽灭菌锅压强降低至0MPa或温度降低至100℃以下时，小心取出摇瓶，静置到约60℃（手背接触无烫感）。

也可置于60℃水浴锅中。

若灭菌后不立即使用，可置于室温冷却至凝固。使用前用加热板或沸水浴加热至熔化，进行后续实验。

（11）将上述装有固体培养基的摇瓶用75%乙醇擦拭后，转移至超净工作台。

（12）开启超净工作台通风系统，点燃酒精灯。

（13）打开包扎的棉绳和牛皮纸，右手托盛有培养基的摇瓶底部移至酒精灯火焰上方。

（14）用左手小指和无名指，或小指和手掌边缘夹住棉塞，并轻轻拔出，用火焰灼烧瓶口。

（15）若培养基中需加入抗生素，此时加入相应体积的抗生素，塞上棉塞轻轻摇动摇瓶以混合均匀抗生素。

若培养基可一次用完，就没必要夹住棉塞，直接将其置于超净工作台台面适合部位即可。

（16）左手拿起培养皿，移至火焰附近，中指和无名指托住培养皿底、拇指和食指捏住培养皿盖，对着火焰方向轻轻打开一个缝隙，迅速将培养基倒入培养皿（90mm直径的培养皿倒20～25mL，见图1-3），合上盖子后轻轻摇动手腕，使培养基均匀地铺在培养皿底部，然后置于台面。

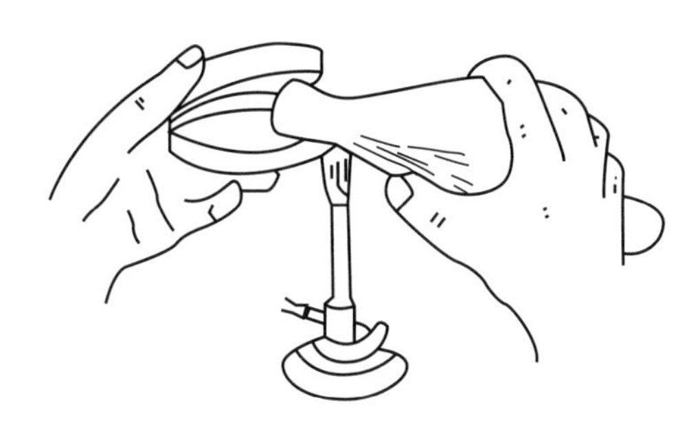

图1-3 倾倒培养皿示意图

（资料来源：杜连祥等．微生物学实验技术［M］．北京：中国轻工业出版社，2006.）

（17）待培养基完全凝固后（约20min），收起培养皿。

（18）无菌检验 将上述培养皿倒置于37℃恒温培养箱放置24～48h，以检测是否彻底灭菌。若有菌落或菌苔长出，表明灭菌不彻底。应认真分析原因，重新配制培养基并灭菌。

此步骤的目的除了无菌检验外，还可使培养基的少量水分蒸发，待后续涂布时有利于菌液的快速吸收。

（19）无菌检验合格后，用塑料袋包裹，置于4℃冰箱保存。

配制好的固体培养基应尽快使用，尤其是添加了氨苄青霉素的培养基，因为氨苄青霉素容易失活。

3. 实验结果

培养基经无菌检验后，无菌落长出，表明灭菌彻底，可以用于后续培养实验。

实验三 LB斜面培养基的制备

1. 实验材料和用具

（1）仪器和耗材 同本章实验一。

（2）试剂和溶液 同本章实验二。

2. 操作步骤及注意事项

（1）以配制100mL LB固体培养基为例。操作步骤同本章实验二中“2. 操作步骤”中（1）～（6）。

（2）待培养基加热至完全熔化后，用移液管或漏斗分装至摇管（不要超过摇管体积的1/4）。

(3) 塞好棉塞，顶部包一层牛皮纸，用棉绳扎好，置于搪瓷缸或铁丝框中。

(4) 121℃高压蒸汽灭菌 20min。

(5) 待培养基冷却至约 60℃时，将试管管口端置于玻璃棒或相当高度的器具上，斜面长度最大不宜超过试管总长度的 2/3，如图 1-4 所示。

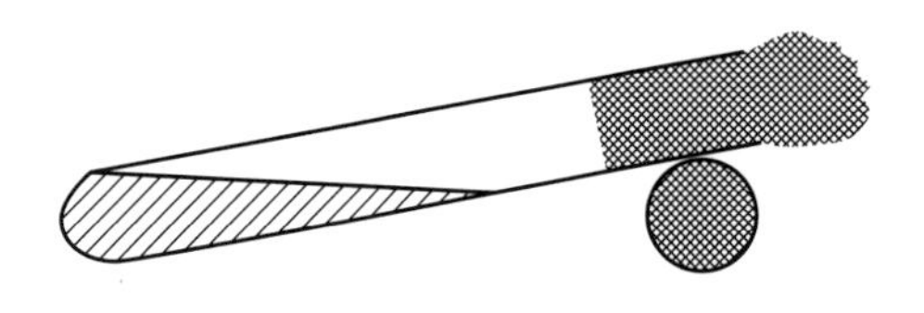

图 1-4　斜面摆放示意图

(6) 待培养基完全凝固后（约 20min），收起。

(7) 若配制含有抗生素的斜面培养基，事先准备无菌摇管（盖好棉塞或胶塞）。然后将固体培养基置于摇瓶中，高压蒸汽灭菌后，待培养基冷却至 60℃时，于超净工作台无菌条件下加入抗生素，盖塞摇匀后，用移液管或移液器吸取适量培养基至上述摇管，按“步骤（5）”摆放斜面。

(8) 无菌检验　将上述摇管置于（斜面朝下）37℃恒温培养箱放置 24～48h，以检测是否彻底灭菌。若有菌落或菌苔长出，表明灭菌不彻底。应认真分析原因，重新配制培养基并灭菌。

此步骤的目的除了无菌检验外，还可使培养基的少量水分蒸发，待后续接种时有利于菌液的快速吸收。

(9) 无菌检验合格后，置于室温保存。

3. 实验结果

培养基经无菌检验后，无菌落或菌苔长出，表明灭菌彻底，可以用于后续培养实验。

实验四　LB 穿刺培养基（半固体培养基）的制备

1. 实验材料和用具

(1) 仪器和耗材　同本章实验一。

(2) 试剂和溶液　同本章实验二。

2. 操作步骤

(1) 以配制 100mL LB 培养基为例。如表 1-1 所示配制 LB 半固体培养基。其余操作步骤同本章实验三操作步骤中的（1）～（4）。

(2) 高压蒸汽灭菌结束后，取出摇管，直立放置。

(3) 待培养基完全凝固后，收起摇管。

(4) 无菌检验　将上述摇管置于 37℃培养箱放置 24～48h，以检测是否彻底灭菌。若有菌落或菌苔长出，表明灭菌不彻底。应认真分析原因，重新配制培养基并灭菌。

(5) 无菌检验合格后，置于室温保存。

3. 实验结果

培养基经无菌检验后，无菌落或菌苔长出，表明灭菌彻底，可以用于后续培养实验。

四、常见问题及分析

1. 灭菌结束后，瓶口有培养基流出

试管或摇瓶装液量过大，致使高压蒸汽灭菌时因培养基剧烈沸腾而冲出。因此高压蒸汽灭菌时装液量最多为摇瓶的 1/2 或摇管的 1/4。

2. 灭菌结束后，发现棉塞脱离

棉塞或棉绳包扎过松，高压蒸汽灭菌时，棉塞被瓶内或管内气体冲击脱离。

3. 无菌检验时，培养基染菌

（1）高压蒸汽灭菌时，空气未排净（通常手动或半自动高压蒸汽灭菌锅容易出现）。尽管压力达到 0.1MPa，但由于空气的存在，温度并未达到 121℃（详见本章第二节）。

（2）配制培养基或移动摇瓶（或摇管）时，瓶口（或管口）黏有培养基。灭菌后，空气中的微生物在残留的培养基中繁殖，污染了摇瓶（或摇管）中的培养基。尤其是用于倾倒培养皿的固体培养基，在倾倒时将这些瓶口的微生物携带至培养皿。

（3）倾倒培养皿时，没有严格无菌操作。

五、思　考　题

（1）为什么培养基配制完后应立即进行高压蒸汽灭菌？

（2）无菌检验的目的是什么？能否省略此步骤？

（3）如果液体培养基经无菌检验发现被污染，能否高压蒸汽灭菌后继续使用，为什么？

（4）如何配制用于穿刺培养的培养基？

第二节　灭菌与消毒

一、基 本 原 理

（一）灭菌与消毒的概念与区别

灭菌是指采用物理或化学手段杀灭所有微生物，包括营养体、孢子、芽孢和病毒。消毒是指杀灭微生物（病原菌和有害微生物）的营养体。在分子生物学实验和工业生产中需要进行纯培养，不允许杂菌污染，需要对所有培养器材、培养基和操作场所进行严格消毒和灭菌。主要包括加热法、过滤除菌法、辐射法、化学法等方法，其中加热法又包括干热法和湿热法。本节介绍分子生物学实验常用的灭菌（或除菌）方法。

（二）火焰灼烧法

火焰灼烧法属于干热灭菌法，适用于接种环、接种针、涂布器、镊子等需要在实验过程中反复使用的金属或玻璃器具。无菌操作时，试管口和摇瓶口也需要在火焰上短暂灼烧达到灭菌的目的。火焰灼烧法可杀灭所有微生物。

（三）高压蒸汽灭菌法

高压蒸汽灭菌法属于湿热灭菌法，该方法将待灭菌的器具、培养基等置于高压蒸汽灭菌锅中，0.1MPa 持续 15～30min 灭菌。高压蒸汽灭菌锅的工作压强（或温度）和时间可根据待灭菌物质的种类、成分和数量等特性有所调整。高压蒸汽灭菌法可杀灭所有微生物。玻璃和金属器皿、培养基、橡胶物品、工作服等可采用该方法灭菌。

高压蒸汽灭菌锅在加热过程中，空气受热膨胀被逐渐从排气阀排出，水沸腾后产生的水蒸气将空气驱出。待空气完全排净后关闭排气阀。继续加热，随着水蒸气增多，高压蒸汽灭菌锅中压力增大，从而使得水（蒸汽）的温度持续升高（100℃以上）。在高压条件下，水蒸气穿透待灭菌物品的包裹物（如纱布或牛皮纸），导致微生物蛋白质变性从而达到灭菌的目的。已知芽孢的温度耐受性最强，但121℃条件下20min可杀灭（此时高压蒸汽灭菌锅内压强为0.1MPa）。因此，高压蒸汽灭菌的常用条件为121℃（0.1MPa）20min。

在相同温度下，高压蒸汽灭菌法的灭菌效力比干热法大，主要原因为：①高压蒸汽灭菌法中微生物菌体细胞吸收水分后，蛋白质更容易凝固变性，蛋白质含水量越高，其凝固变性温度越低。②在压力作用下，水蒸气的穿透力比空气更大。③水蒸气接触到物品表面由气态转变为液态，放出热量（潜热），从而提高其温度。

但使用高压蒸汽灭菌锅应注意排净锅内空气，因为在同一压力下，含空气水蒸气的温度低于饱和水蒸气温度。高压蒸汽灭菌锅内残留空气含量与温度的关系如表1-2所示。

表1-2　高压蒸汽灭菌锅内残留空气含量与温度的关系

压力/MPa	空气所占总体积不同比例时的温度/℃				
	无空气	2/3排出	1/2排出	1/3排出	完全不排出
0.03	108.8	100	94	90	71
0.07	115.6	109	105	100	90
0.10	121.3	115	112	109	100
0.14	126.2	121	118	115	109
0.17	130.0	126	124	121	115
0.21	134.6	130	128	126	121

值得注意的是，有些试剂对高温的耐受性差，可采用降低灭菌温度或（和）缩短灭菌时间达到灭菌又不使其失活的效果。如含葡萄糖培养基受热温度过高、时间过长时，培养基会形成焦糖，培养基由无色或本身颜色转变为红色或褐色，焦糖对微生物的生长具有抑制作用。因此，含葡萄糖培养基可于110℃至115℃灭菌15min；也可将葡萄糖单独配成糖溶液于110℃至115℃灭菌15min，其他成分121℃灭菌20min，使用前再混合。

有些加热后容易沉淀的培养基，如含有镁盐、钙盐、磷酸盐、铁（或亚铁）盐等，需将这些易沉淀成分单独灭菌，使用前再混合。如M9培养基中含 $MgSO_4$ 和 Na_2HPO_4 及 KH_2PO_4，需将 $MgSO_4$ 与后两者分开灭菌。此外，对于体积较大的物品需适当延长灭菌时间。如发酵罐、500mL以上的大摇瓶可将灭菌时间延长至30min或更长。

对于待灭菌的液体物质，其装液量不能超过容器的1/2，否则在灭菌过程中会由于过度沸腾而喷出。

（四）紫外线灭菌法

紫外线灭菌法属于辐射灭菌法，利用紫外灯发出的紫外线进行灭菌。严格来说，此方法属于消毒的范畴，因为只能杀灭营养体而不能杀灭孢子和芽孢。波长为200～300nm的紫外线均具有杀菌能力，其中260nm的紫外线最强。在一定条件下，杀菌效率与紫外光的光照强度和光照时间成正比例关系。紫外线的杀菌机理为：①紫外线可诱导微生物产生嘧啶二聚体，从而抑制DNA复制。②紫外线可使微生物细胞表面蛋白质变性。③紫外线将空气中的氧气氧化为臭氧，也可使空气中的水氧化为过氧化氢，二者均具有氧化作用，起到杀菌的作用。需要注意的是，紫外线的穿透力差且有效距离短（约 1m），因此具有一定的局限性，常用于超净工作台、无菌室、物品表面等的灭菌。有时为了增强紫外线的灭菌效果，可在启动紫外灯前喷洒 3%～5%的苯酚溶液或 2%～5%的来苏尔。

（五）过滤除菌

有些试剂或材料对温度敏感，如抗生素、血清、蛋白质溶液等受热被破坏，常采用过滤除菌的方法，其原理是，根据微生物细胞（真菌和细菌，但不包括病毒、支原体等）不能通过 0.22μm 孔径的特性，待除菌气体或液体通过无菌滤膜时，这些微生物菌体被截留，同时又能保证待灭菌物的活性，达到除菌的效果。若需要除去病毒，需使用孔径更小的微孔滤膜。

（六）化学法灭菌（或消毒）

该类方法通过化学试剂抑制或杀死微生物。常用的试剂包括 75%乙醇、5%苯酚、2%～5%来苏尔、0.1%～3%高锰酸钾、新洁尔灭、福尔马林等。

二、重点和难点

（1）灭菌和消毒的概念与区别。

（2）高压蒸汽灭菌、紫外线杀菌、过滤除菌的原理与方法。

三、实　　验

实验五　高压蒸汽灭菌

1. 实验材料和用具

（1）仪器和耗材　高压蒸汽灭菌锅、烧杯（或金属饭盒）、吸头盒（装满吸头）、移液管等。

（2）试剂和溶液　LB 液体培养基等。

2. 操作步骤及注意事项

（1）前期准备

①配制好培养基，分装至摇瓶并扎口。

②金属、玻璃等小型器具需用牛皮纸包扎，或放于金属饭盒中。

③取适量棉花，搓成移液管孔径大小的棉条，长度为 1～2cm，塞入移液管吸气孔，不宜过松或过紧，见图 1-5，包扎移液管。

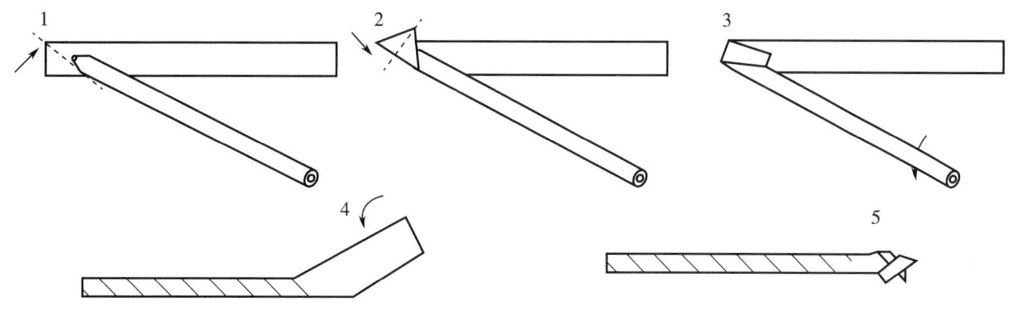

图 1-5　移液管包扎示意图

④EP管等塑料物品可置于烧杯中，杯口包扎8层纱布和牛皮纸，也可置于金属饭盒中。

⑤吸头盒等用牛皮纸或旧报纸包扎。

(2) 将高压蒸汽灭菌锅内部的金属框等所有物品取出，检查水位是否正常，如果过低需加入适量水。

严禁高压蒸汽灭菌锅低水位工作或干烧，容易引起火灾或锅体炸裂等事故。由于自来水中离子较多，容易破坏加热装置，因此须添加蒸馏水。

(3) 将待灭菌物品均匀地放置于锅内，切忌物品过于密集，容易引起局部温度达不到而灭菌不彻底。避免待灭菌物品接触高压蒸汽灭菌锅内壁，以免被冷凝水打湿，渗入物品内部。

(4) 盖上锅盖，打开电源，直至灭菌程序结束。

(5) 对于手动或半自动高压蒸汽灭菌锅，需打开排气阀门，随着锅内温度的升高，排气阀门有空气排出，并发出“嘶嘶”声，待声音持续且响亮时关闭排气阀。此后需注意压力表的示数，待其升至0.1MPa时，调节电源变压器，开始计时（如无，可关闭电源，待压力下降后再打开电源，如此往复），20min后切断电源。

(6) 当高压蒸汽灭菌锅的温度显示数低于100℃或压力显示为0时，打开锅盖，取出灭菌物品。

严禁在温度高于100℃或压力不为0时，采用放气阀放气的方法使锅内压降为0，强行开盖。因为锅内压强骤降时，锅内培养基等液体剧烈沸腾，容易喷出容器，造成棉塞污染，甚至造成人员烫伤。

(7) 取出灭菌物品，根据要求放置。

3. 实验结果（略）

实验六 紫外线杀菌——超净工作台的使用

1. 实验材料和用具

(1) 仪器和耗材　超净工作台等。

(2) 试剂和溶液　75%乙醇等。

2. 操作步骤

(1) 前期准备

①配制75%乙醇溶液：按无水乙醇∶蒸馏水（体积比）=3∶1比例混合。

②将上述75%乙醇溶液转移至带盖容器中（如试剂瓶等），将棉花揪成适当大小放入，制成酒精棉球，置于超净工作台中。

③关闭实验室门窗，避免空气对流。

(2) 打开超净工作台玻璃门，清空不必要的物品，放置清洁的废液缸。

(3) 用酒精棉球仔细擦拭台面。

(4) 将实验要用的物品有序地放入超净工作台中。

(5) 关闭超净工作台玻璃门，打开总电源。

(6) 打开紫外灯开关，照射30min。

(7) 轻轻抬起玻璃门，高度控制在能够正常操作即可。不能太高，否则容易引起对流，造成污染。

(8) 关闭紫外灯，开启送风机，打开照明灯。

(9) 用酒精棉球擦拭手、腕等暴露在超净工作台的身体部位。

(10) 点燃酒精灯进行实验操作，酒精灯火焰半径 5cm 范围内为无菌范围，应在此范围内进行实验操作。

(11) 实验结束后，熄灭酒精灯，关闭照明灯和通风机。

(12) 将所有实验物品取出，再次用酒精棉球擦拭超净工作台台面。

3. 实验结果（略）

实验七 过滤除菌——抗生素的配制

1. 实验材料和用具

(1) 仪器和耗材 超净工作台、烧杯、注射器、0.22μm 无菌滤器、移液器、无菌吸头、玻璃棒、无菌 EP 管等。

(2) 试剂和溶液 氨苄青霉素、去离子水等。

2. 操作步骤

(1) 前期准备

①将 EP 管、吸头、注射器（如使用一次性注射器则无需灭菌）、100mL 烧杯于 121℃高压蒸汽灭菌 20min。

②将上述物品等置于超净工作台。

(2) 准确称取 2.5g 氨苄青霉素，转移至 100mL 烧杯中。

(3) 加入 30mL 去离子水，用玻璃棒轻轻搅拌至氨苄青霉素完全溶解后，继续加入 20mL 去离子水，混合均匀。

(4) 将氨苄青霉素溶液转移至超净工作台，以下步骤皆为无菌操作。

(5) 用无菌注射器吸取适量氨苄青霉素溶液，见图 1-6，进行过滤除菌（无菌）。

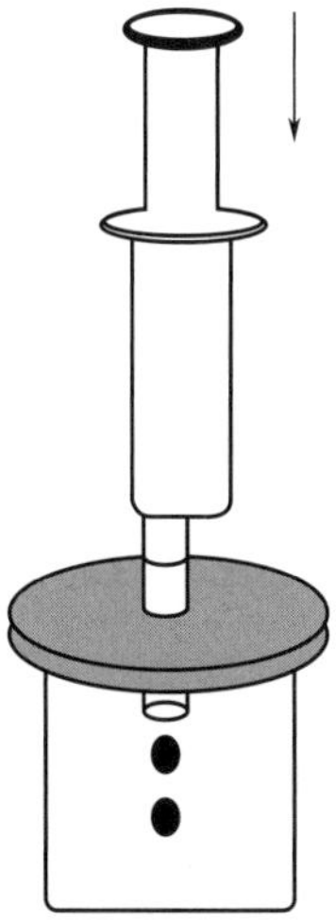

(6) 待抗生素溶液过滤除菌后，用移液器将其分装至无菌 EP 管中（无菌）。

(7) 用铝箔纸包好后贮存于−20℃冰箱中（无菌）。

3. 实验结果（略）

图 1-6 过滤除菌示意图

四、思 考 题

(1) 高压蒸汽灭菌、紫外线杀菌和过滤除菌的原理是什么？

(2) 高压蒸汽灭菌、紫外线杀菌和过滤除菌三种方法有何局限性？

(3) 高压蒸汽灭菌后为什么需压力为 0MPa 才能打开锅盖？

(4) 紫外灯灯管的材料是什么？

(5) 过滤除菌能否彻底去除所有微生物？

第三节　大肠杆菌的培养

纯培养是现代发酵工业的基础。获得单菌落是菌种分离纯化、筛选和复壮的重要前提。菌种活化和扩大培养是获得大量有活力菌体的重要手段，也是发酵工业的重要先决条件。本节以大肠杆菌为例，介绍了发酵工业中常用菌种单菌落的获取、活化和扩大培养的方法。

一、基本原理

（一）菌种的活化和复壮

菌种的活化是指将保藏状态的菌种细胞接种于适宜的培养基中，通过培养使其生长或（和）代谢活力旺盛、数量增加，以用于后续的大规模培养或发酵生产。菌种通常保藏于低温、干燥或高渗条件下，此时菌体细胞代谢缓慢甚至停滞，将其接种至新鲜的培养基中，使其快速生长。用于菌种活化的培养基通常是斜面固体培养基及液体培养基。

菌种在多次传代过程中，会出现回复突变、老化等现象，表现出生长和代谢缓慢、发酵产物合成能力下降等表型，此现象称为衰退（或退化）。若发现菌株衰退现象，必须立即进行复壮。复壮是指通过菌种分离和性能测定等方法从衰退的菌株群体中筛选获得未衰退的个体。因此，获得菌株单菌落是复壮的首要条件。

（二）液体培养

液体培养是指用液体培养基培养菌株，其用途包括优势菌群的富集、菌株的活化、菌株的扩大培养及大规模发酵等。将菌株接种于液体培养基中，在适宜温度下通过振荡或搅拌，可实现菌株的快速生长。若采用富集或鉴别液体培养基可实现对目标菌株的富集或鉴别。现代发酵主要依赖于液体培养基发酵，一次可实现数千吨的液体发酵。

（三）固体培养及平板分离纯化

固体培养是指利用固体或半固体培养基培养菌株。向液体培养基中加入适量琼脂、明胶等凝固剂，经高压蒸汽灭菌并冷却后，逐渐凝固，形成固体或半固体培养基。固体培养可用于微生物的筛选、计数、分离纯化、活化（斜面培养基）、厌氧微生物培养（半固体培养）、噬菌体效价的测定（半固体培养）等。

当菌种衰退或受到污染时，需进行分离纯化，常用的方法是平板分离纯化，通过在固体培养基平板上培养出菌株单菌落的方式实现菌株的分离和纯化。微生物的平板分离纯化技术是由德国微生物学家柯赫建立的，为微生物学的发展做出了巨大贡献。其原理是通过将菌体培养物适当稀释后，涂布于固体培养基表面，或用接种环蘸取菌体培养物于固体培养基表面划线。此时随着菌体培养物的稀释，菌体细胞被分散成单个细胞。经过适宜条件的培养，单个菌体细胞通过多次繁殖，形成肉眼可见的、具有一定形态的单菌落。利用该特性，可对微生物计数、纯化等。

二、重点和难点

（1）接种的操作方法。

（2）稀释涂布、划线法获得单菌落的原理及操作方法。

（3）斜面划线和穿刺培养的操作方法。

三、实　　验

实验八　液体培养基培养

1. 实验材料和用具

（1）仪器和耗材　高压蒸汽灭菌锅、接种环、移液器、吸头、摇管、摇瓶等。

（2）菌株　以大肠杆菌［*Escherichia coli* DH5α（以下简称 *E. coli* DH5α）］为例。

（3）试剂和溶液　LB 液体培养基摇管（或摇瓶）等。

2. 操作步骤及注意事项

（1）前期准备

①配制 LB 液体培养基摇管（或摇瓶），121℃高压蒸汽灭菌 20min。实验前置于超净工作台中。

②实验前 40min 打开超净工作台紫外灯电源，照射 30min。

（2）接种

①从斜面培养基摇管接种，适当灼烧含 *E. coli* DH5α 培养物的斜面摇管（A 管，放上方）和含新鲜液体培养基的摇管（B 管）管口。左手握住 A 管和 B 管底部，使试管倾斜，试管底部放在手掌内并将中指和拇指夹在两个试管之间。用右手轻轻松动试管塞以利于接种时拔出。右手拿接种环并通过火焰灼烧灭菌，同时右手的手掌边缘和小指、小指和无名指分别夹住两试管塞将其拔出，并迅速灼烧管口。将接种环伸入 A 管，贴近管壁充分冷却后挑取少量菌体培养物，迅速伸入 B 管。轻轻搅动接种环。将接种环退出 B 管并用火焰灼烧管口，塞上试管塞。反复灼烧接种环。

②从固体培养基平板接种：适当灼烧含新鲜液体培养基的摇管管口；用右手轻轻松动试管塞以利于接种时拔出；将上述摇管置于长有 *E. coli* DH5α 菌落的培养皿盖上；左手无名指和小指托住培养皿底，拇指和中指夹住培养皿盖，食指按住摇管；右手拿接种环并通过火焰灼烧灭菌，同时右手的手掌边缘和小指夹住试管塞将其拔出，并迅速灼烧管口；将接种环伸入培养皿，挑取单菌落，迅速伸入摇管；轻轻搅动接种环；将接种环退出摇管并用火焰灼烧管口，塞上试管塞；反复灼烧接种环。

也可用无菌牙签或棉签接种，右手持镊子灼烧灭菌；待冷却后夹取无菌牙签，伸进培养皿挑取单菌落，掷于含有新鲜培养基的摇管，盖上管塞。

③从摇管液体培养物接种摇管：操作同从斜面培养基摇管接种，用接种环蘸取少量菌液，接种至新鲜培养基摇管。

也可用移液器（或移液管）接种，缓缓倾斜含 *E. coli* DH5α 菌液的摇管，至离管口 3～4cm，将移液器的吸头伸入摇管吸取少量菌液（待接种新鲜培养基的 0.5%～1%），按同样方法移至新鲜培养基摇管中。

④从摇管液体培养物或斜面培养物接种摇瓶。可由两人操作完成。一人手持摇瓶底部，另一人用接种环挑取菌苔，或用移液器吸取菌液；转移至摇瓶中，塞好棉塞。也可将摇瓶斜放在大小合适的烧杯或搪瓷缸上，瓶口侧向火焰，再用接种环或移液器接种。

（3）将摇管倾斜插入摇床（摇瓶正置，不倾斜），37℃恒温振荡培养过夜（12～16h）。

3. 实验结果

经振荡培养后摇管或摇瓶浑浊，表明 *E. coli* DH5α 生长。

实验九　稀释涂布法获得菌株单菌落

1. 实验材料和用具

(1) 仪器和耗材　高压蒸汽灭菌锅、移液器或移液管（需灭菌）、天平、药匙、试管架、涂布器、试管等。

(2) 菌株　以大肠杆菌（*E. coli* DH5α）为例。

(3) 试剂和溶液　LB 固体培养基平板、水等。

2. 操作步骤及注意事项

(1) 前期准备

①配制 LB 固体培养基平板，实验前置于超净工作台中（若含抗生素，不能用紫外灯照射）。

②吸头或移液管于 121℃高压蒸汽灭菌 20min，烘干后在实验前置于超净工作台中。

③试管（数支）中放置 9mL 水，塞上棉塞或胶塞后，121℃高压蒸汽灭菌 20min，实验前置于超净工作台中。

④实验前 40min 打开超净工作台紫外灯电源，照射 30min。

⑤液体培养 30～50mL 大肠杆菌 *E. coli* DH5α，实验前用 75%乙醇擦拭瓶体后置于超净工作台。

注：以下操作在超净工作台或无菌室中进行。

(2) 菌体培养物的稀释　用无菌移液管或移液器吸取菌体培养物 1mL，转移至 9mL 无菌水中，反复吹吸混合均匀，即为 10^{-1}稀释液。

(3) 如此重复，可依次制成 10^{-8}～10^{-2}的稀释液，如图 1-7 所示。

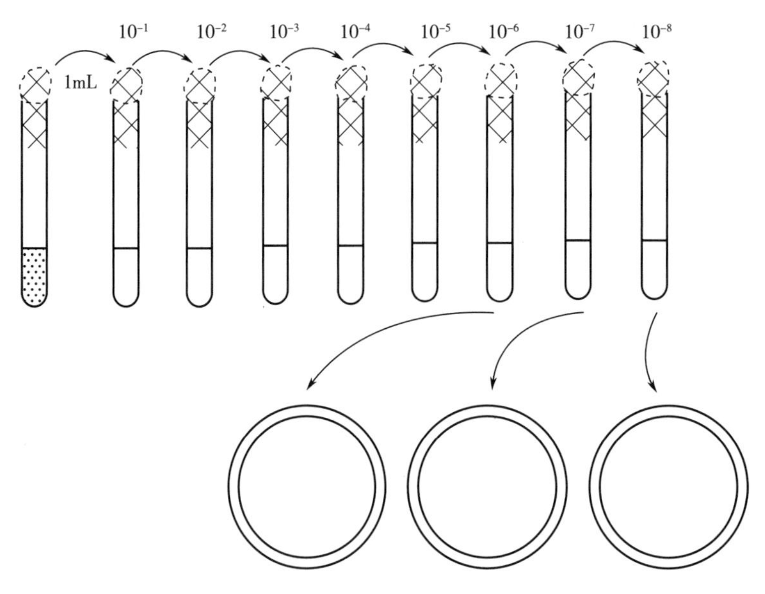

图 1-7　稀释涂布示意图

每一个稀释度须更换一次吸头（或移液管）。

向无菌水中注入菌体培养物或稀释液时，用吸头顶端（或管尖）接触液面，以减少稀释中的误差，吹吸 3 次以混合均匀。

（4）吸取 10^{-6}、10^{-7}、10^{-8}稀释液各 100μL，分别接入已做好标记的 LB 固体培养基平板的中央位置。左手托平皿、右手拿无菌涂布器平放于培养基表面，将菌液先沿一条直线轻轻地来回推动，使之均匀分布，然后改变方向沿另一垂直线来回推动，再转动数次培养皿继续涂布，直至稀释液完全被吸收（图 1-8），静置 5～10min。

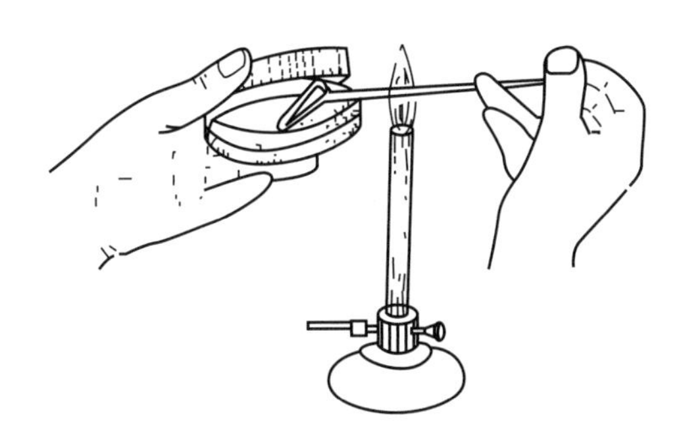

图 1-8　涂布示意图

（资料来源：杜连祥等．微生物学实验技术［M］．北京：中国轻工业出版社，2006.）

（5）也可以采用倾倒法　提前将 LB 固体培养基熔化后置于 50℃水浴锅。

（6）取 10^{-6}、10^{-7}、10^{-8}稀释液各 1mL，至无菌培养皿中。

（7）右手持盛有培养基的摇瓶于火焰旁，用左手将瓶塞轻轻地拔出，用右手小指与无名指夹住瓶塞，瓶口保持对着火焰。左手中指和无名指托住培养皿底，用拇指和食指捏住盖，将培养皿在火焰附近打开一个缝隙，迅速倒入 LB 固体培养基（装量以铺满皿底的 1/4～1/3 为宜），加盖后轻轻转动手腕使培养基均匀铺在培养皿底部，平置于台面上，待其凝固。

（8）培养　将上述培养皿倒置于 37℃恒温培养箱，培养 16～24h。

（9）如需计数，按照公式 $N=K\times10^{n}$ 计算菌体培养物中菌的数量，单位为 CFU/mL。其中 N 为培养物中菌的总数量，K 为培养皿上菌落的数量，n 为稀释倍数。

3. 实验结果

在适宜稀释度的 LB 固体培养基培养皿中长出均匀分散的单菌落。

实验十　划线法获得菌株单菌落

1. 实验材料和用具

（1）仪器和耗材　高压蒸汽灭菌锅、接种环等。

（2）菌株　以大肠杆菌 *Escherichia coli* DH5α 为例。

（3）试剂和溶液　LB 固体培养基平板等。

2. 操作步骤及注意事项

（1）前期准备

①配制 LB 固体培养基培养皿，使用前倒置于 37℃恒温培养箱干燥 6～8h 或 45～50℃

干燥 30min～1h，实验前置于超净工作台中。

若固体培养基不干燥，后续涂布或划线很难吸收菌液。

②将接种环等置于超净工作台。

③实验前 40min 打开超净工作台紫外灯电源，照射 30min。

④大肠杆菌 *E. coli* DH5α 培养物同本章实验九。

以下操作在超净工作台或无菌室中进行。

（2）用酒精灯的外焰反复灼烧接种环，先从前端镍丝环烧起，至镍丝烧红，继续向上端灼烧至金属杆 2/3 处，再重新灼烧镍丝至烧红。

（3）左手持含有 *E. coli* DH5α 培养物的摇瓶（或摇管），右手持接种环手柄（如握笔手势），将接种环伸至摇瓶（或摇管）内部。

接种环不得碰触瓶口或摇瓶外部位置，如碰触须再次灼烧灭菌。

（4）先将接种环的环部贴住摇瓶（或摇管）内壁，使其冷却，再蘸取少量菌液。

（5）放下摇瓶（或摇管），取 LB 固体培养基平板，在火焰旁打开一个缝隙，将蘸有菌液的接种环伸至培养皿最前端，轻轻接触 LB 固体培养基表面。

（6）划线　划线的方法较多，常用的有两种方法，如下所示。

①在培养基表面连续“之”字形划线，线与线之间尽可能紧密（图 1-9）。

②先在培养皿一边做第一次平行划线 3～4 条，转动培养皿角度约 70°；再次灼烧接种环上的残留物，待其冷却后通过第 1 次划线部分进行第 2 次平行划线；用同样的方法做第 3、4 次平行划线（图 1-10）。

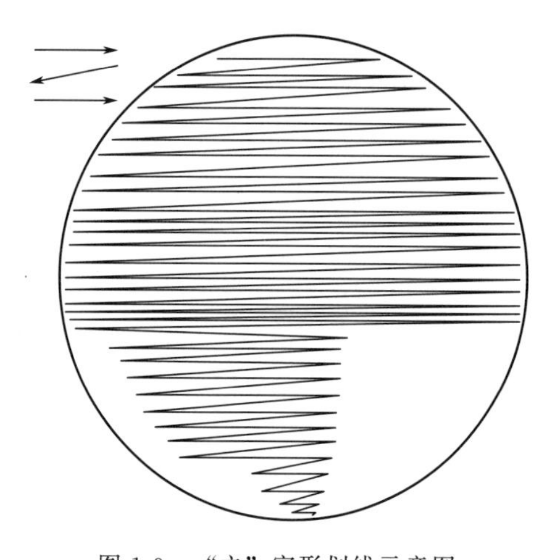

图 1-9　“之”字形划线示意图

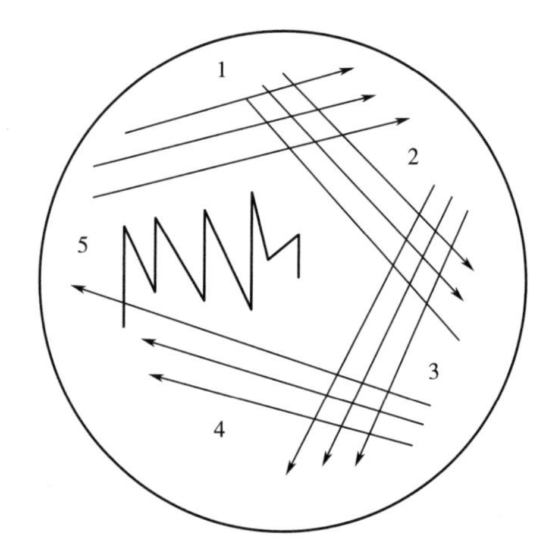

图 1-10　分区划线示意图

（7）培养　将上述培养皿倒置于 37℃恒温培养箱，培养 16～24h。

3. 实验结果

“之”字形划线法的培养皿上，前端由于菌液浓度高，形成菌苔，划线尾部有单菌落形成，越靠近末端单菌落越少。

分区划线法的培养皿中 1 区、2 区由于菌液浓度高，形成菌苔，3 区有分散的单菌落，越靠近末端单菌落越少。

实验十一 斜面划线培养及穿刺培养

1. 实验材料和用具

(1) 仪器和耗材 高压蒸汽灭菌锅、接种环、接种针等。

(2) 菌株 以大肠杆菌 *E. coli* DH5α 为例。

(3) 试剂和溶液 斜面培养基、穿刺培养基等。

2. 操作步骤

(1) 前期准备

①配制 LB 斜面培养基和穿刺培养基，实验前置于超净工作台中。

②将接种环、接种针等置于超净工作台。

③实验前 40min 打开超净工作台紫外灯电源，照射 30min。

④大肠杆菌 *E. coli* DH5α 摇管液体培养物。

(2) 接种

①斜面培养基接种：适当灼烧 *E. coli* DH5α 培养物的摇管和斜面试管管口；左手握住含 *E. coli* DH5α 培养物的摇管和斜面试管底部，使试管倾斜，试管底部放在手掌内并将中指和拇指夹在两个试管之间；用右手轻轻松动试管塞以利于接种时拔出；右手拿接种环并通过火焰灼烧灭菌，同时右手的手掌边缘和小指、小指和无名指分别夹住试管塞将其拔出，并迅速灼烧管口；将接种环伸入含 *E. coli* DH5α 培养物的摇管，贴近管壁充分冷却后蘸取少量菌体培养物，迅速伸入待接种的斜面试管；在斜面培养基表面“之”字形划线，方向是从试管最底部开始，一直划至最上部（划线务必要轻，不可把培养基划破）；将接种环退出斜面试管并用火焰灼烧管口，塞上试管塞；反复灼烧接种环。

②穿刺培养基接种：用灼烧灭菌后的接种针冷却后蘸取少量 *E. coli* DH5α 培养物（操作同上）；从柱状培养基的中心穿入其底部（但不要穿透），然后沿原刺入路线抽出接种针（一次完成，切忌左右晃动接种针或反复穿刺）。

(3) 培养 将上述含有培养基的试管于 37℃恒温培养箱，培养 16～24h。

3. 实验结果

(1) 斜面培养基上沿划线接种的轨迹有菌苔长出，前端由于菌体浓度高，划线均连成一片。

(2) 穿刺培养基接种的培养基中，沿穿刺线长出菌苔。

四、常见问题及分析

(1) 稀释涂布时，若对细菌培养物进行计数，稀释度应使培养皿中长出的菌落数量在 20～200。

(2) 划线培养时，固体培养基上长出的菌落较少。原因是细菌培养物菌体浓度低。

(3) 划线培养时，固体培养基上有其他菌落长出。原因是细菌培养物中污染或划线时污染。

五、思 考 题

(1) 比较稀释涂布法和划线法的优缺点。

（2）用固体培养基培养微生物时，为什么需要倒置培养？

（3）利用接种环接种或划线后，为什么每次都要将接种环上残留物烧掉？

（4）如果某一菌株已被污染，如何对其进行分离纯化？

第四节　菌种的保藏

菌种是工业微生物研究和发酵工业的核心，完善的菌种保藏技术对于菌种的研究、开发和利用至关重要。自19世纪末Kral开始尝试微生物菌种保藏以来，目前已经开发出多种短期和长期保藏菌种的方法。常用的包括斜面法、液体石蜡法、穿刺法、滤纸法、沙土管法、真空冷冻干燥法等。尽管这些方法操作和原理不尽相同，但其原则和目的近似。微生物具有容易变异的特性，因此，在保藏过程中，必须使微生物的代谢处于最不活跃或相对静止的状态，才能在一定的时间内使其不发生变异而又保持活性。其控制因素包括温度、水分、空气、营养成分、渗透压等。本节主要介绍工业微生物的常用保存方法：甘油法和真空冷冻干燥法。

一、基本原理

（一）甘油法

水是微生物细胞的主要组成成分，占其细胞质量的90%。水在低于0℃时会结冰，菌液在低于0℃时会大量结冰，使得胞外溶液渗透压增加，胞内水分大量外渗，导致细胞剧烈收缩，易造成细胞损伤；另外，若冷冻速度过快，胞内水分来不及渗出就凝固成冰，水结冰后体积膨胀，导致细胞因膨大而破损甚至破裂。因此，不能采用将菌体细胞或菌液直接冻存的方式保藏。

甘油、二甲亚砜、谷氨酸钠、可溶性淀粉、脱脂奶粉、海藻糖等可加入菌液，有利于减少低温条件下冰晶的形成，对细胞具有保护作用，是良好的保护剂，又称分散剂。利用该原理，在将菌体细胞培养至对数期时，加入终浓度为20%的甘油，于−20℃以下可保存1～2年。该方法操作简单，保存期相对较短，且需要冷冻设备。

（二）真空冷冻干燥法

水在低温低压条件下会快速冷冻、升华为水蒸气。将微生物制备成含有谷氨酸钠和脱脂奶粉等的保护剂的菌悬液，置于安瓿管中。利用低温（约−70℃）条件使其凝固，再通过抽真空减压，使胞内、胞外水分升华，同时利用真空条件对安瓿管熔封，使菌体细胞处于无氧条件，从而实现代谢停滞，达到长期保存（数年至十数年）的目的。该方法可用于细菌、放线菌、酵母菌、真菌孢子等的保存。

二、重点和难点

（1）菌种保藏的主要方法及其原理。

（2）甘油保藏和安瓿管保藏的操作方法。

三、实　　验

实验十二　甘油法超低温保藏

1. 实验材料和用具

（1）仪器和耗材　高压蒸汽灭菌锅、移液器、吸头、保菌管等。

（2）菌株　以大肠杆菌 *E. coli* DH5α 为例。

（3）试剂和溶液

①体积分数 80%甘油：量取 80mL 甘油，加入 20mL 蒸馏水，混匀；121℃高压蒸汽灭菌 20min，冷却后保存于室温。

②LB 液体培养基摇管。

③其他略。

2. 操作步骤及注意事项

（1）前期准备

①将保菌管置于金属饭盒中，121℃高压蒸汽灭菌 30min，置于 65℃烘箱烘干。

②于超净工作台将无菌甘油分装至无菌保菌管中，装液量为 100μL。

③将待保存的 *E. coli* DH5α 接种于 LB 液体培养基摇管，37℃，200r/min 振荡培养 12～16h。

以下操作须无菌操作。

（2）用移液器吸取 400μL *E. coli* DH5α 培养物至含甘油的保菌管中，甘油终浓度为 20%。

（3）拧上管盖后，轻轻颠倒至混匀。

（4）做好标记后于－80℃超低温保存。

（5）甘油保藏菌的复苏。

①从超低温冰箱中取出甘油保菌管，于冰上熔化。

②无菌条件下，用移液器吸取 10～50μL 保存液至 LB 液体培养基摇管，于 37℃、200r/min 振荡培养 12～16h。也可于 LB 固体斜面培养基活化。

如 LB 液体培养基出现菌体碎片属于正常现象。若一次活化生物量较低可进行二次活化。

3. 实验结果（略）

实验十三　真空冷冻干燥法（安瓿管法）保藏

1. 实验材料和用具

（1）仪器和耗材　高压蒸汽灭菌锅、冷冻干燥机、安瓿管、接种环、注射器、移液器、吸头等。

（2）菌株　以大肠杆菌 *E. coli* DH5α 为例。

（3）试剂和溶液

①质量分数 20%盐酸溶液（现用现配）：20mL 盐酸溶液与 80mL 蒸馏水混合。

②100g/L 脱脂奶液（现用现配）：称取 10g 脱脂奶粉，溶于 100mL 蒸馏水中，加入

1g 谷氨酸钠。

③LB 固体培养基斜面、LB 液体培养基摇管。

④其他略。

2. 操作步骤及注意事项

(1) 前期准备

①将安瓿管完全浸泡于 8.8%盐酸溶液（注意排空管内空气），以去除安瓿管中的杂质。

浸泡时间不得少于 8h。

②安瓿管浸泡完后取出，先用自来水彻底冲洗，再用蒸馏水冲洗 3～4 次。

③将洗净的安瓿管置于 80℃烘箱烘干，冷却后备用。

④制作标签，贴入安瓿管内壁，塞入棉花（同移液管塞棉花，但不要过紧），用纱布包好后放入金属饭盒，121℃高压蒸汽灭菌 30min，置于 65℃烘箱烘干。

⑤将 2mL 玻璃注射器、长针头、接种环（或玻璃刮刀）用纱布包好后放入金属饭盒，121℃高压蒸汽灭菌 30min，置于 65℃烘箱烘干。

⑥将配好的 100g/L 的脱脂奶液分装至试管中，每只试管装液量为 7～8mL，110～113℃高压蒸汽灭菌 5～10min（灭菌后如发现颜色改变，则需重新配制）。冷却后，取少量样品涂布于 LB 固体培养基，经验证无菌后，置于 4℃保存备用。

⑦彻底清理无菌室，地面和桌面，用煤酚皂溶液擦干净，将 75%的酒精棉球、废液缸、灭菌后的安瓿管、注射器等实验用品放入无菌室。打开紫外灯照射 30min。

⑧制备安瓿前开启真空冷冻干燥机制冷，温度设定为－80℃。

⑨将待保存的 *E. coli* DH5α 接种于 LB 液体培养基摇管，于 37℃，200r/min 振荡培养 12～16h。

该步骤的目的是活化培养。

⑩用接种环蘸取少量菌液接种于新鲜斜面培养基，于 37℃恒温培养箱培养 16～24h。

菌苔应长满斜面，若菌体量少可再转接一次。需对菌种进行显微镜镜检，确认无污染后方可进行后续实验。

(2) 关闭无菌室紫外灯，打开日光灯，进入无菌室。

(3) 用 75%的酒精棉球擦拭手以及试管表面。

以下实验为无菌操作。

(4) 将 100g/L 的脱脂奶液轻缓地倒入待保存的 *E. coli* DH5α 斜面试管，每管可加入脱脂奶液 2～3mL，菌体细胞数为 10^8～10^{10} CFU/mL 为宜。

(5) 用接种环或玻璃刮刀轻轻刮下菌体，充分打散，制备成菌悬液。

切忌用力过猛划破斜面，也不能产生过多气泡。

(6) 将长针头安装至玻璃注射器上，一人手持安瓿管，打开棉塞；另一人吸取上述菌悬液，快速分装至安瓿管中，塞上棉塞。

分装时，长针头应伸入安瓿管底部球体内，轻轻注入菌悬液至球体被注满，切忌将菌悬液沾到安瓿管口或球体上方管壁。

(7) 将安瓿管置于－80℃超低温冰箱中 1～1.5h 至菌悬液完全凝固。

(8) 取出安瓿管，置于提前预冷的真空冷冻干燥机中，开启真空泵，使真空度达到约 20Pa。

在此条件下，凝固的菌悬液中的水分不断升华为水蒸气，并被真空泵抽出。

(9) 当安瓿管球体中的含菌样品逐渐呈现球状或碎片状时，表明 95%以上的水分已抽干 (8～12h)。

(10) 依次关闭真空泵及制冷开关，使温度逐渐恢复为室温。

(11) 第一次熔封　取出安瓿管，两手各持安瓿管一端，用酒精喷灯灼烧安瓿管中部，边烧边转动安瓿管使其均匀受热；灼烧约 20 s 时，安瓿管受热部位软化，轻轻向两端拉动安瓿管，拉成细颈状。

(12) 待安瓿管冷却后，装到真空冷冻干燥机多歧管上，开启真空泵，室温条件下继续抽气约 10min。

(13) 第二次熔封　按步骤 (11) 再次用酒精喷灯灼烧安瓿管细颈处，待变软时缓缓拉动安瓿管，使上下两部分分离。

(14) 置于室温至完全冷却，操作示意图见图 1-11。

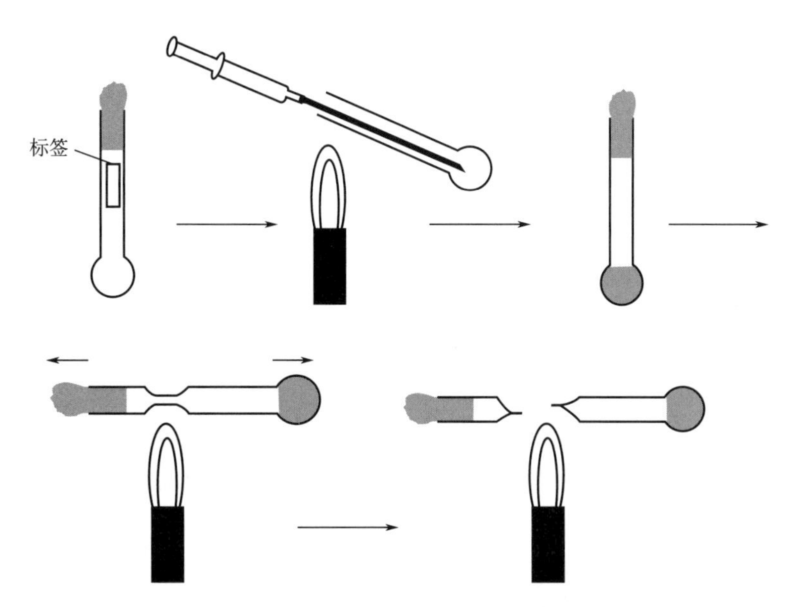

图 1-11　安瓿管保藏的制备示意图

(15) 采用高频电火花真空测定仪测定真空度，电击时安瓿管若出现紫色火花，则表示真空度高。

(16) 安瓿管可常温避光保藏也可低温 (4℃) 保存。

(17) 冷冻干燥后抽取若干支安瓿管进行各项指标检查，如存活率、生产能力、菌体形态、是否有杂菌污染等。

(18) 安瓿管保藏菌的复苏 (以下实验须无菌操作)

①用 75%酒精棉球擦拭安瓿管顶部。

②用酒精灯灼烧安瓿管顶部。

③用 75%酒精棉球或无菌棉签蘸冷水，在安瓿管整体擦拭一圈，顶部会出现裂纹，用锉刀或镊子轻轻敲击，敲掉安瓿管的顶端。

④将接菌环灼烧灭菌，伸入安瓿管，紧贴内壁冷却。

⑤挖取含菌体细胞的白色粉末于LB斜面培养基划线，于37℃培养12～16h。

⑥通常初次活化后，菌体生物量较少，需二次甚至三次活化。

3. 实验结果（略）

四、常见问题及分析

（1）将保藏的菌株接种于新鲜培养基时，生物量低

生物量低属于正常现象，因为在保藏过程中有相当一部分菌株会死亡，并且随着保藏时间的延长，死亡量会加大。需增大接种量，或多次活化培养。

（2）将保藏的菌株接种于新鲜培养基时，无菌体长出

①菌株保存时间过长。

②对于使用安瓿管保存的菌株，可能安瓿管顶部破裂，破坏了真空条件，使菌株死亡。

五、思 考 题

（1）比较甘油超低温冷冻法和真空冷冻干燥法的特点。

（2）真空冷冻干燥法中脱脂奶粉的作用是什么？

（3）还有哪些方法可用于菌种保存？

参考文献

[1] Demain A L，Davies J E. The manual of industrial microbiology and biotechnology [M]. Washington DC：American Society for Microbiology Press，1999.

[2] 周德庆. 微生物学教程（第二版）[M]. 北京：高等教育出版社，2002.

[3] 杜连祥，路福平. 微生物学实验技术[M]. 北京：中国轻工业出版社，2005.

[4] Willey J M，Sherwood L M，Woolverton C J. Prescott's Microbiology [M]. Ninth edition. New York：McGraw-Hill Education，2014.

[5] 沈萍，陈向东. 微生物学实验（第五版）[M]. 北京：高等教育出版社，2018.

[6] 陈宁. 氨基酸工艺学（第二版）[M]. 北京：中国轻工业出版社，2020.

第二章　核酸提取、纯化及检测

核酸包括脱氧核糖核酸（deoxyribonucleic acid，DNA）和核糖核酸（ribonucleic acid，RNA），是生命现象的分子基础。DNA是遗传信息的载体，是分子生物学主要研究对象，主要用于基因克隆、测序、Southern杂交、限制性内切酶片段长度多态性分析等。RNA包括信使RNA、核糖体RNA及转运RNA，在信息传递及蛋白质合成中发挥着重要功能，常用于基因反转录、Northern杂交、体外翻译等。本章以大肠杆菌为例，介绍基因组DNA、质粒DNA和RNA的提取、纯化及其检测的原理和方法。

第一节　基因组DNA的提取

基因组DNA是指生物体内的所有遗传物质的总和。除质粒外，细菌基因组DNA通常由一个双链环状DNA组成（少数细菌存在2个环状DNA，如钩端螺旋体等）。基因组DNA常用于基因组文库的构建、基因扩增等实验。获得高质量DNA是进行上述研究的前提，也是分子生物学实验技术中最重要、最基本的操作之一。

一、基本原理

十六烷基三甲基溴化铵（hexadecyl trimethyl ammonium bromide，CTAB），是一种阳离子去污剂，能够溶解细胞膜，在高离子强度的溶液中（>0.7mol/L NaCl），CTAB与蛋白质和多糖等形成复合物。溶菌酶可水解细胞壁中的*N*-乙酰胞壁酸和*N*-乙酰胺基葡萄糖之间的β-1,4糖苷键，从而破坏细胞壁。表面活性剂十二烷基硫酸钠（sodium dodecyl sulfate，SDS）能够裂解细胞膜，还能够使包括DNA酶在内的蛋白质变性。在DNA提取过程中容易被DNA酶水解，该酶需要Mg^{2+}、Ca^{2+}等二价阳离子激活。乙二胺四乙酸（ethylene diamine tetraacetic acid，EDTA）是上述离子的螯合剂，可抑制DNA酶活性。蛋白酶K是一种非特异性蛋白酶，可水解蛋白质，使DNA从蛋白质中游离出来。蛋白酶K能在SDS和EDTA存在的条件下保持高活性，其常用反应温度为55℃。氯仿等有机溶剂可乳化蛋白质，乙醇、异丙醇可沉降DNA。苯酚可使蛋白质变性并抑制DNA酶活性。

随着技术的不断进步，基因组DNA提取试剂盒相继研发出来，其核心组件是吸附柱。吸附柱内含硅胶膜或玻璃纤维滤纸，在高浓度盐离子条件下能够吸附DNA，而蛋白质及代谢产物等不能结合；低盐条件下，吸附柱不能够与DNA结合（图2-1）。菌体细胞裂解液通过吸附柱时，DNA被吸附。经漂洗液（含75%酒精）漂洗后，由于DNA不溶于漂洗液，故仍保留在吸附柱上，经离心后杂质被洗脱，达到纯化的目的。洗脱液含低浓度离子（如TE溶液，水等），加入洗脱液经离心后，DNA被洗脱。

二、重点和难点

（1）细菌基因组DNA制备的原理。

(2) 细菌基因组 DNA 制备的方法。

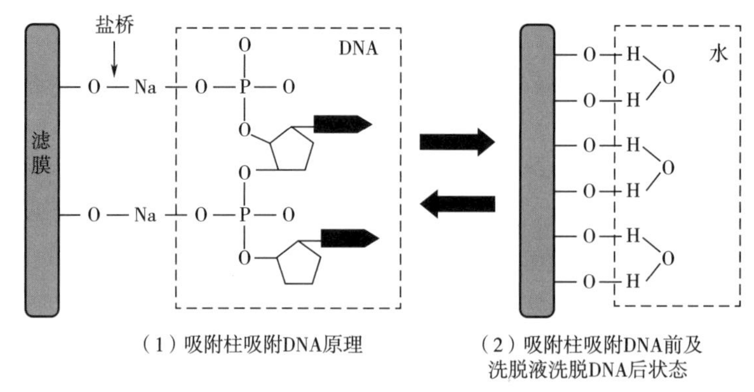

图 2-1 吸附柱吸附 DNA 及洗脱液洗脱 DNA 的原理

三、实　　验

实验一　CTAB 法提取大肠杆菌基因组 DNA

1. 实验材料和用具

(1) 仪器　小型台式离心机、空气浴摇床、摇管、移液器、EP 管、水浴锅等。

(2) 菌株　*Escherichia coli* W3110 (以下简称 *E. coli* W3110)。

(3) 试剂和溶液

①LB 液体培养基。

②CTAB/NaCl 溶液：4.1g NaCl 溶解于 80mL 水中，缓慢加入 10g CTAB，可加热至 65℃溶解 (如需)，加水至 100mL。

③TE 缓冲液。

④20g/L 蛋白酶 K 溶液。

⑤100μg/mL 溶菌酶溶液。

⑥5mol/L NaCl。

⑦体积分数 70%乙醇。

⑧100g/L SDS 溶液。

⑨氯仿∶异戊醇为 24∶1 混合液 (体积比)。

⑩苯酚∶氯仿∶异戊醇为 24∶25∶1 混合液 (体积比)。

⑪异丙醇。

⑫其他略。

2. 操作步骤及注意事项

(1) 将大肠杆菌 *E. coli* W3110 接种于 5～10mL LB 液体培养基中，于 37℃、220r/min 振荡培养 16～24h。

(2) 取 1～2mL 上述培养物于 4℃，小型台式冷冻离心机 8000～10000r/min 离心 1～2min 后轻轻倒掉上清液。

倾斜 EP 管，用移液器吸头尖端或滤纸尽量去除残留上清液。

（3）向菌体沉淀中加入 567μL TE 缓冲液，用移液器吸头反复吹打重悬菌体。

对于革兰阳性菌，可加入 50μL 100μg/mL 溶菌酶，于 37℃温育 10min。

（4）加入 30μL 100g/L SDS 溶液和 3μL 蛋白酶 K 溶液混匀，于 37℃温育 10min。

（5）加入 100μL 5mol/L NaCl 溶液，上下颠倒离心管以充分混匀。

（6）加入 80μL CTAB/ NaCl 溶液，充分混匀，于 65℃温育 10min。

（7）加入等体积（约 780μL）的氯仿/异戊醇混合液，轻轻上下颠倒 EP 管混匀，小型台式冷冻离心机约 10000r/min 离心 2～5min。

此步的目的是沉淀、乳化蛋白质、糖等大分子物质，离心后共分 3 层，DNA 在上层水相，蛋白质等（白色）在水相和有机相中间。为防止颠倒混匀过程中有机物流出，可在 EP 管盖上缠一层封口膜。

（8）小心吸取上清液至另一 EP 管。

如果上清液不易转移，可用牙签或吸头挑去中间层。

（9）加入等体积的酚/氯仿/异戊醇混合液，上下颠倒轻轻混匀，约 10000r/min（小型台式冷冻离心机）离心 5min。

（10）小心吸取上清液至另一干净 EP 管。

如不小心带进颗粒，可重复离心。

（11）加入相对于步骤（10）体积 60%的异丙醇，温和混匀，约 10000r/min（小型台式冷冻离心机）、4℃离心 10min 后小心倒掉上清液。

尽可能倒掉上清液，然后可将 EP 管倒置于滤纸上。

（12）加入 300μL 70% 预冷的乙醇，约 10000r/min（小型台式冷冻离心机）、4℃离心 5min 后彻底去除上清液，风干。

（13）加入 100～200μL TE 溶液溶解 DNA。

（14）取一定体积的 DNA 溶液至离心管中并用适量 TE 溶液稀释（10～20 倍），用紫外分光光度计测定 OD_{260}，以 TE 溶液作为空白对照。按 $1OD_{260}$ = 50μg/mL 计算 DNA 浓度。

（15）取 2～5μL DNA 样品进行琼脂糖凝胶（0.7%）电泳，检测基因组 DNA 的完整性和分子大小。

（16）将 DNA 样品于－20℃保存备用。

3. 实验结果

将大肠杆菌 *E. coli* W3110 基因组 DNA 样品稀释 10 倍后，其 OD_{260} = 0.424，故其浓度为 212μg/mL。取 2μL *E. coli* W3110 基因组 DNA 样品进行琼脂糖凝胶电泳，图谱如图 2-2 所示。样品呈现一条带，无明显弥散，表明基因 DNA 完整。

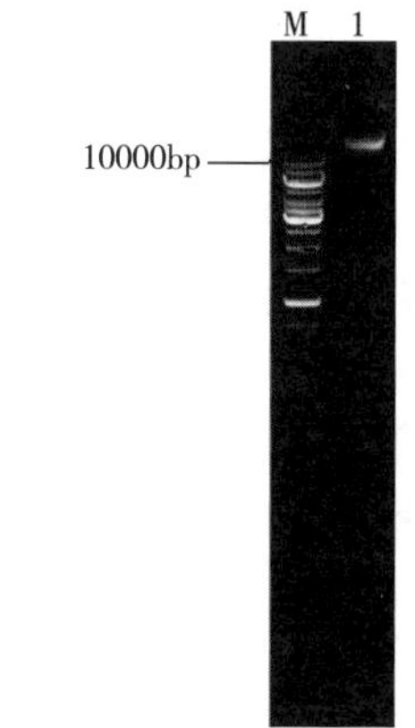

图 2-2　大肠杆菌 *E. coli* W3110 基因组 DNA 琼脂糖凝胶电泳图谱

实验二　试剂盒法提取枯草芽孢杆菌基因组 DNA

1. 实验材料和用具

（1）仪器　同本章实验一。

（2）菌株　枯草芽孢杆菌 *Bacillus subtilis* strain 168。

（3）试剂和溶液

①去离子水或双蒸水。

②20g/L 蛋白酶 K 溶液（配制后可分装成数份贮存于－20℃）。

③10mg/mL RNase A（配制后可分装成数份贮存于－20℃）。

④细菌基因组 DNA 提取试剂盒，以宝日医生物技术（北京）有限公司的 TaKaRa Mini BEST Universal Genomic DNA Extraction Kit 为例。

⑤其他略。

2. 操作步骤及注意事项

（1）取 1～2mL 枯草芽孢杆菌培养物于 4℃、5000×*g* 离心 1～2min 后轻轻倒掉上清液。

尽量去除残留上清液，倾斜 EP 管，用移液器吸头尖端或滤纸尽量去除残留上清液。

（2）加入 180μL 的 Buffer GL（DNA 聚合酶)、20μL 的蛋白酶 K 溶液和 10μL 的 RNase A，充分吹吸混匀。

一定要充分打散，防止有菌块产生。可以用移液器的吸头充分打散，也可以用漩涡振荡器振荡。

（3）于 56℃水浴中保温 10min。

（4）加入 200μL 的 Buffer GB（纤维素酶）和 200μL 无水乙醇，充分吸打混匀。

（5）将核酸纯化柱安置于收集管上，将上步的菌体裂解液移至核酸纯化柱中，8000×*g*（小型台式冷冻离心机 10000～12000r/min）离心 2min，弃滤液。

此时，DNA 保留在核酸纯化柱上。

（6）将 500μL 的 Buffer WA 加入核酸纯化柱中，8000×*g* 离心 1min，弃滤液。

（7）将 700μL 的 Buffer WB 加入核酸纯化柱中，8000×*g* 离心 1min，弃滤液。

Buffer WB 在使用前须确认加入了指定体积的无水乙醇。

沿核酸纯化柱管壁四周加入 Buffer WB，这样有助于完全冲洗黏附于管壁上的盐分。

此步骤的目的是漂洗 DNA，可采用离心机的快甩程序用 10～15s 将 Buffer WA 甩下即可。

（8）重复操作步骤（7）。

（9）将核酸纯化柱安置于收集管上，8000×*g* 离心 2min。

此步骤的目的是除去残留的 Buffer WB，为必需步骤，不能省略。此外，还可将滤柱置于 37～65℃温浴 2～5min，以使乙醇挥发。

（10）将核酸纯化柱安置于 1.5mL EP 管上，在核酸纯化柱膜的中央处加入 50～200μL 蛋白缓冲液（E B)（或无菌水、TE 缓冲液)，静置 5min。

此步骤的目的是洗脱 DNA。蛋白缓冲液一定要加至膜中央。EP 管最好提前高压蒸汽灭菌。为提高洗脱效率，可提前将蛋白缓冲液水浴至 65℃，加至核酸纯化柱后，盖上盖子置于 37～65℃温箱温浴 2～5min。

（11）8000×*g* 离心 2min 以洗脱 DNA。

为提高 DNA 回收量，可将上述洗脱液再次加入核酸纯化柱膜的中央，重复步骤（10）和（11）。

3. 实验结果

将枯草芽孢杆菌 *B. subtilis* strain 168 基因组 DNA 样品稀释 10 倍后，其 $OD_{260}=0.378$，故其浓度为 189μg/mL 。

取 2μL *B. subtilis* strain 168 基因组 DNA 样品进行琼脂糖凝胶电泳，图谱如图 2-3 所示。样品呈现一条带，无明显弥散，表明基因组 DNA 完整。

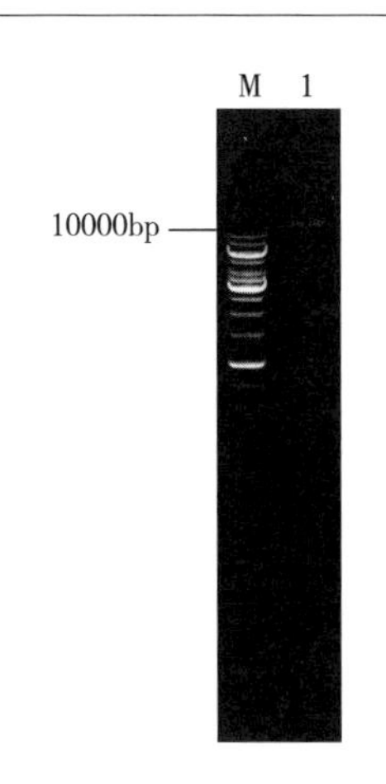

图 2-3　*B. subtilis* strain 168 基因组 DNA 琼脂糖凝胶电泳图谱

四、常见问题及分析

1. 基因组 DNA 浓度过低

（1）菌体量过大，致使细胞裂解不完全。可适当减少菌体量。

（2）细胞裂解不彻底，致使 DNA 不能充分释放。革兰阳性菌常出现该类问题，可按说明加入适量溶菌酶。

（3）漂洗液未加入足量无水乙醇　在初次使用基因组提取试剂盒时，应按说明要求向漂洗液中加入足量无水乙醇。否则 DNA 在加入漂洗液后被洗脱。

（4）DNA 洗脱方法不当　利用试剂盒提取基因组 DNA 时，洗脱液体积应大于 30μL，但不应高于 200μL。洗脱液体积过低不利于 DNA 的溶解，过高又会稀释样品。为提高 DNA 溶解效率，可提前将洗脱液水浴至 65℃；洗脱液须加至硅胶膜滤芯中央；加入洗脱液后可于 37～65℃ 静置 2～5min。

2. 提取的基因组 DNA 无法进行后续酶学实验（如 PCR 等）

（1）基因组 DNA 浓度过低。具体原因及解决方案见本页前文问题 1“基因组 DNA，浓度过低”。

（2）DNA 样品含乙醇　作为变性剂，乙醇可影响 DNA 聚合酶、限制性内切酶等活性。在利用试剂盒提取基因组 DNA 时，DNA 吸附至硅胶膜滤芯并经漂洗后，须将滤柱离心 2min 以上，以去除残留的乙醇；还可将滤柱置于 37～65℃ 温浴 2～5min，然后再洗脱。

（3）蛋白质、糖等杂质过多　应严格按说明书进行操作。

3. 利用琼脂糖凝胶电泳检测 DNA 样品时，有弥散现象

（1）菌体放置时间过久或反复冻融　DNA 样品在琼脂糖凝胶电泳时有弥散现象，说明基因组 DNA 断裂为小分子 DNA，陈旧或反复冻融的菌体细胞会发生 DNA 降解，因此必须选择新鲜细胞或始终在低温（如－20℃）冷冻储藏的菌体细胞。

（2）操作过于剧烈　样品加入裂解液后，后续操作应尽量温和，避免剧烈振荡或搅拌，以防止 DNA 被机械损伤。

五、思　考　题

（1）为什么提取革兰阳性菌基因组 DNA 时需加入溶菌酶？

（2）影响 DNA 纯度的因素有哪些？

第二节　质粒 DNA 的提取

质粒是独立于染色体以外可自我复制的双链、闭合、环状 DNA，可遗传给子代，通常不整合至宿主染色体上（但也有例外，如大肠杆菌 F 质粒可整合至宿主染色体）。目前在多种细菌、真菌胞内均发现携带质粒。质粒经适当改造后，可作为载体用于基因的表达、敲除等操作，是重组 DNA 技术的重要工具，在基因工程、代谢工程、合成生物学等领域应用广泛。本节介绍质粒 DNA 的提取原理及方法等。

一、基 本 原 理

质粒 DNA 提取的方法主要包括 SDS 碱裂解法和煮沸裂解法等，其中 SDS 碱裂解法最为常见。其原理是：微生物细胞经表面活性剂 SDS 及 NaOH 裂解后，DNA（包括基因组 DNA 和质粒 DNA）等细胞内溶物被释放。在碱性条件下（pH 12.5），DNA 因氢键断裂而变性，致使溶解度降低而沉淀。加入乙酸钾等酸性物质至中性时，质粒 DNA 因迅速复性而重新溶解；而由于基因组 DNA 过长而难以复性，故以沉淀形式存在。经离心后，质粒 DNA 存在于上清液中，而基因组 DNA 连同蛋白、细胞碎片等被沉淀。利用手工提取质粒 DNA 时，含质粒 DNA 的上清液需要用苯酚、氯仿抽提，以去除蛋白质。利用 DNA 不溶于乙醇或异丙醇的特性，可将其从水溶液中沉淀出来。

目前，多采用试剂盒提取质粒 DNA，与基因组 DNA 提取试剂盒类似，其核心组件是吸附柱。质粒 DNA 提取试剂盒的工作原理与 SDS 碱裂解法相似，然后通过吸附柱吸附水溶液中的质粒 DNA。经漂洗液漂洗、洗脱液洗脱后获得纯化的质粒 DNA。

质粒 DNA 经提取纯化后，需对其进行质量检验，常用方法包括琼脂糖凝胶电泳法和紫外分光光度法。质粒 DNA 经琼脂糖凝胶电泳后，常出现 3 条带，分别是超螺旋型、开环型（单链断开）和线型。尽管它们碱基数（分子质量）一致，但因形状不同，电泳时泳动速度不同。超螺旋型因高度螺旋，其阻力最小，故而泳动速度最快；开环型阻力最大，故其泳动速度最慢。因此，在琼脂糖凝胶中从后至前依次为开环型、线型和超螺旋型。通常情况下，手工提取的质粒 DNA 电泳后出现 2 条带（超螺旋型和开环型）的现象更多些，试剂盒提取的质粒 DNA 电泳后出现 1 条带（超螺旋型）的现象更多些。紫外分光法是利用核酸对 260nm 和 280nm 波长的光具有吸光值的原理测定 DNA 的浓度和纯度。若吸光值 260nm/280nm 为 1.7～1.9，说明质粒 DNA 质量较好，吸光值 1.8 为最佳；吸光值小于 1.8 说明存在蛋白质污染；吸光值大于 1.8 说明存在 RNA 污染。

二、重点和难点

（1）质粒 DNA 提取的原理。

（2）质粒 DNA 提取的主要方法。

三、实　　验

实验三　碱裂解法小量提取质粒 DNA

1. 实验材料和用具

(1) 仪器　摇床、超净工作台、小型台式冷冻离心机、EP 管、移液器等。

(2) 菌株　大肠杆菌 *Escherichia coli* DH5α/pET28a。

(3) 试剂和溶液

①LB 液体培养基。

②去离子水或双蒸水。

③溶液Ⅰ，成分及终浓度如下。

50mmol/L 葡萄糖。

25mmol/L Tris-HCl (pH8.0)。

10mmol/L EDTA (pH8.0)。

配制后 121℃高压蒸汽灭菌 15min，冷却后贮存于 4℃。使用前加入终浓度为 15g/L 的溶菌酶。

④溶液Ⅱ，成分及终浓度如下。

0.2mol/L NaOH。

10g/L SDS。

⑤溶液Ⅲ，配制如下溶液后充分混合。

5mol/L 乙酸钾 60mL，冰乙酸 11.5mL，去离子水或双蒸水 8mL，混合以上 3 种试剂。

⑥100mg/mL 氨苄青霉素。

⑦TE 缓冲液。

⑧20μg/mL RNase A。

⑨无水乙醇。

⑩70%乙醇。

⑪异丙醇。

⑫氯仿。

⑬其他略。

2. 操作步骤及注意事项

(1) 将大肠杆菌 *E. coli* DH5α/PET28a 接种至 5mL LB 液体培养基（含氨苄青霉素 100μg/mL）中，于 37℃振荡培养过夜（12～16h）。

(2) 取 1～1.5mL 上述细菌培养物至 EP 管，于 8000×*g* 离心 2min 后弃上清液。

为排除对提取收率的干扰，尽量倒掉上清液，必要时可用滤纸吸净残留液体或将 EP 管倒置于吸水纸上，稍用力上下磕碰 EP 管。

(3) 加入 300μL 溶液Ⅰ，用移液器充分混匀至菌体完全悬浮，冰上放置 5min。

该步骤必要时可用漩涡振荡混合，切忌出现菌体团或菌体块，否则会显著影响质粒 DNA 提取收率。

(4) 加入 300μL 溶液Ⅱ，温和颠倒 EP 管，直至液体澄清，冰上放置 5min。

如发现溶液Ⅱ在使用前有沉淀（主要为 SDS），需将其于 37℃温浴至沉淀完全溶解。

颠倒 EP 管时，动作一定要轻柔，切忌剧烈，否则会引起基因组 DNA 的断裂，污染质粒 DNA，致使其回收率和纯度降低。颠倒直到溶液变得半透明、黏稠，如无此现象请停止实验。

（5）加入 300μL 溶液Ⅲ，温和颠倒 EP 管，直至沉淀不再增加，冰上放置 5min。

加入溶液Ⅲ后，一定要立即颠倒 EP 管，以防止因局部浓度过高形成局部沉淀。沉淀中含有基因组 DNA、蛋白质、细胞碎片、SDS 等。

（6）10000×g 离心 5min 后，取 600μL 上清液，转移至另一新的 EP 管中。

吸取上清液时，务必小心，防止吸入沉淀。如果该步骤离心后，在上清液中仍发现有少量碎片，则需重复步骤（6）。

（7）加入等体积氯仿，轻轻颠倒数次。

（8）10000×g 离心 10min 后，将上清液转移至另一新 EP 管中。

（9）加入等体积预冷的异丙醇，于－20℃沉淀 20～30min。

（10）10000×g 离心 15min 后，弃上清液。

（11）向 EP 管中加入 500μL 75%乙醇。

（12）10000×g 离心 3min 后，小心弃去上清液。

（13）重复步骤（11）和（12）。

（14）将 EP 管置于通风橱或超净台通风干燥。

切勿通风时间过长，否则不利于后续步骤质粒 DNA 的溶解。也可置于真空干燥仪器中进行干燥。

（15）向 EP 管中加入 25μL 无菌水和 1μL RNA 酶，混匀后置于 37℃ 5min。

3. 实验结果

将提取的质粒 pET28a 进行琼脂糖凝胶电泳，图谱如图 2-4 所示，共出现 2 条带。距上样孔最近的为单链开环质粒，其次为超螺旋质粒。

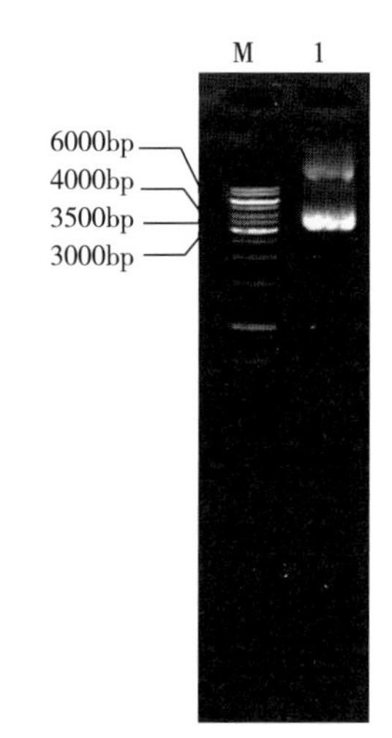

图 2-4　质粒 pET28a 琼脂糖凝胶电泳图谱

实验四　试剂盒法提取质粒 DNA

1. 实验材料和用具

（1）仪器　小型台式冷冻离心机、EP 管、移液器等。

（2）菌株　大肠杆菌 *Escherichia coli* DH5α/pET28a。

（3）试剂和溶液

质粒提取试剂盒（以 OMEGA E. Z. N. A.® Plasmid DNA Mini Kit Ⅰ为例），20μg/mL RNA 酶等。

2. 操作步骤及注意事项

（1）将大肠杆菌 *E. coli* DH5α/pET28a 接种至 5mL LB 液体培养基（含氨苄青霉素 100μg/mL）中，于 37℃振荡培养过夜（12～16h）。

（2）取 1～1.5mL 上述细菌培养物至 EP 管，于 8000×g 离心 2min 后弃上清液。

为排除对提取收率的干扰，尽量倒掉上清液，必要时可用滤纸吸净残留液体或将 EP 管倒置于吸水纸上，稍用力上下磕碰 EP 管。

（3）加入 250μL 溶液Ⅰ（含 RNA 酶，试剂盒自带），用移液器充分混匀至菌体完全悬浮。

溶液Ⅰ在初次使用时，需要加入 RNA 酶，该酶的作用是去除菌体细胞裂解后释放的 RNA。含有 RNA 酶的溶液Ⅰ需放置于 2～8℃。除溶液Ⅰ外，其余溶液于常温保存即可。

该步骤必要时可用漩涡振荡混合，切忌出现菌体团或菌体块，否则会显著影响质粒 DNA 提取收率。

（4）加入 250μL 溶液Ⅱ（试剂盒自带），温和颠倒 EP 管，直至液体澄清。

如发现溶液Ⅱ在使用前有沉淀（主要为 SDS），需将其于 37℃温浴至沉淀完全溶解。

溶液Ⅱ将菌体细胞裂解，释放胞内总 DNA（基因组 DNA 和质粒 DNA）以及蛋白质、RNA 等。溶液Ⅱ不用时，须拧紧瓶盖，以防止空气中的 CO_2 与其反应（溶液中含 NaOH），致使 pH 降低，影响裂解效果。

颠倒 EP 管时，动作一定要轻柔，切忌剧烈，否则会引起基因组 DNA 的断裂，污染质粒 DNA，致使其回收率和纯度降低。该步骤于室温放置 2～3min 效果更佳。

（5）加入 350μL 溶液Ⅲ（试剂盒自带），温和颠倒 EP 管数次混合，至出现白色絮状沉淀。

如发现溶液Ⅲ在使用前有沉淀，需将其于 37℃温浴至沉淀完全溶解。

加入溶液Ⅲ后，一定要立即颠倒 EP 管（但动作不能剧烈），以防止因局部浓度过高形成局部沉淀。沉淀中含有基因组 DNA、蛋白质、细胞碎片、SDS 等。

（6）室温 10000×*g* 离心 10min。

（7）将 HiBind DNA 小型吸附柱置于 2mL 收集管上，小心吸取上清液，移至吸附柱。

吸取上清液时，务必小心，防止吸入沉淀。如果步骤（6）离心后，在上清液中仍发现有少量碎片，则需重复该步骤。

吸附柱在使用前需按如下方法平衡：加入 100μL 浓度为 3mol/L 的 NaOH，10000×*g* 离心 30～60s 后弃滤液，吸附柱即可使用。

（8）10000×*g* 离心 1min 后，弃滤液。

以实验经验，此步骤离心 30s 即可。此时，质粒 DNA 吸附于吸附柱中的滤膜上。

（9）向吸附柱中加入 500μL HBC Buffer，10000×*g* 离心 1min。

HBC Buffer 在首次使用时，需按要求加入异丙醇。此步骤的目的是去除吸附在滤膜上的蛋白质等杂质，以保证质粒 DNA 的纯度。

（10）10000×*g* 离心 1min 后，弃滤液。

（11）向吸附柱中加入 750μL 清洗缓冲液，10000×*g* 离心 1min 后弃滤液。

清洗缓冲液在首次使用时，需按要求加入无水乙醇。以实验经验，此步骤离心 30 s 即可。

（12）重复步骤（11）。

（13）将吸附柱连同回收管 10000×*g* 离心 2min。

该步骤是必需的，其目的是除去吸附柱中的乙醇（来源于清洗缓冲液）。残留的乙醇会影响后续实验（如 PCR、酶切等）。此外，还可将吸附柱置于 37～65℃温浴 2～5min，以使乙醇挥发。

（14）吸附柱转移至一个新的 EP 管中。

（15）向吸附柱中央加入 30～100μL 洗脱液或无菌去离子水，于室温静置 10min。

为提高洗脱效率，可提前将洗脱液或无菌去离子水水浴至 65℃。加入洗脱液后可将其置于 37℃静置 10min。

（16）于 10000×g 离心 1min。

此次离心能够将 70%的质粒 DNA 洗脱，为提高洗脱效率，可将该步骤获得的滤液重新加至吸附柱，然后再离心。也可将洗脱液分成 2 部分，重复步骤（15）和（16），即洗脱 2 次。

（17）收集滤液进行后续实验或保存于－20℃。

3. 实验结果（略）。

实验五　质粒 DNA 的大量提取

1. 实验材料和用具

（1）仪器　冷冻离心机、EP 管、50mL 离心管、移液器等。

（2）菌株　大肠杆菌 *Escherichia coli* DH5α/ pET28a。

（3）试剂和溶液

①去离子水或双蒸水。

②溶液Ⅰ：成分及终浓度为 50mmol/L 葡萄糖，25mmol/L Tris-HCl（pH8.0），10mmol/L Na_2EDTA（pH8.0），成批配制后 121℃高压蒸汽灭菌 15min，冷却后贮存于 4℃。使用前加入终浓度为 15g/L 的溶菌酶（量由实验确定）。

③溶液Ⅱ：成分及终浓度为 0.2mol/L NaOH，10g/L SDS。

④溶液Ⅲ：5mol/L 乙酸钾 80mL，冰乙酸 12mL，水 8mL，3 种试剂混合。

⑤TE 缓冲液：1mol/L Tris（pH 8.0）5mL，0.5mol/L EDTA（pH 8.0）1mL，水 494mL，3 种试剂混合。

⑥无水乙醇（或异丙醇）。

⑦20μg/mL RNaseA 等。

⑧其他略。

2. 操作步骤及注意事项

（1）将 80mL 培养过夜的 *E. coli* DH5α/ pET28a 分装至 2 个 50mL 离心管，8000×g 离心 5min 后弃上清液。

为排除对提取收率的干扰，尽量倒掉上清液，必要时可用滤纸吸净残留液体。

（2）取 3mL 溶液Ⅰ，强烈振荡至无菌块，于冰上放置 20min。

务必将菌体沉淀打散至无菌块，否则严重影响质粒的提取收率，可用漩涡振荡器。溶液Ⅰ中的溶菌酶水解细胞壁，有利于细胞壁的裂解。

（3）加入 6mL 溶液Ⅱ，轻轻混匀后加入 500μL 氯仿，轻轻颠倒数次，冰上放置 10min。

为了防止基因组 DNA 断裂影响质粒纯度，颠倒幅度一定要小，直到溶液变得半透明、黏稠，如无此现象请停止实验。

（4）加入 9mL 冰预冷的溶液Ⅲ，温和颠倒混匀，冰上放置 10～30min。

此步骤一定要温和颠倒，以防基因组 DNA 断裂。加入溶液Ⅲ后会有胶状沉淀出现，并且随着颠倒次数增多，沉淀不断增加。当沉淀不再增多时，停止颠倒。

（5）于 4℃ 10000×g 离心 10～20min 后取上清液。

上清液中含有质粒 DNA。务必去除沉淀，如未能彻底去除沉淀，可重复步骤（5）。

（6）向上清液中加入 2 倍体积的预冷的无水乙醇或 0.6 倍体积异丙醇，于－20℃放置 2h，以沉淀 DNA。

此步骤会有絮状沉淀产生，即为质粒 DNA。

（7）取出离心管，于 10000×g 离心 20min 后弃上清液，倒置干燥。

但切忌完全风干，否则不利于沉淀溶解。

（8）用 1mL TE 缓冲液（含 20μg/mL RNA 酶）溶解沉淀，于 37℃放置 15～30min。

尝试沉淀溶解后直接进行下一步骤，效果无差异。

（9）加入等体积苯酚，静置 5min 后 10000×g 离心 5min，并取上清液。

苯酚可使蛋白质变性并具有抑制 DNA 酶的作用，离心后 DNA 在上层水相，蛋白质等在苯酚相及苯酚相和水相中间。小心吸取上清液，不要触碰中间区域。为防止颠倒混匀过程中苯酚流出，可在 EP 管盖上缠一层封口膜。

（10）向上述上清液中加入等体积的苯酚：氯仿为 1∶1（体积比）的溶液，静置 5min 后 10000×g 离心 5min，并取上清液。

苯酚易溶于氯仿，氯仿可加速水相和有机相的分层。

（11）向上述上清液中加入等体积的氯仿，静置 5min 后 10000×g 离心 5min，并取上清液。

此步骤的目的是利用苯酚易溶于氯仿的原理，去除水相中的痕量苯酚。

（12）加入 1/10 体积的 3mol/L 乙酸钠（pH 6.5）。

（13）加入两倍体积的无水乙醇或 0.6 倍体积异丙醇，于－20℃静置 2h 后 10000×g 离心 15min 并弃上清液。

（14）用 500μL 75%乙醇洗涤，按步骤（7）离心，然后于通风橱中干燥。

由于上清液含乙醇，因此务必去净，否则会影响后续 PCR、酶切等实验。可用滤纸吸净液体并于通风橱放置 10～20min，使乙醇挥发。但切忌完全风干，否则不利于沉淀溶解。通常在离心管底部或管壁可以看到乳白色 DNA 沉淀。

（15）加入 200～500μL TE 溶液后分装，并于－20℃保存。

（16）测定 DNA 浓度。

3. 实验结果（略）

四、常见问题及分析

1. 未提取到质粒或收率低

（1）菌体量不够　适当增加菌体培养物体积。

（2）菌体老化　菌体培养时间不宜过长，如大肠杆菌 12～16h 最佳，不应超过 24h。

（3）漂洗液未加乙醇　首次使用试剂盒提取质粒 DNA 时，切记应向漂洗液中加入要求体积的乙醇。

（4）质粒拷贝数低　有些质粒拷贝数低，致使其提取浓度低，可适量增加菌体培养物体积，但也需要适量按比例提高溶液Ⅰ、溶液Ⅱ和溶液Ⅲ的用量。

（5）菌体裂解不充分　菌体裂解程度直接影响质粒 DNA 浓度。造成该问题的原因包括：①菌体浓度过大，对此可适量提高溶液Ⅰ、溶液Ⅱ和溶液Ⅲ的用量。②操作过程中，加入溶液Ⅱ后，未充分混合，对此可增加混合次数直至裂解液透明。

（6）溶液Ⅱ和溶液Ⅲ使用不当　在低温条件下，溶液Ⅱ和溶液Ⅲ容易产生沉淀，故使用前若发现此问题，应温浴至沉淀完全溶解后方可使用。

（7）洗脱操作不当　在使用试剂盒洗脱质粒 DNA 时，洗脱液应加至吸附柱滤膜中心位置，否则会影响洗脱效率。

2. 质粒纯度差

（1）菌体浓度过高　菌体浓度过高致使其蛋白质等杂质成分高，从而影响质粒 DNA 回收纯度，故需适量减少菌体培养体积。

（2）提取过程中蛋白质等杂质去除不彻底　质粒 DNA 提取过程，加入溶液Ⅲ等出现沉淀并离心后，吸取上清液时容易吸入少量蛋白质等杂质。故此步骤操作须小心，若有必要，可将上清液再次离心。

（3）RNA 污染　核心原因是 RNA 水解不彻底，主要情况包括：①溶液Ⅰ中未加入 RNA 酶，故首次使用时切记要加入 RNA 酶。②菌体量过大，对此应减少菌体培养物体积。③RNA 酶失活，若含 RNA 酶的溶液Ⅰ保存时间超过 6 个月，需再次加入 RNA 酶。

（4）基因组 DNA 污染　在提取过程中因操作不当致使基因组 DNA 断裂污染质粒 DNA，其主要原因包括：①加入溶液Ⅱ后过于剧烈振荡，此步骤需轻柔颠倒 EP 管。②加入溶液Ⅲ后颠倒时间过长，致使 DNA 断裂，此步骤不应超过 5min。

五、思　考　题

（1）简述质粒 DNA 的提取原理。

（2）影响质粒 DNA 提取效率的因素有哪些？

（3）如何避免质粒 DNA 被污染？

第三节　RNA 的提取

RNA 主要包括信使 RNA（mRNA）、核糖体 RNA（rRNA）和转运 RNA（tRNA），与肽的合成息息相关。其中 mRNA 负责指导肽的合成，由 DNA 转录而来，占总 RNA 的 1%～5%，是分子生物学的主要研究对象之一。多数真核细胞的 mRNA 3′端含有聚腺苷酸（polyA），利用该特性可纯化 mRNA 和反转录 cDNA。mRNA 可用于 Northen 杂交、实时定量 PCR、反转录 PCR、体外翻译等。获得高纯度 RNA 是进行上述分子生物学实验的必要前提，本节介绍了常用 RNA 的提取原理和方法。

一、基 本 原 理

与 DNA 不同，RNA 为单链分子，含有 A、U、G、C 四种碱基，其核糖 2′位的羟基容易发生变构，致使 RNA 结构不稳定，在碱性条件下较为明显，而在 pH 6.0 的微酸条件下，RNA 相对稳定。

1. RNA 酶及其去除方法

细胞内外含有大量 RNA 酶（RNase），能够水解 RNA。人的体液中、皮肤上、环境中也含有大量 RNA 酶。值得注意的是，RNA 酶极稳定，仅用变性剂 SDS 或苯酚均不能使其完全变性；RNA 酶不依赖于金属离子，故 EDTA 等螯合剂不能抑制其活性；且 RNA 酶热稳定性强，仅采用煮沸方法不能使其失活。因此提取 RNA 及相关实验过程中，尽量避免 RNA 酶污染，应在洁净的环境中进行，操作者须佩戴手套和口罩并勤更换；使用的试剂、容器、溶剂等均需无 RNA 酶或用 RNA 酶抑制剂处理过的。RNA 酶去除方法如下。

（1）RNA 酶变性剂　RNA 酶能够在强碱条件下变性，已有商品化的 RNA 酶变性剂，可用于金属、玻璃器皿的清洗。

（2）干热处理法　玻璃及金属工具、容器等表面附着的微生物是 RNA 酶的重要来源，可用锡纸将其包裹，于 180～200℃条件下处理 4h 以上。

（3）湿热处理法　不耐热的塑料制品（如 EP 管、吸头等），可采用湿热处理去除 RNA 酶。用锡纸将其包裹，利用高压蒸汽灭菌锅于 121℃处理 1～2h。水也可采用此方法处理。

（4）焦碳酸二乙酯（DEPC）处理法　DEPC 属于蛋白质强变性剂，能够与蛋白质中的组氨酸结合使其变性。DEPC 易挥发，具有芳香性。但 DEPC 具有致癌作用，因此使用时应注意，应在通风橱中操作。水、溶液（如乙醇溶液、SDS 溶液等）等液体可加入终浓度为 0.1%的 DEPC，于室温放置 12h 以上，然后打开瓶口，利用高压蒸汽灭菌锅于 121℃处理 20min（并重复 2 次），以除去 DEPC。塑料制品可用无菌水配制的 0.1%DEPC 溶液浸泡 12h 以上，利用高压蒸汽灭菌锅于 121℃处理 20min（并重复 2 次）。由于残留的 DEPC 会抑制酶催化反应，因此若经 DEPC 处理的器具或溶液仍有芳香气味时，可再进行高压蒸汽灭菌除去残留的 DEPC。DEPC 能够与 Tris 发生化学反应而失效，因此不能用 DEPC 处理 Tris 及含 Tris 的溶液。

2. RNA 的提取方法及原理

细胞内大部分 RNA 与蛋白质以复合体的形式存在，因此在提取时，需用苯酚、氯仿等有机溶剂将蛋白质和 RNA 分离。获得完整的、高纯度的 RNA 是 RNA 提取和后续实验的核心，决定其品质的因素包括：①细胞破碎是否彻底。②RNA 与蛋白质是否能够有效解聚。③是否全面有效抑制 RNA 聚合酶。④能否将 RNA 与蛋白质和 DNA 有效分离。RNA 提取方法主要包括基于异硫氰酸胍/酸性苯酚的 Trizol 试剂提取法和基于硅胶膜的吸附柱提取法。

Trizol 试剂的主要成分是异硫氰酸胍和苯酚以及少量的 8-羟基喹啉、β-巯基乙醇等。异硫氰酸胍属于解偶联剂和强烈的蛋白质变性剂，能够裂解细胞，使蛋白质和核酸解偶联，使 RNA 释放，并溶解蛋白质；苯酚也能够使蛋白变性。然而异硫氰酸胍和苯酚难以完全抑制 RNA 酶，Trizol 试剂中的 8-羟基喹啉、β-巯基乙醇等能够有效抑制外部和细胞释放的 RNA 酶。当加入氯仿后，氯仿能够抽提酸性苯酚，经离心后，上述裂解物分层为水相和有机相。酸性苯酚使 RNA 进入水相，蛋白质和 DNA 进入有机相，故达到分离 RNA 的目的。

3. RNA 的定量检测

RNA 定量检测与 DNA 定量检测方法和原理近似，其在 260nm 波长处有最大吸收峰。1 OD_{260}＝40μg/mL 单链 RNA。故利用公式 RNA（μg/mL）＝40×OD_{260}×稀释倍数（n）

可计算出 RNA 样品浓度。RNA 纯品 OD_{260}/OD_{280} 通常为 1.8～2.0，故利用该特性可检验 RNA 纯度。若 OD_{260}/OD_{280} 数值较低，说明含有蛋白质污染物。

4. RNA 琼脂糖凝胶电泳

由于总 RNA 中以核糖体 RNA 为主，故可利用 RNA 带负电荷的特性进行琼脂糖凝胶电泳，以检测其品质。细菌 rRNA 含 5S rRNA、16S rRNA 和 23S rRNA，真菌 rRNA 含 5S rRNA、18S rRNA 和 28S rRNA，故经琼脂糖凝胶电泳后通常显示 3 条带，但有时也会显示 16S rRNA 和 23S rRNA（或 18S rRNA 和 28S rRNA）两条带。23S rRNA（28S rRNA）条带的亮度应约为 16S rRNA（18S rRNA）2 倍，否则表明 RNA 有降解。若无清晰条带，表明 RNA 已严重降解。

RNA 分子主要是以单链形式存在，但局部会因碱基互补形成双链结构。正因为该类双链结构的存在，使得琼脂糖凝胶电泳对 RNA 分子的完整性和分子质量鉴定不准确。乙二醛、二甲基亚砜、氢氧化甲基汞、甲醛等有机溶剂可使 RNA 双链结构变性，形成单链。然后再进行电泳，其结果更为可靠，该方法称为变性电泳。

二、重点和难点

（1）RNA 提取的原理。

（2）RNA 提取的方法及注意事项。

三、实　　验

实验六　大肠杆菌总 RNA 的提取及电泳检测

1. 实验材料和用具

（1）仪器和耗材　摇床、超净工作台、小型台式冷冻离心机、水浴锅、EP 管（无 RNA 酶或经 DEPC 处理）、移液器等。

（2）菌株　大肠杆菌 *Escherichia coli* W3110（以下简称 *E. coli* W3110）。

（3）试剂和溶液

①LB 液体培养基。

②Trizol 试剂。

③氯仿。

④75%乙醇（0.1% DEPC 配制）。

⑤甲醛。

⑥去离子甲酰胺。

⑦琼脂糖。

⑧1kb DNA 分子质量标准参照物。

⑨0.1%DEPC 水：100mL 去离子水中加入 DEPC 0.1mL，充分振荡，37℃孵育 12h 以上，121℃高压灭菌 20min 2 次，于 4℃保存备用。

⑩5×MOPS 缓冲液：终浓度为 0.2mol/L MOPS，100mmol/L 乙酸钠，10mol/L EDTA，pH 7.0。

注：分子生物学实验中如电泳缓冲液等溶液使用量较大，且其成分浓度往往较低，故

通常配制为浓缩数倍的储备液，如浓缩 5 倍标注为“5×”，使用时再稀释为工作液，即“1×”，余同。

⑪上样缓冲液：终浓度为 0.5g/mL 甘油，1mol/L EDTA（pH 8.0），2.5g/L 溴酚蓝，2.5g/L 二甲苯青。

⑫其他试剂略。

2. 操作步骤

（1）RNA 的提取

①将大肠杆菌 *E. coli* W3110 接种至 5mL LB 液体培养基中，于 37℃振荡培养过夜（12～16h）。

②取适量上述细菌培养物（1×10^7 细胞）至 EP 管，于 8000×*g* 离心 2min 后弃上清液。

为排除对提取收率的干扰，尽量倒掉上清液，必要时可用滤纸吸净残留液体或将 EP 管倒置于吸水纸上，稍用力上下磕碰 EP 管。

③加入 1mL Trizol 试剂，重悬菌体，室温静置 5min，使核蛋白充分解离。

若想保存 RNA，可将上述溶液置于－80℃，可至少保存一个月。

④加入 0.2mL 氯仿，盖紧盖子，振荡 15s 并于室温静置 2～3min。

避免使用漩涡振荡器，以免造成基因组 DNA 断裂，污染 RNA。

⑤于 2～8℃ 12000×*g* 离心 15min。

离心后样品分层，上层水相中含 RNA，下层有机相中含蛋白和 DNA。

⑥吸取上层水相，转移至 1 个新的 EP 管。

小心吸取，切勿吸入蛋白颗粒。

⑦加入 0.5mL 异丙醇，轻轻混匀，于室温静置 10min。

由于 RNA 浓度不高，故不会看到 RNA 絮状沉淀。

⑧于 2～8℃ 12000×*g* 离心 10min 后弃去上清液。

此时，RNA 位于 EP 管底部（但不可见）。

⑨向 EP 管中加入 1mL 75%乙醇，轻轻混匀，重悬沉淀。

样品在 75%乙醇中于 2～8℃能保存至少一周，于－20℃～－5℃能保存至少一年。

⑩于 2～8℃ 7500×*g* 离心 5min 后小心弃上清液。

⑪将 RNA 样品晾干（不要彻底干燥），加入适量 DEPC 溶液溶解。

可于 55～60℃促溶。

⑫样品置于－70℃备用。

（2）RNA 质量和定量分析

①将样品适当稀释，分别于 260nm 和 280nm 测定吸光值 OD_{260} 和 OD_{280}。

②OD_{260}/OD_{280} 越接近 2，表明 RNA 纯度越高。

③按公式测定 RNA 浓度：RNA（μg/mL）＝40×OD_{260}×稀释倍数（*n*）

（3）RNA 检测（琼脂糖凝胶变性电泳法）

①在电泳前，电泳槽、胶模、样品梳等需预先在 3%的 H_2O_2 中浸泡 10～30min，然后用无菌无 RNA 酶的水充分冲洗，干燥后备用。该实验中所用水均为无菌无 RNA 酶的水。

②取一洁净的摇瓶，依次加入 40mL 水和 0.5g 琼脂糖，加热至琼脂糖完全熔化。

③待上述溶液冷却至约60℃时，依次加入9mL甲醛、5mL 5×MOPS缓冲液以及0.2μL溴化乙锭，轻轻摇动混匀。

④将胶模水平放置，轻轻倒入上述溶液，厚度控制在3～5mm，然后在胶模一端放上样品梳，静置约30min，使其凝固。

⑤将胶模放至电泳槽，加入1×MOPS缓冲液，液面高出胶平面约2mm。

⑥轻轻拔出样品梳。

⑦于超净工作台用移液器吸取RNA样品4μL至无RNA酶离心管。

⑧依次加入2μL 5×MOPS缓冲液、3.5μL甲醛、10μL去离子甲酰胺以及6.5μL水，混匀。

⑨于60℃水浴10min后，置于冰上2min。

⑩加入3μL上样缓冲液混匀后，小心加入点样孔。

⑪打开电源开关，调节电压至100V，使RNA由负极向正极电泳，当溴酚蓝泳动至凝胶下沿2/3时，关闭电源，停止电泳。

⑫在紫外透射检测仪上观察RNA电泳结果。

3. 实验结果

(1) RNA质量和定量分析　总RNA样品其OD_{260}和OD_{280}分别为0.450和0.234。$OD_{260}/OD_{280}=1.92$，表明其纯度较高。

其浓度 $\rho_{RNA}=40\times0.45=18$ (μg/mL)

(2) RNA琼脂糖凝胶电泳结果　*E. coli* W3110RNA琼脂糖凝胶电泳图谱如图2-5所示，共出现2条带，分别为23S rRNA和16S rRNA，其中23S条带较16S条带亮，表明RNA无明显降解。

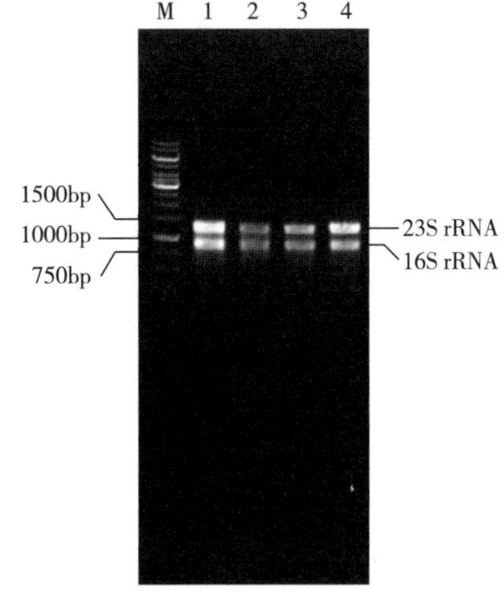

图2-5　大肠杆菌RNA琼脂糖电泳图谱

四、常见问题及分析

1. OD_{260}/OD_{280}偏小

(1) 样品中有少量苯酚污染，故在吸取水相时，一定要小心。

(2) RNA未完全溶解，可适当增加水的用量。

2. 提取率过低

(1) 菌体量过大或Trizol添加量少　菌体量过大或Trizol试剂添加量少会造成Trizol试剂超负荷，从而引起细胞裂解不充分，或蛋白质和DNA浓度相对增加，不利于RNA的释放。

(2) 细胞老化　过度老化的细胞会激活其RNA酶活性，从而降解RNA，对数中期细胞更为适合。

(3) RNA未完全溶解，造成RNA丢失，需适当增加水的用量。

(4) 菌体裂解不完整　RNA容易被蛋白质和DNA包裹，从而难以释放，故菌体裂解需充分。

（5）RNA 降解　RNA 提取过程应及时迅速，避免过多延长。

3. DNA 污染

（1）Trizol 添加量不足。

（2）加入 Trizol 后振荡过于剧烈，造成基因组 DNA 断裂，释放至水相中。

五、思　考　题

（1）总 RNA 的提取主要包括哪些方法？其原理是什么？

（2）利用 Trizol 试剂提取总 RNA 时，应注意哪些事项？

（3）RNA 提取过程中如何防止 RNA 酶污染？

（4）RNA 变性电泳的原理是什么？

（5）利用紫外分光光度法测定 RNA 浓度的原理是什么？

第四节　核酸的浓度测定

聚合酶链式反应（PCR）、实时定量 PCR、限制性内切酶酶切、反转录等实验需要明确 DNA 或 RNA 浓度。紫外分光光度法是测定核酸的常用方法，本节介绍了利用该方法测定 DNA 和 RNA 浓度。

一、基 本 原 理

核苷、核苷酸、核酸及其衍生物都含有共轭双键，具有吸收紫外光的特性。DNA 和 RNA，其在 260nm 波长处具有最大吸收峰，且其吸收强度与 DNA 和 RNA 的浓度成正比例关系。利用该特性可利用分光光度计测定 DNA 和 RNA 浓度，该方法便捷、迅速。A_{260}（260nm 波长处吸光度）＝1 时，相当于双链 DNA 浓度为 50μg/mL；单链 DNA 或 RNA 为 40μg/mL；寡核苷酸为 20μg/mL。故 DNA、RNA 及寡核苷酸的浓度计算公式如下。

$$\rho_{DNA}\ (\mu g/mL) = 50 \times A_{260} \times n$$

$$\rho_{RNA/单链DNA}\ (\mu g/mL) = 40 \times A_{260} \times n$$

$$\rho_{寡核苷酸}\ (\mu g/mL) = 20 \times A_{260} \times n$$

n 表示稀释倍数。

需要注意的是，由于色氨酸等芳香族氨基酸也能够吸收紫外光。但其最高吸收峰在 280nm 处，在 280nm 处的吸光值仅为 DNA 和 RNA 的 1/10 或更低，因此若核酸样品中蛋白质含量较低时，对其浓度测定影响不大。

此外，还可利用 A_{260} 和 A_{280} 比值初步判定核酸纯度，DNA 纯品的 A_{260}/A_{280} 约为 1.8，DNA 纯品的 OD_{260}/OD_{280} 通常为 1.8～2.0。若 A_{260}/A_{280} 低于 1.8 时，表明含蛋白质污染物；DNA 样品 A_{260}/A_{280} 高于 2.0 时，表明可能有 RNA 污染。由于玻璃对紫外光具有吸收特性，故利用紫外分光光度计检测核酸时，应使用石英比色皿。

二、重点和难点

（1）紫外分光光度法测定核酸浓度和纯度的原理。

（2）紫外分光光度法测定核酸浓度和纯度的方法。

三、实　验

实验七　大肠杆菌基因组DNA和总RNA浓度测定

1. 实验材料和用具

（1）仪器和耗材　紫外分光光度计、移液器、小型台式离心机、EP管、水浴锅等。

（2）样品　大肠杆菌 *E. coli* W3110 基因组 DNA，大肠杆菌 *E. coli* W3110 总 RNA。

（3）试剂和溶液　去离子水（或双蒸水）等。

2. 操作步骤及注意事项

（1）打开紫外分光光度计电源开关，将波长调节至260nm，等待5～10min，待光源稳定。

紫外光是由氘灯发出的，氘灯的寿命有一定限度，应避免长时间开启，使用完毕即刻关闭。

（2）手持比色杯糙面，用镜头纸擦拭比色杯光面，加入适量水（如果DNA或RNA用TE溶液溶解，则需加入TE溶液）润洗3次。

（3）加入适量水，将吸光值设定为零。

（4）取出比色杯，将水倒净，加入经适量稀释的DNA或RNA样品润洗1次，倒净。

（5）加入经适量稀释的DNA或RNA样品，测定吸光值。

如DNA或RNA样品还用于其他实验，可回收使用。

（6）按公式计算DNA或RNA浓度。

（7）采用同样方法测定A_{280}，计算A_{260}/A_{280}，判定DNA或RNA纯度。

3. 实验结果（略）

四、常见问题及分析

1. 核酸浓度偏高

（1）适当稀释核酸样品。

（2）比色杯光面不清洁影响测定，使用前和使用过程中应随时注意用镜头纸或面巾纸擦拭比色杯光面。

2. 紫外分光光度计示值波动大

光源不稳定，应在打开电源后等待5～10min，待其稳定后再进行样品测定。

五、思　考　题

（1）利用紫外分光光度法测定核酸浓度的原理是什么？

（2）利用紫外分光光度法测定核酸浓度时应注意哪些问题？

第五节　核酸琼脂糖凝胶电泳

核酸分离纯化是研究其序列、结构和功能的前提。凝胶电泳是核酸检测、分离和纯化的常用手段。本节介绍琼脂糖凝胶电泳的原理及操作方法。

一、基本原理

（一）凝胶电泳的原理

带电物质在电场中以一定的速度向电极移动的过程称为电泳。DNA（或RNA）分子在高于其等电点的pH溶液中携带负电荷，在电场中向正极移动。核酸的分子越大，表明其所含核苷酸越多，即磷酸基团越多，因此所携带负电荷越多。凝胶含有多个网孔，对核酸分子具有阻滞作用，核酸分子越大，其受到的阻滞作用越大，从而起到分子筛的作用。即使其带电量高，仍然难以快速泳动（图2-6）。利用DNA携带电荷以及凝胶的分子筛和载体作用，通过电泳达到分离和纯化核酸的目的。

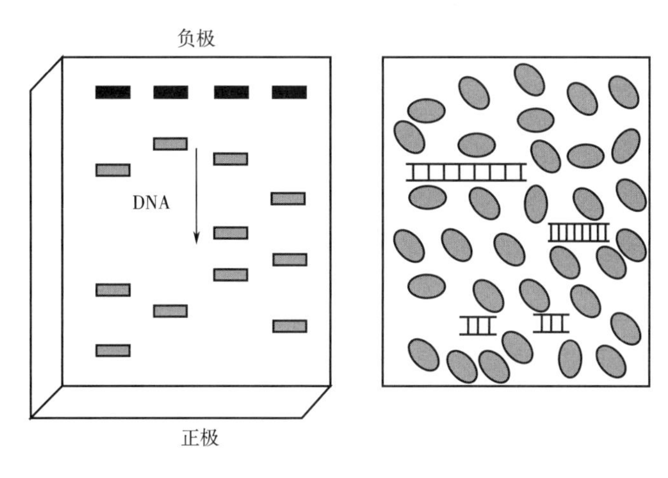

图2-6　DNA凝胶电泳示意图

用于DNA分离和纯化的凝胶电泳主要包括琼脂糖凝胶电泳和聚丙烯酰胺凝胶电泳两种。琼脂糖凝胶的分辨率较低，但分离范围大。含碱基50个至几万个的DNA均可采用琼脂糖凝胶电泳分离。聚丙烯酰胺凝胶的分辨率较高，相差1bp的核酸均可采用聚丙烯酰胺凝胶电泳分离。

（二）琼脂糖与琼脂糖凝胶

琼脂糖是来源于红藻的多糖，由D-半乳糖和L-半乳糖通过α（1→3）和β（1→4）糖苷键交错构成的线性聚合物。L-半乳糖残基在3位和6位间脱水缩合，然后形成螺旋纤维，再聚合成半径为20～30nm的超螺旋结构。琼脂糖在水中加热至90℃以上可溶解，低于40℃凝固形成凝胶。琼脂糖凝固后，半乳糖聚合链交叉为网状结构，形成直径为50～200nm的孔道。商品化的琼脂糖通常每个聚合链约含800个半乳糖。不同浓度琼脂糖凝胶的分离范围不同，见表2-1。

（三）DNA在琼脂糖凝胶中迁移率的影响因素

1. DNA分子的大小

DNA分子在琼脂糖凝胶中的速率与其碱基数成反比，即碱基数越多，迁移速率越慢。因为DNA碱基数越多，其分子越大，摩擦阻力越大，通过琼脂糖凝胶孔径的效率越低。

表 2-1　　不同琼脂糖浓度的分离范围

琼脂糖浓度/(g/L)	分离范围/kb	琼脂糖浓度/(g/L)	分离范围/kb
3	5～60	12	0.4～6
6	1～20	15	0.2～3
7	0.8～10	20	0.1～2
9	0.5～7		

2. DNA 构象

常见 DNA 构象包括超螺旋环状、开口环状和线性 DNA。在相同条件下，超螺旋环状 DNA 迁移最快，其次是线性 DNA 和开口环状 DNA。

3. 琼脂糖浓度

相同碱基数的 DNA 在不同浓度的琼脂糖凝胶中迁移速率不同。DNA 迁移速率（μ）的对数与凝胶浓度（c）呈如下线性关系（式 2-1）：

$$\lg\mu = \lg\mu_0 - K_r c \tag{2-1}$$

式中　μ_0——DNA 自由电泳迁移率；

K_r——阻滞系数，是一个与凝胶性质、电泳分子大小和形状相关的常数。

由公式（2-1）可知，琼脂糖浓度越高 DNA 电泳迁移率越低。

4. 电压

在一定范围内，DNA 片段迁移率与电泳电压成正比，即电压越大，DNA 片段迁移越快。

5. 电泳缓冲液种类

电泳缓冲液中离子成分和浓度影响 DNA 片段迁移率。当离子浓度低时，其迁移慢，反之则快。

（四）上样缓冲液

上样前需将核酸样品与上样缓冲液混合。上样缓冲液的作用包括：①上样缓冲液中的甘油或蔗糖能够增加核酸样品的密度，以保证其能够沉入上样孔中。②溴酚蓝等染料能够有助于观测样品是否正确加入上样孔。③溴酚蓝等染料也能够在电场中移动，从而对核酸的电泳位置起到指示作用。常见上样缓冲液的成分如表 2-2 所示。

表 2-2　　常用琼脂糖电泳上样缓冲液　　单位：g/L

种类	成分及浓度	保存环境
1	2.5 溴酚蓝、2.5 二甲苯青、400 蔗糖水溶液	4℃
2	2.5 溴酚蓝、2.5 二甲苯青、2.5 Ficoll（蔗糖的多聚体）水溶液	室温
3	2.5 溴酚蓝、2.5 二甲苯青、2.5 甘油水溶液	4℃
4	2.5 溴酚蓝、2.5 蔗糖水溶液	4℃

二甲苯青在浓度为 1%和 1.4%的琼脂糖凝胶中的迁移速率相当于 2000bp 和 1600bp 双链 DNA 的迁移速率，溴酚蓝的迁移速率是二甲苯青的 2.2 倍，在浓度 1.4%的琼脂糖凝胶中相

当于 200bp 双链 DNA 的迁移速率。利用该特性可初步判断目的 DNA 的电泳位置。

(五) DNA 染料

DNA 无法用肉眼观测，需要染色才能看到。常用的染料包括荧光染料溴化乙锭等。

1. 溴化乙锭（EB）

EB 是一种荧光染料，能够嵌入核酸双链的碱基对之间，用于 DNA。高离子强度的饱和溶液中，约每 2.5 个碱基可插入一个 EB 分子。当 EB 分子插入碱基之间后，通过范德瓦耳斯力与上下碱基相互作用，导致 EB-DNA 呈现荧光。DNA 吸收 254nm 处的紫外光并传递给 EB，被激发出 590nm 红橙的光。EB 也可以检测 RNA，但对 RNA 的亲和力较 DNA 小，因此荧光值较弱。

通常将 EB 配制成 10mg/L 的贮备液，存放于棕色瓶中（或用铝箔纸包裹的试剂瓶中），其工作浓度为 0.5μg/mL。使用时主要有如下 3 种方法：①配制凝胶时加入。②凝胶凝固后置于 EB 溶液中浸泡 40～60min。③电泳结束后置于 EB 溶液中浸泡 40～60min。实验操作时，须佩戴手套。

2. 新型染料

近些年相继开发出 Gold View、SYBR Green Ⅰ、SYBR Gold 等新型的 DNA 染料。该类染料与 DNA 亲和力高，能够增强荧光信号。以 SYBR Gold 为例，其与 DNA 的复合物荧光强度是 EB-DNA 的 1000 余倍，因此可检测质量低于 20pg 的双链 DNA。其激发光是 300nm，发射光是 537nm。

值得注意的是，Gold View 不能在制胶时加入，否则会使得电泳条带严重变形。需采用浸泡凝胶的方式染色。

(六) DNA 样品的碱基数估算

在一定范围内，DNA 样品的迁移距离与其碱基数成正比。如果以 DNA 样品的迁移距离为横坐标，以其碱基数为纵坐标作图，会发现呈一条直线。测量 DNA Marker 中每条带的迁移距离，进行作图。再测量 DNA 样品条带的迁移距离，带入曲线图，即可估算出 DNA 样品的碱基数（图 2-7）。

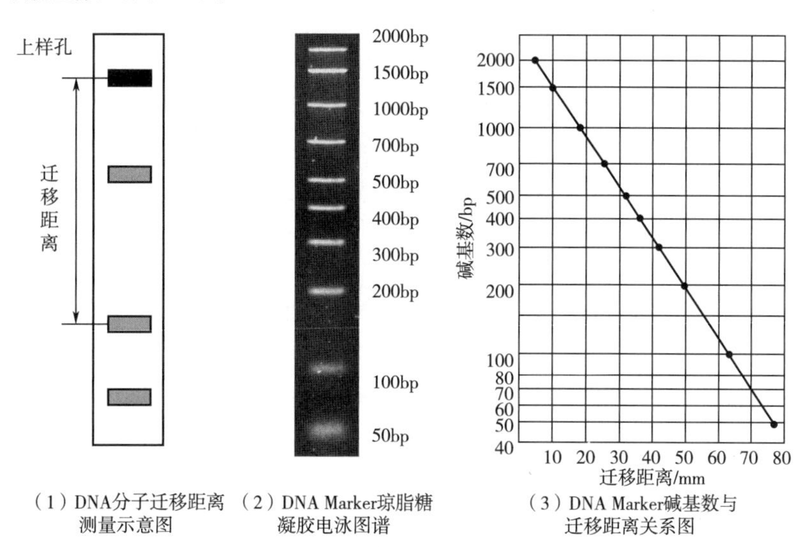

（1）DNA分子迁移距离测量示意图 （2）DNA Marker琼脂糖凝胶电泳图谱 （3）DNA Marker碱基数与迁移距离关系图

图 2-7 DNA 分子质量估算示意图

二、重点和难点

（1）琼脂糖凝胶电泳的原理。

（2）通过制备琼脂糖凝胶及电泳，掌握其方法和注意事项。

三、实　　验

实验八　琼脂糖凝胶的制备及 PCR 产物电泳

1. 实验材料和用具

（1）仪器及耗材　电泳仪（电源和电泳槽）、凝胶成像仪、微波炉、移液器、吸头、PE 手套等。

（2）试剂和溶液

①琼脂糖。

②1kb Marker。

③TAE 缓冲液。

④上样缓冲液。

⑤10mg/mL EB 溶液。

⑥其他试剂略。

2. 操作步骤及注意事项

（1）准备工作

①彻底清洗胶模和样品梳，室温晾干或 37℃恒温培养箱烘干。

②放置好胶模。

③选择适合的样品梳，插入胶模。

（2）按 15g/L 的比例称取琼脂糖，置于三角瓶中。

（3）加入相应体积的 1×TAE 缓冲液，轻轻摇动三角瓶使琼脂糖分散到缓冲液中，用保鲜膜（需扎孔）或铝箔纸轻轻盖住瓶口。

缓冲液不宜超过三角瓶容积的 1/3，否则加热沸腾后容易喷出。

（4）置于微波炉加热，至熔化。

期间需轻轻摇动（佩戴隔热手套）三角瓶数次，待缓冲液沸腾后调小微波炉火力，小心取出三角瓶，再次轻轻摇动后放回继续加热至熔化。未熔化的琼脂糖呈现透明小碎片或微小颗粒悬浮物，确保琼脂糖完全溶解后方可做后续实验。切忌加热时间过长，否则造成水分过多蒸发影响琼脂糖浓度。

（5）制胶　待凝胶溶液冷却至 50～60℃时（手背触摸不烫），缓缓倒入胶模。

倾倒凝胶溶液时，动作要轻缓，杜绝气泡产生。如若产生气泡，可用吸头和牙签除去气泡。同时需检查样品梳的梳齿间和梳齿下是否有气泡。

若发现凝胶已部分凝固，可重新加热至融化，待冷却后再制胶。

（6）室温下静置 30～60min，以使凝胶完全凝固。

（7）加少量电泳缓冲液于凝胶顶部，小心拔出样品梳，倒出电泳缓冲液。

拔样品梳时一定要小心，防止上样孔受破坏。

(8) 将凝胶置于终浓度为 0.5μg/mL EB 溶液中浸泡 45min～1h。

也可在步骤 (5) 时加入终浓度为 0.5μg/mL 的 EB 溶液，轻轻摇动三角瓶后制胶。

(9) 将凝胶置于电泳槽中，上样孔一侧靠近负极。

(10) 向电泳槽中倒入电泳缓冲液，没过凝胶约 1mm。

在上样和电泳过程中，DNA 样品容易扩散到电泳缓冲液中；同时电泳过程中因水的电解使得电泳缓冲液浓度增加，因此不建议多次重复使用电泳缓冲液。

(11) DNA 样品处理　按 DNA 样品∶5×上样缓冲液＝4∶1 的比例于 EP 管混合 DNA 样品和 5×上样缓冲液。

也可在封口膜上用移液器点数滴 5×上样缓冲液，再用移液器吸取适量 DNA 样品与其混合。

(12) 上样　吸取 DNA 样品，小心将吸头尖端伸入上样孔，轻轻将 DNA 样品打入。

不同样品上样时，每上一种样品须更换一次吸头。

DNA 样品的上样量取决于 DNA 产物的大小和浓度。利用凝胶成像仪对 EB 染色的 DNA 最低观测浓度为 2ng (5mm 宽上样孔)，用 SYBR Gold 等染料 DNA 质量可低至 20pg。若 DNA 样品质量超过 500ng 则会出现拖尾现象。

制胶前可根据 DNA 样品选择不同宽度的样品梳，也可调整凝胶厚度。如上样孔为 5mm×5mm×3mm，可容纳 80μL 样品。切忌上样体积过多，否则样品溢出后会污染临近上样孔和电泳缓冲液。

(13) 盖上电泳槽盖，接通电源，进行电泳，电压为 80～100V。

接通电源后，观察一下电泳槽两极，应有气泡产生。如无，需检查连接装置是否连通。电泳开始几分钟后，溴酚蓝即从上样孔向正极移动。

(14) 待溴酚蓝和二甲苯青泳动至适当位置时 (通常是凝胶前沿的 1/3～1/2)，关闭电源停止电泳。

可根据溴酚蓝和二甲苯青的位置初步判断 DNA 片段电泳位置，通常溴酚蓝在 200bp 附近，二甲苯青在 2kb 附近。

也可关闭电源，打开电泳槽盖，利用手持式紫外检测仪观测 DNA 片段的电泳位置。

(15) 在凝胶成像仪上铺一层保鲜膜。

(16) 小心取出凝胶，控干电泳缓冲液，置于凝胶成像仪，关闭舱门。

(17) 打开紫外灯开关观察，照相。

3. 实验结果

ido 基因 PCR 产物电泳图谱如图 2-8 所示，其碱基数约为 750bp。

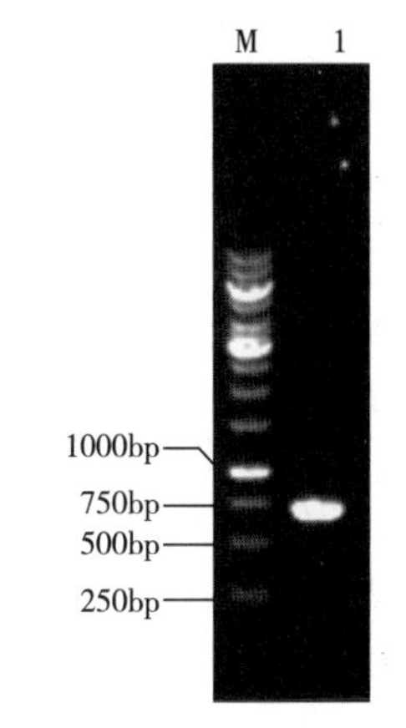

图 2-8　*ido* 基因 PCR 产物电泳图谱

四、常见问题及分析

1. 琼脂糖凝胶电泳图谱中条带拖尾、模糊

(1) 上样量过大　DNA 样品质量超过 500 ng 则容易出现拖尾或模糊现象。此时需适

当减少上样量。

（2）电压过大　当电压过大时，由于 DNA 样品迁移速度过快，会造成拖尾现象。控制电压在 80～100V。

2. 电泳条带变形

（1）琼脂糖凝胶凝固不彻底，需凝固 30min 以上。尽管有时表面已凝固，但内部未完全凝固。

（2）加热时琼脂糖未完全融熔化　加热琼脂糖时，需轻轻摇动三角瓶数次，待缓冲液沸腾后调小微波炉火力，至溶液中无透明小碎片或微小颗粒悬浮物时方可停止加热。

3. 琼脂糖凝胶发红

EB 添加量过大，保证其工作浓度为 0.5μg/mL。

五、思　考　题

（1）凝胶电泳的原理是什么？

（2）如何推算 DNA 样品的碱基数？

（3）常用 DNA 染料有哪些？其反应原理是什么？

（4）制胶时应注意哪些问题？

第六节　DNA 的回收和纯化

获得高纯度和适当浓度的 DNA 是进行聚合酶链式反应（PCR）、基因克隆等实验的重要前提。DNA 纯度低时，会显著影响酶促反应。实验室常用的 DNA 的回收和纯化包括切胶回收、吸附柱直接回收、醇沉淀、酚抽提法、纤维素交换树脂等方法。本节介绍切胶回收、吸附柱直接回收及醇沉淀 3 种最为常用的方法。

一、基 本 原 理

（一）切胶回收

经琼脂糖凝胶电泳后，实现 DNA 的分离。从凝胶中切下目的条带，切下的凝胶连同 DNA 溶解至溶胶液中。将上述溶液通过含硅胶膜或玻璃纤维滤纸的吸附柱后，DNA 被吸附在硅胶膜或玻璃纤维滤纸上。经漂洗液（含 75%酒精）漂洗后，由于 DNA 不溶于漂洗液，故仍保留在吸附柱上，经离心后杂质被洗脱，达到纯化的目的。洗脱液含低浓度离子（如 TE 溶液，水等），加入洗脱液经离心后，DNA 被洗脱。

（二）吸附柱法直接回收

若电泳图谱中目的条带纯度高、不含杂带或杂带浓度极低，不必切胶，直接将样品经过吸附柱进行回收。

（三）醇沉淀

利用 DNA 不溶于醇的特性，可利用乙醇、异丙醇等醇类沉淀 DNA。此外，盐能够中和 DNA 上的电荷，有助于 DNA 的沉淀。常用的盐包括钠盐和钾盐，如氯化钠、乙酸钠、乙酸钾等。

二、重点和难点

（1）DNA 回收和纯化的主要方法及其基本原理。

（2）DNA 回收和纯化的主要影响因素。

三、实　　验

实验九　切胶回收结合吸附柱法纯化 DNA

1. 实验材料和用具

（1）仪器和耗材　移液器、小型台式离心机、EP 管、水浴锅等。

（2）实验材料　*ido* 基因 PCR 扩增产物等。

（3）试剂和溶液

①以胶回收试剂盒 E. Z. N. A. Gel Pure Kit（Omega Bio-Tek）为例，该试剂盒适用于纯化 70bp～10kb 的 DNA，回收率大于 80%，吸附柱最多可吸附 25μg DNA。

②无水乙醇。

③去离子水。

④5mol/L 乙酸钠（pH 5.2）。

⑤其他试剂略。

2. 操作步骤及注意事项

（1）首次使用时向漂洗液中加入要求量的无水乙醇（终浓度 80%），然后在瓶盖上做标记。

（2）提前将洗脱液（EB）置于 65℃温浴。

（3）开启水浴锅调节至 50～60℃。

（4）准备好数支洁净的 1.5mL EP 管，称重后标记于外管壁。

（5）将电泳完毕的琼脂糖凝胶置于凝胶成像仪，打开紫外灯，用刀小心切下含有目的条带的凝胶。

切胶时尽量去除多余的凝胶，保留的凝胶体积越小越好。

（6）将切下的凝胶转移至步骤（4）的 EP 管，再次称重，并计算凝胶重量。

（7）按凝胶质量（g）：结合缓冲液［mL，Binding Buffer（XP2）］=1∶1（质量体积比）的比例加入结合缓冲液。如凝胶质量为 0.3g，则需加入 300μL 结合缓冲液。

（8）将上述含凝胶和结合缓冲液的 EP 管转移至 50～60℃水浴，每 2～3min 间歇上下颠倒 EP 管，直至凝胶完全熔化。

确保凝胶完全熔化，否则会严重影响后续实验。

pH 对 DNA 与吸附柱的吸收效率影响极大。当 pH>8 时，DNA 收率显著降低。如果凝胶熔化后，溶液变为橙色或红色，可加入 5mol/L（pH 5.2）乙酸钠 5μL，以降低 pH，此时溶液应为黄色。

（9）将 HiBind® DNA 吸附柱插入收集管。

（10）吸取不多于 700μL 步骤（8）中的溶液至吸附柱。

（11）10000×*g* 离心 1min。

(12) 拔下吸附柱，倒掉滤液，重新将其插入收集管。

(13) 如步骤 (8) 中的溶液多于 700μL，将剩余溶液加入吸附柱，重复步骤 (11) 和 (12)。

(14) 向吸附柱中加入 300μL 结合缓冲液 [Binding Buffer (XP2)]。

(15) 10000×g 离心 1min。

(16) 拔下吸附柱，倒掉滤液，重新将其插入收集管。

(17) 加入 700μL 漂洗液。

使用前确定漂洗液中已加入无水乙醇。初次使用时需按要求加入无水乙醇，然后在瓶盖标签上钩选"Yes"。

(18) 13000×g 离心 1min。

此步骤的目的是利用 DNA 不溶于 75%乙醇的特性来清洗 DNA。

(19) 拔出吸附柱，倒掉收集管中的液体，重新将其插入收集管。

(20) 加入 700μL 漂洗液。

(21) 13000×g 离心 1min。

(22) 拔出吸附柱，倒掉收集管中的液体。

(23) 重新插入吸附柱，13000×g 离心 2min。

此步骤非常重要，其目的是去除残余乙醇。因为残余乙醇会影响后续酶切、PCR 等酶促反应实验。

(24) 拔出吸附柱，插入至灭过菌的 1.5mL EP 管中。

(25) 打开吸附柱盖子，置于 37℃ 3～5min。

该步骤目的是去除吸附柱中残留的痕量乙醇，但放置时间不可过长以防止滤膜干燥，影响后续洗脱。

(26) 向吸附柱中央加入 30～50μL 提前预热 (65℃) 的洗脱液 (EB) 或灭过菌的去离子水。

pH 直接影响 DNA 的洗脱效率，如果用去离子水洗脱，需将其 pH 调节至 8.5。

(27) 盖上吸附柱盖子，置于 37℃ 3～5min。

(28) 13000×g 离心 1min。

此时，可将 70%的 DNA 洗脱下来。可另加入少量洗脱液，重复步骤 (26) ～ (28) 洗下部分剩余 DNA，但最终会降低 DNA 终浓度。

(29) 如不立即使用，可将 DNA 样品贮存于－20℃。

3. 实验结果

利用紫外分光光度法检测 DNA 浓度为 127ng/μL，表明纯化和回收效果较好。

实验十　吸附柱法直接纯化 DNA

1. 实验材料和用具

(1) 仪器和耗材　移液器、小型台式离心机、EP 管、水浴锅等。

(2) 材料　*ido* 基因 PCR 扩增产物等。

(3) 试剂和溶液

①以 DNA 回收试剂盒 E. Z. N. A. Cycle Pure Kit (Omega Bio-Tek) 为例，该试剂盒

适用于纯化100bp～10kb的DNA，回收率大于80%，吸附柱最多可吸附30μg DNA。

②其余同本章实验九。

2. 操作步骤及注意事项

（1）首次使用时向漂洗液中加入要求量的无水乙醇（终浓度80%），然后在瓶盖上做标记。

（2）提前将洗脱液（EB）置于65℃温浴。

（3）取3μL DNA样品，利用琼脂糖凝胶电泳进行品质检测，若目的条带明亮且无杂带或杂带含量极低，则可进行后续实验。

（4）将DNA样品转移至灭过菌的1.5mL EP管中。

（5）加入4～5倍体积的CP缓冲液。若PCR产物小于200bp，则需加入6倍体积的CP缓冲液。

若发现CP缓冲液中有沉淀，可于37℃温浴并轻轻摇动，直至沉淀溶解。

（6）充分漩涡振荡。

（7）快甩5～10s以收集管盖上的液体。

（8）将HiBind® DNA吸附柱插入收集管。

（9）将步骤（5）的样品加入上述HiBind® DNA吸附柱。

（10）于室温条件下13000×g离心1min。

（11）拔出吸附柱，倒掉收集管中的液体。

（12）加入700μL漂洗液。

使用前确定漂洗液中已加入乙醇。初次使用时需按要求加入无水乙醇，然后在瓶盖标签上钩选“Yes”。

（13）13000×g离心1min。

此步骤的目的是利用DNA不溶于75%乙醇的特性来清洗DNA。

（14）拔出吸附柱，倒掉收集管中的液体。

（15）加入700μL漂洗液。

（16）13000×g离心1min。

（17）拔出吸附柱，倒掉收集管中的液体。

（18）重新插入吸附柱，13000×g离心2min。

此步骤非常重要，其目的是去除残余乙醇。因为残余乙醇会影响后续酶切、PCR等酶促实验。

（19）拔出吸附柱，插入至灭过菌的1.5mL EP管中。

（20）打开吸附柱盖子，置于37℃ 3～5min。

该步骤目的为去除吸附柱中残留的痕量乙醇，但放置时间不可过长以防止滤膜干燥，影响后续洗脱。

（21）向吸附柱中央加入30～50μL提前预热（65℃）的洗脱液（EB）、TE缓冲液或灭过菌的去离子水。

（22）盖上吸附柱盖子，置于37℃ 3～5min。

（23）13000×g离心1min。

此时，可将80%～90%的DNA洗脱下来。可另加入少量洗脱液，重复步骤（19）～

(21) 洗下部分剩余 DNA，但最终会降低 DNA 终浓度。

(24) 如不立即使用，可将 DNA 样品贮存于−20℃。

3. 实验结果（略）

实验十一　乙醇沉淀法浓缩和纯化 DNA

1. 实验材料和用具

(1) 仪器和耗材　小型台式离心机、移液器、冰箱、EP 管等。

(2) 材料　*ido* 基因 PCR 扩增产物。

(3) 试剂和溶液

①无水乙醇（或异丙醇），使用前于−20℃预冷。

②70%乙醇。

③3mol/L 乙酸钠（pH 5.2）：称取 24.609g 无水乙酸钠（NaAc）于 80mL 去离子水中，用冰醋酸（乙酸）调节 pH 至 5.2，加去离子水定容至 100mL。

2. 操作步骤及注意事项

(1) 取适量的 DNA 溶液加入 1.5mL 的 EP 管中，并加入 1/10 体积的 3mol/L 乙酸钠，混匀。

(2) 加入 2.5 倍体积的预冷的无水乙醇（或等体积的异丙醇，需−20℃预冷），轻柔地上下颠倒或轻弹使其混匀。

(3) 于−20℃静置 1h 以上（或−80℃静置 15min）。

(4) 4℃，13000r/min 离心 15min。

若出现白色沉淀，属于正常现象，说明 DNA 浓度较高。

(5) 弃上清液（可倾倒或用移液器小心吸取，残留液体越少越好）。

注意吸头不要触及管底部附近的管壁。

准备一张纸巾，将 EP 管倒扣于纸巾上，以吸收残留液体。

(6) 加入 700μL 预冷过的 70%乙醇，轻弹使 DNA 重新悬浮，13000r/min 离心 15min，弃上清液。

(7) 敞开管口，将 EP 管放置通风橱或超净工作台（打开通风）静置，使得残余乙醇彻底挥发。

也可用封口膜封口后，在封口膜上扎几个小孔，于真空干燥机干燥 10～30min。

(8) 加入 30～50μL 无菌去离子水，温柔地吹吸或轻弹使 DNA 重新溶解。

(9) 用核酸分析仪检测 DNA 浓度，并在 EP 管体上做好标记，于−20℃保存。

3. 实验结果（略）

四、常见问题及分析

1. 回收的 DNA 浓度低

(1) 漂洗液未加入足量无水乙醇　在初次使用 DNA 回收或琼脂糖凝胶回收试剂盒时，应按说明要求向漂洗液中加入足量无水乙醇。否则 DNA 在加入漂洗液后被洗脱。

(2) DNA 洗脱方法不当　利用试剂盒回收 DNA 时，洗脱液体积应大于 30μL，最好不要高于 100μL。洗脱液体积过低不利于 DNA 的溶解，过高又会稀释样品。为提高 DNA

溶解效率，可提前将洗脱液水浴至65℃。洗脱液须加至硅胶膜滤芯中央，加入洗脱液后可于65℃静置3～5min。

2. 回收的DNA做酶切实验时，不能够酶切彻底

可能DNA中残留痕量乙醇，如果利用试剂盒纯化DNA，在漂洗完后需继续将吸附柱连同收集管离心2min以去除乙醇。如利用乙醇沉淀法纯化DNA，在用乙酸漂洗完DNA后，需敞开EP管管口，并放置通风橱或超净工作台（打开通风），使得残余乙醇彻底挥发。

五、思考题

（1）纯化DNA的方法有哪些？

（2）试剂盒法和乙醇法纯化DNA的原理是什么？

（3）若回收的DNA中残留乙醇，会有哪些影响？

第七节 Southern印迹杂交

Southern印迹（Southern blot）杂交是最为常用的核酸分子杂交技术之一，1975年由英国科学家Edwin Mellor Southern创建。Southern印迹杂交是研究DNA图谱的基本技术，在PCR产物分析、遗传病诊断、DNA图谱分析等方面有重要价值。

一、基本原理

（一）Southern印迹杂交的原理

Southern印迹杂交主要依据是：具有一定同源性的两条核酸单链在一定条件下可以按碱基互补原则形成双链，且此过程具有高度的特异性。首先利用凝胶电泳将DNA样品按长短进行分离，再将胶上的DNA进行变性，然后将其转印到尼龙膜等固体支持物上，通过紫外交联或者烘烤的方法将核酸固定，再与已标记的特异性探针进行杂交，最终通过放射显影或是酶反应显色，从而提供DNA特性、大小和丰度等信息。

（二）Southern印迹杂交转膜技术的分类

随着技术的不断发展，Southern blot杂交的操作方法也不断完善和改进，可以根据实验条件和目的，选取适合自己实验室的方法。这些改进主要集中在转膜和显色两个过程中。目前，转膜的方法主要分为3类。

1. 虹吸法

虹吸法是经典的转膜操作，其原理是：转移缓冲液含有高浓度的氯化钠和柠檬酸钠，上层吸水纸的虹吸作用使缓冲液通过滤纸桥、滤纸、凝胶、硝酸纤维素滤膜向上运动，同时带动凝胶中的DNA片段垂直向上运动，凝胶中的DNA片段移出凝胶而滞留在膜上。该方法不需要特殊仪器，具有操作简单、重复性高等特点。然而，其缺点十分明显，转移效率不高，尤其对分子质量较大的DNA片段。另外，此方法耗时长，通常在24～36h。

2. 电转移法

电转移法是通过外加电场将凝胶中的DNA迁移到固相支持物上，其具体操作是：将滤膜与凝胶贴在一起，并将凝胶于滤膜一起置于滤纸之间，固定于凝胶支持夹，将支持夹

置于盛有转移电泳缓冲液的转移电泳槽中，凝胶平面与电场方向垂直，附有滤膜的一面朝向正极。在电场的作用下凝胶中的DNA片段向与凝胶平面垂直的方向泳动，从凝胶中移出，滞留在滤膜上形成印迹。此方法较为高效，适用于大片段DNA的转移，一般只需2～3h即可完成转移过程。

3. 真空转移法

真空转移法与虹吸法相似，利用真空作用将转膜缓冲液从上层容器中通过凝胶和滤膜抽到下层真空室中，同时带动核酸片段转移到置于凝胶下面的尼龙膜等固相支持物。该方法耗时最短，仅需1h即可完成操作。尽管后两种方法更为高效，但都需要专用仪器，且价格不菲，因此虹吸法仍是目前最为常用的转膜方法。

此外，在杂交显色的过程中，最早使用的是放射性同位素标记核酸探针法，该方法具有高敏感性、高特异性、高分辨率的特点，然而放射性同位素标记也存在成本高、有害健康等问题，而且实验室需要专用的仪器设备和保护措施，人员必须经过专业培训，且放射性物质存放具有极高的要求，因而限制了普通实验室的使用。近年来，非放射性核酸探针的发展克服了上述问题，其中地高辛标记技术是非放射标记检测的首选。地高辛是洋地黄类植物中的类固醇物质，其抗体不会与其他生物物质结合，从而可以满足特异性标记的需要。地高辛标记探针的灵敏度可以与放射性标记相媲美，而且还具有反应时间短、环境友好、储存稳定性好等优势。地高辛标记可以通过碱性磷酸酶的化学发光底物（CDP-Star）法和四唑氮蓝/5-溴-4-氯-3-吲哚-磷酸盐（NBT/BCIP）法进行检测。

丝状真菌中的金龟子绿僵菌（*Metarhizium anisopliae* NwIB-02）可以大量积累次生代谢产物烟曲霉酸，通过生物信息学分析，发现其基因组中存在合成烟曲霉酸的基因簇。烟曲霉酸生物合成的第一步反应是（3*S*）-氧鲨烯在角鲨烯环化酶的作用下生成前体化合物（17*Z*）-protosta-17（20），24-dien-3*β*-ol，该步反应是烟曲霉酸在生物体内合成的关键步骤。我们通过敲除合成过程中关键酶——角鲨烯环化酶（对应基因为*Mrshc*）来验证所得基因簇的生物学功能，并通过Southern印迹杂交对敲除进行验证。本节Southern印迹杂交操作采用了传统的虹吸转膜法和基于地高辛的NBT/BCIP检测法。

二、重点和难点

（1）Southern印迹杂交的基本原理和操作方法。

（2）Southern印迹杂交转膜的原理和种类。

三、实　　验

实验十二　金龟子绿僵菌*Mrshc*基因敲除的Southern印迹杂交验证

1. 实验材料和用具

（1）仪器和耗材　离心机、漩涡振荡器、杂交炉、电泳仪、培养箱、紫外分光光度计等。

（2）菌株　金龟子绿僵菌*Metarhizium anisopliae* NwIB-02；*Mrshc*基因敲除菌株*M. anisopliae* NwIB-02Δ*Mrshc*。

（3）试剂和溶液

①马铃薯葡萄糖琼脂培养基（PDA）。

②马铃薯葡萄糖肉汤培养基（PDB）。

③DNA 提取液：0.2mol/L Tris-HCl（pH 7.5），0.5mol/L NaCl，0.01mol/L EDTA，10g/L SDS，以上均为终浓度，余同。

④变性液：0.5mol/L NaOH，1.5mol/L NaCl。

⑤中和液：0.5mol/L Tris-HCl（pH7.5），1.5mol/L NaCl。

⑥10mg/mL RNaseA 酶。

⑦20×柠檬酸钠缓冲液：3mol/L NaCl，300mmol/L 柠檬酸三钠，pH 7.0。

⑧洗膜液 1：2×柠檬酸钠缓冲液，SDS 10g/L。

⑨洗膜液 2：0.5×柠檬酸钠缓冲液，SDS 10g/L。

⑩地高辛标记和检测试剂盒（Dig-Labeling and Detection Kit）（以 Roche 公司产品为例）。

⑪正电尼龙膜。

⑫马来酸缓冲液：0.1mol/L 马来酸，0.15mol/L NaCl，pH 7.5。

⑬洗涤液：0.1mol/L 马来酸，0.15mol/L NaCl，0.3%（体积分数）Tween 20，pH 7.5。

⑭封闭液：10mL 10×封装储液（以 Roche 公司 DIG High Prime DNA Labeling and Detection Starter Kit Ⅰ，11745832910 为例）加入 90mL 马来酸缓冲液，即配即用。

⑮抗体溶液：抗地高辛标记物（Anti-digoxigenin-AP）10000r/min 离心 5min，按 1∶5000 稀释在封闭液中，即配即用。

⑯检测缓冲液：0.1mol/L Tris-HCl（pH 9.5），0.1mol/L NaCl，pH 9.5。

⑰显色液：200μL 四唑氮蓝/5-溴-4-氯-3-吲哚-磷酸盐（NBT/BCIP）贮备液溶于 10mL 检测缓冲液，避光，即配即用。

⑱NBT/BCIP 碱性磷酸酶显色试剂（以 Roche 公司 DIG High Prime DNA Labeling and Detection Starter Kit Ⅰ，11745832910 为例）。

⑲无 DNase/RNase 的无菌水。

2. 操作步骤及注意事项

（1）提取金龟子绿僵菌 *M. anisopliae* NwIB-02 和 *M. anisopliae* NwIB-02Δ*Mrshc* 基因组 DNA。

①分别将 *M. anisopliae* NwIB-02 和 *M. anisopliae* NwIB-02Δ*Mrshc* 接种至 PDA 固体培养基平板上，30℃培养 4～6d，收集孢子后接种至液体 PDB 培养基中，30℃培养 24～36h，抽滤收集菌丝体，并用液氮快速研磨成粉末。

如果是液体培养，收集菌体时尽量除去水分，将菌丝体压成薄片，便于后续研磨。

②将粉末转移至 1.5mL 离心管中，按 0.1g/2mL 的比例加入 DNA 抽提液，剧烈涡旋混匀。

一般菌体粉末占到 1.5mL 离心管体积 1/3～1/2 即可，然后加入 1mL 裂解液。

③加入与 DNA 抽提液等体积的酚∶氯仿∶异戊醇（25∶24∶1），剧烈涡旋 10min。

提取过程中，最后一次剧烈混匀，后续混匀过程均要轻柔。

④在室温下，8000×*g* 离心 10min，将上清液转移到新的离心管中，向其中加入适量的 RNaseA，在 37℃消化 1h，再加入等体积的酚∶氯仿∶异戊醇（25∶24∶1），轻柔混匀。

每 1mL 上清液加 5μL 10mg/mL RNaseA 即可。

⑤在室温下，8000×g 离心 10min，将上清液转移到新的离心管中，加入等体积的氯仿，轻柔混匀。

⑥在室温下，8000×g 离心 10min，将上清液转移到新的离心管中，加入 2.5 倍体积的无水乙醇，混匀，－20℃放置过夜或－80℃放置 2h。

加入 1/10 体积的 pH 3.0 醋酸钠溶液可以提高基因组收率。一定要将氯仿吸出，残留的氯仿会严重影响后续实验。

⑦在室温下，12000×g 离心 10min，弃上清液，置于 37℃培养箱中，待干燥后，加入适量无 DNase/RNase 无菌水溶解沉淀。

注：适度烘干即可，烘干时间较长不利于溶解。

⑧利用紫外分光光度法测定 DNA 浓度。

(2) 基因组 DNA 酶切消化和电泳

①10～20μg 基因组 DNA 用限制性内切酶 *Eco*R Ⅴ 酶切过夜，0.7%的琼脂糖凝胶电泳以 40～60V 的电压电泳 8～12h。

电压和电泳时间根据电泳槽实际大小进行调整。

②电泳结束后，将凝胶置于变性液中，室温下轻轻摇动 15min，共 2 次。

③用无菌水漂洗凝胶 2 次。

④将凝胶置于中和液中，室温下轻轻摇动 15min，共 2 次，并用无菌水洗胶 2 次。

⑤将处理好的凝胶置于 20×柠檬酸钠缓冲液中平衡 10min。

(3) 转膜

①将带正电的尼龙膜和滤纸置于 2×柠檬酸钠缓冲液中，转膜工作液为 10×柠檬酸钠缓冲液。

将滤纸和尼龙膜提前浸泡，至少 10min。

②转膜工作台如图 2-9 所示，在塑料板上放置一长方形滤纸，两端浸入转膜工作液中，滤纸被工作液完全浸湿，用玻璃棒排除气泡，将平衡好的凝胶倒扣在滤纸上，排除气泡。

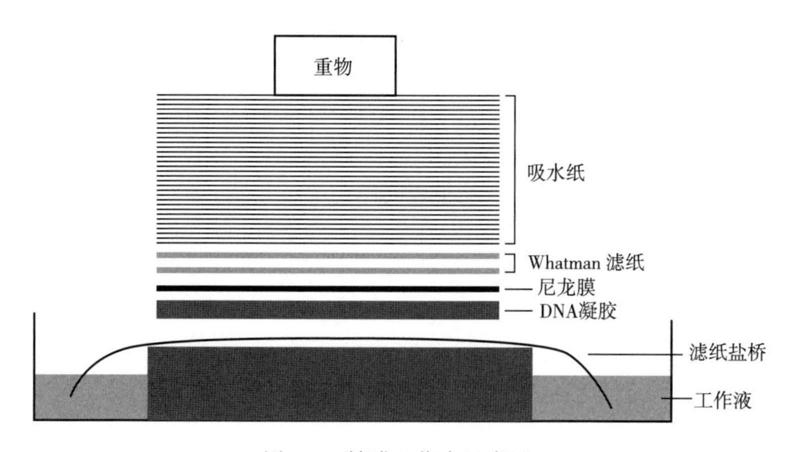

图 2-9 转膜工作台示意图

③凝胶四周用封口膜封闭，防止出现短路现象。然后，将尼龙膜准确地盖在凝胶上，仔细检查、排除气泡，再在尼龙膜上覆盖两层滤纸。

④在滤纸上盖上5～10cm厚的吸水纸，再压上0.5kg的重物后，转膜开始，转膜持续36～48h，期间更换吸水纸。

上端加样孔一侧的凝胶往往翘起不平，可以切去，方便排气泡。转膜初期，更换吸水纸要勤。

⑤转膜完毕后，将凝胶和尼龙膜放置于干净的滤纸上，标出点样孔的位置，尼龙膜在2×柠檬酸钠缓冲液中漂洗，将其夹在滤纸中，80℃烘烤2h。

尼龙膜与凝胶接触的一面用铅笔标记为正面，后续操作此面朝上。可将凝胶置于紫外灯下检查DNA迁移效果，如果观察不到荧光则转膜效果好。

⑥以Roche公司的Dig-Labeling和Detection Kit为例。将尼龙膜放入杂交瓶中，加入10mL预热的杂交液（Dig Easy hyb），42℃预杂交1h。

尼龙膜要紧贴管壁，不能有气泡。

（4）标记探针、杂交

①以 *M. anisopliae* NwIB-02基因组为模板，利用引物 *SHC-UR*：5′-AGATCTAATCAACGGTCCTGGGGGTG-3′和 *SHC-prob*：5′-GTCTTGTGTGGTAGTCGAG-3′扩增PCR产物，经琼脂糖凝胶电泳纯化并回收。

②取上述DNA 1μL加入200μL PCR管中，补充DNase/RNase水至16μL，将其在沸水中煮10min，并且迅速地置于冰水浴中，使DNA变性。

③向变性的DNA中加入4μL Mix DIG High Prime，37℃反应1h后，升温至65℃保持10min终止反应。

④将制备好的探针置于沸水浴中5min，并且迅速置于冰水浴中。

⑤将杂交管中的预杂交液弃去，将探针加入3.5mL预热的杂交液中，混合均匀后，缓慢加入杂交管中，避免产生气泡，杂交过夜（12～16h）。

⑥杂交后，将尼龙膜置于洗膜液1中，室温下轻轻摇动15min，共2次。

⑦将尼龙膜置于洗膜液2中，68℃下漂洗15min，共2次。

洗膜液2要预热。

（5）显色

①将尼龙膜置于洗涤缓冲液中漂洗1～2min，之后置于100mL封闭缓冲液中，轻轻摇动30min。

②将膜置于20mL抗体溶液中，轻轻摇动30min，再将膜置于100mL洗涤缓冲液中漂洗2次，每次15min。

③将膜在20mL检测缓冲液中平衡2～5min，最终将膜置于装有10mL新鲜配制的显色溶液暗盒中显色。

④显色完毕后（约30min），将膜在无菌水中漂洗，终止显色反应，并拍照记录。

3. 实验结果

野生型菌株和Δ*Mrshc*基因组DNA的*Eco*R Ⅴ酶切图谱如图2-10所示。以*Mrshc*基因上游同源片段为探针，在菌株 *M. anisopliae* NwIB-02基因组DNA中检测出1.4kb杂交带；由于菌株 *M. anisopliae* NwIB-02Δ*Mrshc* 的 *Mrshc* 基因被替换，该基因中的 *Eco*R Ⅴ位点消失，因而得到一条6.35kb的杂交带（图2-11）。

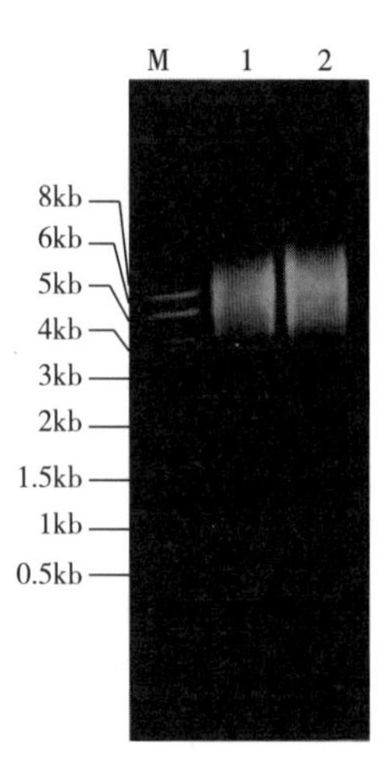

M—Marker　1 和 2—*M. anisopliae* NwIB-02 和 *M. anisopliae* NwIB-02Δ*Mrshc* 基因组 DNA 的 *Eco*R Ⅴ消化产物图谱

图 2-10　经限制性内切酶 *Eco*R Ⅴ消化的基因组 DNA 图谱

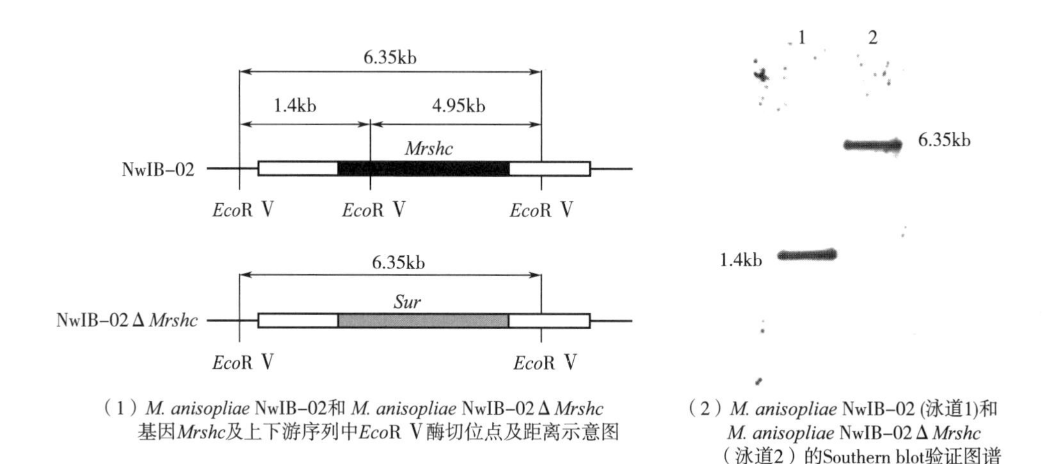

（1）*M. anisopliae* NwIB-02和 *M. anisopliae* NwIB-02 Δ *Mrshc* 基因*Mrshc*及上下游序列中*Eco*R Ⅴ酶切位点及距离示意图

（2）*M. anisopliae* NwIB-02 (泳道1)和 *M. anisopliae* NwIB-02 Δ *Mrshc*（泳道2）的Southern blot验证图谱

图 2-11　Southern blot 验证图谱及示意图

四、常见问题及分析

1. 丝状真菌培养条件

丝状真菌可以在 PDA、SDA、YPD、M-100、察氏培养基等上生长，培养温度根据菌种特异性选择不同的温度，如曲霉、木霉 30℃，粗糙脉孢菌 25℃，嗜热毁丝霉 37～45℃。

2. 丝状真菌基因组提取质量不高

质量不高的原因及解决办法见表 2-3。

表 2-3　　丝状真菌基因组提取问题、原因及解决办法

问题	可能存在的原因	解决办法
基因组 DNA 浓度低	裂解不充分	延迟研磨时间和第一次涡旋振荡时间

续表

问题	可能存在的原因	解决办法
基因组片段不完整	提取过程太过剧烈	除第一次漩涡振荡外，其他混匀时要轻柔，吹吸时所用吸头应剪去尖端部分，以避免剪切力
RNA 污染	抽提过程中有机试剂残留	吸取上清液时，请勿将有机相吸出

3. 转膜效率低

转膜的过程中，如果盐桥与上层的吸水纸没有被封口膜完全隔开，工作液直接被吸水纸吸走，发生短路，使得核酸的转移效率大幅下降，甚至失败。另外，在转膜的过程中，请及时更换吸水纸，以便提高转膜效率。在转膜结束后，可以将凝胶置于紫外下检测，看看是否可以观察到未转移的核酸片段。

4. 杂交特异性差

特异性可以从两个方面提高：一是提高杂交温度；二是选择特异性强的片段作为探针。

5. 基因组消化酶切位点的选择

根据实验的目的不同，选择不同组数的限制性内切酶，如：确定多拷贝的数目需要 3 组以上的限制性内切酶进行消化，基因敲除的验证需要 1～2 组即可。根据基因组序列信息选择合适的酶切位点，片段过大或过小都不利于检测，一般片段大小为 1000～10000bp 较好。

6. 检测结果无信号

（1）丰度低，低于检测下限　可以用更高灵敏度的显色方法。

（2）待测样品为阴性　可利用 PCR 方法进行预实验，确保待测样品中含有探针序列。

（3）探针制作问题　建议加入阳性对照，来检测操作方法是否存在问题。

五、思　考　题

（1）简述 Southern blot 的原理。

（2）影响 Southern blot 检测效果的因素有哪些?

参考文献

[1] 王镜岩，朱圣庚，徐长法．生物化学［M］．北京：高等教育出版社，2002.

[2] Southern E. Southern blotting［J］. Nature Protocols，2006，1（2）：518-525.

[3] Weaver R F. Molecular Biology［M］. Fourth edition. New York：McGraw-Hill Companies Inc，2012.

[4] 林良才．金龟子绿僵菌昆虫致病毒力因子的研究及其基因操作工具的开发［D］．上海：华东理工大学，2012.

[5] 张成林，刘远，薛宁，等．苏云金芽孢杆菌重组 L-异亮氨酸羟化酶的酶学性质及其在 4-羟基异亮氨酸合成中的应用［J］．微生物学报，2014，54（8）：889-896.

[6] Green M R，Sambrook J. Molecular cloning：a laboratory manual [M] . Fourth edition. New York：Cold spring Harbor Laboratory Press，2014.

[7] 叶棋浓 . 现代分子生物学技术与实验技巧 [M] . 北京：化学工业出版社，2015.

[8] 任林柱，张英 . 分子生物学实验原理与技术 [M] . 北京：化学工业出版社，2015.

[9] 朱月春，杨银峰 . 生物化学与分子生物学实验教程 [M] . 北京：科学出版社，2019.

[10] 朱玉贤，李毅，郑晓峰，等 . 现代分子生物学 [M] . 北京：高等教育出版社，2019.

第三章　聚合酶链式反应

聚合酶链式反应（PCR）是利用 DNA 聚合酶在体外扩增特定 DNA 片段的方法。20 世纪 80 年代，美国 PE-Cetus 公司 Kary Mullis 及其同事发明 PCR 技术，并于 1993 年获得诺贝尔化学奖。PCR 技术的出现使得许多以前不可能的实验得以完成，被广泛应用于基因工程、基因（组）测序、生物分类、疾病诊断、物种亲缘关系鉴定等诸多领域。本章着重介绍 PCR 原理及其应用。

第一节　DNA 片段的 PCR 扩增

在 PCR 技术发明以前，为了获得目的基因，通常采用限制性内切酶消化或利用物理方法将基因组 DNA 打断，克隆至载体后经转化获得大量转化子，然后从大量转化子中筛选出含目的基因的转化子。在已知目的基因序列或目的基因上下序列的条件下，可利用 PCR 技术扩增目的基因。该技术具有特异性强、灵敏度高、操作简便等优点。本节详细介绍普通 PCR 的基本原理、引物设计、实验案例等。

一、基 本 原 理

（一）PCR 原理

PCR 是在体外模拟 DNA 复制的反应，需要模板 DNA、引物、脱氧核苷三磷酸（dNTP，包括 dATP、dTTP、dGTP 和 dCTP）、DNA 聚合酶以及缓冲液等。PCR 过程如图 3-1 所示，包括变性、复性及延伸 3 个基本步骤。

1. 预变性与变性

在常温条件下，DNA 为双链。但随着温度的升高，配对碱基间氢键断裂，DNA 解离为单链，这一过程称为 DNA 变性。碱基含量越多，DNA 变性温度越高。当模板 DNA 加热至 95℃左右并持续一段时间后，双链解离为单链。

2. 复性

在适宜温度下，单链 DNA 通过互补恢复为双链 DNA 的过程，称为 DNA 复性或退火。DNA 碱基含量越少，其复性温度越低。随温度的降低，模板 DNA 单链及引物逐渐与其互补链结合，但由于引物浓度远高于模板 DNA 浓度且引物碱基数远低于模板 DNA，因此引物优先与模板 DNA 互补链结合。

3. 延伸

dNTP 在 DNA 聚合酶作用下，根据与单链模板 DNA 碱基互补的原则，引物 5′→3′方向加载至引物 3′端，最终合成一条与单链模板 DNA 互补的 DNA。

按上述“变性-复性-延伸”程序重复循环，每轮 PCR 获得的产物可作为下一循环的模板。经过 n 轮循环后，DNA 产物可扩增 2^n 倍。往往模板 DNA 碱基含量较多，需要充分变性才能完全解离为单链 DNA，因此 PCR 初期需要添加一轮 1～5min 预变性的程序。

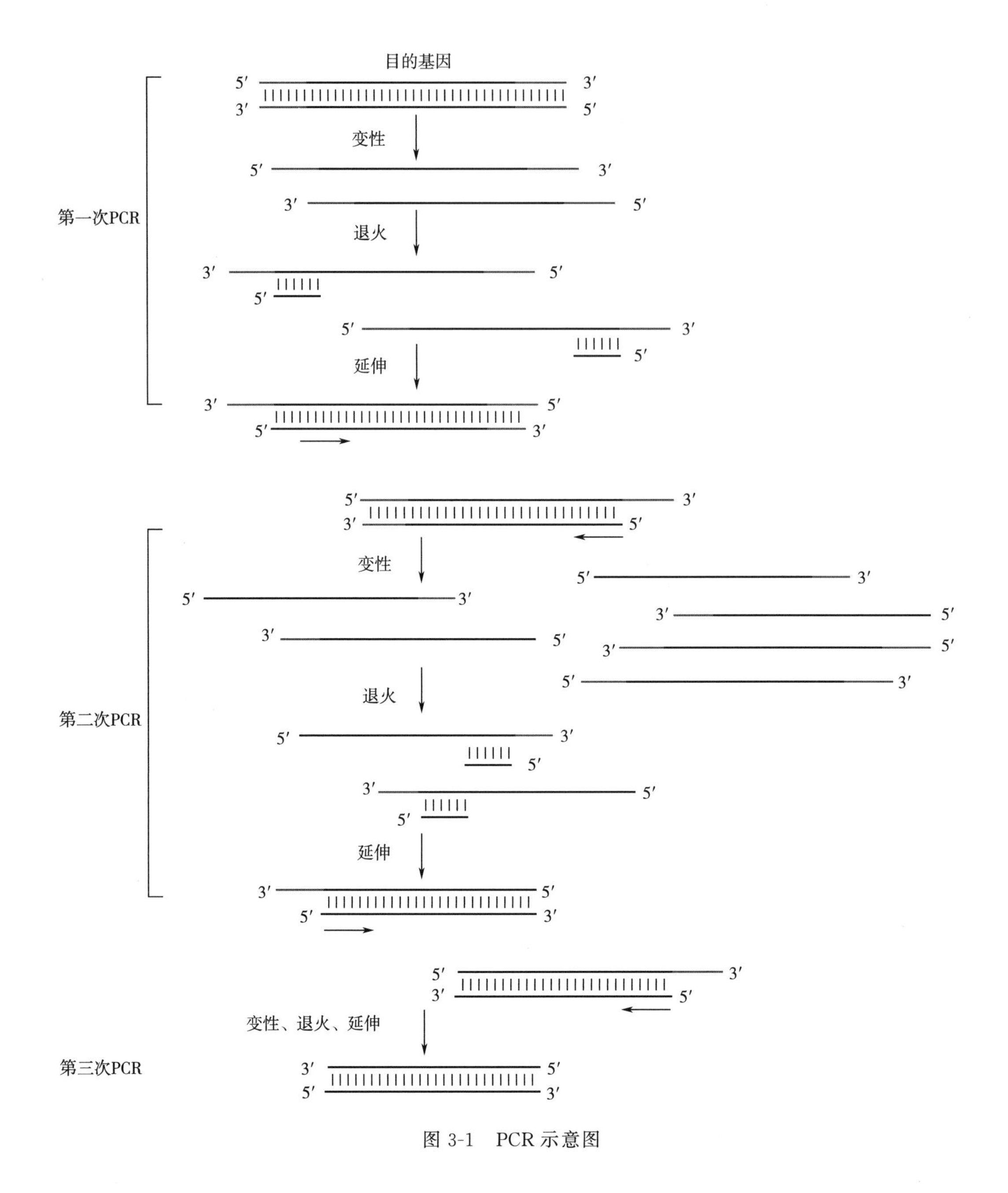

图 3-1 PCR 示意图

此外，PCR 过程可能存在产物未充分延伸的情况，因此在 PCR 末期添加一轮延伸的程序。

（二）PCR 常用的 DNA 聚合酶

1. *Taq* DNA 聚合酶

Taq DNA 聚合酶来源于水生嗜热菌，属于典型的 DNA 聚合酶Ⅰ（pol Ⅰ）型 DNA 聚合酶（从细菌中分离出的 DNA 聚合酶）。*Taq* DNA 聚合酶延伸活性高，该酶能够在 PCR 产物的 3′末端额外添加 1 个磷酸腺苷，因此可用于 TA 克隆（详见第四章）。然而

该酶无 3′→5′外切酶活性，即无校正功能，所以常用于 1kb 左右片段的扩增。用 *Taq* DNA 聚合酶扩增 3kb 的片段，从 3 个样品中可获得 1 个未突变的产物。除 *Taq* DNA 聚合酶外，*Tfl* DNA 聚合酶及 *Tbr* DNA 聚合酶也为常见 pol Ⅰ型聚合酶，其耐热性能优于 *Taq* DNA 聚合酶。

2. *Pfu* DNA 聚合酶

Pfu DNA 聚合酶来源于极端嗜热菌火球菌属（*Pyrococcus furiosus*），属于 α 型 DNA 聚合酶（从古细菌中分离出的 DNA 聚合酶）。与 *Taq* DNA 聚合酶相比，*Pfu* DNA 聚合酶热稳定性能好，95℃条件下半衰期长达数小时至十几小时（有的产品 95℃条件下 1h 残留活性达 90%以上）。更重要的是该酶具有 3′→5′外切酶活性（即具有校正功能），因此又被称为高保真酶，常用于长片段的扩增。正由于 *Pfu* DNA 聚合酶这种校正活性，其延伸效率低于 *Taq* DNA 聚合酶。此外，该酶不能够像 *Taq* DNA 聚合酶那样在 PCR 产物的 3′末端额外添加 1 个磷酸腺苷，因此不能用于 TA 克隆。

3. 其他类型 DNA 聚合酶

为保证 PCR 扩增效率和高保真性，常将 pol Ⅰ型 DNA 聚合酶和 α 型 DNA 聚合酶混合，这样 pol Ⅰ型 DNA 聚合酶产生的错配碱基可由 α 型 DNA 聚合酶校正。有的混合型 DNA 聚合酶产品可扩增长达 30kb 以上的产物。

在 PCR 初始，常由于温度低使得引物与模板发生非特异性结合，从而扩增出非目的片段。同时，还可引起引物之间的配对，形成引物二聚体。此外，有时因 DNA 聚合酶 3′→5′外切酶活性的作用使得引物被消化。这些现象可显著影响目的片段的扩增。常采用向 DNA 聚合酶中添加常温下能够抑制 DNA 聚合酶活性及 3′→5′外切酶活性抗体的方法（即热启动 DNA 聚合酶），防止上述现象的发生。

（三）引物设计

利用 DNA 聚合酶在进行 DNA 扩增时需要一对与模板 DNA 互补的核苷酸片段，即引物。常用引物设计软件有 Primer Premier 5.0、DNAStar 等。

1. 引物长度

引物与模板 DNA 互补的部分常为 18～30 个核苷酸（nt），引物长度直接影响其溶解温度 T_m。如果引物设计区域 AT 值偏高，可适当增加引物长度。

2. T_m值

溶解温度 T_m，是指一半的双链 DNA 解离成单链 DNA 的温度。T_m与 DNA 的碱基数及其 GC 含量有关（因为 GC 间有 3 个氢键，而 AT 间有 2 个氢键），DNA 的碱基数越多、GC 含量越高，其 T_m越高。有效引物的 T_m为 55～80℃，通常用公式 $T_m=4\times(T_G+T_C)+2\times(T_A+T_T)$ 估算引物 T_m值。由于目前多用软件设计引物，该公式逐渐不被使用。PCR 的退火温度常低于 T_m值 2～5℃，以使得 50%以上的引物与模板 DNA 退火。退火温度过低会引起引物与模板 DNA 的特异性结合，降低扩增效率。设计引物时，上、下游引物的 T_m值尽可能相近。

3. 引物配对

引物配对包括因引物间互补配对形成的引物二聚体及因引物自身碱基配对形成的发卡结构。然而，引物间配对和内部配对是很难避免的。由于引物配对区域较短，该部分 T_m值远低于引物的 T_m值，故在退火温度条件下大部分引物是不能形成配对结构的，故不用过于关注引物配对。如果引物配对区域过大，可考虑采用热启动 DNA 聚合酶（见本节“3 其他类型 DNA 聚合酶”）解决。

4. 避免重复序列

引物中尤其是 3′端尽可能避免出现重复序列及连续的嘌呤或嘧啶序列。

5. 引物的修饰

由于 DNA 的扩增方向是延引物的 5′端向 3′端进行的，因此引物 3′端须严格与模板 DNA 配对，不允许任何修饰。而引物 5′端可根据需要适当修饰，如加入限制性内切酶酶切位点、生物素、地高辛等。此外，引入点突变时应靠近 5′端。

（四）菌落 PCR 和菌液 PCR

常规的 PCR 扩增以基因组 DNA、质粒 DNA 等作为模板，然而提取 DNA 操作繁琐，尤其在验证多个转化子时，不易实现。含 DNA 的样品（如菌落、菌液）也可作为 PCR 模板。菌落 PCR 和菌液 PCR 常用于基因扩增、转化子鉴定等。其原理是菌落或菌液中的细胞经加热后崩解，DNA 释放出来，可作为模板。目前除大肠杆菌等革兰阴性菌外，谷氨酸棒状杆菌、枯草芽孢杆菌等革兰阳性菌及丝状真菌等也用于菌落 PCR。

ido 基因序列如下所示：

ATGAAAATGAGTGGCTTTAGCATAGAAGAAAAGGTACATGAATTTGAATCTAAGGGATTCCTTGAAATCTCAAATGAAATCT
TTTTACAAGAGGAAGAGAATCATCGTTTATTAACACAAGCACAGTTAGATTATTATAATTTGGAAGATGATGCGTACGGTGA
ATGCCGTGCTAGATCTTATTCAAGGTATATAAAGTATGTTGATTCACCAGATTATATTTTAGATAATAGTAATGATTACTTC
CAATCTAAAGAATATAACTATGATGATGGCGGTAAAGTTAGACAGTTCCATAGCATAAATGATAGTTTTTATATAATCCTT
TAATTCAAAATATCGTGCGTTTCGATACTGAATTTGCATTTAAAACAAATATAATAGATACAAGTAAAGATTTAATTATAGG
TTTACATCAAGTAAGATATAAAGCTACTAAAGAAAGACCATCTTTTAGTTCACCTATTTGGTTACATAAAGATGATGAACCA
GTAGTGTTTTTACACCTTATGAATTTAAGTAATACAGCTATTGGCGGAGATAATTTAATAGCTAATTCTCCAAGGGAAATTA
ATCAGTTTATAAGTTTGAAGGAGCCTTTAGAAACTTTAGTATTTGGACAAAAGGTTTTCCATGCCGTAACGCCACTTGGAAC
AGAATGTAGTACTGAAGCTTTTCGTGATATTTTATTAGTAACATTTTCTTATAAGGAGACAAAATAA

二、重点和难点

本实验采用常规 PCR 或菌落 PCR 的方法，通过对来源于苏云金芽孢杆菌（*Bacillus thuringiensis*）L-异亮氨酸羟化酶编码基因 *ido* 的扩增，掌握 PCR 引物设计、PCR 原理及操作方法。

三、实　　验

实验一　以基因组 DNA 为模板的 PCR 扩增

1. 实验材料和用具

（1）仪器和耗材　移液器、小型台式离心机、PCR 仪、EP 管、PCR 管等。

（2）试剂和溶液　苏云金芽孢杆菌基因组 DNA、去离子水（或双蒸水）、引物、10× PCR 缓冲液、dNTP（dATP、dCTP、dGTP 及 dTTP 各 2.5mmol/L）、*Taq* DNA 聚合酶。

2. 操作步骤及注意事项

（1）引物设计　利用 Primer Premier 5.0 进行引物设计，由于本实验获取的 *ido* 基因 PCR 产物是为了后续对其进行表达，因此在引物 5′端引入限制性内切酶 *Nco* Ⅰ（CCATGG）和 *Xho* Ⅰ（CTCGAG）的酶切位点。此外，下游引物中去掉了终止密码子 TAA，以利于蛋白的提取（详见第五章）。获得引物序列如下：

上游引物 *IDO*-1：5′-CCATGG GCATGAAAATGAGTGGCTTTAGCATAG -3′（*Nco* Ⅰ，T_m=59.6℃）。

下游引物 *IDO*-2：5′-CTCGAGTTTTGTCTCCTTATAAGAAAATGTTACTAATA-3′（*Xho* Ⅰ，T_m=59.8℃）。

为了后续 PCR 扩增产物的限制性内切酶的酶切，往往在 3′端引入保护性碱基。不同限制性内切酶的保护性碱基种类和数量不同，具体见附录三。

（2）引物处理　合成的引物为冻干粉末，需配制为所需浓度的溶液，处理步骤如下。

①将含引物样品的小管置于小型台式离心机，于 4℃、8000×*g* 离心 2min。

②轻轻打开小管盖子，根据引物质量加入所需体积的去离子水（双蒸水或 TE 溶液），配制为 10pmol/μL 的溶液。

③将上述溶液于漩涡振荡器振荡 10～30s 后，贮存于－20℃。

（3）*ido* 基因的 PCR 扩增

①从－20℃取出 10×PCR Buffer、dNTP、引物、*Taq* DNA 聚合酶、苏云金芽孢杆菌基因组 DNA 置于冰上，直至所有溶液充分熔化。

②取 0.2mL 的 PCR 管，如表 3-1 所示依次加入试剂。

表 3-1　　PCR 扩增体系*

成分	体积/μL	成分	体积/μL
10×PCR Buffer（含 Mg^{2+}）	5	模板 DNA（10～100ng）	1
dNTP（各 2.5mmol/L）	4	去离子水或双蒸水	31.75
引物 1（*IDO*-1）	2	*Taq* DNA 聚合酶	0.25
引物 2（*IDO*-2）	2		

注：* 冰上操作；

如果样品较多，可先将 10×PCR Buffer、dNTP、*Taq* DNA 聚合酶配制成预混液，然后再分装至 PCR 管。

模板 DNA 常用量（50μL 体系）如下所示。

细菌基因组	10～100ng
质粒	0.1～10ng
DNA 片段	0.1～5ng

③轻弹 PCR 管，于小型台式离心机快甩 5～10s。

轻弹 PCR 管起到混合成分的作用，快甩可使黏在管壁上的液体沉降至管底。

④按如下程序进行 PCR 扩增

预变性：95℃，5min，1 个循环

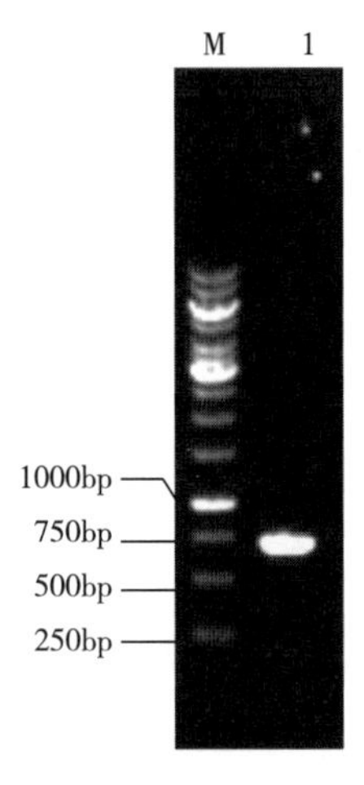

图 3-2　*ido* 基因 PCR 产物电泳图谱

变性：94℃，30s
退火：55℃，30s　25～30 个循环
延伸：72℃，90s
延伸：72℃，10min，1 个循环
冷却：根据需要设定温度
⑤反应结束后取出，进行琼脂糖凝胶电泳实验。

3. 实验结果

以 *B. thuringiensis* 基因组 DNA 为模板进行 PCR，获得的产物经琼脂糖凝胶（1.5%）电泳，获得约为 750bp 的目的片段（图 3-2），与 *ido* 基因实际碱基对数（723bp）接近，表明 *ido* 基因扩增成功。

实验二　以菌落为模板 PCR 扩增异亮氨酸羟化酶编码基因 *ido*

1. 实验材料和用具

（1）仪器和耗材　移液器、小型台式离心机、PCR 仪、EP 管、PCR 管、去离子水（或双蒸水）、无菌牙签等。

（2）菌株　大肠杆菌 *Escherichia coli* DH5α/pMD-*ido*（含有 *ido* 的 *E. coli* DH5α，于 LB 固体培养基上长出单菌落）。

（3）试剂和溶液　同本章实验一。

2. 操作步骤及注意事项

（1）从－20℃取出 10×PCR Buffer、dNTP、引物、*Taq* DNA 聚合酶、苏云金芽孢杆菌基因组 DNA 置于冰上，直至所有溶液充分熔化。

（2）无菌条件下用无菌牙签从大肠杆菌 *E. coli* strain DH5α/pMD-*ido* 固体培养物上挑取单菌落，于含 50μL 无菌水的 PCR 管充分搅拌，作为模板备用。

若进行转化子验证时，上述菌悬液使用完后勿丢弃，对于验证正确的转化子可将菌种接种到新鲜液体培养基，用于菌种保藏、活化等后续实验。

（3）除采用步骤（2）外，还可在无菌条件下用镊子夹住牙签挑取单菌落，在新鲜固体培养基上划线（提前在培养皿底部划出方格，如图 3-3 所示），实验结束后倒置于培养箱培养，以用于菌体活化等，然后将上述沾有菌落的牙签置于步骤（4）的体系中轻轻搅拌。

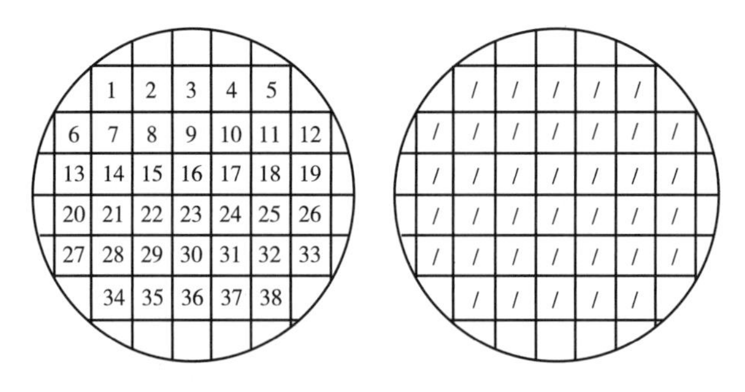

图 3-3　平皿分区与划线示意图

将上述转接的平皿置于适当温度的培养箱中培养至少12h。根据PCR结果筛选出阳性转化子，并在平板上相应的格子上做好标记，待长出单菌落再进行后续操作。

（4）取0.2mL的PCR管，如表3-2所示依次加入试剂。

表3-2　PCR扩增体系

成分	体积/μL
10×PCR Buffer（含Mg^{2+}）	5
dNTP（各2.5mmol/L）	4
引物1（*IDO*-1）	2
引物2（*IDO*-2）	2
模板DNA	10
去离子水或双蒸水	22.75 [如采用步骤（3），水需加32.75]
Taq DNA聚合酶	0.25

（5）轻弹PCR管，于小型台式离心机快甩5～10s。

（6）按如下程序进行PCR扩增

预变性：94℃，5min，1个循环

变性：94℃，30s
退火：55℃，30s　}25～30个循环
延伸：72℃，90s

延伸：72℃，10min，1个循环

冷却：根据需要设定温度

（7）反应结束后取出，进行琼脂糖凝胶电泳实验。

3. 实验结果（略）

四、常见问题及分析

1. 无扩增产物（阴性）

（1）DNA聚合酶失活或效率低，更换新酶。

（2）模板浓度过高或过低，调整模板浓度。

（3）模板含杂质、反复冻融造成降解等，重新提取。

（4）模板变性不彻底，适当提高第一循环的变性温度。

（5）引物质量问题、反复冻融造成降解等，重新合成。

（6）引物浓度过高或过低，优化引物浓度。

（7）引物不适合，重新设计引物（需多次验证）。

（8）退火温度过高，降低退火温度，也可利用不同温度梯度法优化退火温度。

2. 引物二聚体浓度高

（1）引物浓度过高，降低引物浓度。

（2）退火温度低，适当提高退火温度。

3. 出现非特异性条带

(1) 退火温度低，适当提高退火温度。

(2) 引物浓度过高，降低引物浓度。

(3) 引物特异性差，重新设计引物。

(4) 循环次数过多，减少循环次数。

4. 电泳出现拖尾

(1) DNA 聚合酶过量，调整浓度。

(2) dNTP 浓度过高，降低浓度。

(3) 循环次数过多，减少循环次数。

(4) 电泳电压过高。

(5) 上样量过大。

5. 假阳性

(1) 模板 DNA、引物和（或）DNA 聚合酶被污染以及操作过程中存在污染，应更换体系及耗材，注意操作区清洁。

(2) 设置阴性、阳性对照。

五、思 考 题

(1) 简述 PCR 的原理。

(2) 如何减少 PCR 操作过程中以及试剂的污染？

(3) 影响 PCR 扩增效率的因素有哪些？如何优化？

第二节 重叠延伸 PCR

利用 PCR 技术可实现 DNA 片段的体外扩增。在对工业微生物进行分子生物学研究时，常需构建待敲除或替换基因的上下游同源臂、DNA 片段的拼接、在基因中引入点突变等，重叠 PCR 技术是经常采用的策略。本节介绍重叠延伸 PCR 的原理及其在 DNA 片段拼接和引入点突变中的应用。

一、基 本 原 理

（一）重叠延伸 PCR 的原理

重叠延伸聚合酶链反应（SOE PCR）简称重叠 PCR，是指采用具有互补末端的引物，使 PCR 产物形成了部分互补的重叠链，从而在随后的扩增反应中通过重叠链的延伸，将两段或两段以上的片段拼接起来，然后继续进行 PCR 获得更多数量的重叠片段。该技术不需限制性内切酶和连接酶即可实现片段的连接，具有操作简便、高效、快速的特点。

重叠 PCR 的原理如图 3-4 所示。首先设计片段 $F1$ 和 $F2$ 的引物，$F1$ 的上游引物 $P1$ 和 $F2$ 的下游引物 $P4$ 与本章第一节介绍的普通 PCR 的设计方法一致。而 $F1$ 的下游引物 $P2$ 除了含有用于扩增 $F1$ 的序列外，还含有与 $F2$ 片段 5′端互补的少量碱基（15～25bp）。同理 $F2$ 的上游引物 $P3$ 还含有与 $F1$ 片段 3′端一致的少量碱基（15～25bp）。分别利用引物 $P1$ 和 $P2$ 以及 $P3$ 和 $P4$ PCR 扩增 $F1$ 和 $F2$。由于 $P2$ 和 $P3$ 分别含有部分 $F2$ 和 $F1$

的序列，故其 PCR 产物 $F1$ 和 $F2$ 也含有彼此的部分序列（这里称为 $F1'$ 和 $F2'$）；收集 $F1'$ 和 $F2'$ 进行第二次 PCR，经变性和退火处理，$F1'$ 正义链的 3′端与 $F2'$ 反义链的 5′端在重叠处互补。因此在延伸步骤，它们互为模板和引物扩增出 $F1$ 和 $F2$ 的融合片段。以此融合片段为模板，利用引物 $P1$ 和 $P4$ 则可实现其大量扩增。利用该原理可实现多条片段的融合。

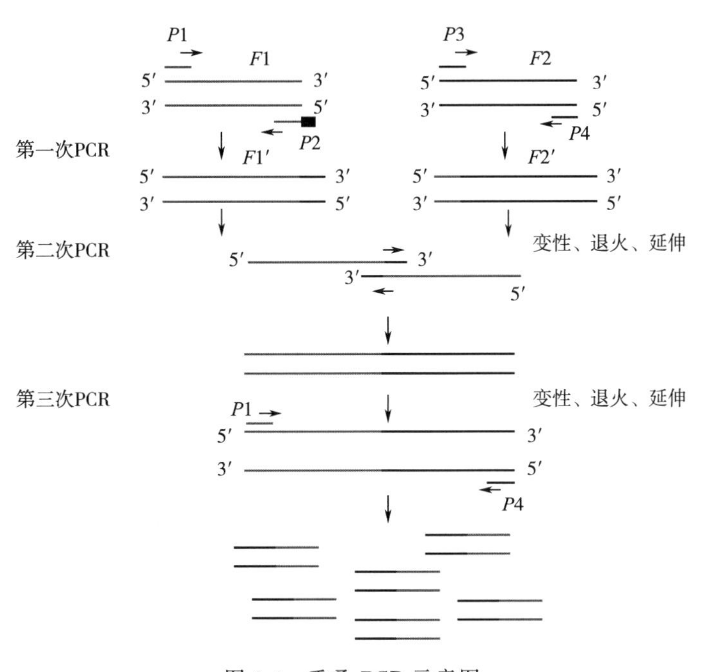

图 3-4　重叠 PCR 示意图

（二）重叠 PCR 的应用

1. DNA 片段的融合

如前所述，重叠 PCR 法可用于两个或两个以上 DNA 片段的融合。如用于基因敲除或敲入时，需构建含同源臂的 DNA 融合片段，重叠 PCR 是常用方法。此外，拼接多个不同来源的 DNA 片段时，也可利用重叠 PCR 实现。

2. 长 DNA 片段的合成

有时会因 DNA 模板不易获得而无法使用 PCR 扩增目的片段，常用的方法是利用化学合成法合成目的片段。但该方法存在一定的局限性：碱基数越多准确率越低，合成周期越长，价格相对昂贵等。可以合成相对较短的（50～60bp）的寡核苷酸互补链（类似于引物），通过数轮退火、延伸后可拼接成目的 DNA 片段。

3. 引入点突变

获得解除反馈作用的酶、活性提高的酶等的突变体是工业微生物代谢工程的常用策略。这些突变体往往是在基因内部存在一个或多个点突变。若直接用化学法合成突变体则经济上不可行。重叠 PCR 可将点突变引入基因，该原理如图 3-5 所示。

假设欲将基因中某位置碱基 C 突变为 T（则其互补链相应位置碱基应有 G 突变为 A）。先在拟突变位点附近将基因序列分为两部分（假设为 $F1$ 和 $F2$），分别对其设计扩增引物。

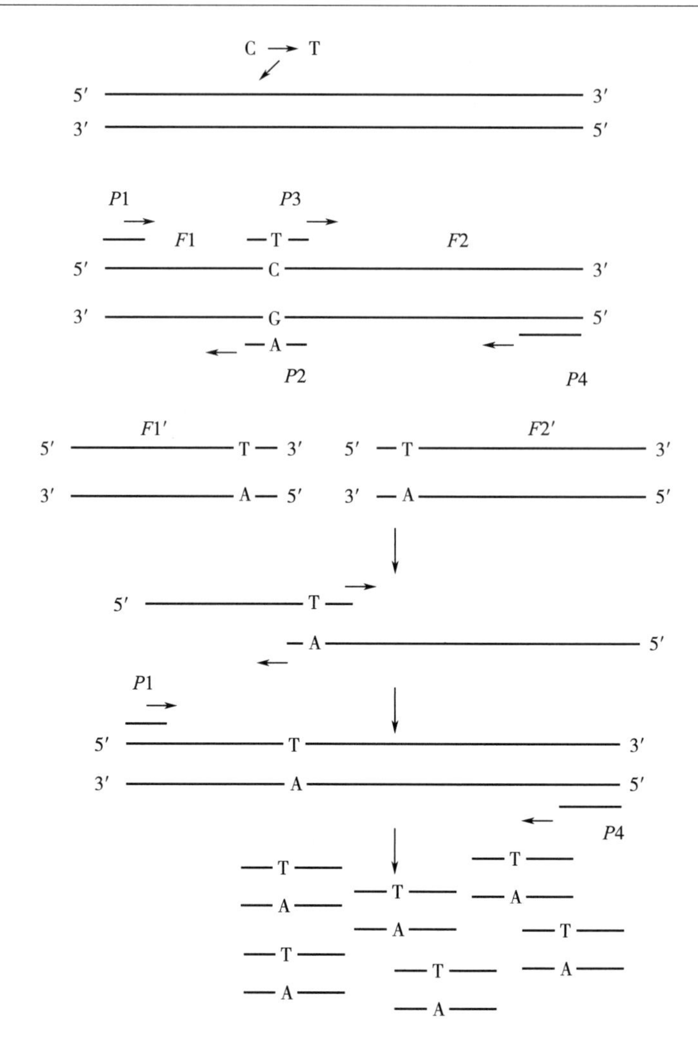

图 3-5　利用重叠 PCR 引入点突变原理示意图

设计引物 $P2$ 和 $P3$ 时需遵循两个原则：① 在引物中引入相应的突变碱基（$P2$ 中引入 A，$P3$ 中引入 T），且该突变碱基不能位于 3′末端，应在引物内部（距离 3′末端 3 个碱基以上）。② $P2$ 和 $P3$ 应含有用于片段 $F1$ 和 $F2$ 的重叠序列。分别用引物 $P1$ 和 $P2$ 以及 $P3$ 和 $P4$ 扩增出片段 $F1$ 和 $F2$，然后利用引物 $P1$ 和 $P4$ 通过重叠 PCR 的方式获得突变体。

大肠杆菌苏氨酸脱水酶（由 *ilvA* 编码）催化 L-苏氨酸合成 α-酮基丁酸，该酶受到 L-异亮氨酸的反馈抑制。研究发现，当 1339 位 C 突变为 T、1341 位 G 突变为 T、1351 位 C 突变为 G、1352 位 T 突变为 C 后，其反馈抑制作用被解除。本节以 *ilvA* 为例，获得其突变体 $ilvA^{C1339T/G1341T/C1351G/T1352C}$。

ilvA 序列（括号内为突变后的碱基）如下所示。

ATGGCTGACTCGCAACCCCTGTCCGGTGCTCCGGAAGGTGCCGAATATTTAAGAGCAGTGCTGCGCGCGCCGGTTTACGAGG
CGGCGCAGGTTACGCCGCTACAAAAAATGGAAAAACTGTCGTCGCGTCTTGATAACGTCATTCTGGTGAAGCGCGAAGATCG
CCAGCCAGTGCACAGCTTTAAGCTGCGCGGCGCATACGCCATGATGGCGGGCCTGACGGAAGAACAGAAAGCGCACGGCGTG

ATCACTGCTTCTGCGGGTAACCACGCGCAGGGCGTCGCGTTTTCTTCTGCGCGGTTAGGCGTGAAGGCCCTGATCGTTATGC
CAACCGCCACCGCCGACATCAAAGTCGACGCGGTGCGCGGCTTCGGCGGCGAAGTGCTGCTCCACGGCGCGAACTTTGATGA
AGCGAAAGCCAAAGCGATCGAACTGTCACAGCAGCAGGGGTTCACCTGGGTGCCGCCGTTCGACCATCCGATGGTGATTGCC
GGGCAAGGCACGCTGGCGCTGGAACTGCTCCAGCAGGACGCCCATCTCGACCGCGTATTTGTGCCAGTCGGCGGCGGCGGTC
TGGCTGCTGGCGTGGCGGTGCTGATCAAACAACTGATGCCGCAAATCAAAGTGATCGCCGTAGAAGCGGAAGACTCCGCCTG
CCTGAAAGCAGCGCTGGATGCGGGTCATCCGGTTGATCTGCCGCGCGTAGGGCTATTTGCTGAAGGCGTAGCGGTAAAACGC
ATCGGTGACGAAACCTTCCGTTTATGCCAGGAGTATCTCGACGACATCATCACCGTCGATAGCGATGCGATCTGTGCGGCGA
TGAAGGATTTATTCGAAGATGTGCGCGCGGTGGCGGAACCCTCTGGCGCGCTGGCGCTGGCGGGAATGAAAAAATATATCGC
CCTGCACAACATTCGCGGCGAACGGCTGGCGCATATTCTTTCCGGTGCCAACGTGAACTTCCACGGCCTGCGCTACGTCTCA
GAACGCTGCGAACTGGGCGAACAGCGTGAAGCGTTGTTGGCGGTGACCATTCCGGAAGAAAAAGGCAGCTTCCTCAAATTCT
GCCAACTGCTTGGCGGGCGTTCGGTCACCGAGTTCAACTACCGTTTTGCCGATGCCAAAAACGCCTGCATCTTTGTCGGTGT
GCGCCTGAGCCGCGGCCTCGAAGAGCGCAAAGAAATTTTGCAGATGCTCAACGACGGCGGCTACAGCGTGGTTGATCTCTCC
GACGACGAAATGGCGAAGCTACACGTGCGCTATATGGTCGGCGGACGTCCATCGCATCCGTTGCAGGAACGCCTCTACAGCT
TCGAATTCCCGGAATCACCGGGCGCGC(T)TG(T)CTGCGCTTCC(G)T(C)CAACACGCTGGGTACGTACTGGAACATTTC
TTTGTTCCACTATCGCAGCCATGGCACCGACTACGGGCGCGTACTGGCGGCGTTCGAACTTGGCGACCATGAACCGGATTTC
GAAACCCGGCTGAATGAGCTGGGCTACGATTGCCACGACGAAACCAATAACCCGGCGTTCAGGTTCTTTTGGCGGGTTAG

二、重点和难点

（1）重叠 PCR 的原理。

（2）点突变基因的原理和操作方法。

三、实　　验

实验三　重叠 PCR 方法构建突变体 *ilvA*$^{C1339T/G1341T/C1351G/T1352C}$

1. 实验材料和用具

（1）仪器及耗材　PCR 仪、电泳仪、凝胶成像仪、微波炉、移液器、吸头等。

（2）菌株　大肠杆菌 *Escherichia coli* W3110，以下简称 *E. coli* W3110。

（3）试剂和溶液　DNA 聚合酶（以 Takara 的 PriersSTAR 为例）、胶回收试剂盒、琼脂糖、1kb Marker、TAE 缓冲液、上样缓冲液、10mg/mL EB 等。

2. 操作步骤及注意事项

（1）准备工作

①提取大肠杆菌 *E. coli* W3110 基因组。

②制备 1.5%的琼脂糖凝胶。

（2）引物设计

①在点突变处将 *ilvA* 拆分成 A 和 B 两部分如下所示。

A：

ATGGCTGACTCGCAACCCCTGTCCGGTGCTCCGGAAGGTGCCGAATATTTAAGAGCAGTGCTGCGCGCGCCGGTTTACGAGG
CGGCGCAGGTTACGCCGCTACAAAAAATGGAAAAACTGTCGTCGCGTCTTGATAACGTCATTCTGGTGAAGCGCGAAGATCG

CCAGCCAGTGCACAGCTTTAAGCTGCGCGGCGCATACGCCATGATGGCGGGCCTGACGGAAGAACAGAAAGCGCACGGCGTG
ATCACTGCTTCTGCGGGTAACCACGCGCAGGGCGTCGCGTTTTCTTCTGCGCGGTTAGGCGTGAAGGCCCTGATCGTTATGC
CAACCGCCACCGCCGACATCAAAGTCGACGCGGTGCGCGGCTTCGGCGGCGAAGTGCTGCTCCACGGCGCGAACTTTGATGA
AGCGAAAGCCAAAGCGATCGAACTGTCACAGCAGCAGGGGTTCACCTGGGTGCCGCCGTTCGACCATCCGATGGTGATTGCC
GGGCAAGGCACGCTGGCGCTGGAACTGCTCCAGCAGGACGCCCATCTCGACCGCGTATTTGTGCCAGTCGGCGGCGGCGGTC
TGGCTGCTGGCGTGGCGGTGCTGATCAAACAACTGATGCCGCAAATCAAAGTGATCGCCGTAGAAGCGGAAGACTCCGCCTG
CCTGAAAGCAGCGCTGGATGCGGGTCATCCGGTTGATCTGCCGCGCGTAGGGCTATTTGCTGAAGGCGTAGCGGTAAAACGC
ATCGGTGACGAAACCTTCCGTTTATGCCAGGAGTATCTCGACGACATCATCACCGTCGATAGCGATGCGATCTGTGCGGCGA
TGAAGGATTTATTCGAAGATGTGCGCGCGGTGGCGGAACCCTCTGGCGCGCTGGCGCTGGCGGGAATGAAAAAATATATCGC
CCTGCACAACATTCGCGGCGAACGGCTGGCGCATATTCTTTCCGGTGCCAACGTGAACTTCCACGGCCTGCGCTACGTCTCA
GAACGCTGCGAACTGGGCGAACAGCGTGAAGCGTTGTTGGCGGTGACCATTCCGGAAGAAAAAGGCAGCTTCCTCAAATTCT
GCCAACTGCTTGGCGGGCGTTCGGTCACCGAGTTCAACTACCGTTTTGCCGATGCCAAAAACGCCTGCATCTTTGTCGGTGT
GCGCCTGAGCCGCGGCCTCGAAGAGCGCAAAGAAATTTTGCAGATGCTCAACGACGGCGGCTACAGCGTGGTTGATCTCTCC
GACGACGAAATGGCGAAGCTACACGTGCGCTATATGGTCGGCGGACGTCCATCGCATCCGTTGCAGGAACGCCTCTACAGCT
TCGAATTCCCGGAATCACCGGGCGCGC(T)TG(T)CTGC

B:

GCTTCC(G)T(C)CAACACGCTGGGTACGTACTGGAACATTTCTTTGTTCCACTATCGCAGCCATGGCACCGACTACGGGCG
CGTACTGGCGGCGTTCGAACTTGGCGACCATGAACCGGATTTCGAAACCCGGCTGAATGAGCTGGGCTACGATTGCCACGAC
GAAACCAATAACCCGGCGTTCAGGTTCTTTTTGGCGGGTTAG

②分别对片段 A 和 B 设计引物

片段 A 上下游引物为：

*P*1：5′-ATGGCTGACTCGCAACCC-3′

*P*2：5′-GCAG**A**A**A**CGCGCCCG-3′（划线碱基为点突变位点）

片段 B 上下游引物为：

*P*3：5′-GCTTC**GC**CAACACGCTG-3′（划线碱基为点突变位点）

*P*4：CTAACCCGCCAAAAAGAACC

③重叠引物设计

将 *P*3 的反向互补序列置于 *P*2 的 5′末端，即为片段 A 的下游重叠引物：

PA：5′-GCAG**A**A**A**CGCGCCCGGCTTC**GC**CAACACGCTG-3′

将 *PA* 反向互补即为片段 B 的上游重叠引物：

PB：CAGCGTGTTG**GC**GAAGCCGGGCGCG**T**T**T**CTGC

（3）PCR 扩增片段 A 和片段 B

①以大肠杆菌 *E. coli* W3110 为模板，分别利用 *P*1 和 *P*2 以及 *P*3 和 *P*4 进行 PCR 扩增，体系如表 3-3 所示。

表 3-3　　PCR 扩增体系

成分	体积/μL	成分	体积/μL
引物 1	2	模板 DNA（小于 200ng）	1

续表

成分	体积/μL	成分	体积/μL
引物 2	2	PrimeSTAR Max Premix（二倍浓缩）	10
dNTP（各 2.5mmol/L）	4	去离子水或双蒸水	20

②轻弹 PCR 管，于小型台式离心机快甩 5～10s。

③按如下程序进行 PCR 扩增

预变性：94℃，5min，1 个循环

变性：94℃，30s
退火：55℃，30s　30 个循环
延伸：72℃，90s

延伸：72℃，10min，1 个循环

冷却：根据需要设定温度。

（4）反应结束后取出，进行琼脂糖凝胶实验。

（5）切胶回收片段 A 和 B。

若片段 PCR 产物纯度较高，可以直接利用 PCR 产物回收试剂盒回收。

（6）以片段 A 和片段 B 为模板，分别利用 *P*1 和 *P*2 以及 *P*3 和 *P*4 进行重叠 PCR 扩增，体系如表 3-4 所示。

表 3-4　　重叠 PCR 扩增体系

成分	体积/μL	成分	体积/μL
*P*1	2	片段 B	与片段 A 摩尔数相同
*P*2	2	PrimeSTAR Max Premix（2×）	10
dNTP（各 2.5mmol/L）	4	去离子水或双蒸水	补足至 50
片段 A	50～100ng		

（7）轻弹 PCR 管，于小型台式离心机快甩 5～10s。

（8）按如下程序进行 PCR 扩增

预变性：94℃，5min，1 个循环

变性：94℃，30s
退火：55℃，30s　30 个循环
延伸：72℃，90s

延伸：72℃，10min，1 个循环

冷却：根据需要设定温度。

（9）反应结束后取出，进行琼脂糖凝胶电泳。

（10）切胶回收或直接回收目的基因 *ilvA* 突变体。

（11）对 *ilvA* 突变体连接至 T 载体，转化大肠杆菌 *E. coli* DH5α 并筛选后，委托测序公司对 *ilvA* 突变体测序，以验证是否获得正确突变体（此步骤详见第四章）。

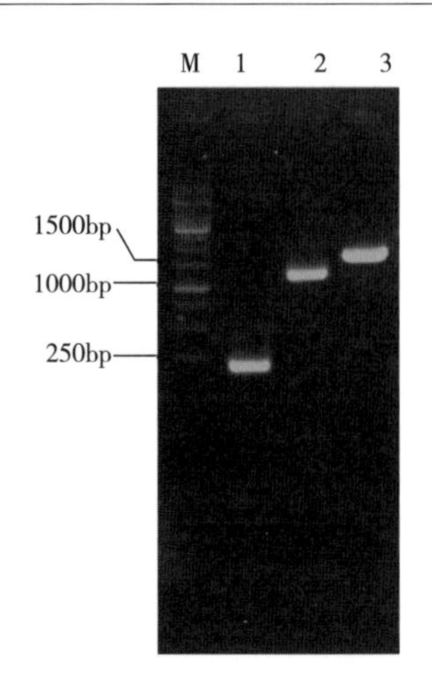

M—Marker　1—片段 B　2—片段 A　3—*ilvA*

图 3-6　*ilvA* 突变体 PCR 产物电泳图谱

3. 实验结果

电泳图谱如图 3-6 所示，第一次 PCR 获得碱基数分别为约 1300bp 和 200bp 的片段，即为片段 A 和片段 B；第二次 PCR 获得碱基数约为 1500bp 的片段，即为 *ilvA* 突变体。

四、常见问题及分析

1. 重叠 PCR 产物中杂带较多

(1) 设计引物时保证上下游引物的退火温度接近。

(2) 适当增加重叠序列的碱基数。

(3) 将目的条带切胶回收后再利用引物 *P*1 和 *P*4 再次进行 PCR 扩增。

2. 重叠 PCR 的目的产物浓度较低

(1) 适当提高模板浓度。

(2) 适当降低退火温度。

(3) 先将片段 A 和片段 B 混合进行 5～10 轮 PCR（不添加引物），然后加入引物 *P*1 和 *P*4 进行再次 PCR。

五、思　考　题

(1) 重叠 PCR 的原理是什么?

(2) 重叠 PCR 有哪些应用?

(3) 如何利用重叠 PCR 合成下列序列?

TAGGCGTGAAGGCCCTGATCGTTATGCCAACCGCCACCGCCGACATCAAAGTCGACGCGGTGCGCGGCTTCGGCGGCGAAGT
GCTGCTCCACGGCGCGAACTTTGATGAAGCGAAAGCCAAAGCGATCGAACTGTCACAGCAGCAGGGGTTCACCTGGGTGCCG
CCGTTCGACCATCCGATGGTGATTGCCGGGCAAGGCACGCTGGCGCTGGAACTGCTCCAGCAGGACGCCCATCTCGACCGCG
TATTTGTGCCAGTCGGCGGCGGCGGTCTGGCTGCTGGCGTGGCGGTGCTGATCAAACAACTGATGCCGCAAATCAAAGTGAT
CGCCGTAGAAGCGGAAGACTCCGCCTGCCTGAAAGCAGCGCTGGATGCGGGTCATCCGGTTGATCTGCCGCGCGTAGGGCTA
TTTGCTGAAGGCGTAGCGGTAAAACGCATCGGTGACGAAACCTTCCGTTTATGCCAGGAGTATCTCGACGACATCATCACCG
TCGATAGCGATGCGATCTGTGCGGCGATGAAGGATTTATTCGAAGA

(4) 设计引物，获得如下突变体（划线碱基为点突变位点）。

ATGGAGATGTTGTCTGGAGCCGAGATGGTCGTCCGATCGCT<u>T(C)</u>ATCGATCAGGGCGTTAAACAAGTATTCGGTTATCCCG
GAGGCGCAGTCCTTGATATTTATGATGCATTGCATACCGTGGGTGGTATTGATCATGTATTAGTTCGTCATGAGCAGGCGGC
GGTGCATATGGCCGATGGCCTGGCGCGCGCGACCGGGGAAGTCGGCGTCGTGCTGGTAACGTCGGGTCCAGGGGCGACCAAT
GCGATTACTGGCATCGCCACCGCTTATATGGATTCCATTCCATTAGTTGTCCTTTCCGGGCAGGTAGCGACCTCGTTGATAG
GTTACGATGCCTTTCAGGAGTGCGACATGGTGGGGATTTCGCGACCGGTGGTTAAACACAGTTTTCTGGTTAAGCAAACGGA
AGACATTCCGCAGGTGCTGAAAAAGGCTTTCTGGCTGGCGGCAAGTGGTCGCCCAGGACCAGTAGTCGTTGATTTACCGAAA

GATATTCTTAATCCGGCGAACAAATTACCCTATGTCTG(T)GCCGGAGTCGGTCAGTATGCGTTCTTACAATCCCACTACTA
CCGGACATAAAGGGCAAATTAAGCGTGCTCTGCAAACGCTGGTAGCGGCAAAAAAACCGGTTGTCTACGTAGGCGGTGGGGC
AATCACGGCGGGCTGCCATCAGCAGTTGAAAGAAACGGTGGAGGCGTTGAATCTGCCCGTTGTTTGCTCATTGATGGGGCTG
GGGGCGTTTCCGGCAACGCATCGTCAGGCACTGGGCATGCTGGGAATGCACGGTACCTACGAAGCCAATATGACGATGCATA
ACGCGGATGTGATTTTCGCCGTCGGGGTACGATTTGATGACCGAACGACGAACAATCTGGCAAAGTACTGCCCAAATGCCAC
TGTTCTGCATATCGATATTGATCCTACTTCCATTTCTAAAACCGTGACTGCGGATATCCCGATTGTGGGGGATGCTCGCCAG
GTCCTCGAACAAATGCTTGAACTCTTGTCGCAAGAATCCGCCCATCAACCACTGGATGAGATCCGCGACTGGTGGCAGCAAA
TTGAACAGTGGCGCGCTCGTCAGTGCCTGAAATATGACACTCACAGTGAAAAGATTAAACCGCAGGCGGTGATCGAGACTCT
TTGGCGGTTGACGAAGGGAGACGCTTACGTGACGTCCGATGTCGGGCAGCACCAGATGTTTGCTGCACTTTATTATCCATTC
GACAAACCGCGTCGCTGGATCAATTCCGGTGGCCTCGGCACGATGGGTTTTGGTTTACCTGCGGCACTGGGCGTCAAAATGG
CGTTGCCAGAAGAAACCGTGGTTTGCGTCACTGGCGACGGC(G)AGTATTCAGATGAACATCCAGGAACTGTCTACCGCGTT
GCAATACGAGTTGCCCGTACTGGTGGTGAATCTCAATAACCGCTATCTGGGGATGGTGAAGCAGTGGCAGGACATGATCTAT
TCCGGCCGTCATTCACAATCTTATATGCAATCGCTACCCGATTTCGTCCGTCTGGCGGAAGCCTATGGGCATGTCGGGATCC
AGATTTCTCATCCGCATGAGCTGGAAAGCAAACTTAGCGAGGCGCTGGAACAGGTGCGCAATAATCGCCTGGTGTTTGTTGA
TGTTACCGTCGATGGCAGCGAGCACGTCTACCCGATGCAGATTCGCGGGGGCGGAATGGATGAAATGTGGTTAAGCAAAACG
GAGAGAACCTGA

第三节　易错 PCR

随着工业生物技术和发酵工业的飞速发展，关键酶的高效性、专一性以及对底物或产物的敏感性已成为工业生产中的限制因素。然而天然酶的活性往往难以满足生产需求。因此，为获得能够满足工业需要的酶，研究人员开始着眼于酶的分子改造。其中非理性改造是目前应用较为广泛的策略，易错 PCR 是酶的非理性改造的经典手段。本节介绍易错 PCR 的原理和应用。

一、基本原理

易错 PCR，又称错配 PCR 或倾向错误 PCR，指通过改变 PCR 反应条件（如 Mg^{2+} 浓度、dNTP 浓度等），提高突变频率，从而得到随机突变的 DNA 库。*Taq*DNA 聚合酶普遍应用于易错 PCR，因为该酶不具有 3′→5′的外切酶活性，即不具备校正功能。因此，在利用 *Taq*DNA 聚合酶进行扩增时，具有一定的突变概率（约 10^{-4}）。然而，少量的错配率难以获得大规模的突变体样本，因此很难筛选到性状良好的突变体。根据 DNA 聚合酶的特性，常通过改变 PCR 条件来提高突变率。

Mg^{2+} 是 DNA 聚合酶的激活因子和辅因子，直接影响其活性。适量的 Mg^{2+}（1.5～2mmol/L）能够维持 DNA 聚合酶活性，但 Mg^{2+} 浓度过高（3～7mmol/L）时则会抑制其活性并降低其特异性。另外，加入适量 Mn^{2+} 也可降低 DNA 聚合酶的特异性。

4 种 dNTP 的比例也会影响碱基的错配。研究发现，易错 PCR 过程中的突变多为嘧啶和嘧啶或嘌呤和嘌呤之间的变化，且大多数突变为腺嘌呤和胸腺嘧啶之间的转换，从而限制了突变的多样性。采用改变 4 种 dNTP 的比例（如适当提高 dCTP 和 dTTP），可有效提高突变的多样性。提高 *Taq* DNA 聚合酶用量、延长延伸时间、增加循环数均可提高突变效率。

此外，可利用易错 PCR 的产物为模板，多次进行易错 PCR，可获得更多突变位点，这种方法称为连续易错 PCR。

本节以获得异亮氨酸羟基化酶编码基因 *ido* 为例，讲述易错 PCR 获得突变体的方法。

二、重点和难点

（1）易错 PCR 的原理。

（2）易错 PCR 的操作方法。

三、实　　验

实验四　易错 PCR 获得 *ido* 突变体

1. 实验材料和用具

（1）仪器和耗材　PCR 仪、电泳仪、凝胶成像仪、移液器、吸头等。

（2）试剂和溶液　易错 PCR 试剂盒（以北京天恩泽基因科技有限公司的即用型易错 PCR 试剂盒为例）、琼脂糖、TAE 缓冲液、1kb Marker、去离子水等。

2. 操作步骤及注意事项

（1）准备工作

①引物设计：设计引物时要保证其 T_m 约为 70℃，其序列如下所示。

*P*1：5′-ATGAAAATGAGTGGCTTTAGCATAGAAGAAAAGG-3′

*P*2：5′-TTATTTTGTCTCCTTATAAGAAAATGTTACTAATAAAATATCACGA-3′

②制备 1.5％的琼脂糖凝胶。

（2）模板的制备

①利用引物（*IDO*-1：5′-ATGAAAATGAGTGGCTTTAGCATAG-3′和 *IDO*-2：5′-TTATTTTGTCTCCTTATAAGAAAATGTTACT-3′）PCR 扩增 *ido*。

②将 *ido* 的 PCR 产物进行琼脂糖凝胶电泳。

③切胶回收后，测定其浓度。

易错 PCR 的模板一定要用胶回收的常规 PCR 产物，因为通过琼脂糖凝胶电泳结合切胶回收可将非特异性扩增产物去除，否则这些片段由于也是用易错 PCR 引物扩增所得，在易错 PCR 扩增时也会被扩增，产生竞争抑制，降低靶分子的扩增效率。

（3）将回收的 *ido* 片段稀释到 1ng/μL、10ng/μL 和 100ng/μL 三个浓度。

模板浓度是影响突变率的最重要因素，模板 DNA 浓度越高，则突变 DNA 在终产物中的相对比例就越低，突变率就越低，反之亦然。但模板太少又不容易扩增成功，所以可同时测试三个模板用量。如果都成功，则优先选用模板浓度低的 PCR 产物进行分析。

（4）以 30μL 的反应体系为例，进行易错 PCR，各成分添加量如表 3-5 所示。

表 3-5　**易错 PCR 反应体系**

成分	添加量/μL	成分	添加量/μL
易错 PCR Mix	3	引物 *P*1	1
ido 模板	1	引物 *P*2	1
dNTP	3	*Taq* DNA 聚合酶	0.5
$MnCl_2$	3	去离子水或双蒸水	17.5

（5）按如下程序进行 PCR 扩增

预变性：94℃，5min，1 个循环

变性：94℃，30s
退火：55℃，30s　}30 个循环
延伸：72℃，60s

冷却：根据需要设定温度。

易错 PCR 一般不需要结束后做延伸处理。

易错 PCR 循环次数越多，突变 DNA 比例就越高。因此，可以设定不同循环数进行优化。

（6）反应结束后取 10μL 样品，进行琼脂糖凝胶电泳。

（7）切胶回收或直接回收目的基因 *ido* 突变体。

（8）连接至 T 载体并转化后测序，或连接至所需载体转化后进行筛选。

（9）若想进一步提高突变率，可以进行下一轮易错 PCR。

3. 实验结果（略）

四、常见问题及分析

1. 无扩增产物

（1）利用常规 PCR 进行验证，如常规 PCR 能够扩增出产物，需确认试剂盒是否能够正常工作。

（2）适当增加 PCR 反应循环数。

（3）适当降低退火温度。

2. PCR 产物经过琼脂糖凝胶电泳后出现弥散条带

（1）适当降低反应循环数。

（2）适当减少 DNA 聚合酶的使用量。

（3）模板浓度过高，应适当降低。

五、思　考　题

（1）易错 PCR 的原理是什么？

（2）易错 PCR 应注意哪些问题？

（3）易错 PCR 与定点突变 PCR 有哪些区别？

第四节 反转录PCR

反转录PCR（reverse transcriptase-PCR，RT-PCR）是一种从RNA扩增cDNA的方法。1970年，RNA依赖的DNA聚合酶的发现解释了某些病毒RNA基因组是如何复制成DNA进而感染和转化细胞的，反转录酶由此诞生。RT-PCR对于获得与克隆mRNA序列、从非常少量的mRNA样本构建大容量的cDNA文库方面都是极为灵敏与通用的方法。此外，RT-PCR还能够鉴定已转录序列是否发生突变及呈现多态性；还可用于测定基因表达的强度，尤其是mRNA数量有限以及目的基因表达水平很低时都可用RT-PCR的方法来分析。

一、基本原理

（一）RT-PCR原理

RT-PCR由一条RNA单链转录为互补DNA（cDNA）称为“逆转录”，由依赖RNA的DNA聚合酶（逆转录酶）来完成。随后，DNA的另一条链通过脱氧核苷酸引物和依赖DNA的DNA聚合酶完成，随每个循环倍增，即通常的PCR。原先的RNA模板被RNA酶H降解，留下互补DNA。RT-PCR的指数扩增是一种很灵敏的技术，可以检测很低拷贝数的RNA。RT-PCR广泛应用于遗传病的诊断，并且可以用于定量检测某种RNA的含量。

RT-PCR的关键步骤在RNA的反转录，要求RNA模版为完整的且不含DNA、蛋白质等杂质。常用的反转录酶有两种：鸟类成髓细胞性白细胞病毒（avian myeloblastosis virus，AMV）反转录酶和莫罗尼鼠类白血病病毒（Moloney murine leukemia virus，Mo-MLV）反转录酶。

在完成反转录过程之后，可以通过PCR进行定量分析。随着技术的发展，实时PCR（real-time PCR）或微滴度PCR（droplet digital PCR，ddPCR）技术被用来做定量分析，比普通PCR进行定量分析时灵敏度更高、定量更精确。

（二）常用反转录酶

1. AMV反转录酶

AMV反转录酶是中温酶，要求以RNA或者DNA为模板，并且要求具有带3′-羟基基团的RNA或者DNA引物。由于缺乏3′→5′核酸外切酶活性，该酶在聚合过程中易发生错误。此外，该酶的dNTP底物的K_m值很高，为了保证RNA模板完全转录，需要在反应体系中维持高浓度的dNTP。此外，AMV反转录酶具有高活性的RNase H，因此能够消化反转录过程中RNA-DNA杂交链中的RNA链部分，并且如果反转录酶的DNA合成过程终止，也能消化延伸DNA链的3′端附近的RNA模板。

2. Mo-MLV反转录酶

Mo-MLV反转录酶也是一种中温酶，跟AMV反转录酶一样，也缺乏3′→5′核酸外切酶活性，因此该酶在聚合过程中易发生错误。此外，该酶的dNTP底物的K_m值很高，为了保证RNA模板完全转录，需要在反应体系中维持高浓度的dNTP。但是，Mo-MLV反转录酶更适合于RT-PCR，因为它的RNase H活性相对较弱。Mo-MLV反转录酶催化反应最适温度为37℃，较AMV反转录酶42℃的最适温度低，所以对于具有高度二级结构的 RNA 模板可能会有略微不利的影响。

3. 嗜热热稳定 Tth DNA 聚合酶

嗜热热稳定 Tth DNA 聚合酶是一种由嗜热真菌来源的在 Mn^{2+} 存在条件下显示反转录酶活性的高温酶。这种酶用在 RT-PCR 中的主要优点在于它能在反转录与扩增两个阶段均起作用。但是，该酶合成的 cDNA 平均长度仅为 1～2kb，远远短于 Mo-MLV 反转录酶合成的 cDNA 长度（约 10kb）；此外，Mn^{2+} 存在会导致 DNA 合成保真度低。由于该酶催化反应最适温度高，在最适温度下，oligo（dT）* 或者随机六核苷酸不能与 RNA 模板形成稳定的杂合体，因此，嗜热 DNA 聚合酶在催化 RT-PCR 时，不能利用 oligo（dT）或者随机六核苷酸作为引物。

（三）引物设计

RT-PCR 引物分为基因特异性引物、oligo（dT）、随机六核苷酸 3 种。

1. 基因特异性引物

基因特异性引物能够与 mRNA 上某个特定序列配对杂交，获得特异性的 cDNA 片段。特异性引物设计原则与本章第一节扩增中引物设计原理和原则类似，在此不再赘述。

2. oligo（dT）

oligo（dT）能与真核生物 mRNA 的内源 poly A“尾巴”配对结合，作为通用引物，合成第一链 cDNA，适用于真核生物的 RT-PCR。

3. 随机六核苷酸引物

随机六核苷酸引物能够与 RNA 模板上的许多位点结合来引导 cDNA 的合成，这就会使得 RNA 能够获得多片段拷贝。如果 mRNA 序列较长或者包含很多二级结构时，特异性引物或者 oligo（dT）不能够很好地引导 cDNA 合成时，随机六核苷酸引物便尤其有用。

如果实验目标是产生的 cDNA 尽可能长，则 oligo（dT）是最佳选择。但是，如果对产物没有特异性要求且允许产生长短不一的 cDNA 分子，那么可以选择随机六核苷酸引物。现在实验中常用的反转录试剂盒中一般都是带有随机六核苷酸引物和 oligo（dT）引物，或者这两种引物的混合物，用于制备各种 cDNA。

二、重点和难点

RT-PCR 原理及操作方法。

三、实　　验

实验五　解淀粉芽孢杆菌（*Bacillus amyloliquefaciens*）RNA 反转录 PCR

1. 实验材料和用具

（1）仪器和耗材　移液器、小型台式离心机、金属浴恒温器。

（2）试剂和溶液　去 RNA 酶的 EP 管和 PCR 管、去 RNA 酶的吸头、解淀粉芽孢杆菌的 RNA、去 RNA 酶的双蒸水、反转录试剂盒［以宝日医生物技术（北京）有限公司的

* 注：oligo（dT）是指由数个脱氧胸腺嘧啶核苷酸组成的寡聚脱氧核苷酸链，能够作为引物与 mDNA 的聚脱氧腺嘌呤核苷酸 Poly（A）互补以扩增其互补 DNA（cDNA）。

PrimeScript™ RT reagent Kit with gDNA Eraser 试剂盒为例]。

2. 操作步骤及注意事项

（1）去除提取 RNA 中的 DNA　为了防止 RNA 提取过程中总 DNA 去除不够彻底，影响后期实验结果，因此在进行 RNA 反转录之前，首先要利用 DNase Ⅰ对提取 RNA 中的 DNA 进行进一步处理。

①从－20℃取出 5×g DNA 清除缓冲液（Eraser Buffer）、gDNA 清除液（Eraser）、无 RNase dH_2O，从－80℃取出（或者新鲜提取的）解淀粉芽孢杆菌 RNA 置于冰上，直至所有溶液充分熔化。

②取 0.2mL 的去 RNA 酶 PCR 管，如表 3-6 所示依次加入试剂。

③轻弹 PCR 管，于小型台式离心机快甩 5～10s。

轻弹 PCR 管起到混合成分的作用，快甩可使黏在管壁上的液体沉降至管底。

④42℃反应 2min 或者室温反应 5～30min 后，4℃短暂保存。

RNA 极不稳定，不可长时间保存，需要立即进行 RT-PCR。

表 3-6　去除 DNA 反应体系

成分	加入量	成分	加入量
5×gDNA Eraser Buffer	2.0μL	RNA	1.0μg
gDNA Eraser	1.0μL	无 RNase dH_2O	加至 10.0μL

（2）RT-PCR

①从－20℃取出 5×PrimeScript Buffer、PrimeScript RT Enzyme Mix Ⅰ、RT Primer Mix、无 RNase dH_2O，置于冰上，直至所有溶液充分熔化。

②取 0.2mL 的去 RNA 酶的 PCR 管，如表 3-7 所示依次加入试剂。

表 3-7　RT-PCR 反应体系

成分	体积/μL	成分	体积/μL
上步所得 RNA（无 DNA）	10.0	RT Primer Mix	1.0
5×PrimeScript Buffer	4.0	无 RNase dH_2O	1.0
PrimeScript RT Enzyme Mix Ⅰ	1.0		

③轻弹 PCR 管，于小型台式离心机快甩 5～10s。

④于 37℃反应 15min。

⑤于 85℃，5s 进行失活。所得 cDNA 可直接用于后续实验或－20℃（－80℃更佳）保存备用。

3. 实验结果（略）

四、常见问题及分析

（1）如果一次实验需要做多管 RT-PCR，建议进行各项反应时，先按反应数＋1 的量配制混合物，然后分装到每个去 RNase 的 PCR 管中，然后加入各个样品。

（2）反转录时引物选择问题　使用 RT Primer Mix 可以高效合成 cDNA。因为实验目的不同，也可以不使用 RT Primer Mix 而选择 oligo dT Primer 或基因特异性引物进行反转录反应，引物使用量如下所示。

oligo dT Primer 50 pmol/ 20μL 反应体系。

Gene Specific Primer 5 pmol/ 20μL 反应体系。

（3）反转录 PCR 时反应温度问题　如果选择基因特异性引物，反转录温度设置为 42℃，15min。

（4）操作过程中戴一次性干净手套，使用 RNA 操作专用实验台，在操作过程中避免讲话等。

五、思　考　题

（1）简述 RT-PCR 的原理。

（2）如何减少 RT-PCR 操作过程中 RNA 降解？

第五节　实时荧光定量 PCR

定量 PCR 技术是用一种标准作为对照，能够估计出一种特异性靶 DNA 或 RNA 分子的相对含量的技术。但是，由于 PCR 过程中存在扩增效率不稳定等各种因素，利用普通 PCR 扩增技术累积产物进行定量的方式是不可靠的。

1995 年，美国 Perkin Elmer（PE）公司在 Higuchi 于 1992 年提出的通过荧光染料溴化乙锭嵌入双链核酸两层碱基之间从而实现 PCR 过程中的 DNA 定量这个设想的基础上，研发出了 TaqMan 荧光探针定量技术，使荧光定量 PCR 真正做到了“实时”，同时大幅度提高了检测的特异性和灵敏度。实时荧光定量 PCR 与传统的定量技术（如半定量 PCR、竞争定量 PCR 等）相比，具有重复性好、特异灵敏、定量准确、操作简便，以及对样品污染小和自动化程度高等优点。

一、基 本 原 理

（一）实时荧光定量 PCR（real-time quantitative PCR，RT-qPCR 或 qPCR）原理

qPCR 是在普通 PCR 技术基础上，在反应体系中加入荧光报告基团和荧光淬灭基团，在 PCR 反应过程中，扩增产物不断积累，使得荧光信号不断累积，通过实时检测荧光信号的变化来监测 PCR 产物变化，从而能够实现对初始模板定量分析的技术。

qPCR 反应过程可分为荧光信号基线期、荧光信号指数增长期、荧光信号线性增长期与平台期。在基线期部分，背景信号强，掩盖了微弱的荧光信号，因此该时期无法对模板的起始量进行分析。反应进入平台期，反应管内的 dNTP、酶等被耗尽，反应环境已不适合 PCR 反应的进行，此时的 PCR 产物不再增加，荧光信号达到水平状态，且同一模板的多次技术重复的扩增曲线在该时期重复性差、可变性高，故在这一时期也不适合进行模板初始量的分析。在线性增长期，虽然 PCR 反应仍在进行，但产物已不再呈指数形式增加，在该时期也不适合模板初始量的分析。在指数增长期，反应各组分（引物、dNTP、Mg^{2+}、酶）均过量，反应所需的环境适中，聚合酶活性仍较高，该时期的扩增效率高，产物数量以指数形式增加，且与初始模板量成线性相关，另外，在指数增长期内，同一模板的多个技术重复具有高度的重复性，在这一时期进行数据分析具有可靠性。

qPCR 中有两个基本概念：荧光阈值和阈值循环数（threshold cycles，CT）。荧光阈值是在荧光扩增曲线上人为设定的一个值，设置为 3～15 个循环的荧光信号标准差的 10 倍。CT 值是 PCR 过程中，荧光信号达到设定阈值时所经历的循环次数。根据 PCR 定量原理，模板起始拷贝数的对数与阈值循环数呈线性关系，模板起始拷贝数越多，荧光信号达到阈值的循环数越少，即 CT 值越小。利用已知起始拷贝数的标准样品绘制标准曲线，根据荧光基团发出的荧光强度与 PCR 扩增产物的数量呈对应关系，只要对荧光信号进行实时监测并得到未知样品的 CT 值，即可通过标准曲线计算未知样品的起始拷贝数。

（二）qPCR 定量方法分类

qPCR 分为绝对定量和相对定量两种方法，其中绝对定量是通过标准品绘制标准曲线后对初始模板拷贝数进行精确测定。相对定量是指不同菌体之间对比同一基因的转录水平。

1. 绝对定量法

绝对定量法也称为标准曲线法，是一种利用已知的标准曲线来定量未知样本目的模板起始量的方法。以 5 点梯度稀释所得的标准品为模板，经实时荧光定量 PCR 扩增，以目的模板初始拷贝数的对数为横坐标，检测到的 CT 值为纵坐标绘制标准曲线，得到线性回归方程，将未知样本的 CT 值带入该方程即可计算出目的模板的起始量。

2. 相对定量法

相对定量法是实验中最常用到的一种定量方法，可分析某一靶基因在不同样品之间、同一样品的不同部位之间以及某一样品的某一部位在不同动态时期之间的 mRNA 水平的表达量的比值，也可分析靶基因与内参基因在同一样品中拷贝数的比值。在相对定量中，需要用内参基因来消除因模板浓度不同所带来的误差，进而对靶基因的初始量进行校正。内参基因通常是持家基因，即转录水平恒定的基因，最常用的计算方法是 $2^{-\Delta\Delta CT}$ 法。

使用 $2^{-\Delta\Delta CT}$ 法的前提是靶基因与内参基因的扩增效率相等，假设靶基因在实验组与对照组中的初始量分别为 $N1$ 与 $N2$，当达到某一荧光阈值时，靶基因在实验组与对照组中的阈值循环数分别为 $CT1$ 与 $CT2$，则有 $N1/N2=2^{-\Delta\Delta CT}$，其中 $\Delta\Delta CT=\Delta CT_{实验组}-\Delta CT_{对照组}=(CT_{靶基因}-CT_{内参基因})_{实验组}-(CT_{靶基因}-CT_{内参基因})_{对照组}$。该方法不需要生成标准曲线，操作简便、效率高，但靶基因以及内参基因的扩增效率须达 100%。此方法通常用于某一基因在 mRNA 水平上的表达量分析。

（三）qPCR 技术分类

1. DNA 染料法

用于实时荧光定量 PCR 的 DNA 染料有 SYBR Green Ⅰ、SYBR Gold、EvaGreeEB 与 EB。SYBR Green Ⅰ是目前实验过程中最常用的一种，该染料结合于双链 DNA 的小沟处，游离的染料分子只发出微弱的荧光，锚定到双链 DNA 上的染料才会发出强荧光。在 PCR 延伸阶段，SYBR Green Ⅰ染料结合上去，发出荧光，双链合成越多，荧光强度越强。

SYBR Green Ⅰ与 DNA 的结合具有非特异性，除了与目的片段结合外，还能与其他非目的片段的双链 DNA 分子结合，如非特异性扩增产物、引物二聚体。为了检测产物中是否含有非特异或引物二聚体，在 PCR 反应结束后进行一个溶解曲线分析，即温度从 50℃升高到 95℃，监测这一过程中荧光信号的变化情况，用荧光信号变化的速度与温度作图，形成溶解曲线，若未形成非特异或引物二聚体，特征峰只有 1 个且相同基因形成特征

峰的 T_m 值相同。若有非特异或引物二聚体时，就会出现特征峰之外的杂峰。由于染料法对双链 DNA 的识别不具有特异性，所以实验过程中需要合理地设计引物。

2. 荧光探针法

荧光探针是指在寡聚核苷酸上结合荧光报告基团与荧光猝灭基团，由激发态的报告基团回到基态的过程会释放荧光，当报告基团与猝灭基团离得很近时，激发态的报告基团会将荧光传递给猝灭基团从而不发射荧光。荧光探针法大体上分为水解探针法、双联置换探针法和杂交探针法。

（四）qPCR 引物设计原则

qPCR 引物设计与 PCR 引物设计方法和整体原则比较接近。但是由于定量 PCR 对于 PCR 精确度要求更高，因此引物设计原则更加严谨。除了普通 PCR 需要遵循的设计原则外，qPCR 引物设计还需额外注意以下几点。

（1）引物应在核酸系列保守区内设计并具有特异性，最好位于编码区 5′端的 300～400bp 区域内。

（2）扩增产物长度在 80～150bp，最长不要超过 300bp。

（3）产物不能形成二级结构（自由能小于 58.61kJ/mol）。

（4）长度一般在 17～25nt，上下游引物不宜相差太大。

（5）自身不能有连续 4 个碱基的互补，避免形成发卡结构。

（6）引物之间不能有连续 4 个碱基的互补，避免形成引物二聚体。

（7）GC 含量在 40%～60%，45%～55%最好。两个引物 GC 含量差异不要太大。

（8）引物 T_m值在 58～62℃，上下游引物 T_m值不宜相差太大。

（9）引物 3′端不可修饰，引物 3′端是延伸开始的地方，决定扩增的特异性。3′端应避开连续的 T/C/A/G（2～3 个），也不能形成任何二级结构。

mreB 基因编码类肌动蛋白，该蛋白参与细胞壁合成，参与细胞分裂，决定细菌细胞杆状形态。本节利用 DNA 染料法测定解淀粉芽孢杆菌 *mreB* 基因过表达菌株（UR-MreB）中 *mreB* 的表达量。*mreB* 基因序列如下所示。

TTGGGTGAAAAAATGTTTCAATCAACTGAGATCGGAATCGACTTAGGAACCGCTAATATACTTGTTTACAGTAAAAATAAAG
GAATTATTTTAAATGAGCCTTCTGTTGTCGCTGTAGATACAACTACGAAAGCGGTGCTTGCCATCGGAACGGATGCCAAAAG
CATGATCGGAAAGACGCCGGGGAAAATCATCGCCGTACGGCCGATGAAAGACGGTGTCATTGCAGATTATGATATGACAACT
GACTTATTAAAACACATTATGAAAAAAGCCGGGAAGAAAATCGGGATGACCTTCCGCAAACCGAATGTCGTCGTCTGTACGC
CTTCAGGCTCAACAGCCGTTGAACGCCGCGCTATCAGTGACGCTGTCAAAAACTGCGGAGCAAAAAACGTTCACTTGATTGA
AGAGCCCGTAGCCGCTGCAATCGGTGCCGATCTTCCGGTTGACGAACCTGTCGCAAACGTCGTCGTGGATATCGGGGGCGGT
ACGACTGAAGTGGCCATCATCTCATTCGGAGGCGTCGTATCCTGCCATTCCATCAGAATCGGCGGCGACCAGCTTGATGAAG
ATATCGCTTCGTTCGTCAGAAAAAAATACAACCTGCTGATCGGGGAACGTACGGCGGAACAGGTGAAAATGGAAATCGGCTT
TGCATTGATTGAACATGTGCCGGAAACGATGGAAATCCGCGGGCGTGACCTCGTAACCGGTCTCCCGAAGACAATCAGACTG
CAGTCCAATGAAATTCAGCACGCGATGCGTGAATCGCTCCTACATATTCTTGAAGCAATCAGAGCGACGCTTGAAGATTGTC
CGCCAGAGCTCAGCGGAGATATCGTTGACCGCGGCGTCGTGTTAACCGGCGGGGGCGCGCTTTTAAACGGGATGAAAGAATG
GCTGACAGAAGAAATCGTCGTTCCCGTTCATTTGGCGGCAAATCCGCTTGAATCAGTGGCTATCGGCACGGGACGTTCGTTA
GACGTCATCGACAAGCTGCAAAAAGCGATTAAATAA

内参基因 *rpsU* 基因序列如下所示。

ATGTCAAAAACGGTCGTTAGAAAAAACGAATCGCTTGAAGATGCTCTTCGTCGCTTCAAACGCAGTGTATCAAAGACAGGTA
CTTTGCAAGAAGCAAGAAAGCGCGAATTTTATGAAAAACCTAGCGTAAAGCGCAAGAAAAAGTCAGAAGCTGCTAGAAAACG
CAAATTCTAA

二、重点和难点

本节通过对解淀粉芽孢杆菌（*Bacillus amyloliquefaciens*）野生型菌株（wild type，WT）和 *mreB* 基因过表达菌株（UR-MreB）进行 qPCR，计算 UR-MreB 中 *mreB* 基因转录水平相对野生型菌株的变化，掌握 qPCR 原理及操作方法。

三、实　验

实验六　解淀粉芽孢杆菌 *mreB* 基因的转录水平测定

1. 实验材料和用具

（1）仪器与耗材　移液器、小型台式离心机、荧光实时定量 PCR 仪、PCR8 连管、基因特异性 qPCR 引物、高压蒸汽灭菌的吸头等。

（2）试剂和溶液　解淀粉芽孢杆菌 WT 和解淀粉芽孢杆菌 UR-MreB 的 cDNA、去离子水或双蒸水、实时定量 PCR 试剂盒［以宝日医生物技术（北京）有限公司的 TB Green® Premix Ex Taq™ Ⅱ试剂盒］为例。

2. 操作步骤及注意事项

（1）引物设计

①目标基因引物设计：利用 Primer Premier 5.0 进行引物设计，根据原理中讲解的设计原则，针对 *mreB* 基因获得引物序列如下所示。

上游引物 *qMreB-F*：5′-GCAAACCGAATGTCGTCGTCTG-3′

下游引物 *qMreB-R*：5′-TGATGGAATGGCAGGATACGAC-3′

②内参基因引物设计：本实验是为了分析 *mreB* 过表达菌株相对野生型菌株 *mreB* 基因相对表达强度，采用相对定量 qPCR 的方法，因此需要一个转录相对稳定的基因作为内参基因。本实验选择解淀粉芽孢杆菌 30S 核糖体蛋白小亚基编码基因 *rpsU* 为内参基因，利用 Primer Premier 5.0 进行引物设计，根据原理中讲解的设计原则，针对 *rpsU* 基因获得引物序列如下所示。

上游引物 *qRpsU-F*：5′-GTCGTTAGAAAAAACGAATCGCTTG-3′

下游引物 *qRpsU-R*：5′-TTGCGTTTTCTAGCAGCTTCTGACT-3′

（2）引物处理　详见本章第一节实验一。

（3）实验菌株和对照菌株中 *mreB* 基因和内参基因的 qPCR

①从－20℃取出 TB Green Premix Ex Taq Ⅱ（2×）、野生型菌株 cDNA、UR-MreB 菌株 cDNA、引物 *qMreB-F*、引物 *qMreB-R*、引物 *qRpsU-F*、引物 *qRpsU-R*、ddH_2O，置于冰上，直至所有溶液充分熔化。

TB Green Premix Ex Taq Ⅱ（2×）应避光放置。

②取 0.2mL 的 PCR 管，如表 3-8 所示依次加入试剂。

每个菌株中，目的基因和内参基因 qPCR 需至少有三管平行，如果样品较多，可先将 TB Green Premix Ex Taq Ⅱ（2×）、*F* 引物、*R* 引物、H_2O 配制成预混液，再分装至 PCR 管，加入不同菌株的 cDNA 模板。

表 3-8　qPCR 反应体系

成分	体积/μL	成分	体积/μL
TB Green Premix Ex Taq Ⅱ（2×）	12.5	cDNA 模板	2.0
F 引物（*qMreB-F*/*qRpsU-F*）	1.0	无 RNase dH_2O	8.5
R 引物（*qMreB-R*/*qRpsU-R*）	1.0		

以上尽量在冰上且避光环境下进行操作。

③轻弹 PCR 管，于小型台式离心机快甩 5～10s。

轻弹 PCR 管起到混合成分的作用，快甩可使黏在管壁上的液体沉降至管底。

④qPCR，反应程序如下所示。

95℃，30s

94℃，5s
60℃，30s　}40 个循环

95℃，15s，1.6℃/s
65℃，15s，1.6℃/s
95℃，15s，0.15℃/s　}溶解曲线

冷却：根据需要设定温度。

如果两步法 qPCR 效果不好，可以改为与常规 PCR 类似的三步法，并适当提高延伸时间。

第一次使用的 qPCR 引物需要在 PCR 反应结束后进行一个溶解曲线分析，特征峰只有 1 个且相同的基因形成特征峰的 T_m 值才相同，说明引物符合使用要求，下次 qPCR 可以不进行溶解曲线测试。但是，保险起见，可以每次都进行溶解曲线检测。

3. 实验结果

（1）*mreB* 过表达菌株相对野生型菌株的 *mreB* 基因转录水平计算　野生型菌株（WT）和 UR-MreB 的 *mreB* 和 *rpsU* CT 值如表 3-9 所示。

表 3-9　野生型菌株和 UR-MreB 的 *mreB* 和 *rpsU* CT 值

菌株	*CT* 值（*mreB*）			*CT* 值（*rpsU*）		
WT	20.12	20.32	20.27	18.73	18.29	18.51
UR-MreB	15.79	15.68	15.66	19.25	19.01	19.37

三个平行数值取平均值可得：

$(CT_{靶基因})_{实验组}$ =（15.79＋15.68＋15.66）/3＝15.71；　$(CT_{内参基因})_{实验组}$ =（19.25＋19.01＋19.37）/3＝19.21；$(CT_{靶基因})_{对照组}$ =（20.12＋20.32＋20.27）/3＝20.24；$(CT_{内参基因})_{对照组}$ =（18.73＋

18.29＋18.51）/3＝18.51。

因此，$\Delta\Delta CT = \Delta CT_{实验组} - \Delta CT_{对照组} = (CT_{靶基因} - CT_{内参基因})_{实验组} - (CT_{靶基因} - CT_{内参基因})_{对照组} =$（15.71－19.21）－（20.24－18.51）＝－5.23。

则，*mreB* 基因在 *mreB* 过表达菌株中相对野生型菌株转录水平为 $2^{5.32}$＝37.53 倍。

实验重复 3 次，取平均值，计算标准差。

（2）溶解曲线（图 3-7） *mreB* 基因 qPCP 引物的溶解曲线为单一峰，表明引物特异性好。

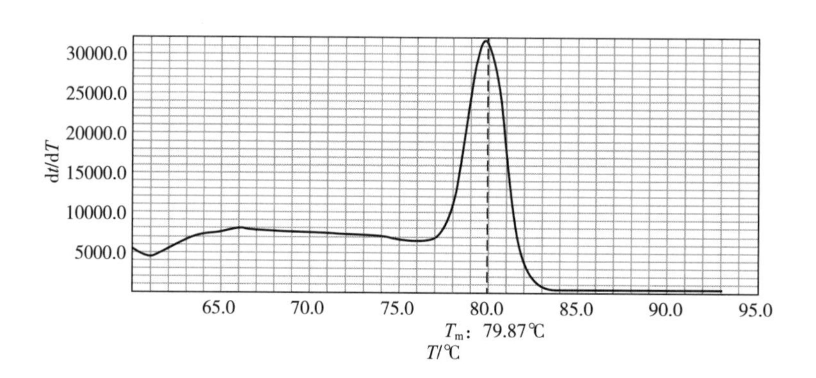

F—荧光值

图 3-7　*mreB* 基因 qPCP 引物的溶解曲线

四、常见问题及分析

1. 溶解曲线主峰之外还有其他峰

如果在主峰前面有小峰，一般为引物二聚体，需要重新设计引物，尽量避免引物二聚体的形成。如果主峰后面有小峰，说明引物特异性不好，扩增出了比目的片段长的其他片段，也需要重新设计引物，提高引物特异性。

2. 没有获得 CT 值

（1）基因不转录。

（2）cDNA 模板有问题　可以重新提取 RNA，反转录为 cDNA 后，用普通的 PCR 仪对 cDNA 模板进行 PCR 扩增，看是否有目的条带。如果有目的条带，说明基因转录且 cDNA 模板没有问题，可以尝试再次进行 qPCR。

3. 三管平行实验所得 CT 值相差较大（超过 1）

（1）制备反应体系时，尽量先将相同试剂（Buffer、酶、去离子水、引物等）混合在一起，再分装到不同 PCR 管中，之后加入不同 cDNA 模板，减少不同管之间人为因素造成的误差。

（2）避免 PCR 管中有气泡，尤其是管底，以防影响受热。

五、思　考　题

（1）简述 qPCR 的原理。

（2）如何提高 qPCR 的准确性和可重复性？

参考文献

[1] Baltimore D. RNA-dependent DNA polymerase in various of RNA tumour viruses [J]. Nature, 1970, 226: 1209-1211.

[2] Temin HM, Mizutani S. RNA-dependent DNA polymerase in virions of Rous sarcoma virus [J]. Nature, 1970, 226: 1211-1213.

[3] Sinha N K, Haimes M D. Molecular mechanisms of substitution mutagenesis: an experimental test of the Watson-Crick and topalfresco models of base mispairings [J]. Journal of Biological Chemistry, 1981, 256 (20): 10671-10683.

[4] Mullis K, Faloona F, Scharf S, et al. Specific enzymatic amplification of DNA in vitro: the polymerase chain reaction [J]. Cold Spring Harbor Symposia on Quantitative Biology, 1986, 51 (Pt 1): 263-273.

[5] Lehtovaara P M, Koivula A K, Bamford J, et al. A new method for random mutagenesis for complete genes: enzymatic generation of mutant libraries in vitro [J]. Protein Engineering Design & Selection, 1988, 2 (1): 63-68.

[6] Tindall K T, Kunkel T A. Fidelity of DNA synthesis by the *Thermus aquaticus* DNA polymerase [J]. Biochemistry, 1988, 27 (16): 6008-6013.

[7] Keohavong P, Thilly W G. Fidelity of DNA polymerases in DNA amplification [J]. Proceedings of the National Academy of Sciences of the United States of America, 1989 (23): 9253-9257

[8] Gibbs R A. DNA amplification by the polymerase chain reaction [J]. Analytical Chemistry, 1990, 62 (13): 1202-1214.

[9] Mullis K B. The unusual origin of the polymerase chain reaction [J]. Scientific American, 1990, 262 (4): 56-61+64-65.

[10] 陈晓穗，汪保安，王琰．错配 PCR 致突变的实验条件研究 [J]．第二军医大学学报，2003，24 (3)：307-310.

[11] 徐芳，姚泉洪，熊爱生，等．重叠延伸 PCR 技术及其在基因工程上的应用 [J]．分子植物育种，2006，4 (5)：747-750.

[12] 王甜，陈庆富．荧光定量 PCR 技术研究进展及其在植物遗传育种中的应用 [J]．种子，2007 (2)：56-61.

[13] Li J, Li C, Xiao W, et al. Site-directed mutagenesis by combination of homologous recombination and *Dpn* Ⅰ digestion of the plasmid template in *Escherichia coli* [J]. Analytical Biochemistry, 2008, 373 (2): 389-391.

[14] 徐书景，张跃灵，张妍，等．改进重叠延伸 PCR 技术构建定点双突变 [J]．中国生物工程杂志，2010，30 (10)：49-54.

[15] 高义平，赵和，吕孟雨，等．易错 PCR 研究进展及应用 [J]．核农学报，2013，27 (5)：607-612.

[16] 王秀娟，肖瑞，姜丽丽，等．实时荧光定量 PCR 的原理及其医学应用 [J]．疾

病监测与控制，2013，7（5）：284-286.

［17］张成林，刘远，薛宁，等．苏云金芽孢杆菌重组L-异亮氨酸羟化酶的酶学性质及其在4-羟基异亮氨酸合成中的应用［J］．微生物学报，2014，54（8）：889-896.

［18］Zhang C，Ma J，Li Z，et al. A strategy for L-isoleucine dioxygenase screening and 4-hydroxyisoleucine production by resting cells［J］. Bioengineered，2018，9（1）：72-79.

［19］杨林，王柳月，李慧美．改进的多片段重叠延伸PCR制作基因多位点突变［J］．中国生物工程杂志，2019，39（8）：52-58.

［20］梁子英，刘芳．实时荧光定量PCR技术及其应用研究进展［J］．现代农业科技，2020（6）：1-8.

第四章　DNA 重组及转化

为了研究分析基因的序列、结构和功能，获得基因后，不能简单地转入宿主细胞中，这样不仅不能够复制还可能会被降解。为了使基因稳定地复制、表达甚至遗传，必须将其连接至适宜的载体中，形成重组载体，然后转化至宿主细胞。这样目的基因才能够随重组载体复制，并通过宿主细胞分裂遗传到子细胞中，同时达到复制目的基因的目的，该过程称为克隆。重组载体的构建包括 DNA 的切割、连接、重组等，该过程会用到与此相关的酶，如限制性内切酶、DNA 连接酶、重组酶等。本章着重介绍如何实现目的基因的克隆、重组质粒的构建及转化。

第一节　DNA 的限制性内切酶的酶切

限制性内切酶全称为限制性核酸内切酶，是一类识别特定 DNA 序列并对其进行切割反应的内切核酸酶。限制性内切酶是基因工程的重要工具，同 DNA 连接酶并称为“剪刀”和“胶水”。本节主要介绍基于Ⅱ型限制性内切酶的 DNA 酶切实验。

一、基本原理

（一）限制性内切酶作用及分类

限制性内切酶广泛存在于细菌中，该类酶与甲基化酶等修饰酶共同组成修饰限制系统，主要起到防御噬菌体感染的作用。通常修饰酶与限制性内切酶识别的 DNA 序列相同并对某碱基进行甲基化等修饰，以防止限制性内切酶对细菌自身 DNA 进行切割。限制性内切酶识别病毒等外源 DNA 并对其进行切割，但对自身甲基化的基因组 DNA 不切割，从而达到防御病毒的效果。

根据限制性内切酶的酶切模式与反应体系的不同，可将其分为 3 类：Ⅰ型限制性内切酶需要 ATP、*S*-腺苷甲硫氨酸及 Mg^{2+}，其识别序列与切割位点不一致，且切割位点不固定；Ⅱ型限制性内切酶仅需要 Mg^{2+}，且识别序列与切割位点距离接近或相同，用于基因工程；Ⅲ型酶需要 ATP 和 Mg^{2+}，其识别序列与切割位点不一致，但切割位点固定。

（二）Ⅱ型限制性内切酶

Ⅱ型限制性内切酶的识别序列通常为 4～8 个核苷酸，多为回文序列（5′端到 3′端的序列与其互补链 5′端到 3′端的序列一致，如 *Xho* Ⅰ的识别序列 5′-CTCGAG-3′与其互补链 5′端到 3′端的序列相同）。有些Ⅱ型限制性内切酶的识别序列是相同的，被称为同裂酶（isoschizomer）。如 *Sma* Ⅰ和 *Xma* Ⅰ识别序列均为 CCCGGG，但前者切后产生钝末端，后者切后产生黏性末端（图 4-1）。识别不同的序列，但产生相同的黏性末端的限制性内切酶称为同尾酶。如 *Bam*H Ⅰ和 *Bgl* Ⅱ的识别序列不同，但其酶切均产生黏性末端（5′-GATC-3′）。

经限制性内切酶酶切后的 DNA 片段末端会出现 5′黏性末端、3′黏性末端和平末端 3

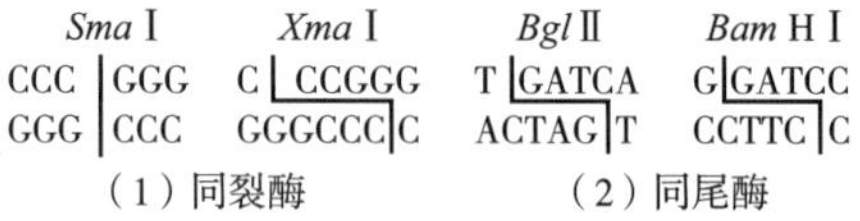

Sma Ⅰ	*Xma* Ⅰ	*Bgl* Ⅱ	*Bam* H Ⅰ
CCC | GGG	C | CCGGG	T | GATCA	G | GATCC
GGG | CCC	GGGCCC | C	ACTAG | T	CCTTC | C

（1）同裂酶　　（2）同尾酶

图 4-1　同裂酶与同尾酶

种情况。5′为磷酸基团，3′为羟基基团。同一种限制性内切酶酶切后的 DNA 片段末端可通过碱基氢键配对，在 DNA 连接酶的作用下连接，由同尾酶酶切后产物的末端也能够连接。但连接酶对黏性末端的催化效率远高于平末端，因此在重组质粒构建时尽量使用黏性末端的限制性内切酶。

商品化的限制性内切酶通常都保存于甘油中，由此置于－20℃保存时不至于失活。除酶外，试剂盒还提供 10× 的电泳缓冲液，其中除缓冲剂（如 Tris-HCl）外，通常还含有 TritonX-100、牛血清白蛋白（bovine serum albumin，BSA）等。

（三）限制性内切酶的星号活性（星活性）

同一类限制性内切酶在某些反应条件变化时酶的专一性发生改变，可能对与原识别序列相似的序列产生酶切作用。如 *Eco*R Ⅰ 的识别序列为 5′-GAATTC-3′，但如果遇到酶浓度过高、反应液离子强度过低、pH 改变、Mn^{2+} 存在、少量有机溶剂存在等情况时，其识别序列为 5′-AATT-3′。星活性出现的频率根据酶、底物 DNA、反应条件的不同而不同，几乎所有的限制性内切酶都具有星活性。

值得注意的是，当限制性内切酶的添加量占到反应体积的 10%时，容易出现星号活性，因此进行酶切实验时应注意限制性内切酶的使用量。此外，如果酶切时间过长，会造成反应体系中水分蒸发至管壁或管盖，造成酶的相对浓度提高，产生星号活性，故酶切反应时间不宜过长。

（四）限制性内切酶的命名

限制性内切酶主要按来源和发现先后顺序来命名，通常由两部分组成：第一部分为限制性内切酶所发现的微生物的属名首字母（大写，斜体）和种名前两个字母（小写，斜体）。第二部分为在该菌中此酶发现的顺序（正体），用罗马数字表示。第一部分和第二部分间有一空格。此外一些限制性内切酶的名称中在第一部分后还添加菌株的株系（正体，大写或小写）。如 *Eco*R Ⅰ中 *E* 和 *co* 分别为拉丁名 *Escherichia coli* 中属名首字母 *E* 和种名前两个字母 *co*，R 表示大肠杆菌 R 株，Ⅰ表示此酶是从该菌株中发现的第一个限制性内切酶。

（五）限制性内切酶活性定义

限制性内切酶的一个活性单位（1 U）通常是指在适宜温度下经过 1h 反应，切割 1μg DNA 所需要的酶量（通常是在 50μL 的反应体系中）。

二、重点与难点

（1）限制性内切酶的特性、分类。

（2）通过对表达载体 pET28a 的酶切实验，掌握限制性内切酶的使用方法。

三、实　验

实验一　表达载体 pET28a 的酶切

1. 实验材料和用具

(1) 仪器和耗材　水浴锅、移液器、小型台式离心机、无菌吸头、无菌 EP 管、500μL 离心管等。

(2) 质粒　表达载体 pET28a。

(3) 试剂和溶液

①限制性内切酶 *Nco* Ⅰ、*Xho* Ⅰ（以 Takara Bio 公司的产品为例）。

②1kb DNA Marker。

③无菌去离子水。

④琼脂糖。

⑤TE 缓冲液。

⑥其他试剂略。

2. 操作步骤及注意事项

(1) 按如下次序及剂量向 500μL 离心管中加入试剂

①组 1：*Nco* Ⅰ单酶切，如表 4-1 所示依次加入试剂。

表 4-1　*Nco* Ⅰ单酶切体系

试剂	添加量（50μL 体系）	试剂	添加量（50μL 体系）
10×缓冲液	5μL	去离子水	补足至 49μL
质粒 pET28a	不超过 1μg*	*Nco* Ⅰ**	1μL

注：*：通常线性 DNA 和环状 DNA 不超过 1μg，PCR 产物不超过 0.2μg。

**：因为分子生物学中所用的酶都比较昂贵，为避免在加样过程中出现错误而导致酶的浪费，通常最后一步再加酶。反应体系中酶的添加量不得超过总体积的 10%。

②组 2　*Nco* Ⅰ和 *Xho* Ⅰ双酶切，如表 4-2 所示依次加入试剂。

表 4-2　*Nco* Ⅰ和 *Xho* Ⅰ双酶切体系

试剂	添加量（50μL 体系）	试剂	添加量（50μL 体系）
10×缓冲液	5μL	*Nco* Ⅰ	1μL
质粒 pET28a	不超过 2μg	*Xho* Ⅰ	1μL
去离子水	补足至 48μL		

(2) 小心用吸头吹吸混匀，而后用封口膜封住离心管盖。

由于酶液中含有甘油，其密度较大，因此向反应体系中加入酶液后会沉入管底。可用吸头轻轻吹吸混匀，也可以轻轻弹打离心管底部。切忌用漩涡振荡器剧烈振荡，否则容易导致酶失活。

(3) 用离心机轻甩 5～10s，使得管壁上的液体流至管底部。

(4) 于水浴锅 37℃水浴 5min。

反应温度和时间因酶而异：如 *Bam*H Ⅰ需在 30℃条件下反应，其余在 37℃条件下反应。普通酶需反应约 1h，快速酶反应时间较短。如果反应时间较长时也可用空气浴，但较短时不建议用，因为空气传热较水慢，难以使反应体系快速达到设定温度。

(5) 取出离心管，用离心机轻甩 5～10s。

(6) 将上述酶切产物进行琼脂糖凝胶电泳。

3. 实验结果

质粒 pET28a 的酶切产物琼脂糖凝胶电泳图谱如图 4-2 所示，未酶切的环状质粒泳动速度最快（泳道 1），其上方的条带为单链开环质粒。*Nco* Ⅰ单酶切的线性质粒最慢（泳道 3）。pET28a 上 *Nco* Ⅰ和 *Xho* Ⅰ之间有 129bp 的序列，因此双酶切后的线性质粒泳动速度较单酶切的线性质粒稍快（泳道 2），但该序列相对于质粒（5369bp）的碱基数差别不大，所以其在琼脂糖凝胶上的位置差异不易察觉。

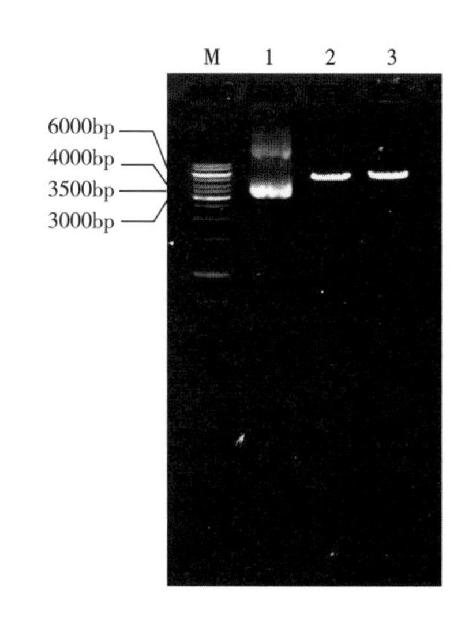

M—Marker　1—未酶切的 pET28a
2—*Nco* Ⅰ和 *Xho* Ⅰ双酶切　3—*Nco* Ⅰ单酶切
图 4-2　pET28a 的酶切产物琼脂糖凝胶电泳图谱

四、常见问题及分析

1. 反应条件不同的两个酶如何进行双酶切?

若两个酶所用的反应缓冲液不同，可先采用其中一种酶进行酶切。反应结束后，利用 DNA 回收试剂盒或酚抽提、乙醇沉淀后再进行另一个酶的酶切。若两个酶的反应温度不同，可先采用需要较低温度的酶进行酶切，反应结束后再加入另一个酶于较高温度下进行酶切。

2. PCR 产物如何酶切?

在设计 PCR 引物时，可在引物 5′端引入限制性内切酶的识别和酶切序列。但需注意，与质粒不同（限制性内切酶的识别和酶切序列 5′端和 3′端都有碱基），PCR 产物的 5′端仅有限制性内切酶的识别和酶切序列时是无法切割的（或切割效率极低）。因此需要在识别和酶切序列两端加入额外序列（保护性碱基），以便于限制性内切酶高效切割。不同的限制性内切酶对保护性碱基要求不同，具体见附录三。

3. 质粒 DNA 无法切开，或者只有部分能够切开

①质粒 DNA 中有乙醇等有机物残留：在质粒 DNA 提取过程中，乙醇等有机物未能除净，从而影响酶的活性，解决方法见第二章。

②限制性内切酶失活：尽管此情况出现的概率较低，但也需引起注意。限制性内切酶（其他酶也如此）若保存不当（如用完后未及时放入－20℃，使用的过程中未置于冰上等）

容易失活，从而造成实验失败。若进行双酶切实验时，发现不能有效切割，可利用两个酶分别进行单酶切实验，然后进行琼脂糖凝胶电泳检测，以鉴定哪一种失活。

③DNA 被甲基化：序列则不再被限制性内切酶识别和切割。大多数大肠杆菌菌株中含有甲基化酶，如 *dam* 甲基化酶可将 5′-GATC-3′ 甲基化为 5′-G^{6m}ATC-3′，*Xba* Ⅰ（5′-TCTAGA-3）等，限制性内切酶则容易受此影响。*dcm* 甲基化酶可将 5′-CCAGG-3′ 和 5′-CCTGG -3′ 分别甲基化为 5′-C^{5m}CAGG-3′ 和 5′-C^{5m}CTGG -3′。然而有些限制性内切酶几乎不受甲基化的影响，如 *Bam*H Ⅰ（5′-GGATCC-3′）和 *Bgl* Ⅱ（5′-AGATCT-3′）不受 *dam* 甲基化酶的影响。为减弱或消除甲基化酶的影响，可采用 *dam* 基因和 *dcm* 基因单（或双）缺陷的宿主，也可使用不受甲基化酶影响的限制性内切酶。

五、思 考 题

（1）限制性内切酶的种类有哪些？

（2）限制性内切酶有哪些应用？

（3）某质粒经数种限制性内切酶酶切并进行琼脂糖凝胶电泳后，片段数和片段长度如表 4-3 所示，请推测该质粒的切割位点。

表 4-3　质粒酶切后片段数及其长度

酶	片段数	片段长度/kb	酶	片段数	片段长度/kb
Afl Ⅲ	2	2.1，3.3	*Nco* Ⅰ	1	5.4
Ava Ⅰ	2	1.3，4.1	*Nde* Ⅰ	1	5.4
*Bam*H Ⅰ	1	5.4	*Sac* Ⅰ	1	5.4
Bsg Ⅰ	3	1.1，1.5，2.8	*Sal* Ⅰ	1	5.4
*Eco*R Ⅰ	1	5.4	*Xho* Ⅰ	1	5.4

第二节 重组质粒的构建——连接

目的基因（或片段）插入到载体后形成重组质粒，可用于目的基因（或片段）的体内扩增、基因的表达、文库构建等。本节介绍重组质粒的构建方法。

一、基 本 原 理

重组质粒的构建方法主要包括：基于 PCR 和 T-载体的 T-A 克隆、基于限制性内切酶和连接酶的重组以及基于重组酶的重组。

（一）T-A 克隆

由 *Taq* DNA 聚合酶 PCR 扩增的产物 3′端附加 1 个磷酸腺苷，其腺嘌呤碱基能够与 T 载体 3′-T 互补，并在 DNA 连接酶的作用下连接为环状 DNA，该方法称为 T-A 克隆，如图 4-3 所示。早期研究获得 T 载体的如下。

（1）将载体用限制性内切酶 *Xcm* Ⅰ、*Hph* Ⅰ或 *Mbo* Ⅱ酶切后产生 3′端脱氧胸苷残基。

（2）运用末端转移酶和双脱氧 TTP 向线性化载体 3′端加入脱氧胸苷残基。

（3）利用不依赖模板的 *Taq*DNA 聚合酶的末端转移酶活性在线性化载体 3′端的羟基基团上催化连接一个脱氧胸苷残基。

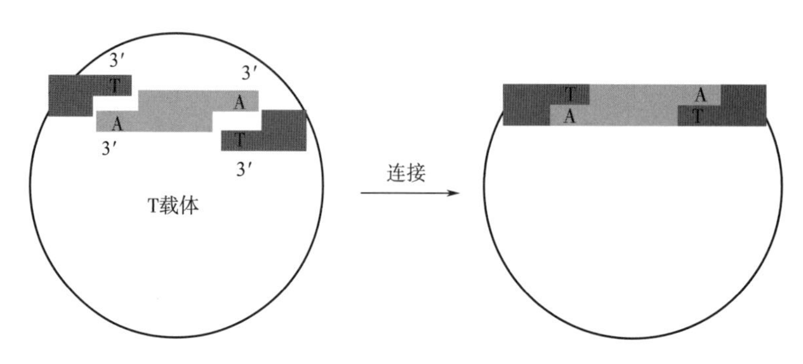

图 4-3　T-A 克隆原理示意图

（二）连接酶

当 DNA 分子被限制性内切酶酶切后，将会产生黏性末端（有少数限制性内切酶可产生平末端），当遇到带有相同黏性末端的 DNA 片段（质粒）时，两分子通过碱基互补结合。然而，碱基间产生的氢键并不稳定，故结合的分子可再次分开。因此在构建重组质粒时，需要两分子通过共价键连接。能催化相邻的核苷酸分子间 3′-羟基和 5′-磷酸基团形成磷酸二酯键的酶称为连接酶，可催化 DNA 或 RNA 分子间连接。此过程需要能量，主要来源于 ATP 或 NAD^+。其机制是 ATP 或 NAD^+ 的腺苷基团被转移到 DNA 的 5′-磷酸上，引发另一 DNA 3′-羟基的亲核性攻击，从而形成磷酸二酯键，连接 2 个 DNA 分子并释放 AMP。

连接酶参与细胞内 DNA 复制过程中复制链的合成以及 DNA 修复时的基因重组（Gottesman 1973；Lehman 1998）。在体外 DNA 连接酶可通过催化生成磷酸二酯键连接目的 DNA 片段与线性化质粒。大肠杆菌噬菌体 T4 编码的 DNA 连接酶和大肠杆菌编码的 DNA 连接酶是构建重组质粒常用的连接酶。

1. T4 DNA 连接酶

T4 DNA 连接酶由噬菌体 T4 编码，由 487 个氨基酸残基组成，需 Mg^{2+} 和 ATP 作辅因子。该酶能够催化黏性末端和平末端，但前者效率远高于后者（约高 100 倍），其 K_m 值分别为 6×10^{-7} mol/L 和 5×10^{-5} mol/L。此外，末端碱基的组成也影响其连接效率，存在如下趋势。

黏性末端：*Hin*d Ⅲ＞*Pst* Ⅰ＞*Eco*R Ⅰ＞*Bam*H Ⅰ＞*Sal* Ⅰ，*Hin*d Ⅲ末端约为 *Sal* Ⅰ末端连接速度的 10～40 倍。

平末端：*Hae* Ⅲ＞*Alu* Ⅰ＞*Hind* Ⅱ＞*Sam* Ⅰ *Eco*R Ⅴ＞*Sca* Ⅰ＞*Pvu* Ⅱ＞*Nru* Ⅰ，*Hae* Ⅲ末端约为 *Sam* Ⅰ末端生成速度的 5～10 倍。

尽管 T4 DNA 连接酶的最适反应温度为 37℃，但黏性末端形成的氢键在低温条件下更稳定，因此利用该酶进行连接反应时，温度通常设置 15～20℃。利用 T4 DNA 连接酶连接的产物，在进行热激转化时，无需乙醇沉淀，可用连接液直接进行转化。进行电转化时，需要对连接液进行乙醇沉淀纯化，去除盐离子再进行转化。

2. 大肠杆菌 DNA 连接酶

大肠杆菌 DNA 连接酶由 *lig* 基因编码，位于大肠杆菌基因组图谱的 52min 处，该酶由 671 个氨基酸残基组成。大肠杆菌 DNA 连接酶催化黏性末端和平末端，但催化平末端效率低。T4 DNA 连接酶和大肠杆菌 DNA 连接酶比较如表 4-4 所示。

表 4-4　　T4 DNA 连接酶和大肠杆菌 DNA 连接酶比较

特性		T4 DNA 连接酶	大肠杆菌 DNA 连接酶
分子质量		62ku	77ku
最适 pH		7.2～7.8	7.5～8.0
辅酶（辅因子）		ATP，Mg^{2+}	NAD^{+}，Mg^{2+}
最适温度		黏性末端：4℃，平末端 15～25℃，补平缺口 37℃	黏性末端：10～15℃，补平缺口 37℃
还原剂		二硫苏糖醇	不需要
底物	黏性末端	+	+
	平末端	+（首选）	+*
	DNA-RNA 杂合体	+	—
	RNA-RNA 杂合体	+	—

注：+代表具有催化活性，—代表无催化活性；*：在聚乙二醇及高浓度一价阳离子（如 Na^{+}）存在的条件下。

（三）基于重组酶的连接

近年来，出现了多种商品化的基于重组酶的连接试剂盒，原理如图 4-4 所示，通过 PCR 手段使目的片段两端携带与线性质粒相同的同源序列（15～20bp），在重组酶的作用下，二者连接为环状质粒。根据该酶的特性，在对目的基因进行 PCR 扩增时，需在两端引入 15～20bp 的同源序列接头。

（四）克隆载体

顾名思义，克隆载体的功能是目的基因（片段）在细胞内克隆。获得的线性目的基因（片段）不稳定，容易降解，且无法复制扩增。将目的基因（片段）连接至克隆载体后，可随载体的复制而复制，并且环状载体不易降解。克隆载体具有如下特征：①含有宿主能够识别的复制起点（*ori*）。②含有可用于筛选的遗传标记，如抗性基因、荧光基因等。③不宜过大，低于 10kb。④拷贝数高。

pBR322 是最早开发的克隆载体，长度为 4363bp，可插入长度约 6kb 的外源片段。其拷贝数约为 15，但在有抗生素存在的情况下可达到 1000～3000，含有氨苄青霉素和四环素抗性基因。抗性基因中含限制性内切酶的识别和切割位点，目的基因克隆至该质粒中后使得其中一个抗性基因插入性失活，从而失去相应抗生素的抗性，达到筛选重组子的目的。

pUC 系列克隆载体（如 pUC8）是在 pBR322 的基础上研制出来的，该质粒保存了 pBR322 的复制起点和氨苄青霉素抗性基因（但已去除原有的限制性内切酶识别和酶切位点），其拷贝数可达到 500～700。更重要的是，含 pUC8 重组细胞的筛选方式较 pBR322 简化，通过蓝白斑即可筛选（原理见本章第四节）。

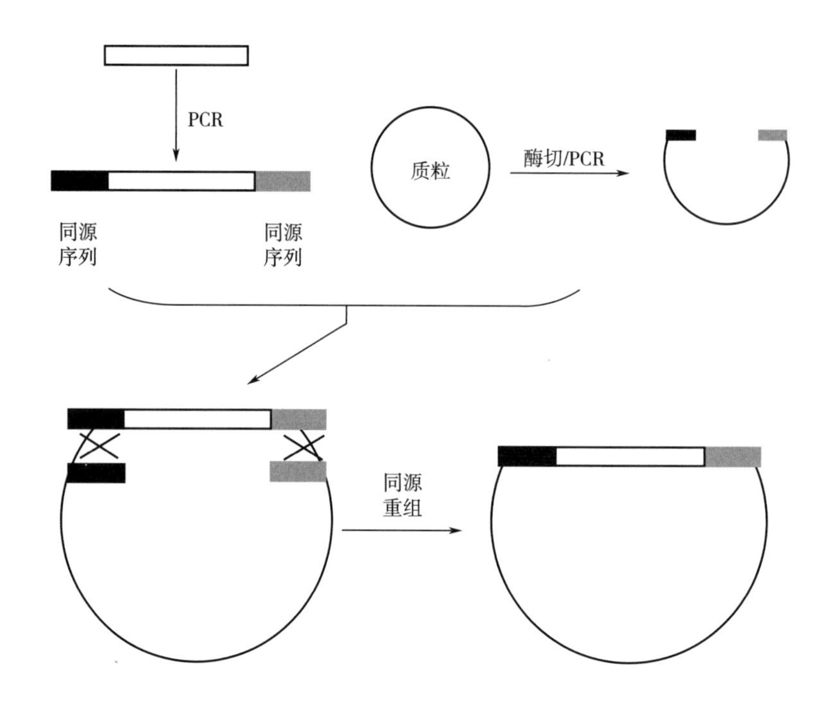

图 4-4　同源重组连接示意图

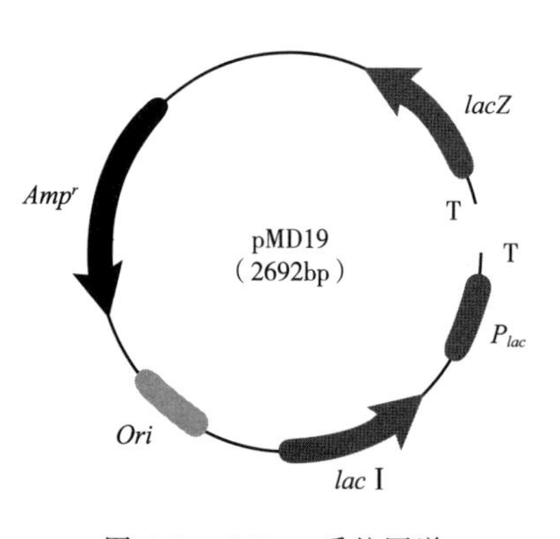

图 4-5　pMD19 质粒图谱

T 载体是目前常用的克隆载体，已实现商品化并开发出 TA 克隆试剂盒。如 Takara Bio 公司的 pMD19，Promega 公司的 pGEM-T 等。以 pMD19 为例，该质粒为 3′端添加了“T”的线性化载体，含有氨苄青霉素抗性基因，以用于重组质粒的筛选。另外还含有 *LacZ* 的 *N* 端编码基因及其转录调控序列，因此可利用 α-互补性进行蓝白菌落的筛选，挑选阳性克隆（图 4-5）。

(五) 表达载体

表达载体具有表达目的基因的功能，是在克隆载体的基础上增加了表达元件（启动子、核糖体结合位点、终止子等）。但只有将其转化至适宜的受体细胞（宿主）方能实现大量复制、表达并遗传给后代。由于大肠杆菌的遗传学背景清楚且分子生物操作工具成熟，是基因工程中常用的宿主菌株。此外，由于其具有培养条件简单，生长快，表达效率高等优点，大肠杆菌已被广泛应用于科研和商业化生产酶制剂、疫苗等领域。

1. 启动子

原核生物表达载体中常见的启动子包括 *lac* 启动子（乳糖启动子）、*ara* 启动子（阿拉伯糖启动子）、*tac* 启动子和 *trc* 启动子（由 *lac* 启动子和 *trp* 启动子杂合而成，其转录强度高于 *lac* 启动子和 *trp* 启动子）及 T7 启动子等。

T7 启动子是来源于噬菌体 T7 转录强度高的启动子。含有 T7 启动子的 pET 系列表达载体应用范围较广。但 T7 启动子只由 T7 RNA 聚合酶所识别，而宿主菌株中不含有该酶编码基因。经基因工程改造的大肠杆菌 *E. coli* BL21（DE3）染色体中含有 T7 噬菌体 RNA 聚合酶编码基因，因此用于 pET 系列重组表达载体的蛋白表达。表达载体 pET-28a（图 4-6）中含有乳糖操纵子阻遏蛋白编码基因 *lac* Ⅰ，T7 启动子下游含有 Lac Ⅰ结合区域 *lacO*（图 4-7），因此 T7 启动子受 Lac Ⅰ的阻遏作用，在乳糖及其结构类似物的诱导作用下该阻遏作用被解除。

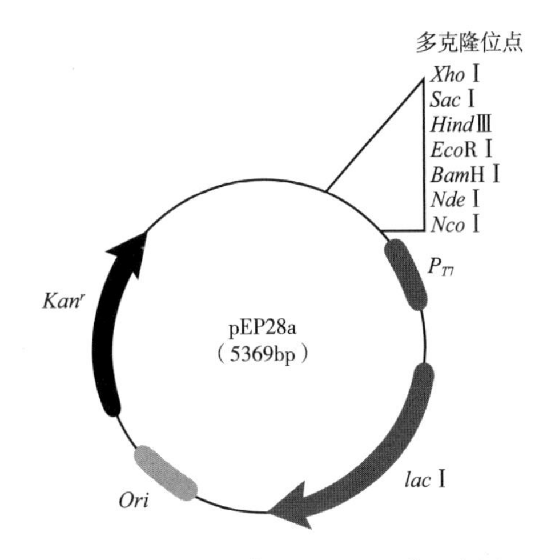

图 4-6　表达载体 pET28a 图谱示意图

T7启动子　　　　　　　*lacO*

AATTAATACGACTCACTATAGGGGAATTGTGAGCGGATAACAATTCC

核糖体结合位点　　　*Nco* Ⅰ

CCTCTAGAAATAATTTTGTTTAACTTTAAGAAGGAGATATATACCATGG

图 4-7　表达载体 pET28a 启动子、*lacO* 及核糖体结合位点

2. 核糖体结合位点（ribosome binding site，RBS）

RBS 是在 mRNA 距离起始密码子 AUG 上游 3～9bp 的序列，富含嘌呤核苷酸，能够与核糖体中 16S rRNA 中富含嘧啶核苷酸的序列互补，故称核糖体结合位点。该序列是由澳大利亚科学家 John Shine 和 Lynn Dalgarno 发现的，因此又称为 Shine-Dalgarno 序列（SD 序列）。RBS 的序列以及 RBS 与 AUG 之间碱基的数量和种类显著影响蛋白质的表达效率。为了提高基因的表达效率，可筛选 RBS 库。

3. 多克隆位点（multiple cloning site，MCS）

MCS 是一段含有多个限制性内切酶识别和酶切位点的序列，位于启动子和 RBS 下游。MCS 中的大多数酶切位点仅在表达载体中存在一个。

4. 终止子

终止子多位于 MCS 下游，具有很强的转录终止功能。终止子通过降低 mRNA 与模板 DNA 结合的稳定性终止转录。

5. 融合标签

His 标签是表达载体中常见的融合标签，位于 MCS 上游或下游，与目的基因的表达产物形成融合蛋白，位于其 *N* 端或 *C* 端（图 4-8）。可用于重组蛋白的纯化和 Western Blotting 检测。除 His 标签外，还有 GST 标签等（详见第六章）。

二、重点和难点

（1）重组质粒构建的原理。

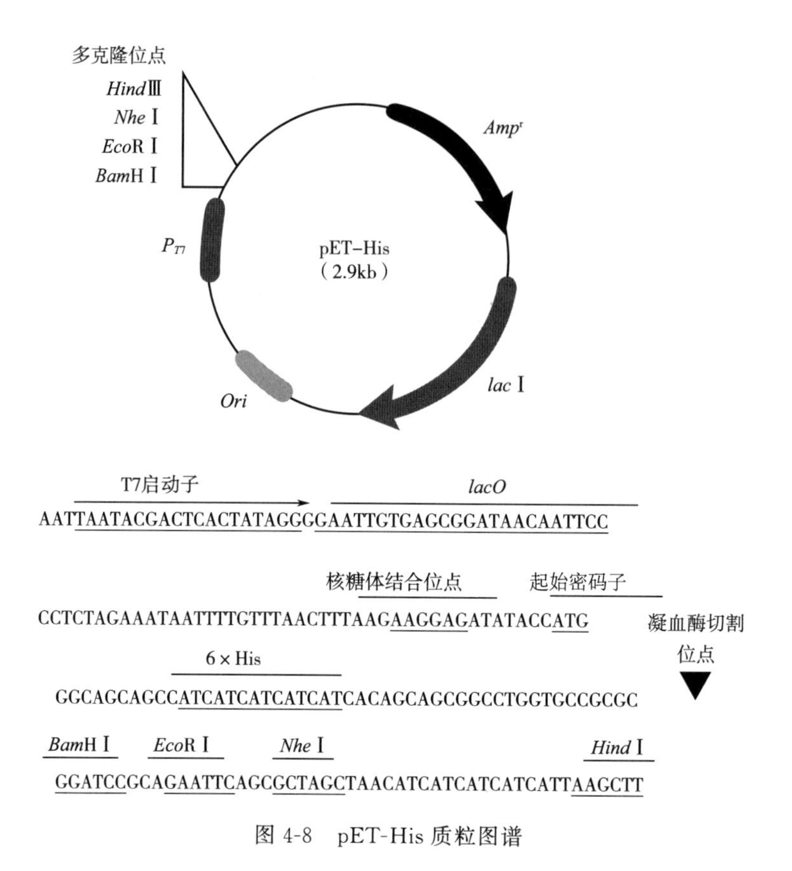

图 4-8　pET-His 质粒图谱

（2）T-A 克隆、DNA 酶连接及重组酶连接的方法。

三、实　验

实验二　PCR 产物连接 T 载体

1. 实验材料和用具

（1）仪器及耗材　金属浴恒温器、移液器、小型台式离心机、无菌吸头、无菌 EP 管、500μL 离心管等。

（2）试剂和溶液

①T 载体：以 Takara Bio 公司的 pMD™ 19-T Vector Cloning Kit 为例。

②无菌去离子水。

③其他试剂略。

2. 操作步骤及注意事项

（1）以苏云金芽孢杆菌（*Bacillus thuringiensis*）基因组 DNA 为模板扩增异亮氨酸羟化酶的编码基因 *ido*（详见第三章第一节）。

（2）PCR 产物经琼脂糖凝胶电泳后切胶回收（详见第二章第六节），测定浓度后备用。

（3）向 500μL 离心管中加入表 4-5 中成分，并用吸头轻轻吹吸充分混匀。

表 4-5　T-A 克隆连接体系加入试剂及用量

试剂	用量	试剂	用量
T-vector pMD19	1 μL (0.03pmol)	去离子水	补足至 10 μL
ido 的 PCR 产物	0.1～0.3pmol	溶液Ⅰ	5 μL

在进行克隆时，T 载体和 PCR 产物的摩尔比一般为（1∶2）～(10∶1）时连接效率高。

（4）盖上离心管盖后用封口膜封住，快甩 5～10s。

（5）于金属浴 16℃反应 30min。

16℃反应 5min 也能正常进行连接反应，但反应效率稍微降低。室温（25℃）也能正常进行连接反应，但反应效率稍微降低。长片段 PCR 产物（2kb 以上）进行 DNA 克隆时，连接反应时间应延长至数小时。

3. 实验结果

连接反应结束后，取出离心管并快甩 5～10s 后置于冰上，进行后续转化实验（见本章第四节），将重组质粒命名为 pMD-ido。

实验三　PCR 产物连接表达载体 pET28a

1. 实验材料和用具

（1）仪器及耗材　金属浴恒温器、移液器、小型台式离心机、无菌吸头、无菌 EP 管、500μL 离心管等。

（2）菌株和质粒

①菌株：*E. coli* DH5*α*。

②质粒：以 pET28a 为例。

（3）试剂和溶液

①T4 DNA 连接酶。

②无菌去离子水。

③其他试剂略。

2. 操作步骤及注意事项

（1）提取重组质粒 pMD-ido。

（2）利用 *Nco* Ⅰ和 *Xho* Ⅰ进行双酶切（操作步骤见本章第一节）。

（3）提取表达质粒 pET28a 并利用 *Nco* Ⅰ和 *Xho* Ⅰ进行双酶切。

（4）将 pMD-ido 和 pET28a 的酶切产物进行琼脂糖凝胶电泳。

（5）电泳结束后，切胶回收 DNA 片段，测定浓度后备用。

pMD-ido 的酶切产物有两个条带，分别为碱基数约为 2600bp 的条带（pMD19，2692bp）和约为 750bp 的条带（*ido*，723bp），切含 *ido* 条带（靠下）的胶。pET28a 的酶切产物理论上也有两个条带，分别为碱基数约为 5000bp 的条带（pET28a，5241bp）和约为 100bp 的条带（*Nco* Ⅰ和 *Xho* Ⅰ之间的序列，129bp，由于碱基数过少常看不到），切含线性 pET28a 条带的胶（靠上）。

（6）在 500μL 离心管中加入表 4-6 中成分，并用吸头轻轻吹吸充分混匀。

表 4-6　　**pET28a 和 *ido* 连接体系加入试剂及用量**

试剂	用量
10×连接缓冲液	2 μL
线性 pET28a	50 ng
ido 酶切产物	线性 pET28a 摩尔数的 3～10 倍
T4 DNA 连接酶（350 U/μL）	1 μL
去离子水	补足至 20 μL

（7）盖上离心管盖后用封口膜封住，快甩 5～10s。

（8）于金属浴 16℃反应。

对于黏性末端连接，16℃反应 1～5h；对于平末端连接，16℃反应 1～24h。

（9）连接反应结束后，取出离心管并快甩 5～10s，置于冰上，进行后续转化实验（见本章第四节）。

如果需要进行电转化实验，请在下一步实验前，对反应液进行乙醇沉淀。

由于通过限制性内切酶和 DNA 连接酶连接获得重组质粒浓度较低，建议先用其转化 *E. coli* DH5*α*，待验证正确后，提取重组质粒再转化表达宿主。

3. 实验结果

重组质粒验证正确后命名为 pET-ido，然后用其转化表达宿主大肠杆菌 *E. coli* BL21（DE3）。

实验四　利用重组酶构建表达载体

1. 实验材料和用具

（1）仪器及耗材　水浴锅、移液器、小型台式离心机、无菌吸头、无菌 EP 管、500μL 离心管等。

（2）菌株和质粒

①菌株：*E. coli* DH5*α*。

②质粒：以 pET-His 为例。

（3）试剂和溶液

①重组酶连接试剂盒：以南京诺唯赞生物科技有限公司的 ClonExpress® Ⅱ One Step Cloning Kit 为例。

②无菌去离子水。

③其他试剂略。

2. 操作步骤及注意事项

（1）以苏云金芽孢杆菌（*Bacillus thuringiensis*）基因组 DNA 为模板扩增异亮氨酸羟化酶的编码基因 *ido*。所用引物如下所示，画线部分为 pET-His 限制性内切酶 *Bam*HⅠ酶切位点上游和下游同源序列。

上游引物 *IDO*-1：

5′-CATCATCATCATCATCAC ATGAAAATGAGTGGCTTTAGCATAG -3′（T_m=59.6℃）。

下游引物 *IDO*-2：

5′-GCTAGCGCTGAATTCTGC TCATTTTGTCTCCTTATAAGAAAATGTT -3′（T_m=59.5℃）。

（2）*ido* 的 PCR 产物经琼脂糖凝胶电泳后切胶回收，测定浓度后备用。

（3）利用 *Bam*H Ⅰ对表达载体 pET-His 进行酶切。

（4）将 pET-His 的酶切产物进行琼脂糖凝胶电泳。

（5）电泳结束后，切胶回收 DNA 片段，测定浓度后备用。

（6）在 500μL 离心管中加入表 4-7 中成分，并用吸头轻轻吹吸充分混匀。

表 4-7　重组酶连接体系加入试剂及用量

试剂	用量
线性 pET-His	0.03 pmol
DNA 片段	0.06 pmol*
5×CE Ⅱ Buffer	线性 pET-His 摩尔数的 3～10 倍
Exnase（重组酶）Ⅱ	2 μL
去离子水	补足至 20 μL

注：* 表示 ClonExpress® Ⅱ重组反应体系最适克隆载体使用量为 0.03pmol，最适插入片段使用量为 0.06pmol（载体与插入片段摩尔比为 1∶2）。这些摩尔数对应的 DNA 质量可由以下公式粗略计算获得。

最适克隆载体使用量/ng= [0.02×克隆载体碱基对数]

最适插入片段使用量/ng= [0.04×插入片段碱基对数]

例如，将长度为 2kb 的插入片段克隆至长度为 5kb 的克隆载体时，克隆载体的最适使用量应为：0.02×5000=100ng（0.03pmol）；插入片段最适使用量应为：0.04×2000=80ng（0.06pmol）。

当插入片段长度大于克隆载体时，最适克隆载体与插入片段使用量的计算方式应互换，即将插入片段当成克隆载体，克隆载体当成插入片段进行计算。

线性化克隆载体的使用量应在 50～200ng，插入片段扩增产物的使用量应在 10～200ng。当使用上述公式计算 DNA 最适使用量超出这个范围时，直接选择最低/最高使用量即可。

（7）盖上离心管盖后用封口膜封住，快甩 5～10s。

（8）于 37℃反应 30min。

重组产物可于－20℃存放一周，待需要时解冻转化即可。

（9）连接反应结束后，取出离心管并快甩 5～10s 置于冰上，进行后续转化实验（见本章第四节）。

3. 实验结果

重组质粒验证正确后命名为 pETH-ido，然后用其转化表达宿主大肠杆菌 *E. coli* BL21（DE3）。

四、常见问题及分析

常见问题及分析见本章第四节。

五、思　考　题

（1）什么是 T 载体？制备 T 载体的原理是什么？

（2）T-A 克隆的基本原理是什么？

（3）DNA 连接酶有哪些种类？分别具有什么特性？

（4）基于重组酶的 DNA 连接原理是什么？

（5）构建重组质粒时，若采用单酶切的方式酶切载体 DNA，构建时应如何操作？

（6）pET 系列质粒有哪些特性？主要包括哪些元件？

第三节　大肠杆菌感受态细胞的制备

将外源 DNA 成功转化至细胞内是基因工程的前提，然而外源 DNA 直接进入细胞的概率极低。为了使细胞能高效吸收外源 DNA，常采用物理或化学的方法改变其生理状态，从而更有利于外源 DNA 进入胞内，这种具有接收外源 DNA 能力的细胞叫感受态细胞。本节以大肠杆菌为例，介绍了用于化学转化和电转化的感受态制备方法。

一、基 本 原 理

（一）$CaCl_2$ 法制备细菌感受态细胞

$CaCl_2$ 法是制备细菌感受态细胞的常用方法，该方法操作简单，且无需特殊设备。其原理是 $CaCl_2$ 能够改变细胞膜的通透性，转化效率可达 $10^5 \sim 10^7$ CFU/μg 质粒 DNA。该方法的主要要求是必须使感受态细胞始终处于低温状态。利用此方法制备的感受态细胞可于－80℃冷冻保存，但随着保存时间的延长，其转化效率会有所降低。

（二）电转化感受态细胞的制备

与制备化学转化法感受态细胞相比，用于电转化的感受态细胞制备方法更为简单，易操作。细菌培养至对数中期时，通过冷却，离心，用冰冷的水或缓冲液充分洗净细胞以降低其离子强度，然后再用含 10%甘油的冰冷缓冲液悬浮。当细菌受到瞬时高电压时，细胞膜会穿孔和电位会变化，DNA 便可进入胞内。

二、重点和难点

（1）细菌感受态细胞制备的原理。

（2）细菌感受态细胞制备的方法。

三、实　　验

实验五　$CaCl_2$ 法制备大肠杆菌感受态细胞

1. 实验材料和用具

（1）仪器及耗材　移液器、小型台式离心机、无菌吸头、无菌离心管、无菌 EP 管、制冰机、摇瓶、摇管等。

（2）菌株　*E. coli* DH5α。

（3）试剂和溶液

①0.1mol/L $CaCl_2$ 溶液：称取 1.11g $CaCl_2$ 完全溶解于 80mL 去离子水，加水至 100mL。121℃高压蒸汽灭菌 20min，或用 0.22μm 滤膜过滤除菌。使用前置于冰中预冷。

②含 15%甘油的 0.1mol/L $CaCl_2$ 溶液：预先将甘油 60℃水浴，称取 1.11g $CaCl_2$ 至 60mL 去离子水中，完全溶解后用剪掉尖端的吸头小心吸取 15mL 甘油，轻轻摇动或搅拌至甘油溶解，加水至 100mL。121℃高压蒸汽灭菌 20min。使用前置于冰中预冷。

③LB 液体培养基。

④LB 固体培养基平板。

2. 操作步骤及注意事项

（1）前期准备

①从−80℃取出 *E. coli* DH5α 甘油保菌管，置于冰上至完全熔化。

②于超净工作台用接种环蘸取一环菌液于含 LB 固体培养基的培养皿划线。

③将上述培养皿倒置于 37℃培养过夜。

④用接种环分别挑取 2 个单菌落，接种至 2 支含 5mL LB 液体培养基的摇管中。

挑取单菌落时，须挑划线的中间部较为密集且彼此分开的菌落，切忌挑取末尾的菌落以及过大或过小的菌落，此步骤的目的是对菌株进行纯培养。

⑤将摇管倾斜置于摇床，于 37℃振荡培养过夜。

此步骤的目的是活化和扩大培养菌体细胞。

⑥于超净工作台用移液器按 1%的接种量吸取上述活化培养物，接种至 LB 液体培养基（根据需要准备 50～100mL），于 37℃，200r/min 振荡培养至 $A_{600}=0.3\sim0.4$（2～3h）。

此时，培养物为云雾状。按通常经验，大肠杆菌 $A_{260}=1$ 时，细胞数约为 10^9 个/mL。为实现高效转化，细胞数应大于 10^8 个/mL。对于初学者，可每隔 20min 测定一次 A_{260}，作出生长曲线图，方便后续再次操作。

⑦提前 30min 将 0.1mol/L $CaCl_2$ 溶液和含 15%甘油的 0.1mol/L $CaCl_2$ 溶液（如需）置于冰上预冷，将 EP 管和 50mL 离心管于−20℃预冷。

（2）将上述大肠杆菌培养物转移至 50mL 离心管，于冰中静置 10min 以上至完全冷却。

（3）5000×*g*、4℃离心 5min，弃上清液。

（4）先加入 1～2mL 预冷的 0.1mol/L $CaCl_2$ 溶液，用移液器悬浮沉淀后，再加入预冷的 0.1mol/L $CaCl_2$ 溶液至终体积约为 30mL。

（5）5000×*g*、4℃离心 5min，弃上清液。

（6）每 50mL 初始培养物加入 2mL 预冷的 0.1mol/L $CaCl_2$，悬浮沉淀，分装成 100μL/管，即可直接使用。

（7）也可加入等量含 15%甘油的 0.1mol/L $CaCl_2$ 溶液，可于−80℃保存半年。

3. 实验结果（略）

实验六 用于电转化法大肠杆菌感受态细胞制备

1. 实验材料和用具

(1) 仪器及耗材 移液器、小型台式离心机、无菌吸头、无菌离心管、无菌 EP 管、制冰机、摇瓶、摇管等。

(2) 菌株 *E. coli* W3110。

(3) 试剂

①10%甘油溶液：预先将甘油于 60℃水浴，用剪掉尖端的吸头小心吸取 10mL 甘油至 90mL 去离子水中，轻轻摇动或搅拌至甘油溶解，121℃高压蒸汽灭菌 20min。使用前置于冰中预冷。

②去离子水，使用前置于冰中预冷。

③LB 液体培养基。

④LB 固体培养基平板。

⑤其他试剂略。

2. 操作步骤及注意事项

(1) 前期准备

①从－80℃取出 *E. coli* W3110 甘油保菌管，置于冰上至完全熔化。

②于超净工作台用接种环蘸取一环菌液于含 LB 固体培养基的培养皿划线。

③将上述培养皿倒置于 37℃培养过夜。

④于超净工作台用接种环分别挑取 2 个单菌落，接种至 2 支含 5mL LB 液体培养基的摇管中。

挑取单菌落时，须挑取划线的中间部分且较为密集、彼此分开的菌落，切忌挑取末尾的菌落以及过大或过小的菌落。此步骤的目的是对菌株进行纯培养。

⑤将摇管倾斜置于摇床，于 37℃、200r/min 振荡培养过夜。

此步骤的目的是活化和扩大培养菌体细胞。

⑥用移液器按 1%的接种量吸取上述种子培养物接种至 100mL LB 液体培养基，于 37℃振荡培养至 $A_{600=}$ 0.3～0.4 (2～3h)。

细胞数不大于 10^8 个/mL 是高效转化的必要条件。按通常经验，大肠杆菌 $A_{260}=1$ 时，细胞数约为 10^9 个/mL。为保证细胞不要过于密集，可每隔 20min 测定一次 A_{260}，以便准确把握 A_{260} 达到 0.4 的时间。当 $A_{260}=0.35$ 时，收集细胞。

⑦提前 30min 将 10%甘油、去离子水于冰上预冷，将 EP 管和 50mL 离心管于－20℃预冷。

(2) 将上述大肠杆菌培养物转移至预冷的 50mL 离心管，于冰中静置 15～30min。

(3) 5000×g、4℃离心 5min，弃上清液。

(4) 先加入 1～2mL 预冷的无菌去离子水，用移液器悬浮沉淀后，再加入约 40mL 预冷的无菌去离子水。

(5) 5000×g、4℃离心 5min，弃上清液。

(6) 先加入 1～2mL 预冷的 10%甘油，用移液器悬浮沉淀后，再加入约 40mL 预冷的 10%甘油。

（7）5000×g、4℃离心 5min，弃上清液。

（8）重复步骤（6）和步骤（7）。

（9）加入 400μL 预冷过的 10%甘油，用移液器反复吹吸使细胞重悬，分装至 1.5mL EP 管中，40μL/管。

此时感受态细胞浓度约为 2.5×10^{10}个/mL。

（10）如不立即使用，可于−80℃保存。

3. 实验结果（略）

四、常见问题及分析

（1）用于制备感受态的容器（如离心杯、离心管、EP 管等）均需灭菌且在使用前需要预冷。

（2）离心机在使用前要预冷至 0～4℃。

（3）在操作过程中务必要保持低温。

五、思　考　题

（1）感受态细胞与普通细胞在生理上有什么差异？

（2）在制备感受态细胞时，甘油的作用是什么？

（3）制备感受态的原理是什么？

第四节　DNA 转化及重组子筛选

将质粒等外源 DNA 导入宿主细胞的过程叫作转化。通过转化实验可实现体内基因扩增和表达以及基因敲除或敲入等，是基因工程的重要基础。通常采用化学转化法或电转化法将携带有遗传标记（如抗生素抗性、荧光等）的质粒转化到感受态细胞中，通过遗传标记筛选获得携带目的质粒的细菌。

一、基 本 原 理

（一）化学转化法

$CaCl_2$法是常见的化学转化法，在低温条件下（约 0℃），菌体细胞于 $CaCl_2$低渗溶液中膨胀。DNA 黏附于菌体细胞表面，经 42℃短时间热激处理后，DNA 被吸收至细胞内。

（二）电转化法

与化学转化法相比，电转化法效率较高（100～1000 倍）。细菌细胞经电击后，细胞膜可短暂产生小凹陷，并形成纳米级的孔洞，此时 DNA 分子可从孔洞进入细胞。由于细菌细胞很小，因此所需电场强度较高，通常为 12.5～15kV/cm。将感受态细胞与 DNA 混合后，置于连接电极的电转杯，再进行电击，可实现 DNA 的转化。电转化效率与温度密切相关，应在 0～4℃进行，若在室温下进行，转化率可降低 100 余倍。

当质粒 DNA 浓度较高时（1～10μg/mL），且电击时间和强度使得细菌存活率仅有 30%～50%时，可有约存活细菌的 80%被转化。当质粒 DNA 浓度较低时（10pg/mL），也可以获得较高的转化率。但二者情况不同，前者通常由多个质粒分子转化至细胞中，而后者多是由单一质粒转化至细胞中。

（三）重组子的筛选

1. 抗生素抗性筛选

将转化后的细菌置于非选择性培养基孵育一段时间，重组质粒携带的遗传标记如抗生素抗性基因等得以表达，从而赋予转化子相应抗生素抗性的表型。利用该特性，将细菌复苏培养物涂布在含相应抗生素的选择培养基上，转化子因具有抗生素抗性能够生长繁殖，并形成菌落，从而达到筛选转化子的目的。

以质粒 pUC19 为例，该质粒含有β-内酰胺酶的编码基因 *bla*，此酶能够水解氨苄青霉素等β-内酰胺类抗生素的β-内酰胺环，从而使抗生素失活。若 pUC19 成功转化至感受态细胞，在复苏过程中携带 pUC19 的转化子并表达β-内酰胺酶。而未转化有 pUC19 的感受态细胞则不表达β-内酰胺酶。将活化菌体培养物涂布于含适宜浓度氨苄青霉素的固体培养基上，经培养后因转化子产生的β-内酰胺酶水解氨苄青霉素，具有了氨苄青霉素抗性，并生长成单菌落，而未能转化有 pUC19 的细菌因不具备氨苄青霉素抗性而不能够生长。

2. 蓝白斑筛选

大肠杆菌乳糖操纵子中 *lacZ* 基因编码的β-半乳糖苷酶可将乳糖水解为葡萄糖和半乳糖。该酶能够将无色底物 5-溴-4-氯-3-吲哚-D-半乳糖苷（X-gal）水解成不溶性的蓝色产物 5-溴-4-氯-靛青。利用该特性可检测大肠杆菌是否能够合成具有活性的β-半乳糖苷酶。在没有乳糖及其结构类似物的条件下，Lac Ⅰ结合于操纵序列 *lacO*，阻遏了 *lacZ* 基因的表达，而异丙基-β-D-半乳糖苷（isopropyl-β-D-thiogalactopyranoside，IPTG）是一种乳糖的结构类似物，能够像乳糖一样诱导乳糖操纵子的转录。

用于蓝白斑筛选的质粒（如 pUC 质粒及其衍生质粒）含有 *lacZ* 基因，以及阻遏蛋白编码基因 *lac* Ⅰ和操纵序列 *lacO*。该类质粒携带的 *lacZ* 基因并不完整，仅含β-半乳糖苷酶的 *N* 端 146 个氨基酸编码序列（α-肽或α片段），其间还嵌入了数个多克隆位点（但未破坏开放阅读框）。然而，α-肽无β-半乳糖苷酶活性，需与 *C* 端（ω片段）共存时才能够形成有活性的β-半乳糖苷酶，此过程被称为α-互补作用。将这类质粒引入含有ω片段编码序列的大肠杆菌宿主细胞时（该类宿主 *lacZ* 基因突变，*N* 端仅含ω片段或 *N* 端发生点突变而失活），α片段和ω片段互补为有活性的β-半乳糖苷酶，能够水解培养基中的 X-gal，使菌落呈现蓝色。

当目的 DNA 插入表达载体的多克隆位点时，*lacZ* 基因被破坏，从而无法形成α-互补作用，失去分解 X-gal 的能力，此时转化子菌落呈自身的淡黄色（习惯说是白色），而含有未插入目的 DNA 的转化子因α-互补作用则呈现蓝色。

然而，有时会出现蓝色菌落也有目的 DNA 插入现象。当目的 DNA（尤其是 DNA 小于 100bp 时）插入到 *lacZ* 基因但未造成其开放阅读框移码突变且未造成α-片段空间结构显著改变时，则不会影响α-互补作用，从而在插入目的 DNA 的情况下菌落仍呈蓝色。此外，若质粒上的 *lacZ* 基因发生突变而失活，则无论是否有目的 DNA 插入，都会因α-互补作用失败而使菌落呈白色。

（四）宿主细胞

质粒转化至宿主细胞后，常因宿主的修饰限制系统以及重组系统使得质粒被降解，从而降低转化效率或质粒在宿主胞内的拷贝数。因此，需要选择适宜的宿主。目前商业化的宿主通常是修饰限制系统或重组系统的缺陷型突变株。如大肠杆菌 *E. coli* DH5α，其主要基因型特征为：*ΔlacZ*58M15，自身 *lacZ* 基因缺失，携带来源于 M15 菌株的、编码 β-半乳糖苷酶的 ω 片段，能够与编码 α 片段的质粒互补，用于蓝白斑筛选；*endA*1，核酸内切酶Ⅰ缺失；*hsdR*17，EcoK 系统的限制性内切酶 *Eco* 失活，不酶切非甲基化的 Eco 位点；*recA*1，ATP 依赖型重组酶失活，*recBCD*、*recE* 和 *recF* 三条重组路径均失活，见表 4-8。

表 4-8　*E. coli* DH5α 菌株基因型及表现型

基因型	表现型
K-12	K-12 系的所有菌种默认都携带 F 因子和 λ、e14、rac 三种原噬菌体，其中的 e14 携带野生型 *mcrA* 基因，其产物可对甲基化的 CG 切割
F^-	缺失 F 因子
$λ^-$	缺失 λ 原噬菌体
φ80	携带 φ80 原噬菌体
Δ（*argF-lacZ*）U169	又称 *Δlac*U169，来于 Hfr3000U169 菌种，位于此区域的 *lac* 操纵子和过氧化氢敏感基因缺失，使细菌抗过氧化氢，实际缺失 *mmuP* 到 *argF* 和 *lac* 到 *mhpD* 的区域，实为 Δ（*mmuP-mphD*）
*rfbC*1	LPS 合成缺失，缺失 LPS 有助于提高转化效率
*deoR*481	*deo* 操纵子阻遏蛋白失活，脱氧核糖组成型合成，适合扩增制备质粒
*endA*1	核酸内切酶Ⅰ缺失
*glnX*44（Am）	同 *supE* 和 *glnV*，使琥珀终止子编码谷氨酰胺，为部分噬菌体生长所需
*gyrA*96	DNA 螺旋酶失活，导致对萘啶酮酸和荧光喹啉的抗性
*hsdR*17	EcoK 系统的限制性内切酶 Eco 失活，不酶切非甲基化的 *Eco* 位点
*ΔlacZ*58M15	原 *ΔlacZ*M15，携带来源于 M15 菌株的、编码 β-半乳糖苷酶的 ω 片段，与编码 β-半乳糖苷酶 α 片段的质粒互补，恢复酶活性，用于蓝白斑筛选
*recA*1	ATP 依赖型重组酶失活，*recBCD*、*recE* 和 *recF* 三条重组路径均丧失，重组率降低至原 1/10000
*thiE*1	原 *thi*1 突变，不能合成硫胺素（VB_1）

大肠杆菌 *E. coli* BL21 属于 B 系大肠杆菌，该类菌株 *lon* 启动子含有一个 IS186 插入突变，使 ATP 依赖性蛋白酶 Lon 缺失，可提高重组蛋白产量。该菌株的外膜蛋白酶 *OmpT* 编码基因缺失，降低了蛋白降解，有利于表达蛋白。*dcm* 突变使胞嘧啶甲基化酶失活，5′-CCWGG-3′中的第二个 C 不再被甲基化，可通过影响甲基化依赖的突变修复系统而提高突变率。*E. coli* BL21（DE3）是 pET 系列质粒的常用宿主，该菌是在 *E. coli*

BL21 的染色体上整合了 DE3 λ 原噬菌体，该部分携带 *lac* I 等基因和由 *lacUV*5 启动子控制的 T7 RNA 聚合酶基因，其编码的 T7 RNA 聚合酶能够参与 pET 系列质粒携带的目的基因的转录。*E. coli* BL21（DE3）的基因型及表现型见表 4-9。

表 4-9　　*E. coli* BL21（DE3）菌株基因型及表现型

基因型	表现型
B 系	B 系大肠杆菌为 *lon*⁻ *dcm*⁻，表示 *lon* 突变，该基因启动子含 IS186 插入突变，使 ATP 依赖性蛋白酶 Lon 缺失，可避免重组蛋白被降解。*dcm* 突变使胞嘧啶甲基化酶失活，5′-CCWGG-3′中的第二个 C 不再被甲基化
F^-	不携带 F 质粒
λ（DE3［*lac* Ⅰ *lacUV*5-*T7 gene*1 *ind*1 *sam7nin*5］）	染色体携带 DE3 λ 原噬菌体，此片段又携带 *lac* Ⅰ、*sam*7 Ⅰ等基因和由 *lac*UV5 启动子控制的 T7 RNA 聚合酶基因
Δ（*ompT-nfrA*）885	缺失从 DLP12 原噬菌体到 Rhs 因子这段区域，包括 *appY*、*ompT*、*envY*、*ybcH* 和 *nfrA* 五个基因，其中 *ompT* 编码外膜蛋白酶Ⅶ，其缺失降低了蛋白降解，有利于表达蛋白纯化
Δ（*galM-ybhJ*）884	缺失 *galMKTE*、*modFE*、*acrZ*、*modABC*、*ybhA*、*pgl*、*ybhD*、*ybhH*、*ybhI* 和 *ybhJ* 基因
hsdS10	EcoB 系统 Eco 位点识别能力缺失，导致甲基化修饰和限制功能均缺失
Δ46	恢复活性的 46 原噬菌体（在 K-12 中无活性）
$[mal^+]_{K-12}$（λ^S）	*malK*、*lamB*、*malM* 来源于 *E. coli* K-12，为野生型，通过转导获得，野生型的 *lamB* 使得菌株对 λ 噬菌体感染敏感

大肠杆菌 *E. coli* Rosetta（DE3）pLysS 菌株是以 *E. coli* BL21（DE3）菌种为宿主，衍生得到的专门用于表达外源蛋白的菌种，属于大肠杆菌 B 系。*E. coli* Rosetta（DE3）pLysS 菌株携带 pLysSRARE 质粒（具有氯霉素抗性），该质粒上含有大肠杆菌染色体中稀缺的 6 种 tRNA（AGG、AGA、AUA、CUA、CCC 和 GGA），故可以提高该菌株在表达相关基因时的产量。*E. coli* Rosetta（DE3）pLysS 菌株基因型及表现型见表 4-10。

表 4-10　　*E. coli* Rosetta（DE3）pLysS 菌株基因型及表现型

基因型	表现型
B 系	同 *E. coli* BL21（DE3）
F^-	不携带 F 质粒
（DE3）	染色体上携带溶原型的 DE3λ 噬菌体，含有受 *lacUV*5 启动子控制的 T7 RNA 聚合酶基因
dcm	缺失胞嘧啶甲基化酶基因 *dcm*

续表

基因型	表现型
gal	不能代谢半乳糖，减少了培养基中残留乳糖对 *lac* 启动子的干扰
hsdSB ($r_{\bar{B}}m_{\bar{B}}$)	EcoB 系统的 Eco 位点识别能力缺失，使其甲基化修饰和限制功能均缺失
ompT	膜外蛋白酶Ⅶ缺失
pLysSRARE (Cm^R)	质粒 pLysSRARE 上携带有 6 种稀有 tRNA 基因，分别识别密码子 AGG、AGA、AUA、CUA、CCC 和 GGA，具有氯霉素抗性。

二、重点和难点

（1）化学转化法和电转化法的基本原理。

（2）化学转化法和电转化法的方法。

（3）重组菌株筛选的机理。

三、实　　验

实验七　化学转化法转化大肠杆菌 *E. coli* DH5α 及其筛选

1. 实验材料和用具

（1）仪器和耗材　恒温培养箱、移液器、水浴锅、小型台式离心机、无菌吸头、无菌 EP 管、制冰机、摇瓶、摇管等。

（2）菌株和质粒

①菌株：*E. coli* DH5α。

②质粒：pMD-ido（本章第二节）。

（3）试剂和溶液

①LB 固体培养基平板。

②100mg/mL 氨苄青霉素。

③SOC 液体培养基。

④20mg/mL X-gal。

⑤0.1mol/L 异丙基硫化-β-D-半乳糖苷（IPTG）。

⑥其他试剂略。

2. 操作步骤及注意事项

（1）前期准备

①配制含 100μg/mL 氨苄青霉素 LB 固体培养基平皿，待培养基完全凝固后，用纸包好保存备用（提前 1～2d 配制）。

②转化当天将上述平皿倒置于 37℃恒温培养箱中 4～6h。

该步骤的目的是使培养皿上的冷凝水蒸发，同时使固体培养基中部分水分蒸发，有利于后续涂布实验时菌液快速被吸收。

③转化前约 1h 取出平皿，无菌条件下取 40μL 20mg/mL X-gal 和 20μL 0.1mol/L IPTG 均匀涂布于平皿中，倒置于 37℃恒温培养箱。

(2) 将本章第三节制备的 *E. coli* DH5*α* 感受态细胞置于冰上。若感受态细胞保存于−80℃，将其置于冰上熔化。

保存于−80℃的感受态细胞切忌用水浴或手温化冻。

(3) 将本章第二节获得的质粒 pMD-ido（体积不超过 10μL，质量最多不高于 50ng）加入 *E. coli* DH5*α* 感受态细胞，并小心用吸头吹吸混合。以无菌去离子水加入至 *E. coli* DH5*α* 感受态细胞作为阴性对照。

(4) 于冰上放置 30min。

(5) 于 42℃水浴 90s。

热激是转化的关键，此过程切忌摇动 EP 管。

(6) 迅速转移至冰上，放置 1～2min。

(7) 加入 800μL 提前预热的 SOC 液体培养基，于 37℃振荡培养 30min～1h。

可用封口膜将 EP 管封口，将其插在浮板上，然后将浮板垂直放置于摇床上，如图 4-9 所示。

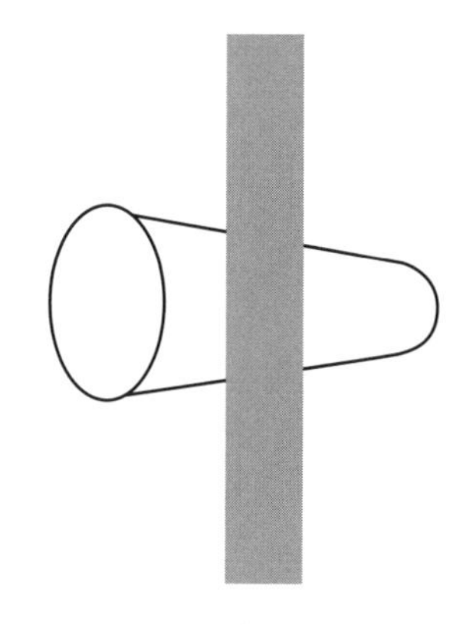

图 4-9　EP 管放置示意图

(8) 取 100μL 上述复苏培养物均匀涂布于事先涂有 X-gal 和 IPTG 的含 100μg/mL 氨苄青霉素 LB 固体培养基平板上，于 37℃ 倒置培养过夜(16h 以上)。

由于 T-A 克隆的重组质粒浓度较高，吸取 50～100μL 菌液涂布即可。若采用 T4 连接酶、重组酶连接的产物，可将复苏培养物于 8000×*g* 离心 2min，弃部分上清液，保留约 200μL 并用移液器将菌体沉淀混匀，完全涂布于 LB 固体培养基平板上。

在筛选氨苄青霉素抗性的转化子时，复苏培养物体积不宜过大，且固体培养基培养时间不宜超过 20h。转化子产生的 *β*-内酰胺酶分泌到培养基中，迅速分解菌落周围的氨苄青霉素。因此，若培养时间过长或复苏培养物菌密度过大时，围绕主菌落周围会长出不含重组质粒的卫星菌落。

(9) 挑取白色单菌落进行菌落 PCR 鉴定。

3. 实验结果

平皿上共长出约 200 个菌落，多数为白色菌落，蓝色菌落共 3 个，而阴性对照则无菌落长出。为了进一步验证 pMD-ido 是否被成功转化进感受态细胞，挑取白色单菌落按第三章第一节实验二进行菌落 PCR 验证，电泳图谱如图 4-10 所示，泳道 1 和 2 均出现碱基数约为 750bp 的条带，与 *ido* 基因

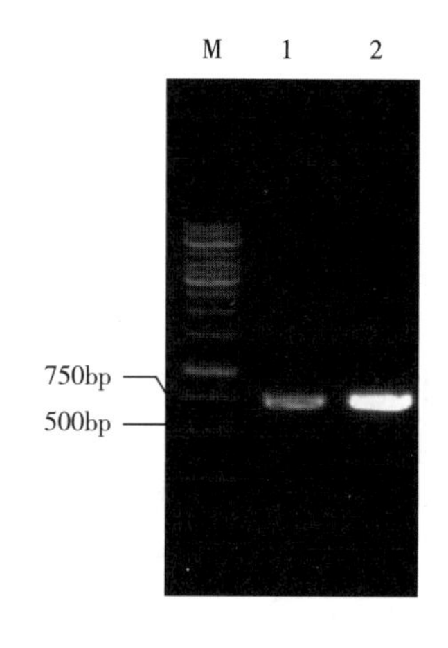

M—Marker　1 和 2—转化子菌落 PCR 产物

图 4-10　转化子菌落 PCR 产物琼脂糖凝胶电泳图谱

碱基数相近，表明质粒被成功转化。

实验八　电转化法转化大肠杆菌 *E. coli* W3110 及其筛选

1. 实验材料和用具

（1）仪器及耗材　电转仪、恒温培养箱、移液器、小型台式离心机、无菌吸头、无菌EP 管、摇瓶、摇管等。

（2）菌株和质粒

①菌株：*E. coli* W3110。

②质粒：pTrc99A-*ilvA*。

（3）试剂和溶液

①LB 固体培养基。

②SOC 液体培养基。

③其他试剂略。

2. 操作步骤及注意事项

（1）前期准备

①配制含 100μg/mL 氨苄青霉素 LB 固体培养基平皿，待培养基完全凝固后，用纸包好保存备用（提前 1～2d 配制）。

②转化当天将上述平皿倒置于 37℃恒温培养箱中 4～6h。

③在超净台中放一张滤纸，用镊子取出酒精浸泡的电转杯及杯盖，用量程为 1mL 的移液器吸取 2mL 无水乙醇加入电转杯中，反复吹吸清洗电转杯内部，弃掉乙醇，更换吸头，重复 4～5 次，清洗杯盖 1 次。

④将清洗过的电转杯和杯盖倒扣于滤纸上约 10min，待乙醇挥发。

⑤待乙醇完全挥发后，盖上杯盖，将电转杯置于冰上，使其冷却。

⑥将待转化的 DNA 置于冰上。

⑦37℃预热 SOC 液体培养基。

（2）将本章第三节制备的 *E. coli* W3110 感受态细胞置于冰上。若感受态细胞保存于－80℃，将其置于冰上熔化。

保存于－80℃的感受态细胞切忌用水浴或手温化冻。

（3）无菌条件下向感受态细胞中加入待转化的 DNA（10～25ng，体积控制在 1～2μL），轻轻混匀，置于冰上 30～60s。

如果直接用超螺旋质粒转化大肠杆菌，10～50pg 即可。如果是连接产物转化，浓度约为 25 ng。DNA 既可溶解于水，也可溶解于 TE 缓冲液（pH 8.0）。

（4）转移上述 DNA-感受态细胞混合物至电转杯，轻轻叩击电转杯，确保 DNA-感受态细胞混合物落至杯底，避免产生气泡。

（5）调节电转仪，电极间距为 1mm 的电转杯，电压为 1400～1800mV，电极间距为 2mm 的电转杯 2000～2500mV。

（6）迅速擦干电转杯表面的水分，将其放入电转仪的插槽中并推入电转仪内。

（7）按下电源键进行电击，仪表盘会显示 4～5ms，场强 12.5kV/cm。

若时间过短或产生火花，则表示电流过大，DNA/感受态细胞混合物被击穿。说明DNA溶液中离子浓度高，应采用乙醇沉淀等方法去除离子。

(8) 电击结束后，迅速取出电转杯。

(9) 迅速加入1mL预热的SOC液体培养基，轻轻混匀后转移至无菌EP管中。

(10) 于37℃振荡培养1h（摇床转数小于220r/min）。

(11) 取100～200μL上述复苏培养物均匀涂布于LB固体培养基平板上，至完全被吸收，于37℃倒置培养过夜（16h以上）。

不建议将复苏培养物离心浓缩后涂布在一个LB固体培养基平板中，因为电击过程中大部分细胞死亡，对转化子的生长有抑制作用。推荐将复苏培养物涂布于5个LB固体培养基平板中。

实验结束后，先用水冲洗干净电转杯，然后再用去离子水润洗，待干燥后置于无水乙醇中储存。

(12) 挑取单菌落进行菌落PCR鉴定。

3. 实验结果（略）

四、常见问题及分析

1. 对照实验

转化实验需设计对照实验，包括阳性对照和阴性对照。阳性对照是为了估算转化效率，阴性对照是为了排除可能存在的污染并查明原因。

(1) 阳性对照　利用已知的环状DNA质粒转化感受态细胞，根据如下公式计算转化效率。

$$转化效率/\% = 阳性转化子的菌落数/环状 DNA 质粒质量$$

例：取0.1 ng的pUC19质粒转化100μL的*E. coli* DH5α感受态细胞，复苏活化时加入900μL的SOC培养基。将复苏活化培养物稀释10倍后取100μL涂布（此时相当于pUC19质粒被稀释至0.001ng/mL），待长出菌落后计算菌落数。以得到100转化子为例，转化效率=100/0.001ng=1×10^{8}CFU/μg。

正常情况下阳性对照应有转化子长出，但如果未能长出转化子菌落，表明转化体系存在问题。

(2) 阴性对照　不加DNA（可用等体积去离子水或TE缓冲液代替），只有感受态细胞的对照，将其进行与实验组同样处理后，涂布于筛选培养基。正常情况下应无转化子长出，若有，则可能存在如下问题。

①感受态细胞被有抗生素抗性的菌株或质粒污染。

②筛选培养基中的抗生素失效，如培养基太热时即加入抗生素造成失活等。

③筛选培养基受具有相应抗生素抗性的菌株污染。

2. 无菌落长出

①涂布时，涂布器太热，细菌热致死。涂布前应充分冷却涂布器。

②感受态细胞因保存时间过长而失效，应重新制备感受态细胞。

③用于转化的DNA被降解，可通过琼脂糖凝胶电泳进行检测。

④电转化时，DNA溶液中离子浓度过高，造成击穿。须将DNA溶液进行乙醇沉淀，

去除离子。

3. 菌落太多，甚至长出菌苔

（1）转化子浓度过高，应适当稀释。

（2）用于转化的 DNA 浓度过高，应适当降低浓度或用量。

4. 菌落集中分布，不均匀

涂布时未能涂布均匀，应按操作要求涂布。

5. 培养基表面出现杂菌

（1）感受态细胞被污染，制备感受态细胞时，一方面要挑取单菌落，另一方面要严格进行无菌操作。

（2）配制抗性平板时，未待培养基冷却到适宜温度就加入抗生素，致使抗生素失效。

（3）未严格按照无菌操作的流程进行实验。

6. 转化效率过低

（1）感受态细胞质量不佳，应采用对数中期的细菌制备感受态细胞。

（2）用于转化的 DNA 用量小，适当提高添加量。

7. 菌落周围出现卫星菌落

培养时间过长或细胞浓度过高。尤其是筛选氨苄青霉素抗性的转化子时，β-内酰胺酶分泌到培养基中，迅速分解菌落周围的氨苄青霉素。若培养时间过长或复苏培养物中菌密度过大时，围绕主菌落周围会长出不含重组质粒的卫星菌落。

五、思　考　题

（1）化学转化法和电转化法的原理是什么？效果有何差异？

（2）感受态细胞转化结束后，复苏培养的作用是什么？

（3）如何计算转化率？影响转化率的因素有哪些？

参考文献

［1］Horwitz J P, Chua J, Curby R J, et al. Substrates for cytochemical demonstration of enzyme activity. I. Some substituted3-indolyl-beta-D-glycopyranosides［J］. Journal of Medicinal Chemistry, 1964, 7: 574-575.

［2］Ullmann A, Jacob F, Monod J. Characterization by in vitro complementation of a peptide corresponding to an operator-proximal segment of the beta-galactosidase structural gene of *Escherichia coli*［J］. Journal of Medicinal Chemistry, 1967, 24 (2): 339-343.

［3］Oishi M, Cosloy S D. The genetic and biochemical basis of the transformability of *Escherichia coli* K12［J］. Biochemical and Biophysical Research Communications, 1972, 49 (6): 1568-1572.

［4］Gottesman M, Hicks M L, Gellert M. Genetics and function of DNA ligase in *Escherichia coli*［J］. Journal of Molecular Biology, 1973, 77 (4): 531-547.

［5］Gottesman M, Hicks M L, Gellert M. Genetics and function of DNA ligase in *Escherichia coli*［J］. Journal of Molecular Biology, 1973, 77 (4): 531-547.

[6] Shine J, Dalgarno L. Terminal-sequence analysis of bacterial ribosomal RNA: Correlation between the 3′-terminal-polypyrimidine sequence of 16-S RNA and translational specificity of the ribosome [J]. European Journal of Biochemistry, 1975, 57 (1): 221-230.

[7] Shine J, Dalgarno L. The 3′-terminal sequence of *Escherichia coli* 16S ribosomal RNA: complementarity to nonsense triplets and ribosome binding sites [J]. Proceedings of the National Academy of Sciences of the United States of America, 1974, 71 (4): 1342-1346.

[8] Armstrong J, Brown R S, Tsugita A. Primary structure and genetic organization of phage T4 DNA ligase [J]. Nucleic Acids Research, 1983, 11 (20): 7145-7156.

[9] Hanahan D. Studies on transformation of Escherichia coli with plasmids [J]. Journal of Molecular Biology, 1983, 166 (4): 557-580.

[10] Kovalic D, Kwak J H, Weisblum B. General method for direct cloning of DNA fragments generated by the polymerase chain reaction [J]. Nucleic Acids Research, 1991, 19 (16): 4560.

[11] Marchuk D, Drumm M, Saulino A, et al. Construction of T-vectors, a rapid and general system for direct cloning of unmodified PCR products [J]. Nucleic Acids Research, 1991, 19 (5): 1154.

[12] Holton A, Graham M W. A simple and efficient method for direct cloning of PCR products using ddT-tailed vectors [J]. Nucleic Acids Research, 1991, 19 (5): 1156.

[13] 李燕军，张海宾，麻杰，等．代谢工程改造大肠杆菌合成 L-异亮氨酸的研究 [J]．发酵科技通讯，2016，45 (3)：133-139.

[14] 张成林，刘远，薛宁，等．苏云金芽孢杆菌重组 L-异亮氨酸羟化酶的酶学性质及其在 4-羟基异亮氨酸合成中的应用 [J]．微生物学报，2014，54 (8)：889-896.

[15] Wu H, Li Y, Ma Q, et al. Metabolic engineering of *Escherichia coli* for high-yield uridine production [J]. Metabolic Engineering, 2018, 49: 248-256.

第五章　蛋白质的表达、纯化及检测

常用的蛋白质表达系统有大肠杆菌系统、芽孢杆菌系统及酵母菌系统等微生物表达系统以及植物系统、昆虫系统、哺乳动物系统等高等生物表达系统。由于大肠杆菌是目前系统生物学、遗传学、生理学等领域研究最为透彻的微生物，且其繁殖速度快、培养费用较低、对多种蛋白具有较强的耐受能力、蛋白表达水平高，因此被广泛应用于蛋白质的表达。本章以大肠杆菌为例，介绍重组蛋白的表达、纯化和测定。

第一节　蛋白质的表达和检测

一、基本原理

1. 常见的大肠杆菌表达载体所用启动子

（1）IPTG 诱导的启动子　用于大肠杆菌中高水平表达蛋白质的启动子包括 *lac* 启动子、*tac* 启动子和 *trc* 启动子。

①*lac* 启动子：乳糖操纵子的启动子，常见于 pUC、pSK、pBluescript、pGEM 等表达载体。*lac* 启动子的表达强度显著弱于 *tac* 启动子和 *trc* 启动子，但携带有该启动子的载体往往拷贝数较高，因此表达量也较为可观。需要注意的是，*lac* 启动子除受乳糖的诱导外，还受葡萄糖的阻遏，解除该阻遏作用需要 cAMP 激活蛋白（cAMP activated protein，CAP）参与且需在无葡萄糖或低浓度葡萄糖的条件下才能发挥作用。因此若采用含 *lac* 启动子的表达载体表达蛋白时，需在无葡萄糖（或低浓度葡萄糖）的培养基中进行。

②*tac* 启动子：*tac* 启动子是由色氨酸操纵子的启动子 *trp* 启动子-35 区和 *lac*UV5 启动子-10 区融合而成的杂合启动子。该启动子受 *lac* 启动子阻遏蛋白 Lac Ⅰ 的阻遏作用，但不受 cAMP 介导的调节作用，即在有葡萄糖的培养基中也能高效表达。

③*trc* 启动子：*trc* 启动子是由色氨酸操纵子的启动子 *tac* 启动子-35 区和 *lac*UV5 启动子-10 区融合而成的杂合启动子。与 *tac* 启动子近似，该启动子受 *lac* 启动子阻遏蛋白 Lac Ⅰ 的阻遏作用，但不受 cAMP 介导的调节作用，能够在有葡萄糖的培养基中高效表达。*trc* 启动子与 *tac* 启动子的区别在于二者在-35 区和-10 区间的间隔序列不同，*trc* 启动子中两个元件间的间隔为 17bp，而 *tac* 启动子中的间隔是 16bp。pTrc99A 是代谢工程中常用的带有 *trc* 启动子的载体。

（2）T7 噬菌体启动子　该启动子来源于 T7 噬菌体，具有高度的特异性，其启动依赖于 T7 RNA 聚合酶。T7 噬菌体启动子的转录强度远高于 *tac* 启动子和 *trc* 启动子，是目前应用于蛋白质大量表达最为广泛的启动子。pET 系列质粒是含有 T7 噬菌体启动子的常见载体。

然而，大肠杆菌自身并无 T7 RNA 聚合酶，因此利用 T7 噬菌体启动子表达的大肠杆菌宿主细胞基因组上需整合有 T7 RNA 聚合酶编码基因。T7 RNA 聚合酶转录 mRNA 的速率约是大肠杆菌 RNA 聚合酶的 5 倍，因此，当二者同时存在时，宿主本身的转录强度远远弱于表达系统，此时细胞内的能量、原料等均用于目的蛋白的表达，其性状表现为目的蛋白质持续表达，菌体生长趋于缓慢。表达仅几小时后，目的蛋白可占到细胞总蛋白的 50%以上。

在宿主基因组上整合的 T7 RNA 聚合酶编码基因往往受 *lac* 启动子系列（如 L8-UV5 *lac* 启动子）的调控。即 T7 RNA 聚合酶编码基因的转录受 Lac Ⅰ的阻遏调控，但该阻遏作用可被 IPTG 解除，此时翻译出的 T7 RNA 聚合酶启动 T7 噬菌体启动子的转录（图 5-1）。因此，含 T7 噬菌体启动子的表达载体中基因的表达受 IPTG 的诱导。

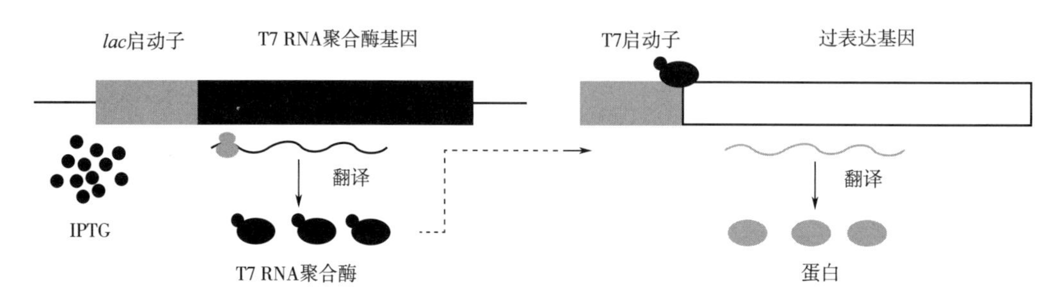

图 5-1 IPTG 诱导 T7 噬菌体启动子转录的示意图

大肠杆菌 *E. coli* BL21（DE3）是利用 T7 噬菌体启动子表达蛋白的常见宿主。该菌株染色体携带 DE3λ 原噬菌体，此片段又携带 *lac* Ⅰ等基因和由 L8-UV5*lac* 启动子控制的 T7 RNA 聚合酶基因。与野生型 *lac* 启动子相比，L8-UV5*lac* 启动子的 10 区有 2 个点突变，使得其启动效率增强，且降低了该启动对葡萄糖的敏感性。因此，在含葡萄糖的条件下，T7 RNA 聚合酶也可被 IPTG 诱导表达。故利用 T7 噬菌体启动子表达蛋白时不受葡萄糖的阻遏作用。需要注意的是，由于 T7 噬菌体启动子表达效率高，若所表达蛋白对宿主有毒性时，不利于该蛋白的高效表达。另外，由于 T7 噬菌体启动子转录强度高，容易产生包涵体。

（3）λ 噬菌体 P_L启动子　λ 噬菌体 P_L启动子受阻遏蛋白 cI857 的阻遏，cI857 为温度敏感型突变体。当温度低于 30℃时，cI857 与 P_L启动子结合，阻遏其转录。当温度高于 42℃时，cI857 失活，从 P_L启动子解离，P_L启动子启动转录。该表达体系常用于对宿主有毒性蛋白的表达。如 pBV220 为含有 P_L启动子的表达质粒。

（4）阿拉伯糖诱导的 P_{BAD}启动子　P_{BAD}启动子为阿拉伯糖操纵子的启动子，受阻遏蛋白 AraC 的阻遏作用。当无阿拉伯糖存在时，AraC 与 P_{BAD}启动子的操纵序列结合，阻遏其转录。当有阿拉伯糖存在时，AraC 从操纵序列解离，启动转录。如表达质粒 pGLO 含有 *araC* 编码基因及 P_{BAD}启动子。

2. 包涵体

当蛋白（尤其是外源蛋白）在大肠杆菌宿主中过量表达时，常形成不溶性的聚合体，称为包涵体。包涵体在电子显微镜下呈现不规则颗粒。包涵体的形成主要是因为蛋白质错误折叠引起的不适当聚集。防止包涵体形成的方法主要包括：①去除蛋白质中的疏水区域。②利用融合表达系统，以减少蛋白质的错误折叠。如利用血吸虫的谷胱甘肽-*S*-转移酶、大肠杆菌麦芽糖结合蛋白、硫氧还蛋白等作为融合伴侣。利用这些融合伴侣的特性，还有利于蛋白质的纯化。③利用含有信号肽的载体表达。信号肽可将新合成的蛋白质运输至周质空间。④优化表达条件。如降低表达温度，降低摇床转数等。

3. 聚丙烯酰胺凝胶电泳（polyacrylamide gel electrophoresis，PAGE）

丙烯酰胺的聚合常用过硫酸铵（ammonium persulfate，APS）作为催化剂，N,N,N',N'-四甲基乙二胺（TEMED）作为激活剂。TEMED 的碱基可催化 APS 水溶液产生游离氧，激活丙烯酰胺单体，使其聚合成单体长链，在交联剂 N,N'-亚甲基双丙烯酰胺（MBA）的作用下，聚丙烯酰胺链交叉连接成网状结构，丙烯酰胺浓度越高，聚合链长度和交联度越大，孔径越小。

聚丙烯酰胺凝胶具有如下特点：①在一定浓度范围内，凝胶透明度、弹性及机械性能好。②稳定性好，不与蛋白质反应。③样品不易扩散。④分辨率高。凝胶浓度与被分离蛋白质分子质量关系如表 5-1 所示。

表 5-1　凝胶浓度与被分离蛋白质分子质量关系

分子质量/ku	适宜凝胶浓度/%	分子质量/ku	适宜凝胶浓度/%
<10	20～30	100	5～10
10～40	15～20	>100	2～5
50～100	10～15		

丙烯酰胺和 N,N-甲叉双丙烯酰胺应避光保存，可贮存于棕色瓶中。因为自然光等可引起丙烯酰胺聚合或形成亚胺桥而交联。配制好的溶液应贮存于棕色瓶或用铝箔纸包裹的试剂瓶中，4℃保存，通常不超过 2 个月。APS 也应避光保存，其水溶液应贮存于棕色瓶中，4℃保存，不超过 1 周。

利用聚丙烯酰胺凝胶作为支持物的电泳称为聚丙烯酰胺凝胶电泳。蛋白质在进行聚丙烯酰胺凝胶电泳时的迁移率取决于它所带电荷及分子的大小和形状等多种因素。由此可见利用聚丙烯酰胺凝胶电泳的影响因素较多。聚丙烯酰胺根据其是否有浓缩效应可分为连续系统和不连续系统。连续系统是指体系中缓冲液 pH 及胶浓度相同，带电物质在电场中靠电荷及分子筛效应连续泳动。不连续系统是指体系中缓冲液 pH 和成分、凝胶浓度以及电泳电压是不连续的，不仅具有分子筛效应还具有浓缩效应。不连续系统一般由电泳缓冲液、浓缩胶和分离胶组成。浓缩胶浓度较小，孔径较大，带电物质在电场作用下泳动阻力较小，移动速度快。分离胶浓度较大、孔径较小、移动速度减慢。

4. 十二烷基磺酸钠-聚丙烯酰胺凝胶电泳（sodium dodecyl sulfonate-polyacrylamide gel electrophoresis，SDS-PAGE）

十二烷基磺酸钠是一种阴离子去污剂，能够使分子内部和分子间的氢键断裂。SDS 通过与蛋白质的疏水部分结合，使其氢键断裂，从而破坏其高级结构，使其变性。蛋白质与 SDS 按比例结合，形成 SDS-蛋白质复合物。由于 SDS 携带大量负电荷，当其与蛋白质结合时，SDS-蛋白质复合物所带的负电荷远远超过了蛋白质分子本身所带电荷量，掩盖了蛋白质分子间原有的电荷差别，使蛋白质带有相同量的负电荷。此外，巯基乙醇可还原蛋白质中的二硫键，使其形成线性分子。由于SDS对蛋白质分子的变性作用，使得蛋白质分子失去了原有的空间结构，SDS与其形成了结构相近的短棒状复合物。因此，SDS-蛋白质复合物在SDS-PAGE中的迁移率不再受蛋白质原有电荷和形状的影响，仅与蛋白质分子质量相关。与PAGE近似，SDS-PAGE也可分为连续系统和不连续系统，但不连续系统使用更为普遍。

5. 蛋白质染色方法

蛋白质经电泳后根据分子质量不同分布于支持物的泳道上，需要染色剂方能显示。常用的染色剂包括氨基酸黑10B、考马斯亮蓝、固绿、荧光染料（如丹磺酰氯、荧光胺等）、硝酸银等，其中考马斯亮蓝染色法和银染法最为常见。

（1）考马斯亮蓝染色法　1965年Meyer等将考马斯亮蓝染色法用于PAGE，其检测灵敏度为0.2～0.5μg。考马斯亮蓝共有R和G两类，R为红蓝色，G为绿蓝色，包括R150、R250、R350、G250等。考马斯亮蓝R250化学名称为三苯基甲烷。每个分子上含有2个SO_3H基团，能够结合在蛋白质的碱性基团上，但在一定pH时可从蛋白质上解离下来。考马斯亮蓝R250与不同蛋白质结合呈现基本相同的颜色，但染色强度与蛋白质浓度呈线性关系。

考马斯亮蓝G250是二甲花青亮蓝，是由甲基取代的三苯基甲烷。总体而言，考马斯亮蓝R250的染色强度高于G250。常用的考马斯亮蓝染色方法如表5-2所示。

表5-2　常用考马斯亮蓝染色方法

步骤	方法1	方法2	方法3
固定	将57g三氯乙酸和17g磺基水杨酸溶于150mL甲醇和350mL蒸馏水中，搅拌至溶解 固定30min	500mL乙醇、100mL乙酸、400mL蒸馏水 固定30min以上	20%三氯乙酸溶液 固定30min
染色	1.25g考马斯亮蓝R250溶于230mL甲醇和230mL蒸馏水中，搅拌1h溶解后加入40mL乙酸，过滤除去颗粒 先用下述脱色液漂洗凝胶，再染色约1h	0.29g考马斯亮蓝R250溶于如下脱色液中，即为染色液 将染色液加热至60℃后染色10min	同方法1或方法2
脱色	50mL乙酸、150mL 95%乙醇，用蒸馏水补足至500mL 多次更换脱色液，至背景颜色脱净为止	250mL 95%乙醇、80mL乙酸，用蒸馏水补至1000mL 多次更换加热的脱色液，至背景颜色脱净为止	同方法1或方法2

（2）银染法　1979年Switzer和Merril等首先报道了银染色法。银染色的原理是硝酸银中的银离子与蛋白结合，用还原剂将其还原成金属银沉淀在蛋白质条带上。银染色法可分为化学显色法和光显色法两大类。化学显色法又可分为双胺银染法和非双胺银染法。双

胺银染法是用氢氧化铵和银形成双胺-银复合物，将固定后的凝胶浸泡在此溶液中，通过酸化（如柠檬酸）使其显像。非双胺银染法是将凝胶置于酸性的硝酸银中，待蛋白质与硝酸银发生作用后，调节 pH 至碱性，用甲醛还原银离子成为金属银显色。光显色法是利用光能还原银离子成为金属银显色。

需要注意的是，利用银染色法时器皿须为玻璃材质，因为塑料容器中微量的有机物可能会干扰染色。此外，水的纯度也至关重要，最好使用去离子水或双蒸水。

二、重点和难点

（1）蛋白质诱导表达的原理和类型。

（2）SDS-PAGE 的原理及操作方法。

三、实　验

实验一　重组蛋白 IDO 的诱导表达及预处理

1. 实验材料和用具

（1）仪器和耗材　摇床、超声破碎仪、移液器、吸头、离心机、EP 管等。

（2）菌株　对照菌株大肠杆菌 *E. coli* BL21/pET-His［含有空质粒 pET-His 的 *E. coli* BL21（DE3）］和 L-异亮氨酸羟化酶（IDO）基因表达菌株 *E. coli* BL21/pETH-ido。

（3）试剂和溶液

①100mmol/L IPTG。

②LB 固体培养基。

③LB 液体培养基。

④100mg/mL 氨苄青霉素。

⑤其他试剂略。

2. 操作步骤及注意事项

（1）准备工作

①制备 LB 固体培养基平板（含终浓度为 100μg/mL 氨苄青霉素）。

②制备 LB 液体培养基摇管（含终浓度为 100μg/mL 氨苄青霉素）。

③制备 LB 液体培养基摇瓶（装液量为 20mL，含终浓度为 100μg/mL 氨苄青霉素）。

（2）分别挑取 *E. coli* BL21/pET-His 和 *E. coli* BL21/pETH-ido 单菌落，接种到 LB 培养基摇管中，37℃，200r/min 振荡培养过夜，即为种子培养物。

此步骤的目的是活化和扩大培养。

（3）以 1% 的接种量将种子培养物接种至 LB 液体培养基摇瓶（含终浓度为 100μg/mL 的氨苄青霉素）。

（4）37℃，200r/min 振荡培养至 OD_{600} =0.6～0.8，加入终浓度为 1mmol/L 的 IPTG，诱导培养 4～6h。

IPTG 浓度对菌体细胞生长和蛋白质表达水平影响非常大。可根据实际情况调节，通常是 0.01～5mmol/L。

初次实验时，可在不同诱导时间取样，确定最佳诱导时间。

（5）取 1～3mL 菌体培养物于 4℃，8000×*g* 离心 2min 后弃上清液。

（6）向菌体沉淀中加入 1mL 蒸馏水重悬菌体，于 4℃，8000×*g* 离心 2min 后弃上清液，如此洗涤菌体 1～3 次。

（7）用 200μL 蒸馏水重悬菌体。

重悬务必要充分，避免出现菌团，以利于后续超声破碎。

（8）将含有菌悬液的 EP 管置于冰中。

（9）用超声破碎仪破碎菌体，功率 400 W，工作 5 s，间歇 10 s，共 10～15 次。

菌体彻底破碎后，破碎液应为透明或乳白色。若结束后仍发现有大量菌体，须继续超声破碎。

（10）于 4℃、8000×*g* 离心 5～10min。

（11）将上清液转移至另一 EP 管中。

（12）沉淀用 200μL 蒸馏水重悬。

3. 实验结果（略）

实验二　重组蛋白 IDO 的 SDS-PAGE 及考马斯亮蓝染色

1. 实验材料和用具

（1）仪器和耗材　电泳仪（电源和电泳槽）、脱色摇床、凝胶成像仪、脱色皿、移液器、吸头、PE 手套等。

（2）菌株　用本章实验一。

（3）试剂和溶液

①30%丙烯酰胺：准确称取丙烯酰胺 29g、甲叉双丙烯酰胺 1.0g，适量蒸馏水充分溶解并定容至 100mL，滤纸过滤后于 4℃避光保存。

②5×上样缓冲液：Tris-HCl（pH 6.8，1mol/L）12.5mL、甘油 25mL、SDS 5g、溴酚蓝 0.25g，用蒸馏水溶解并混匀后定容至 100mL，用前加入 2% *β*-巯基乙醇，于室温保存。

③5×电泳缓冲液：Tris 15.1g，甘氨酸 94g，SDS 5g，用适量蒸馏水充分溶解并调节 pH 至 8.3 后，定容至 1000mL，于室温保存，使用时稀释 1 倍。

④pH 8.8 Tris-HCl（1.5mol/L）缓冲液：称取 Tris 18.2g 并用适量蒸馏水溶解后，用浓盐酸调节 pH 至 8.8，定容至 100mL，于 4℃保存。

⑤pH 6.8 Tris-HCl（1mol/L）缓冲液：称取 Tris 12.1g 并用适量蒸馏水溶解后，用浓盐酸调节 pH 至 6.8，定容至 100mL，于 4℃保存。

⑥12%分离胶：pH 8.8 Tris-HCl 1.3mL，30%丙烯酰胺 2.0mL，100g/L SDS 溶液 50μL，蒸馏水 1.6mL，充分混匀后加入 100g/L 过硫酸铵溶液 50μL，*N*,*N*,*N*′,*N*′-四甲基乙二胺 4μL，再次充分混匀。

⑦5%浓缩胶（2mL）：pH 6.8 Tris-HCl 0.25mL，30%丙烯酰胺 0.33mL，100g/L SDS 溶液 20μL，蒸馏水 1.4mL，充分混匀后加入 100g/L 过硫酸铵溶液 20μL，*N*,*N*,*N*′,*N*′-四甲基乙二胺 2μL，再次充分混匀。

⑧考马斯亮蓝染色液：考马斯亮蓝 R250 0.25g，甲醇 45mL，冰乙酸 10mL，蒸馏水 45mL，充分溶解后过滤，于室温保存于棕色瓶中。

⑨脱色液：甲醇 45mL，冰乙酸 10mL，蒸馏水 45mL，混匀后于室温保存。

⑩蒸馏水。

2. 操作步骤及注意事项

(1) 准备工作

①将玻璃板洗净，干燥后用无水乙醇擦拭。

②将玻璃板组装成为凝胶模，用蒸馏水验证是否泄漏，如泄漏，需重新组装。

③倒净蒸馏水，并用滤纸条吸净残余水分。

(2) 分别取“实验一”中的菌体破碎液、菌体破碎液上清液和菌体破碎液沉淀悬液 160μL 至 EP 管，加入 40μL 5×上样缓冲液，混匀后沸水浴 3～5min。

该步骤可在步骤 (9) 后等待浓缩胶凝固时进行。

(3) 配制 12%分离胶。

(4) 迅速将分离胶溶液用移液器沿一侧加入两块玻璃板之间，约占玻璃板高度的 2/3。

加入过硫酸铵和 N,N,N',N'-四甲基乙二胺后，丙烯酰胺便开始聚合，因此，配制好后应迅速转移至凝胶模。但流速切忌过大，否则容易产生气泡。

(5) 小心用移液器缓缓加入蒸馏水，覆盖在分离胶上。

动作一定要轻缓，避免冲出明显凹陷，也可以用喷雾器喷一层水。

(6) 室温静置 1.5～2h。

凝胶充分聚合凝固是获得高质量电泳图谱的关键。

(7) 待分离胶凝固后，倒去蒸馏水并用滤纸吸净残留水分。

(8) 配制 5%浓缩胶。

(9) 将浓缩胶灌注至分离胶上层，并立即插入样品梳，室温放置 30～40min。

插样品梳时，动作应轻缓，切勿用力过猛使浓缩胶溅出。

若配制的凝胶不立即使用，可保存于 1×电泳缓冲液中 (4d 内使用)。

(10) 重新组装好电泳装置，保证玻璃板凹陷处在内侧。

(11) 向电泳槽中加入适量 1×Tris-甘氨酸电泳缓冲液。

(12) 将组装好的电泳装置置于电泳槽中。

注意应排尽凝胶模底部的空气，否则影响电泳质量。

(13) 向电泳板内的外侧加入适量 1×Tris-甘氨酸电泳缓冲液。

(14) 小心移出梳子并用 1×Tris-甘氨酸电泳缓冲液冲洗每个加样孔。

(15) 吸取样品 15～20μL，加至上样孔中。

通常第一个上样孔和最后一个上样孔不加样品，可加入 1×上样缓冲液，起到平衡作用。

(16) 连接好电源，负极在上，正极在下。

(17) 开启电源，浓缩胶 10mA 恒流电泳 (1 块凝胶)，2 块凝胶时应为 20mA。

(18) 待溴酚蓝指示剂进入分离胶后，12.5mA 恒流电泳 (1 块凝胶)，2 块凝胶时应为 25mA。

(19) 溴酚蓝指示剂到达凝胶底部时，关闭电源。

(20) 取出凝胶平板，轻轻打开玻璃板，剥离凝胶。

(21) 将凝胶置于含考马斯亮蓝染色液的脱色皿中，于脱色摇床振荡染色 30min。

(22) 倒掉考马斯亮蓝染色液，用蒸馏水小心清洗凝胶。

考马斯亮蓝染色液可回收利用。

(23) 加入考马斯亮蓝脱色液，室温轻轻振荡脱色至背景无色。

为加速脱色，可更换数次考马斯亮蓝脱色液，或将脱色液加热。

(24) 倒掉考马斯亮蓝脱色液，加入蒸馏水清洗，直至无乙酸气味，此时凝胶恢复到脱色前大小。

(25) 凝胶成像仪拍照。

(26) 凝胶的干燥　将凝胶置于考马斯亮蓝脱色液使其脱水，在玻璃板上铺一层滤纸，将凝胶放置于滤纸上，再用保鲜膜连同玻璃板包裹，置于阴凉处自然干燥。

3. 实验结果

经考马斯亮蓝染色后，*E. coli* BL21/pETH -ido 全菌破碎液、上清液和沉淀中均出现一条相对分子质量约 29000 的条带，与 IDO 理论相对分子质量 28920 接近，而对照菌中则无，表明 IDO 成功表达（图 5-2）。值得注意的是，*E. coli* BL21/pETH-ido 细胞破碎液的上清和沉淀中均有 IDO（第 3 和第 4 泳道），表明该蛋白以可溶性和包涵体两种形式存在。

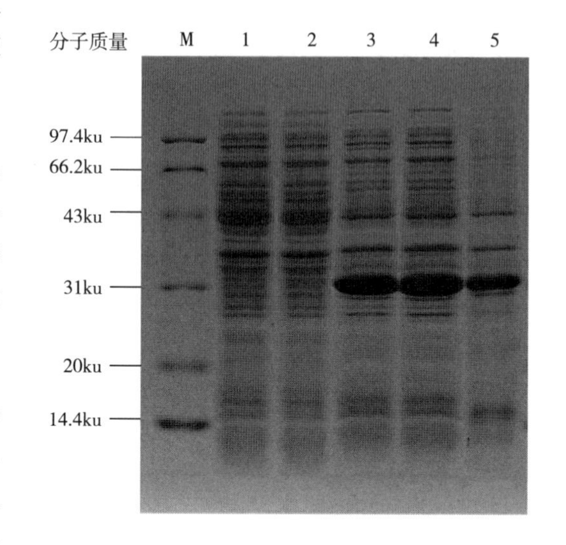

M—Marker　1—*E. coli* BL21/pETH-42a 全菌破碎液
2—未诱导的 *E. coli* BL21/pETH-ido 全菌破碎液
3—IPTG 诱导的 *E. coli* BL21/pETH-ido 全菌破碎液
4—IPTG 诱导的 *E. coli* BL21/pETH-ido 全菌破碎液上清液
5—IPTG 诱导的 *E. coli* BL21/pETH-ido 全菌破碎液沉淀

图 5-2　重组蛋白 IDO 的 SDS-PAGE 电泳图谱

四、常见问题及分析

1. 蛋白以包涵体的形式存在

(1) 降低表达温度。

(2) 降低摇床转数。

(3) 更换拷贝数低或含转录强度相对较弱的启动子的表达载体。

(4) 更换宿主。

(5) 采用融合蛋白的方式表达。

(6) 向重组蛋白中引入信号肽。

(7) 向宿主中引入分子伴侣表达质粒，如质粒 pG-KJE8、pGro7、pKJE7、pG-Tf2 和 pTf16，可表达相应的分子伴侣，促进重组蛋白的可溶性表达。

2. 蛋白未成功表达

(1) 外源基因中含大肠杆菌不识别的稀有密码子，可用 *E. coli* Rosetta (DE3) pLysS 等携带 pLysSRARE 质粒的宿主。

(2) 外源基因含大肠杆菌利用率低的密码子，或转录出的 mRNA 不稳定，可对密码子、GC 含量、稳定性等进行优化。

(3) 采用 Western blot 检测胞内是否表达少量的蛋白，如有，可通过条件优化提高表达量。如无，表明基因未转录，可通过更换载体等方式解决。

(4) 采用融合蛋白的方式表达。

3. 蛋白表达量低

(1) 优化培养基，增加菌体生物量。

(2) 更换表达载体。

(3) 适当提高 IPTG 浓度。

4. 电泳时电流过低

(1) 检查电泳缓冲液是否配制正确。

(2) 检查制模装置内侧电泳玻璃板凹陷处是否充分接触电泳缓冲液。

(3) 检查玻璃板-凝胶-玻璃板“三明治”底部是否有气泡，尤其是两块玻璃板之间，如有气泡，则需重新放置，以去除气泡。

5. 凝胶图谱中条带拖尾

(1) 用于破碎的菌体量过大，可减少菌体量，或破碎后适当稀释。

(2) 上样量过大，适当降低上样量。

(3) 样品溶解不好，上样前将样品离心，或适当降低凝胶浓度。

(4) 电泳电压或电流较大，使得泳动速度过快造成拖尾，应适当降低电压或电流。

6. 凝胶图谱中条带变形、出现“笑脸”或“皱眉”的现象

(1) 凝胶（尤其是分离胶）凝固不彻底，应适当延长凝固时间。

(2) 检查玻璃板-凝胶-玻璃板“三明治”底部是否有气泡，如有气泡，则需重新放置，以去除气泡。

(3) 电泳时温度过高　可在电泳槽外围加冰以降温。

五、思　考　题

(1) 蛋白质聚丙烯酰胺凝胶电泳的原理是什么?

(2) PAGE 与 SDS-PAGE 的区别是什么?

(3) 制胶时应注意哪些问题?

(4) 如何估算蛋白质样品的相对分子质量?

(5) 蛋白质聚丙烯酰胺凝胶电泳的染色方法有哪些? 原理是什么?

第二节　重组蛋白的纯化

重组蛋白表达后，须将其从细胞中分离纯化出来，以进行结构、功能、特性研究和应用。固定化金属离子亲和层析（immobilized metal ion affinity chromatography，IMAC），简称金属螯合亲和层析，自 1975 年问世以来，IMAC 被广泛地应用于蛋白纯化领域。该方法是通过蛋白质中的一些特殊氨基酸与过渡金属发生作用，二者亲和，达到纯化蛋白质的目的。这些作用包括配位键、静电吸附、共价键结合等。为了利于重组蛋白纯化，通常在表达载体中的多克隆位点引入标签（如多聚组氨酸标签或谷胱甘肽-S-转移酶标签），与重组蛋白形成融合蛋白。根据标签特性可将重组蛋白与其他蛋白区分开，实现

分离纯化。本节主要介绍常用的利用多聚组氨酸标签和谷胱甘肽-*S*-转移酶标签分离纯化重组蛋白。

一、基本原理

（一）利用多聚组氨酸标签纯化重组蛋白

多聚组氨酸标签（His-Tag，含6×His）可在重组蛋白的*C*端或*N*端，组氨酸的咪唑基团能够与Ca^{2+}、Mg^{2+}、Ni^{2+}、Cu^{2+}、Fe^{3+}等金属离子结合，其中Ni^{2+}最为常用。将Ni^{2+}与次氮基三乙酸等基质结合，带有His-Tag的重组蛋白经过含Ni^{2+}的基质时与Ni^{2+}通过螯合作用结合在基质上，而不含His-Tag的杂质则因不能与Ni^{2+}螯合脱离基质而流脱。

常用Ni^{2+}偶联基质主要有次氮基三乙酸（nitrilotriacetic acid，NTA）和亚氨基二乙酸（iminodiacetic acid，IDA）。IDA与NTA的区别在于NTA多了一个羧甲基基团。Ni^{2+}具有6个螯合价位，Ni^{2+}与IDA螯合了3个效价，而与NTA螯合了4个效价（图5-3）。因此NTA与Ni^{2+}的配位能力更强，其分离效果相对更好一些。NTA和IDA比较如表5-3所示。

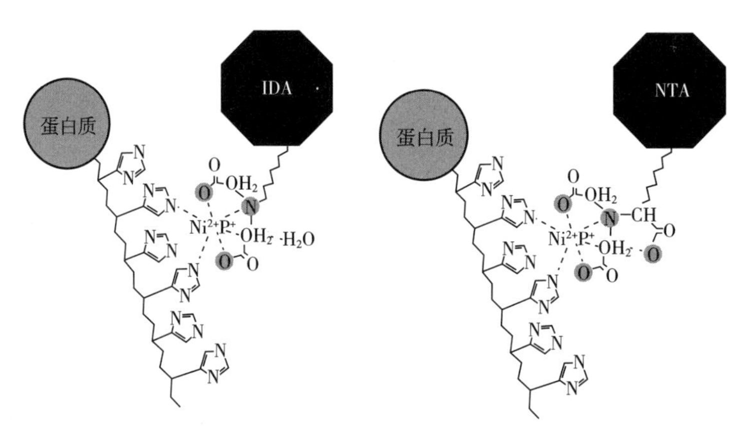

图5-3　Ni^{2+}与基质和His-Tag作用示意图

表5-3　NTA和IDA比较

NTA	IDA
4价，配位数为4	3价，配位数为3
较高的结合特异性	通常有较多的非特异性结合
通常较低的产量	较低的咪唑洗脱浓度
与金属离子有较强的配位作用	较高的金属离子负载能力
较低的金属离子漏出	较高的金属离子漏出

咪唑能够与His-Tag竞争性结合Ni^{2+}咪唑，利用含咪唑的洗脱液流经Ni层析柱时，咪唑将含His-Tag的重组蛋白替换下来，实现目的蛋白的洗脱，达到分离纯化的效果。

（二）利用谷胱甘肽-*S*-转移酶标签纯化重组蛋白

谷胱甘肽-*S*-转移酶标签（glutathione-*S*-transferase tag，GST-Tag）由211个氨基酸组成，相对分子质量约26000，可在重组蛋白的*N*端或*C*端。作为GST的底物，还原型谷胱甘肽能够与其特异性结合。还原型谷胱甘肽还可通过SH基团与琼脂糖介质上的环氧乙烷结合。利用此特性，将还原型谷胱甘肽与琼脂糖介质制成蛋白纯化柱。当含有GST-Tag标签的重组蛋白流经此纯化柱时，重组蛋白通过GST-Tag与纯化柱中的还原型谷胱甘肽结合，吸附于纯化柱。而杂蛋白则因不能与还原型谷胱甘肽结合被洗脱。含有还原型谷胱甘肽的洗脱液流经纯化柱时，与纯化柱上的还原型谷胱甘肽竞争结合GST-蛋白复合物，从而将其洗脱下来，达到纯化的目的。

二、重点和难点

（1）利用6×His标签和GST标签纯化重组蛋白的原理。

（2）Ni-NTA树脂法分离纯化重组蛋白的方法。

三、实　　验

实验三　Ni-NTA树脂纯化重组蛋白IDO（非变性条件）

1. 实验材料和用具

（1）仪器和耗材　超声破碎仪、漩涡振荡器、摇床、摇瓶、摇管、50mL离心管、透析袋、吸头等。

（2）菌株　大肠杆菌*E. coli* BL21/pETH-ido。

（3）试剂和溶液

①NTA-0缓冲液（终浓度，余同）：20mmol/L Tris-HCl（pH7.9），0.5mol/L NaCl，体积分数10%甘油。

②NTA-5缓冲液：20mmol/L Tris-HCl（pH7.9），0.5mol/L NaCl，体积分数10%甘油，5mmol/L咪唑。

③NTA-10缓冲液：20mmol/L Tris-HCl（pH7.9），0.5mol/L NaCl，体积分数10%甘油，10mmol/L咪唑。

④NTA-20缓冲液：20mmol/L Tris-HCl（pH7.9），0.5mol/L NaCl，体积分数10%甘油，20mmol/L咪唑。

⑤NTA-40缓冲液：20mmol/L Tris-HCl（pH7.9），0.5mol/L NaCl，体积分数10%甘油，40mmol/L咪唑。

⑥NTA-60缓冲液：20mmol/L Tris-HCl（pH7.9），0.5mol/L NaCl，体积分数10%甘油，60mmol/L咪唑。

⑦NTA-80缓冲液：20mmol/L Tris-HCl（pH7.9），0.5mol/L NaCl，体积分数10%甘油，80mmol/L咪唑。

⑧NTA-100缓冲液：20mmol/L Tris-HCl（pH7.9），0.5mol/L NaCl，体积分数10%甘油，100mmol/L咪唑。

⑨NTA-200缓冲液：20mmol/L Tris-HCl（pH7.9），0.5mol/L NaCl，体积分数

10%甘油，200mmol/L 咪唑。

⑩NTA-1000 缓冲液：20mmol/L Tris-HCl（pH7.9），0.5mol/L NaCl，体积分数10%甘油，1000mmol/L 咪唑。

⑪去离子水。

⑫LB 液体培养基。

⑬100mg/mL 氨苄青霉素。

⑭生理盐水：称取 8.5g NaCl，溶解后定容至 1L。

⑮200mmol/L 苯甲基磺酰氟（PMSF）：称取 3.48g PMSF 溶解于 100mL 无水乙醇中，分装后保存于－20℃或 4℃。PMSF 遇水分解，因此须使用前加入。

⑯10% Triton X-100：量取 10mL Triton X-100 溶解于 100mL 0.1mol/L 磷酸盐缓冲液（PBS，pH 7.4）。

⑰磷酸盐缓冲液（PBS，pH 7.4）：NaCl 8g，KCl 0.2g，Na_2HPO_4 1.42g，KH_2PO_4 0.24g，溶解后加水至 1L，用 HCl 调节 pH 至 7.4。

⑱Ni-NTA 纯化树脂。

⑲聚乙二醇 PEG 20000。

2. 操作步骤及注意事项

（1）准备工作

①制备 LB 固体培养基平板（含终浓度为 100μg/mL 氨苄青霉素）。

②制备 LB 液体培养基摇管。

③制备 LB 液体培养基摇瓶（装液量为 150mL），共 6 瓶。

④处理透析袋（见附录五）。

（2）挑取 *E. coli* BL21/pETH-ido 单菌落，接种到 LB 培养基（含终浓度为 100μg/mL 氨苄青霉素）摇管中，37℃，200r/min 振荡培养过夜，即为种子培养物。

（3）以 1% 的接种量将种子培养物接种至 LB 液体培养基摇瓶（含终浓度为 100μg/mL 氨苄青霉素）。

（4）37℃，200r/min 振荡培养至 OD_{600} = 0.6～0.8，加入终浓度为 1mmol/L 的 IPTG，诱导培养 4～6h。

（5）将上述菌液于 4℃，10000×*g* 离心 10min，用生理盐水洗涤菌体沉淀 2～3 次。

（6）加入 1/20（45mL）细胞生长体积的 NTA-0 Buffer 和终浓度为 1mmol/L 的 PMSF 溶液，漩涡振荡，充分重悬细胞。

该步骤于冰上操作。

（7）加入终浓度为 0.4mg/mL 的溶菌酶，混匀，冰上放置 30min。

若宿主细胞内含 pLysS 或 pLysE，可以不加溶菌酶。

（8）于冰上超声破碎，工作条件为：功率 350 W，工作时间 10s，间隔时间 15s，100 个循环。

（9）加入终浓度为体积分数 0.05% 的 10% Triton X-100 溶液，充分混匀，冰上放置 15min。

（10）于 4℃，10000×*g* 离心 20min。

（11）取上清液，置于冰上或－20℃保存。

（12）将 NTA 树脂装入层析柱，用 10 倍 NTA 树脂体积的 NTA-0 缓冲液清洗平衡。向层析柱中加 NTA-0 缓冲液时，应沿层析柱缓缓加入，防止将 NTA 树脂冲起。

（13）将步骤（11）获得的样品加至 NTA 层析柱中，流速控制在 15mL/h 左右，收集穿透液。

（14）分 5 次用 5 倍 NTA 体积的 NTA-0 缓冲液洗，流速控制在 30mL/h 左右，收集第 2 次至第 5 次的流出液。

（15）分别用 5 倍 NTA 体积的 NTA-5、NTA-10、NTA-20、NTA-40、NTA-60、NTA-80、NTA-100、NTA-200、NTA-1000 缓冲液分 5 次洗脱，流速控制在 15mL/h 左右，收集第 2 次至第 5 次的洗脱液。

（16）将收集的重组蛋白洗脱液置于透析袋中，用蒸馏水于冰上透析，每 2h 换水一次，共换 3～5 次以除去甘油、盐等。

（17）取 1mL 穿透液、流出液和洗脱液用于 SDS-PAGE 检测。

（18）透析完毕后将重组蛋白液用 PEG 20000 浓缩至 3～5mL。

（19）取少量重组蛋白浓缩液进行浓度测定。

3. 实验结果

分别将不同组分的溶液进行 SDS-PAGE，考马斯亮蓝染色后，图谱如图 5-4 所示。穿透液和 NTA-0 缓冲液的洗脱液中均无重组蛋白 IDO，表明其完全吸附在 Ni-NTA 树脂上，由于穿透液中菌体蛋白浓度过高，故出现拖尾和条带变形的现象（第 1 泳道）。NTA-20、NTA-40、NTA-60、NTA-100 缓冲液的洗脱液组分中均出现相对分子质量约为 29000 的单一条带，其中 NTA-60 组分中浓度最高。经透析并浓缩后 IDO 浓度为 3.1mg/mL。

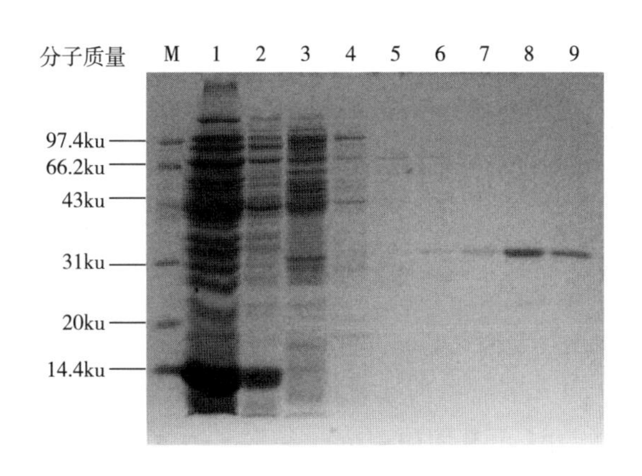

M—Marker　1—穿透液　2—NTA-0 缓冲液的洗脱液　3—IPTG 诱导的 *E. coli* BL21/pETH-ido 全细胞破碎液
4～9—分别为 NTA-5、NTA-10、NTA-20、NTA-40、NTA-60、NTA-100 缓冲液的洗脱液

图 5-4　重组蛋白 IDO 纯化后 SDS-PAGE 图谱

实验四　利用 Ni-NTA 树脂分离重组蛋白（变性条件）

1. 实验材料和用具

（1）仪器和耗材　同本章实验三。

（2）试剂和溶液

①NTA-0 缓冲液：终浓度为 20mmol/L Tris-HCl（pH7.9），0.5mol/L NaCl，体积分数 10%甘油，6mol/L 盐酸胍。

②NTA-5 缓冲液：终浓度为 20mmol/L Tris-HCl（pH7.9），0.5mol/L NaCl，体积分数 10%甘油，5mmol/L 咪唑，6mol/L 盐酸胍。

③NTA-10 缓冲液：终浓度为 20mmol/L Tris-HCl（pH7.9），0.5mol/L NaCl，体积分数 10%甘油，10mmol/L 咪唑，6mol/L 盐酸胍。

④NTA-20 缓冲液：终浓度为 20mmol/L Tris-HCl（pH7.9），0.5mol/L NaCl，体积分数 10%甘油，20mmol/L 咪唑，6mol/L 盐酸胍。

⑤NTA-40 缓冲液：终浓度为 20mmol/L Tris-HCl（pH7.9），0.5mol/L NaCl，体积分数 10%甘油，40mmol/L 咪唑，6mol/L 盐酸胍。

⑥NTA-60 缓冲液：终浓度为 20mmol/L Tris-HCl（pH7.9），0.5mol/L NaCl，体积分数 10%甘油，60mmol/L 咪唑，6mol/L 盐酸胍。

⑦NTA-80 缓冲液：终浓度为 20mmol/L Tris-HCl（pH7.9），0.5mol/L NaCl，体积分数 10%甘油，80mmol/L 咪唑，6mol/L 盐酸胍。

⑧NTA-100 缓冲液：终浓度为 20mmol/L Tris-HCl（pH7.9），0.5mol/L NaCl，体积分数 10%甘油，100mmol/L 咪唑，6mol/L 盐酸胍。

⑨NTA-200 缓冲液：终浓度为 20mmol/L Tris-HCl（pH7.9），0.5mol/L NaCl，体积分数 10%甘油，200mmol/L 咪唑，6mol/L 盐酸胍。

⑩NTA-1000 缓冲液：终浓度为 20mmol/L Tris-HCl（pH7.9），0.5mol/L NaCl，体积分数 10%甘油，1000mmol/L 咪唑，6mol/L 盐酸胍。

⑪去离子水。

⑫200mmol/L 苯甲基磺酰氟（PMSF）。

⑬生理盐水。

⑭Ni-NTA 纯化树脂。

⑮聚乙二醇 PEG 20000。

2. 操作步骤

（1）步骤（1）～（5）同本章实验三。

（2）加入 1/20（45mL）细胞生长体积的 NTA-0 Buffer 和终浓度为 1mmol/L 的 PMSF 溶液，漩涡振荡，充分重悬细胞（该步骤冰上操作）。

（3）加入终浓度为 0.4mg/mL 的溶菌酶，混匀，冰上放置 30min。

若宿主细胞内含 pLysS 或 pLysE，可以不加溶菌酶。

（4）于冰上超声破碎，工作条件为：功率 350W，工作时间 10s，间隔时间 15s，100 个循环。

（5）加入终浓度为体积分数 0.05%的 10% Triton X-100 溶液，充分混匀，冰上放置 15min。

（6）于 4℃，10000×*g* 离心 20min。

（7）取上清液，置于冰上备用或－20℃保存。

（8）加入 1/20（45mL，通常细胞培养液总体积为 900～1000mL）细胞生长体积的 NTA-0 Buffer 和终浓度为 1mmol/L 的 PMSF 溶液，漩涡振荡，充分重悬细胞（该步骤冰上操作）。

(9) 于冰上超声破碎，工作条件为：功率 350W，工作时间 10s，间隔时间 15s，100 个循环。

(10) 于 4℃，10000×g 离心 20min。

(11) 取上清液，置于冰上备用或－20℃保存。

(12) 将 NTA 树脂装入层析柱，用 10 倍 NTA 体积的 NTA-0 缓冲液清洗平衡。

向层析柱中加 NTA-0 缓冲液时，应沿层析柱缓缓加入，防止将 NTA 树脂冲起。

(13) 将步骤 (11) 获得的样品加至 NTA 层析柱中，流速控制在 15mL/h 左右，收集穿透液。

(14) 分 5 次用 5 倍 NTA 体积的 NTA-0 缓冲液洗，流速控制在 30mL/h 左右，收集第 2 次～5 次的流出液。

(15) 分别用 5 倍 NTA 体积的 NTA-5、NTA-10、NTA-20、NTA-40、NTA-60。

(16) NTA-80、NTA-100、NTA-200、NTA-1000 缓冲液分 5 次洗脱，流速控制在 15mL/h 左右，收集第 2 次～第 5 次的洗脱液。

(17) 将收集的重组蛋白洗脱液置于透析袋中，用蒸馏水于冰上透析，每 2h 换水一次，共换 8～10 次以除去甘油、盐、盐酸胍等。

(18) 取 1mL 穿透液、流出液和洗脱液用于 SDS-PAGE 检测。

(19) 透析完毕后将重组蛋白液用 PEG 20000 浓缩至 3～5mL。

(20) 取少量重组蛋白浓缩液进行浓度测定。

3. 实验结果（略）

四、常见问题及分析

重组蛋白纯化后杂带较多。

(1) 蛋白酶降解（或部分降解）了标签　可适当加入蛋白酶抑制剂，如 4-(2-氨乙基) 苯磺酰氟盐酸等，目前已有商业化蛋白酶抑制剂产品。

(2) 杂质蛋白对 Ni^{2+} 具有亲和性。

① 优化咪唑洗脱液；② 优化洗脱液成分；③更换层析柱种类。

(3) 洗涤不充分　增加洗涤次数。

五、思　考　题

(1) 利用 His-Tag 和 GST-Tag 分离纯化蛋白的原理是什么?

(2) 除了 His-Tag 和 GST-Tag，还有哪些蛋白质分离和纯化的方法?

(3) His-Tag 和 GST-Tag 除了用于蛋白纯化还有哪些应用?

第三节　蛋白质的定量分析

蛋白质定量分析是生物化学、分子生物学、蛋白质组学、酶学等研究的常用技术手段，是研究蛋白质的基础。蛋白质定量分析的方法主要包括分光光度法和比色法。前者主要根据蛋白质对某一波长的光具有吸收峰的特性发展而来，该方法简单快捷。比色法是根据蛋白质的显色基团与显色剂反应，生成的物质对某一波长的光具有吸收峰。本节介绍常用蛋白质定量分析方法。

一、实验原理

（一）双缩脲法和Lowry法

蛋白质含有两个以上的肽键。在碱性溶液中，肽键可与Cu^{2+}形成紫色络合物Cu-蛋白质，该反应称为双缩脲反应。Cu-蛋白质络合物的颜色深浅与蛋白质浓度成正比，但与氨基酸的种类和相对分子质量无关，故利用该方法可测定蛋白质浓度，此方法称为双缩脲法，其检测范围为1～10mg。

Lowry法是在双缩脲法的基础上发展起来的。Cu-蛋白质络合物在碱性条件下与磷钼酸-磷钨酸（Folin试剂）反应，生成深蓝色的钼蓝和钨蓝混合物，因此该方法又称为Folin试剂法。Lowry法的灵敏度高于双缩脲法，检测范围为5～100μg。

（二）BCA法

在碱性溶液中，蛋白质将Cu^{2+}还原成Cu^{+}，后者与二辛可酸（bicinchoninic acid，BCA）溶液反应，形成在562nm处有最大吸收峰的紫色复合物。在一定范围内，该复合物的吸光度与蛋白质浓度成正比。

（三）考马斯亮蓝法（Bradford法）

如本章第二节中所述，考马斯亮蓝G250中的SO_3H基团可与蛋白质的碱性基团结合，形成蛋白质-考马斯亮蓝复合物，该复合物的最大吸收波长由考马斯亮蓝G250的465nm转变为595nm，且吸收强度与蛋白质浓度呈正比例关系。该方法灵敏度高，可检出1μg的蛋白质。考马斯亮蓝G250在2min内便可与蛋白质结合，在1h内是稳定的。金属阳离子如K^+等及有机物如乙醇等对蛋白质-考马斯亮蓝复合物无干扰，但SDS、TritonX-100等去污剂则有干扰作用。

（四）紫外分光光度法

蛋白质中的酪氨酸和色氨酸残基的芳香环含有共轭键，在280nm处有吸收峰，且吸收值与蛋白质含量呈正相关，利用此特性可测定蛋白质浓度。该方法简单易行，不受盐类物质的影响。然而此方法依赖于酪氨酸和色氨酸对紫外光的吸收，故蛋白质中酪氨酸和色氨酸的含量对其浓度测定值影响较大。此外，若样品中含碱基、核苷等物质，也可吸收紫外光。因此，紫外分光光度法的误差较大。在实际检测中，常测定260nm和280nm处的吸光度，按如下公式计算蛋白质浓度。

$$蛋白质浓度（mg/mL）=1.45\times A_{280}-0.74\times A_{260}$$

以上4种测定方法的特征如表5-4所示。

表5-4　　蛋白质测定方法比较

测定方法	测定范围/（μg/mL）	优点	不足	干扰物质
Lowry法	5～100	定量准确，不受氨基酸组成的影响	干扰物质较多，反应时间长，试剂不稳定	强酸、硫酸铵等

续表

测定方法	测定范围/（μg/mL）	优点	不足	干扰物质
BCA 法	10～1200	终产物稳定、抗干扰能力强	反应时间长	还原性物质、强酸、硫酸铵、脂质
考马斯亮蓝法	25～200	反应迅速、灵敏	不同蛋白质差异较大	—
紫外分光光度法	100～1000	操作简单、快速、不消耗样品	准确度差，受核酸等物质干扰	核酸、核苷、碱基等

二、重点和难点

（1）常用蛋白质定量分析的方法。

（2）蛋白质定量分析的原理。

三、实　　验

实验五　Lowry 法测定蛋白质含量

1. 实验材料和用具

（1）仪器和耗材　分光光度计、移液器、吸头等。

（2）试剂

①标准蛋白质溶液：称取 0.5g 牛血清白蛋白或酪蛋白溶解，定容至 1L。

②0.1mol/L NaOH 溶液：称取 0.4g NaOH，溶解后定容至 100mL。

③20g/L Na_2CO_3 溶液：称取 1g Na_2CO_3 溶于 50mL 0.1mol/L NaOH 溶液中。

④10g/L 酒石酸钾溶液：称取 1g 酒石酸钾，溶解后定容至 100mL。

⑤5g/L $CuSO_4 \cdot 5H_2O$ 溶液：称取 0.5g $CuSO_4 \cdot 5H_2O$ 溶于 100mL 10g/L 酒石酸钾溶液。

⑥Folin 试剂

试剂 A：按体积比 50∶1 的比例将 20g/L Na_2CO_3 溶液和 5g/L $CuSO_4 \cdot 5H_2O$ 溶液混合，该试剂一日内有效。

试剂 B：将 100g $Na_2WO_4 \cdot 2H_2O$、25g $Na_2MoO_4 \cdot 2H_2O$、700mL 蒸馏水、50mL 85% H_3PO_4 和 100mL 浓盐酸加入带有回流装置的圆底烧瓶内，充分混合后，小火缓慢回流 10h。然后加入 150g Li_2SO_4 和 150mL 蒸馏水，如溶液显绿色可加入数滴溴，使溶液呈淡黄色，然后开口煮沸以除去过量的溴。冷却至室温后，定容至 1000mL，过滤，滤液即为酚试剂贮液，置于棕色试剂瓶后可在冰箱内长期保存。酚试剂贮液与蒸馏水按1∶1比例混合。

2. 操作步骤

（1）标准曲线的制备

①取 12 支试管（每个标准溶液 2 个重复），如表 5-5 所示加入标准蛋白质溶液、水和试剂 A，摇匀后室温放置 10min。

表 5-5　　各组分添加量

添加量/mL	管号					
	0	1	2	3	4	5
标准蛋白溶液	0	0.2	0.4	0.6	0.8	1.0
蒸馏水	1.0	0.8	0.6	0.4	0.2	0.0
试剂 A	5.0	5.0	5.0	5.0	5.0	5.0

②加入 0.5mL 试剂 B，立刻摇匀。室温放置 30min 后，于 650nm 处测定吸光值，以标准蛋白溶液浓度为纵坐标、以吸光度 A_{650} 为横坐标绘制标准曲线。

(2) 准确吸取样品，进行不同浓度的稀释，以 1mL 水作为空白对照，按步骤 (1) 进行操作，测定 A_{650}。

(3) 将 A_{650} 代入标准曲线模拟方程，计算样品中蛋白质浓度（若稀释，需乘以稀释倍数）。

标准曲线中标准蛋白质的浓度为 0～250μg，故选取测量浓度为 20～250μg 的样品稀释度可信值较高。

3. 实验结果（略）

实验六　BCA 法测定蛋白质含量

1. 实验材料和用具

(1) 仪器及耗材　同本章实验五。

(2) 试剂

①标准蛋白质溶液（0.1g/L）：称取 0.1g 牛血清白蛋白或酪蛋白溶解，定容至 1L。

②试剂 A：称取 10g 二辛可酸二钠盐、17.1g Na_2CO_3、1.6g 酒石酸钠、4g NaOH、9.5g $NaHCO_3$，溶于 1L 蒸馏水中。室温下可保存 1 年。

③试剂 B：称取 2g $CuSO_4 \cdot 5H_2O$ 溶于 50mL 蒸馏水中。室温下可保存 1 年。

④工作液：将试剂 A 和试剂 B 按 50∶1 的比例混合，此时溶液为绿色，室温下可保存 1 周。

2. 操作步骤及注意事项

(1) 标准曲线的制备

①取 12 支试管（每个标准溶液 2 个重复），如表 5-6 所示加入标准蛋白质溶液、水和工作液，摇匀后室温放置 2h 或 37℃水浴 30min 后冷却至室温。

表 5-6　　各组分添加量

加入量/mL	管号					
	0	1	2	3	4	5
标准蛋白溶液	0.00	0.02	0.04	0.06	0.08	0.1
蒸馏水	0.10	0.08	0.06	0.04	0.02	0.00
工作液	2.00	2.00	2.00	2.00	2.00	2.00

②以标准蛋白溶液浓度为 0 的试管（0 号管）为对照，测定各管 562nm 处的吸光值。

③以标准蛋白溶液浓度为纵坐标、以吸光度 A_{562} 为横坐标绘制标准曲线。

（2）准确吸取样品，进行不同浓度的稀释，以 0.1mL 水作为空白对照，按步骤（1）进行操作，测定 A_{562}。

（3）将 A_{562} 代入标准曲线模拟方程，计算样品中蛋白质浓度（若稀释，需乘以稀释倍数）。

标准曲线中标准蛋白质的浓度为 0～10μg，故选取测量浓度为 0.2～10μg 的样品稀释度可信值较高。

3. 实验结果（略）

实验七　考马斯亮蓝法测定蛋白质含量

1. 实验材料和用具

（1）仪器及耗材　同本章实验五。

（2）试剂

①标准蛋白质溶液（0.1g/L）：称取 0.1g 牛血清白蛋白或酪蛋白溶解，定容至 1L。

②工作液：称取 0.1g 考马斯亮蓝 G250 溶于 50mL 95%乙醇中，加入 100mL 850g/L H_3PO_4，用蒸馏水定容至 1L，过滤后置于棕色瓶中室温保存。

2. 操作步骤

（1）标准曲线的制备

①取 12 支试管（每个标准溶液 2 个重复），如表 5-7 所示加入标准蛋白质溶液、水和工作液，摇匀后室温放置 2min。

表 5-7　　各组分添加量

添加量/mL	管号					
	0	1	2	3	4	5
标准蛋白溶液	0	0.02	0.04	0.06	0.08	0.1
蒸馏水	0.1	0.08	0.06	0.04	0.02	0
工作液	5	5	5	5	5	5

②以标准蛋白溶液浓度为 0 的试管（0 号管）为对照，测定各管 595nm 处的吸光值。

③以标准蛋白溶液浓度为纵坐标、以吸光度 A_{595} 为横坐标绘制标准曲线。

（2）准确吸取样品，进行不同浓度的稀释，以 0.1mL 水作为空白对照，按步骤（1）进行操作，测定 A_{595}。

（3）将 A_{595} 代入标准曲线模拟方程，计算样品中蛋白质浓度（若稀释，需乘以稀释倍数）。

标准曲线中标准蛋白质的浓度为 0～100μg，故选取测量浓度为 20～100μg 的样品稀释度可信值较高。

3. 实验结果（略）

实验八　紫外分光光度法测定蛋白质含量

1. 实验材料和用具

（1）仪器和耗材　同本章实验五。

（2）试剂　标准蛋白质溶液（1g/L）：称取 0.1g 牛血清白蛋白或酪蛋白溶解，定容至100mL，其他略。

2. 操作步骤及注意事项

（1）标准曲线的制备

①取 16 支试管（每个标准溶液 2 个重复），如表 5-8 所示加入标准蛋白质溶液和水，摇匀。

表 5-8　　各组分添加量

各组合添加量	管号							
	0	1	2	3	4	5	6	7
标准蛋白溶液/mL	0	0.5	1	1.5	2	2.5	3	4
蒸馏水/mL	4	3.5	3	2.5	2	1.5	1	0
终浓度/(mg/mL)	0	0.125	0.250	0.375	0.500	0.625	0.750	1.000

②以标准蛋白溶液浓度为 0 的试管（0 号管）为对照，将标准蛋白液置于石英比色杯中，测定各管 280nm 处的吸光值。

③以标准蛋白溶液浓度为纵坐标、以吸光度 A_{280} 为横坐标绘制标准曲线。

（2）准确吸取样品，进行不同浓度的稀释，以水作为空白对照，按步骤（1）进行操作，测定 A_{280}。

（3）将 A_{280} 代入标准曲线模拟方程，计算样品中蛋白质浓度（若稀释，需乘以稀释倍数）。

标准曲线中标准蛋白质的浓度为 0～1mg，故选取测量浓度为 20μg～1mg 的样品稀释度可信值较高。

3. 实验结果（略）

四、思　考　题

（1）常见的蛋白质定量分析方法有哪些？原理是什么？

（2）比较蛋白质定量分析方法的特性。

（3）为什么待测样品浓度不能超过标准曲线的最高值？

参考文献

[1] Meyer T S, Lamberts B L. Use of coomassie brilliant blue R250 for the electrophoresis of microgram quantities of parotid saliva proteins on acrylamide-gel strips [J]. Biochimica et Biophysica Acta, 1965, 107 (1): 144-145.

［2］Switzer R C，Merril C R，Shifrin S. A highly sensitive silver stain for detecting proteins and peptides in polyacrylamide gels［J］. Analytical Biochemistry，1979，98（1）：231-237.

［3］Boer H A，Comstock L J，Vasser M. The *tac* promoter：a functional hybrid derived from the *trp* and *lac* promoters［J］. Proceedings of the National Academy of Sciences of the United States of America，1983，80（1）：21-25.

［4］Brosius J，Erfle M，Storella J. Spacing of the -10 and -35 regions in the tac promoter. Effect on its in vivo activity［J］. Journal of Biological Chemistry，1985，260（6）：3539-3541.

［5］Milman G. Expression plasmid containing the lambda PL promoter and cI857 repressor［J］. Methods Enzymology，1987，153：482-491.

［6］Amann E，Ochs B，Abel K J. Tightly regulated tac promoter vectors useful for the expression of unfused and fused proteins in *Escherichia coli*［J］. Gene，1988，69（2）：301-315.

［7］Cheng X，Patterson T A. Construction and use of lambda PL promoter vectors for direct cloning and high level expression of PCR amplified DNA coding sequences［J］. Nucleic Acids Research，1992，20（17）：4591-4598.

［8］Crowe J，Döbeli H，Gentz R，et al. 6 × His-Ni-NTA chromatography as a superior technique in recombinant protein expression/purification［J］. Methods in Molecular Biology，1994，31：371-387.

［9］Walker J M. The bicinchoninic acid（BCA）assay for protein quantitation［J］. Methods in Molecular Biology，1994，32：5-8.

［10］Wycuff D R，Matthews K S. Generation of an AraC-*araBAD* promoter-regulated T7 expression system［J］. Analytical Biochemistry，2000，277（1）：67-73.

［11］Tabor S. Expression using the T7 RNA polymerase/promoter system［J］. Current Protocols In Molecular Biology，2001，Chapter 16：Unit16.

［12］郭尧君．蛋白质电泳实验技术（第二版）［M］．北京：科学出版社，2005.

［13］Forde G M. Preparation，analysis and use of an affinity adsorbent for the purification of GST fusion protein［J］. Methods in Molecular Biology，2008，421：125-136.

［14］Zhang C，Qi J，Li Y. Production of α-ketobutyrate using engineered Escherichia coli via temperature shift［J］. Biotechnology and Bioengineering，2016，113（9）：2054-2059.

［15］Goldring J P D. Measuring protein concentration with absorbance，Lowry，Bradford coomassie blue，or the smith bicinchoninic acid assay before electrophoresis［J］. Methods in Molecular Biology，2019，1855：31-39.

第二篇
工业微生物篇

第六章　大肠杆菌基因操作

大肠杆菌（*Escherichia coli*），又称大肠埃希菌，是 Escherich 于 1885 年发现的。大肠杆菌细胞呈短杆状，两端钝圆形，革兰染色呈阴性，不形成芽孢。有时因环境不同，可出现近似球杆状或长丝状。

大肠杆菌代谢活跃，繁殖代时短，代谢物丰富。因此，被广泛应用于氨基酸、有机酸、辅酶、维生素等多种物质的生物合成。自 1997 年第一株大肠杆菌基因组 DNA 被测序以来，目前已公布 60 余株大肠杆菌的基因组 DNA 序列。尤其是近年来，随着系统生物学和合成生物学的飞速发展，大肠杆菌的代谢工程和发酵工程应用方兴未艾。

尽管限制性内切酶和连接酶及质粒的 DNA 重组技术在基因工程、分子生物学及遗传学中发挥着重要作用，但该类方法因依赖于限制性内切酶及其有限的酶切位点、质粒种类及抗生素等筛选标记，在应用时具有一定的局限性。同源重组是基于重组酶在基因组 DNA 上进行重组的技术，突破了上述限制，使 DNA 修饰变得更加有效和容易，可实现基因组 DNA 中基因敲除、敲入、突变等。本章主要介绍两种常用于大肠杆菌的同源重组技术。

第一节　基于 Red 重组系统的同源重组

传统同源重组方法是利用 RecA 和 RecBCD 重组系统。RecBCD 具有 ATP 依赖的外切酶 V 和解旋酶活性，它能够与双链 DNA 结合并解开双链，在 Chi 位点附近产生 DNA 单链。RecA 与该单链结合，介导同源序列间的重组，但该方法重组率较低，逐渐被 Red 重组系统替代。

一、基本原理

（一）Red 重组

Murphy 于 1998 年首次报道了利用 λ 噬菌体 Red 重组系统在大肠杆菌染色体上进行基因替换的方法。Red 重组以其较短的同源臂和较高的重组效率等优势广泛用于大肠杆菌的基因修饰中。Red 同源重组主要由 λ 噬菌体的 *exo*，*bet*，*gam* 三个基因（分别编码 Exo、Beta 和 Gam 3 种蛋白）完成。Exo 为双链核酸外切酶，可以结合在双链 DNA 的末端，从 5′向 3′降解 DNA 单链，产生 3′突出端。Beta 蛋白作为单链退火蛋白结合于上述突出端，促进 DNA 互补链的退火。Gam 蛋白作为辅助蛋白，与大肠杆菌自身 RecBCD 核酸外切酶结合，抑制其外切酶活性对外源 DNA 的降解。

（二）Red 重组系统关键质粒

1. 辅助质粒 pKD46

pKD46 是一种低拷贝、温度敏感型质粒，含有的主要元件包括：①温度敏感型复制起始蛋白编码基因 *repA*101^{ts}，其编码的 $RepA^{ts}$具有温度敏感特性，高于 37℃无活性。因此该质粒在 30℃培养可以正常复制，而高于 37℃时会随宿主细胞的分裂而丢失。②氨苄青霉素抗性基因 *bla*，作为筛选标记。③受 P_{araB}启动子调控的 *exo*、*bet*、*gam* 组成的操纵子，该操纵子受 L-阿拉伯糖诱导表达。pKD46 质粒图谱见图 6-1。

2. pKD3

pKD3 的作用是提供氯霉素基因盒，含有的主要元件包括：①氨苄青霉素抗性编码基因 *bla*，作为筛选标记。②氯霉素基因盒，在氯霉素抗性基因盒两侧含有重组酶识别位点(flippase recognition target，FRT)，可被质粒 pCP20 表达出的 FLP 重组酶识别，经同源重组后消除氯霉素基因盒并将一个 FRT 位点保留在基因组 DNA 上。pKD3 质粒图谱见图 6-2。除 pKD3 外，pKD4 也是 Red 重组系统中的常用质粒，二者主要不同在于 pKD4 含卡那霉素抗性基因盒。

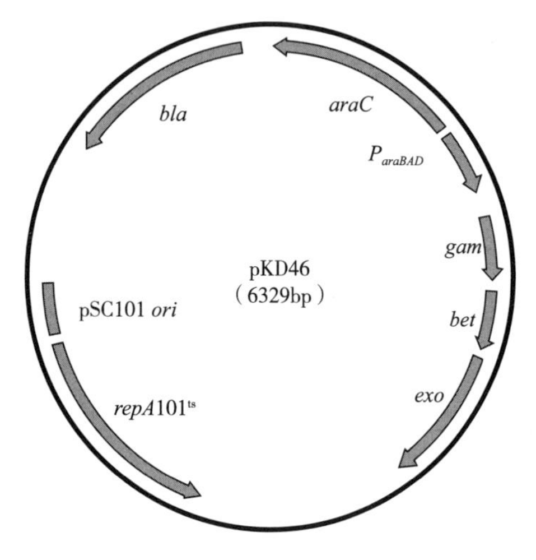

图 6-1　pKD46 质粒图谱

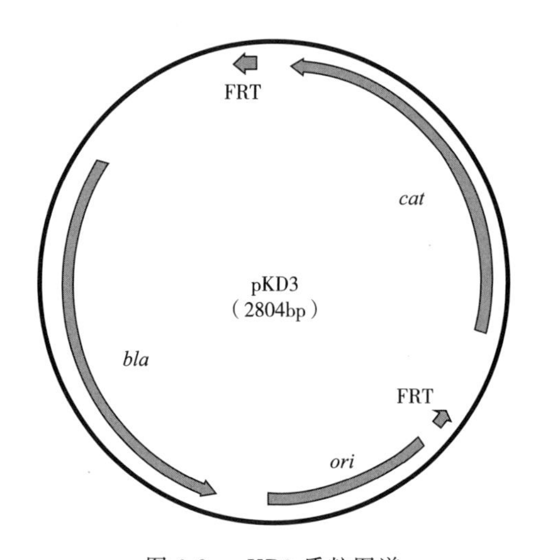

图 6-2　pKD3 质粒图谱

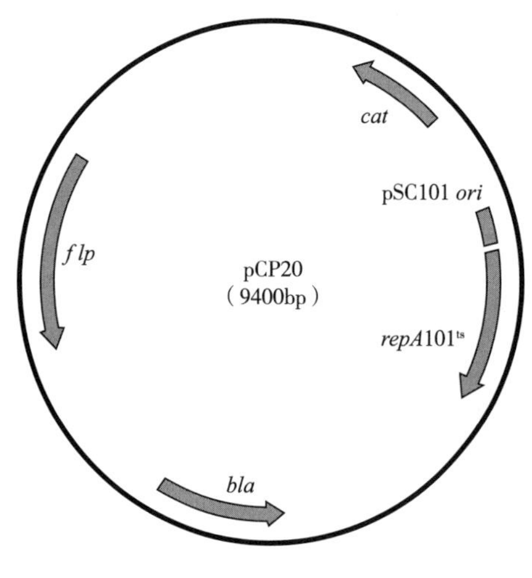

图 6-3　pCP20 质粒图谱

3. pCP20

pCP20 的主要作用是表达 FLP 重组酶，在第二次重组中消除基因组 DNA 上的氯霉素基因盒。其含有的主要元件包括：①温度敏感型复制起始蛋白编码基因 $repA101^{ts}$。②氨苄青霉素抗性编码基因 *bla*，作为筛选标记。③FLP 重组酶编码基因。pCP20 含有 FLP 重组酶编码基因，FLP 重组酶可识别 FRT 位点，实现同源重组。pCP20 质粒图谱见图 6-3，消除氯霉素基因盒示意图见图 6-4。

4. 利用 Red 重组系统基因敲除

利用 Red 重组系统基因敲除的步骤如图 6-5 所示。

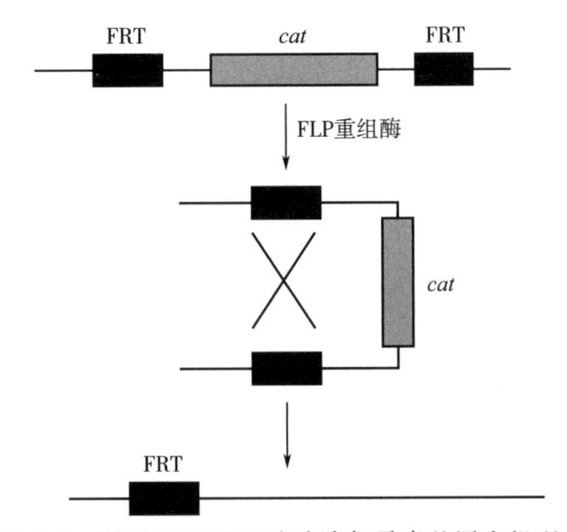

图 6-4　利用 FLP 重组酶消除氯霉素基因盒机理

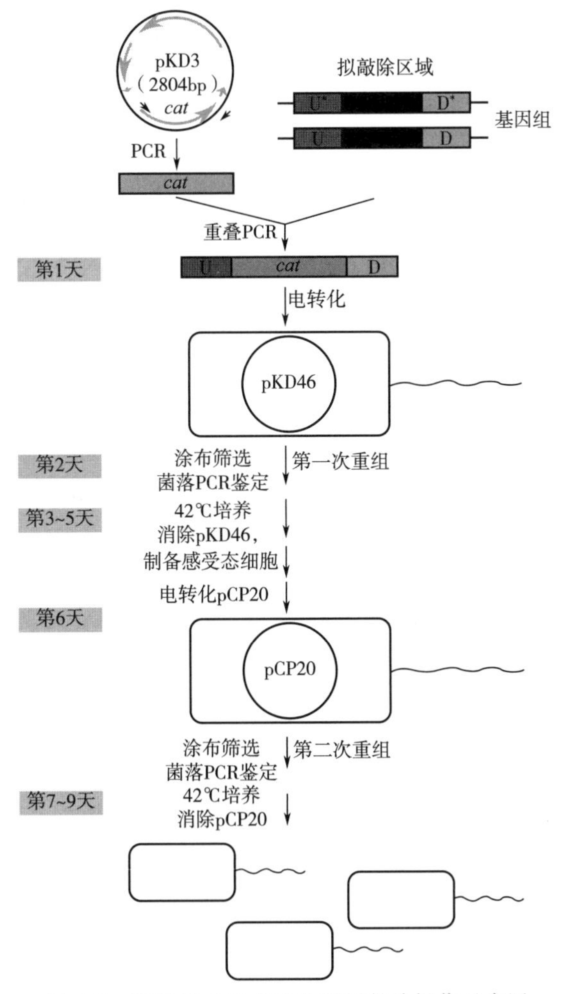

图 6-5　利用 Red 重组系统基因敲除操作示意图

* 注：U 和 D 分别代表上游同源臂和下游同源臂，余同。

本节介绍了利用 Red 重组系统进行基因敲除和替换。大肠杆菌 *ilvGM* 和 *ilvA* 是其合成 L-异亮氨酸的关键基因，与 *ilvE* 和 *ilvD* 组成操纵子 *ilvGMEDA*。但大肠杆菌 *ilvGM* 发生移码突变，故不表达。本实验以 L-苏氨酸生产菌 *E. coli* THRD（与 *E. coli* MG1655 亲缘关系近）为出发菌株，将其基因组中 *ilvGMEDA* 启动子替换为强启动子 P_{trc} 并敲除 *ilvGM*，实现过表达 *ilvEDA*，增强 L-异亮氨酸合成。基因 *brnQ* 编码 L-异亮氨酸摄入蛋白 BrnQ。为减少胞外 L-异亮氨酸的摄入，敲除其 *brnQ* 基因。

基因 *ilvGMEDA* 序列如下所示：灰色背景序列为上、下游同源臂，无背景序列为拟敲除的 *ilvGMEDA* 启动子及 *ilvGM*，下画线部分为 *ilvE* 上游序列。

GCTATTGATAATGGCGCTGCGCACGCGATCGCGAGCTTCTTTTACCGTTGTTTCTGGTAAGCCCACCATCGTTAAGCCGGGT
AGACCTTTACTGATATGTACCTCAACAGTGATCGGGGGCGCATTTACTCCCAGGGCTGCGCGGGTATGAACAATTGACAGTG
ACATAAGCCCTCCTTGAGTCACCATTATGTGCATAAGATATCGCTGCTGTAGCCCGCTAATTCGTGAATTTTAGTGGCTGAT
TCCTGTTTATTTGTGCAAGTGAAGTTGAGTTGTTCTGGCGGTGGAATGATGCTCGCAAAAATGCAGCGGACAAAGGATGAAC
TACGAGGAAGGGAACAACATTCATACTGAAATTGAATTTTTTTCACTCACTATTTTATTTTTAAAAAACAACAATTTATATT
GAAATTATTAAACGCATCATAAAAATCGGCCAAAAAATATCTTGTACTATTTACAAAACCTATGGTAACTCTTTAGGCATTC
CTTCGAACAAGATGCAAGAAAAGACAAAATGACAGCCCTTCTACGAGTGATTAGCCTGGTCGTGATTAGCGTGGTGGTGATT
ATTATCCCACCGTGCGGGGCTGCACTTGGACGAGGAAAGGCTTAGAGATCAAGCCTTAACGAACTAAGACCCCCGCACCGAA
AGGTCCGGGGGTTTTTTTTGACCTTAAAAACATAACCGAGGAGCAGACAATGAATAACAGCACAAAATTCTGTTTCTCAAGA
TTCAGGACGGGGAACTAACTATGAATGGCGCACAGTGGGTGGTACATGCGTTGCGGGCACAGGGTGTGAACACCGTTTTCGG
TTATCCGGGTGGCGCAATTATGCCGGTTTACGATGCATTGTATGACGGCGGCGTGGAGCACTTGCTATGCCGACATGAGCAG
GGTGCGGCAATGGCGGCTATCGGTTATGCTCGTGCTACCGGCAAAACTGGCGTATGTATCGCCACGTCTGGTCCGGGCGCAA
CCAACCTGATAACCGGGCTTGCGGACGCACTGTTAGATTCCATCCCTGTTGTTGCCATCACCGGTCAAGTGTCCGCACCGTT
TATCGGCACTGACGCATTTCAGGAAGTGGATGTCCTGGGATTGTCGTTAGCCTGTACCAAGCACAGCTTTCTGGTGCAGTCG
CTGGAAGAGTTGCCGCGCATCATGGCTGAAGCATTCGACGTTGCCTGCTCAGGTCGTCCTGGTCCGGTTCTGGTCGATATCC
CAAAAGATATCCAGTTAGCCAGCGGTGACCTGGAACCGTGGTTCACCACCGTTGAAAACGAAGTGACTTTCCCACATGCCGA
AGTTGAGCAAGCGCGCCAGATGCTGGCAAAAGCGCAAAAACCGATGCTGTACGTTGGCGGTGGCGTGGGTATGGCGCAGGCA
GTTCCGGCTTTGCGTGAATTTCTCGCTGCCACAAAAATGCCTGCCACCTGTACGCTGAAAGGGCTGGGCGCAGTAGAAGCAG
ATTATCCGTACTATCTGGGCATGCTGGGGATGCACGGCACCAAAGCGGCAAACTTCGCGGTGCAGGAGTGTGACCTGCTGAT
CGCCGTGGGCGCACGTTTTGATGACCGGGTGACCGGCAAACTGAACACCTTCGCGCCACACGCCAGTGTTATCCATATGGAT
ATCGACCCGGCAGAAATGAACAAGCTGCGTCAGGCACATGTGGCATTACAAGGTGATTTAAATGCTCTGTTACCAGCATTAC
AGCAGCCGTTAAATCAATGACTGGCAGCAACACTGCGCGCAGCTGCGTGATGAACATTCCTGGCGTTACGACCATCCCGGTG
ACGCTATCTACGCGCCGTTGTTGTTAAAACAACTGTCGGATCGTAAACCTGCGGATTGCGTCGTGACCACAGATGTGGGGCA
GCACCAGATGTGGGCTGCGCAGCACATCGCCCACACTCGCCCGGAAAATTTCATCACCTCCAGCGGTTTAGGTACCATGGGT
TTTGGTTTACCGGCGGCGGTTGGCGCACAAGTCGCGCGACCGAACGATACCGTTGTCTGTATCTCCGGTGACGGCTCTTTCA
TGATGAATGTGCAAGAGCTGGGCACCGTAAAACGCAAGCAGTTACCGTTGAAAATCGTCTTACTCGATAACCAACGGTTAGG
GATGGTTCGACAATGGCAGCAACTGTTTTTTCAGGAACGATACAGCGAAACCACCCTTACTGATAACCCCGATTTCCTCATG
TTAGCCAGCGCCTTCGGCATCCATGGCCAACACATCACCCGGAAAGACCAGGTTGAAGCGGCACTCGACACCATGCTGAACA
GTGATGGGCCATACCTGCTTCATGTCTCAATCGACGAACTTGAGAACGTCTGGCCGCTGGTGCCGCCTGGCGCCAGTAATTC
AGAAATGTTGGAGAAATTATCATGATGCAACATCAGGTCAATGTATCGGCTCGCTTCAATCCAGAAACCTTAGAACGTGTTT

ATTGACCGTTGCCAGCCCACGGTCGGTCGACTTACTGTTTAGTCAGTTAAATAAACTGGTGGACGTCGCACACGTTGCCATC
TGCCAGAGCACAACCACATCACAACAAATCCGCGCCTGAGCGCAAAAGGAATATAAAAATGACCACGAAGAAAGCTGATTAC
ATTTGGTTCAATGGGGAGATGGTTCGCTGGGAAGACGCGAAGGTGCATGTGATGTCGCACGCGCTGCACTATGGCACTTCGG
TTTTTGAAGGCATCCGTTGCTACGACTCGCACAAAGGACCGGTTGTATTCCGCCATCGTGAGCATATGCAGCGTCTGCATGA
CTCCGCCAAAATCTATCGCTTCCCGGTTTCGCAGAGCATTGATGAGCTGATGGAAGCTTGTCGTGACGTGATCCGCAAAAAC
AATCTCACCAGCGCCTATATCCGTCCGCTGATCTTCGTCGGTGATGTTGGCATGGGAGTAAACCCGCCAGCGGGATACTCAA
CCGACGTGATTATCGCTGCTTTCCCGTGG

基因 *brnQ* 序列如下所示，下画线部分为 *brnQ* 序列，灰色背景部分为上、下游同源臂。

CGAAAGTCGCCTGAATATTGAGAGTACAGTAGGAAAAGGAACACGTTTCAGTTTTGTTATCCCGGAACGTTTAATTGC
CAAAAACAGCGATTAATCCGCCTTTGTCATCTTTTATTGCCATAAGCCAGTCGATGCTGGCTTATTTTCTTTGCAGTC
AAAATACGGGCGTTAGATTTTACAACGATTGGTGATTTTTTGTTCGCATGATTAGCCATGTCTTTTTCACGGAAATAG
TGTTTTATACTGGTTGGTGATTTCTTATCGCTATATACCTCTGGTTTTTAGATCCCTCCTTGCTTTAAAACGTTATAA
GCGTTTAAATTGCGCTTCAGGTGCTGTCATACTGACTGCATTAACGCGGTAAATCGAAAAACTATTCTTCGCCGCGCC
TGGTTGGGAGTATTTCCCGCTAAAATTGTTTAAATATACCGCTGTATCATCCCCAGGGATTGGCACAAAAATTTAACG
TTACAACACCACATCCACAGGCAGTATGATTTATGACCCATCAATTAAGATCGCGCGATATCATCGCTCTGGGCTTTA
TGACATTTGCGTTGTTCGTCGGCGCAGGTAACATTATTTTCCCTCCAATGGTCGGCTTACAGGCAGGCGAACACGTCT
GGACTGCGGCATTCGGCTTCCTCATTACTGCCGTTGGCCTGCCGGTATTAACGGTAGTGGCGCTGGCAAAAGTTGGCG
GCGGTGTTGACAGCCTCAGCACGCCAATCGGTAAAGTCGCTGGCGTACTGCTGGCAACGGTTTGTTACCTGGCGGTGG
GGCCGCTTTTCGCTACGCCGCGTACAGCTACCGTTTCCTTTGAAGTGGGGATTGCGCCGCTGACGGGTGATTCCGCGC
TGCCGCTGTTTATCTACAGCCTGGTCTATTTCGCTATCGTTATTCTGGTTTCGCTCTATCCGGGCAAGCTGCTGGATA
CCGTGGGCAACTTCCTTGCGCCGCTGAAAATTATCGCGCTGGTCATCCTGTCTGTTGCCGCTATTGTCTGGCCGGCGG
GTTCTATCAGCACGGCGACTGAGGCTTATCAAAACGCTGCGTTTTCTAACGGCTTCGTTAACGGCTATCTGACCATGG
ATACGCTGGGCGCAATGGTGTTTGGTATCGTTATTGTTAACGCGGCGCGTTCTCGTGGCGTTACCGAAGCGCGTCTGC
TGACCCGTTATACCGTCTGGGCTGGCCTGATGGCGGGTGTTGGTCTGACTCTGCTGTACCTGGCGCTGTTCCGTCTGG
GGTCAGACAGCGCGTCGCTGGTCGATCAGTCTGCAAACGGCGCTGCTATTCTGCATGCTTACGTTCAGCACACCTTTG
GCGGCGGCGGTAGCTTCCTGCTGGCGGCGTTAATCTTCATCGCCTGCCTGGTAACGGCAGTTGGCCTGACCTGTGCTT
GTGCAGAATTCTTTGCCCAGTACGTACCGCTCTCTTATCGTACGCTGGTGTTTATCCTCGGCGGCTTCTCGATGGTGG
TTTCTAACCTCGGCTTAAGCCAGCTGATCCAGATCTCCGTACCGGTGCTGACCGCTATTTATCCGCCGTGTATCGCAC
TGGTTGTATTAAGTTTTACACGCTCATGGTGGCATAATTCGTCCCGCGTGATTGCTCCGCCGATGTTTATCAGCCTGC
TTTTTGGTATTCTCGACGGGATCAAAGCATCTGCATTCAGCGATATCTTACCGTCCTGGGCGCAGCGTTTACCGCTGG
CCGAACAAGGTCTGGCGTGGTTAATGCCAACAGTGGTGATGGTGGTTCTGGCCATTATCTGGGATCGCGCGGCAGGTC
GTCAGGTGACCTCCAGCGCTCACTAAATCACTGAACATTTGTTTTAACCACGGGGCTGCGATGCCCCGTGGTTTTTTA
TTGTGTTGATGGGTTAGGAATTG

二、重点和难点

（1）Red 重组系统的原理。

（2）利用 Red 重组系统进行基因重组的方法。

三、实　验

实验一　利用 Red 重组系统替换大肠杆菌 *ilvGMEDA* 操纵子

1. 实验材料和用具

（1）仪器及耗材　电转化仪、摇床、超净工作台、移液器、吸头、离心机、EP 管、50mL 离心管等。

（2）菌株　大肠杆菌 *E. coli* THRD，含 pKD46 的 *E. coli* THRD（*E. coli* THRD/pKD46）。

（3）试剂

①LB 固体培养基、LB 液体培养基。

②100mg/mL 氨苄青霉素。

③60mg/mL 氯霉素。

④1mol/L 阿拉伯糖溶液。

⑤体积分数 10%甘油。

⑥去离子水。

2. 操作步骤

（1）准备工作

①制备 LB 固体培养基平板（无抗性，含有 100μg/mL 氨苄青霉素，含有 30μg/mL 氯霉素）。

②制备 LB 液体培养基摇管。

③*E. coli* THRD/ pKD46 感受态细胞的制备。

a. 从−70℃取出含有 pKD46 的 *E. coli* THRD 甘油保菌管，置于冰上至完全熔化。

b. 用接种环蘸取一环菌液于 LB 固体培养基平板（含 100μg/mL 氨苄青霉素）划线，于 30℃倒置培养过夜。

c. 用接种环分别挑取单菌落，接种至含 5mL LB 液体培养基（含 100μg/mL 氨苄青霉素）的摇管中，于 30℃振荡培养过夜。

d. 于超净工作台用移液器按 1%的接种量吸取上述种子培养物，接种至 100mL LB 液体培养基（含 100μg/mL 氨苄青霉素），于 30℃振荡培养至 $A_{600}=0.1$～0.2。

e. 加入终浓度为 10mmol/L 的 L-阿拉伯糖溶液，诱导培养至 $A_{600}=0.3$～0.4。

f. 提前 30min 将 10%甘油、去离子水以及 50mL 离心管于冰上预冷。将 EP 管于−20℃预冷。

g. 将上述培养物转移至预冷的 50mL 离心管，于冰中静置 15～30min，5000×*g*、4℃离心 5min，弃上清液。

h. 先加入 1～2mL 预冷的无菌去离子水，用移液器悬浮沉淀后，再加入约 40mL 预冷的无菌去离子水，5000×*g*、4℃离心 5min，弃上清液。

i. 先加入 1～2mL 预冷的 10%甘油，用称液器悬浮沉淀后，再加入约 40mL 预冷的 10%甘油，5000×*g*、4℃离心 5min，弃上清液。

j. 加入 400μL 预冷过的 10%甘油，用移液器反复吹吸使细胞重悬，分装至 1.5mL EP

管中，40μL/管（如不立即使用，可于－70℃保存）。

（2）引物设计　根据 Genbank 中 *E. coli* MG1655 的 *ilvGMEDA* 序列，采用 Primer Premier 5 设计用于扩增该操纵子启动子替换片段的引物（表 6-1）。

表 6-1　　本实验所用引物

引物	序列（5′→3′）
ilv-1	GCTATTGATAATGGCGCTGCG
ilv-2	GCTAATTCCCATGTCAGCCGTTAGTTGTTTTTAAAAATAAAATAGTGAGTGAAAA
ilv-3	TAACGGCTGACATGGGAATTAGC
ilv-4	TGCACCGTGCAGTCGATAAGCTTGAGCGATTGTGTAGGCTGGAG
ilv-5	GCTTATCGACTGCACGGTGCA
ilv-6	GGTCATTTTTATATTCCTTTTGCGCAATTCTGTTTCCTGTGTGAAATTGTTATC
ilv-7	GCGCAAAAGGAATATAAAAATGACC
ilv-8	CCACGGGAAAGCAGCGATAA

（3）同源片段的 PCR 扩增

①分别利用 *ilv*-1 和 *ilv*-2，*ilv*-3 和 *ilv*-4，*ilv*-5 和 *ilv*-6，*ilv*-7 和 *ilv*-8 扩增 *ilvGMEDA* 上游同源臂、质粒 pKD3 中氯霉素抗性基因盒、启动子 P_{trc} 以及下游同源臂。

②产物经琼脂糖凝胶电泳后，切胶回收。

③将启动子上游同源臂与氯霉素抗性基因盒扩增产物以等摩尔比混合作为重叠 PCR 模板，利用引物 *ilv*-1 和 *ilv*-4 扩增获得二者重叠片段。

④同理获得启动子 P_{trc} 与下游同源臂重叠片段。

⑤采用相同方法，利用引物 *ilv*-1 和 *ilv*-8 获得上游同源臂、氯霉素抗性基因盒、启动子 P_{trc} 以及下游同源臂重叠片段 *ilv*P_{trc}，构建过程如图 6-6 所示。

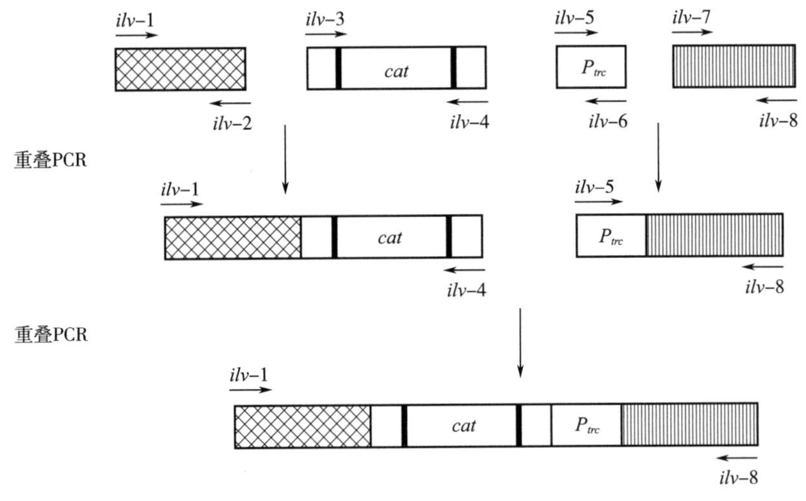

图 6-6　重组同源片段构建示意图

（4）电转化　将纯化后的 *ilv*P_{trc} 片段电转化至含有 pKD46 的 *E. coli* THRD 的感受态细胞。

（5）复苏、活化　于 LB 液体培养基 37℃，200r/min 振荡培养 1h 后，8000×*g* 离心 1min，弃上清液至 100～200μL。

（6）涂布　重悬菌体后，全部涂布至含氯霉素（30μg/mL）的 LB 固体培养基，37℃倒置培养。

（7）第一次重组、筛选、鉴定、消除质粒 pKD46

①待菌落长出后，挑取单菌落，利用引物 *ilv*-1 和 *ilv*-8 进行 PCR。

②将验证为阳性的转化子于 LB 液体培养基摇管（含氯霉素 20μg/mL），42℃振荡培养 12h 后，再次传代培养 12h（此步骤的目的是消除质粒 pKD46）。

③将上述菌体培养物稀释涂布在 LB 固体培养基平板上（含氯霉素 30μg/mL），42℃倒置培养。

④待长出菌落后，挑取单菌落依次点接至氯霉素抗性固体培养基平板和氨苄青霉素抗性固体培养基平板，选取在氯霉素抗性平板上生长而氨苄抗性平板上不生长的菌落，即为 pKD46 质粒消除菌。

（8）二次重组、筛选、鉴定、消除 pCP20

①制备第一次重组菌株感受态细胞。

②将质粒 pCP20 电转化至已验证为第一次重组的转化子感受态中，经复苏后涂布至含氨苄青霉素（100μg/mL）的 LB 固体培养基并于 30℃倒置培养 12h。

③待菌落长出后，挑取单菌落，利用引物 *ilv*-1 和 *ilv*-8 进行菌落 PCR。

④将阳性转化子接种至 LB 液体培养基于 42℃，200r/min 振荡培养 12h，再次转代培养 12h。

⑤将上述菌体培养物稀释涂布在 LB 固体培养基平板上，42℃倒置培养 12h。

⑥待长出菌落后，挑取单菌落依次点接至氨苄青霉素抗性固体培养基平板和无抗性固体培养基平板，挑取在无抗性平板上生长而氨苄青霉素抗性平板上不生长的菌落，即为 pCP20 质粒消除菌，将其命名为 ILE01。Red 重组过程见图 6-7。

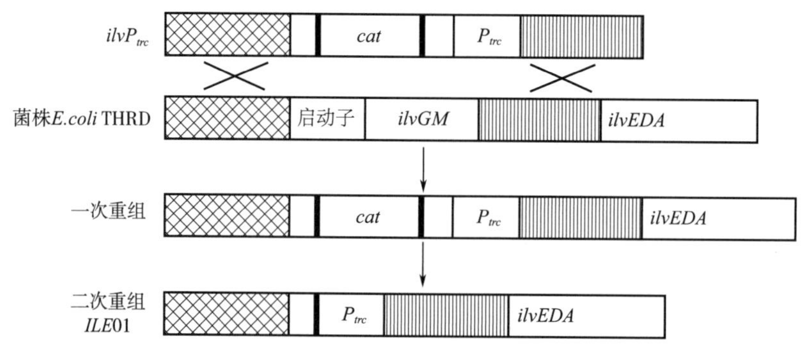

图 6-7　Red 重组过程示意图

3. 实验结果

分别利用引物 *ilv*-1 和 *ilv*-2、*ilv*-3 和 *ilv*-4、*ilv*-5 和 *ilv*-6、*ilv*-7 和 *ilv*-8 扩增获得启动子上游同源臂、质粒 pKD3 中氯霉素抗性基因盒、启动子 P_{trc} 以及下游同源臂，DNA 片

段分别为 400bp、1054bp、255bp 及 400bp，琼脂糖凝胶电泳图谱如图 6-8 所示。经重叠 PCR 后获得用于启动子替换的重叠片段 $ilvP_{trc}$，DNA 片段为 2109bp。出发菌株 PCR 鉴定产物为 3000bp，第一次重组菌株 PCR 鉴定产物为 2109bp，第二次重组菌株 PCR 鉴定产物为 1179bp，表明启动子替换成功。

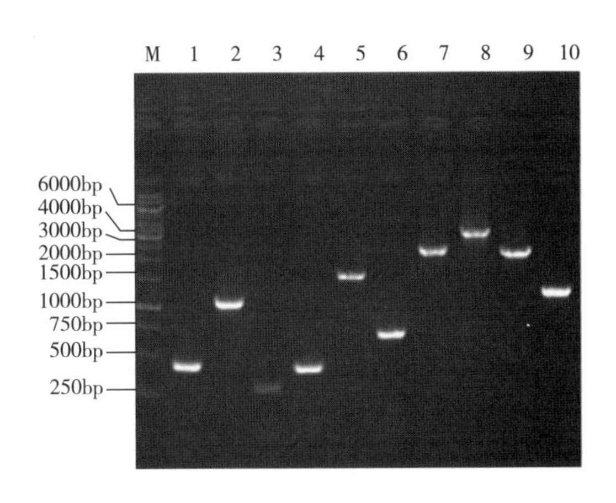

M—Marker　1—上游同源臂　2—氯霉素抗性基因盒　3—P_{trc}　4—下游同源臂
5—上游同源臂和氯霉素抗性基因盒重叠片段　6—P_{trc}和下游同源臂重叠片段
7—$ilvP_{trc}$片段　8—以出发菌株基因组 DNA 为模板、利用 *ilv*-1 和 *ilv*-8 菌落 PCR 扩增
9—以第一次重组菌株基因组 DNA 为模板，利用 *ilv*-1 和 *ilv*-8 菌落进行 PCR 鉴定
10—以第二次重组菌株基因组 DNA 为模板，利用 *ilv*-1 和 *ilv*-8 菌落进行 PCR 鉴定
图 6-8　$ilvP_{trc}$的构建及替换 P_{trc} 启动子的 PCR 鉴定图谱

实验二　利用 Red 重组系统敲除大肠杆菌 *brnQ* 基因

1. 实验材料和用具

(1) 仪器及耗材　同本章实验一。

(2) 菌株　同本章实验一。

(3) 试剂和溶液　同本章实验一。

2. 操作步骤

(1) 准备工作　同本章实验一。

(2) 引物设计　根据 Genbank 中 *E. coli* MG1655 的 *brnQ* 序列，采用 Primer Premier 5 设计用于扩增该操纵子启动子替换片段的引物（表 6-2）。

表 6-2　**本实验所用引物**

引物	序列（5′→3′）
brn-1	CGAAAGTCGCCTGAATATTGAG
brn-2	CTAATTCCCATGTCAGCCGTTAAAATCATACTGCCTGTGGATGTG
brn-3	TAACGGCTGACATGGGAATTAG

续表

引物	序列（5′→3′）
brn-4	AAGAATTCTGCACAAGCACAGGTTGAGCGATTGTGTAGGCTGG
brn-5	CCTGTGCTTGTGCAGAATTCTT
brn-6	CAATTCCTAACCCATCAACACAA

（3）同源片段的 PCR 扩增

①分别利用引物 *brn*-1 和 *brn*-2，*brn*-3 和 *brn*-4，*brn*-5 和 *brn*-6 扩增 *brnQ* 基因上游同源臂、氯霉素抗性基因盒及 *brnQ* 基因下游同源臂。

②产物经琼脂糖凝胶电泳后，切胶回收。

③将上游同源臂、氯霉素抗性片段和下游同源臂片段按照摩尔比 1∶1∶1 作为模板，利用引物 *brn*-1 和 *brn*-6 通过重叠 PCR 构建 *brnQ* 基因敲除片段 U_{brnQ}-*Chl*-D_{brnQ}（图 6-9）。

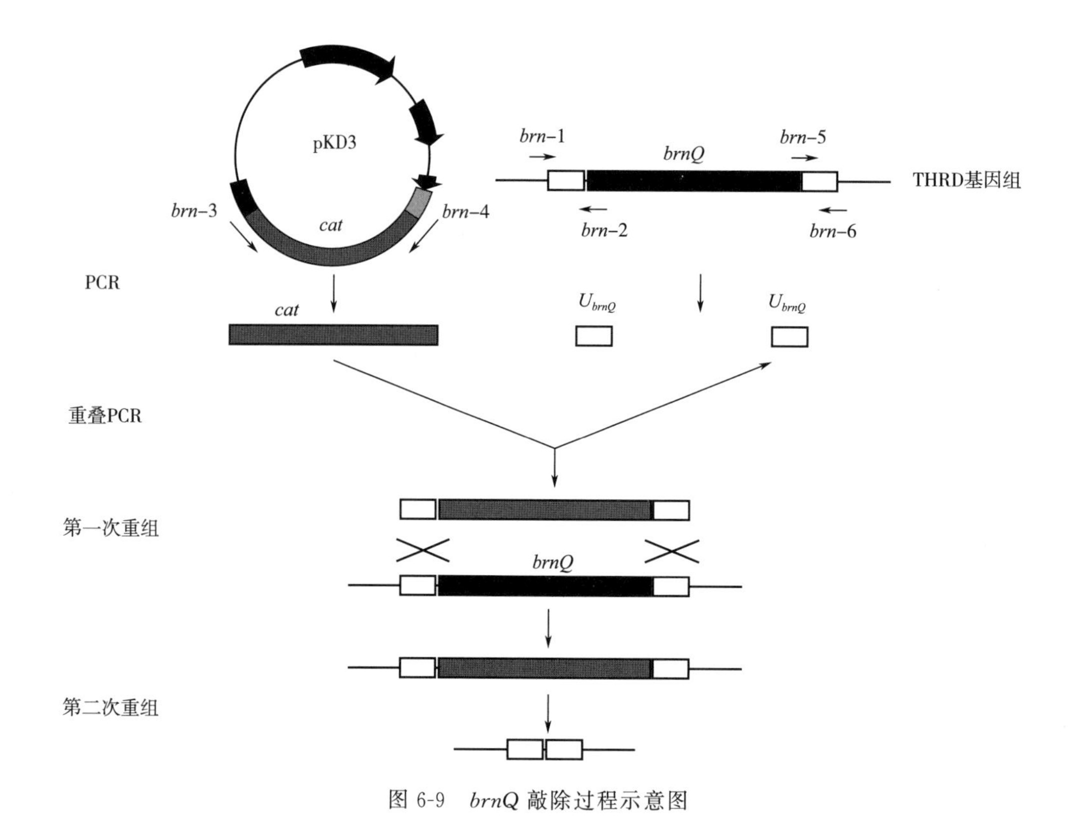

图 6-9　*brnQ* 敲除过程示意图

（4）电转化　将纯化后的 U_{brnQ}-*Chl*-D_{brnQ} 片段电转化至含有 pKD46 的 *E. coli* THRD 的感受态细胞。

（5）复苏、活化　于 LB 液体培养基 37℃，200r/min 振荡培养 1h 后，8000×*g*，离心 1min，弃上清液至 100～200μL。

（6）涂布　重悬菌体后，全部涂布至含氯霉素（30μg/mL）的 LB 固体培养基中，

37℃倒置培养。

(7) 第一次重组、筛选、鉴定、消除质粒 pKD46

①待菌落长出后，挑取单菌落，利用引物 *brn*-1 和 *brn*-6 进行 PCR。

②将验证为阳性的转化子于 LB 液体培养基摇管（含氯霉素 30μg/mL），42℃振荡培养 12h 后，再次传代培养 12h（此步骤的目的是消除质粒 pKD46）。

③将上述菌体培养物稀释涂布在 LB 固体培养基平板上（含氯霉素 30μg/mL），42℃倒置培养。

④待长出菌落后，挑取单菌落依次点接至氯霉素抗性固体培养基平板和氨苄抗性固体培养基平板，选取在氯霉素抗性平板上生长而氨苄抗性平板上不生长的菌落，即为 pKD46 质粒消除菌。

(8) 第二次重组、筛选、鉴定、消除 pCP20

①制备第一次重组菌株的感受态细胞。

②将质粒 pCP20 电转化至已验证为第一次重组的转化子感受态中，经复苏后涂布至含氨苄青霉素（100μg/mL）的 LB 固体培养基中并于 30℃倒置培养 12h。

③待菌落长出后，挑取单菌落，利用引物 *brn*-1 和 *brn*-6 进行菌落 PCR。

④将阳性转化子接种至 LB 液体培养基，于 42℃，200r/min 振荡培养 12h，再次转代培养 12h。

⑤将上述菌体培养物稀释涂布在 LB 固体培养基平板上，42℃倒置培养 12h。

⑥待长出菌落后，挑取单菌落依次点接至氯霉素抗性固体培养基平板和无抗性固体培养基平板，挑取在无抗性平板上生长而氯霉素抗性平板上不生长的菌落，即为 pCP20 质粒消除菌，将其命名为 ILE02。

3. 实验结果

采用重叠 PCR 的方法构建基因 *brnQ* 敲除替换片段。各 PCR 产物片段如图 6-10 所示，上下游同源臂大小均为 500bp，氯霉素抗性片段大小为 1054bp，经重叠 PCR 后获得重叠片段 U_{brnQ}-Chl-D_{brnQ}，大小为 2054bp。出发菌株 PCR 鉴定产物大小为 1895bp，第一次重组菌株 PCR 鉴定产物大小为 2054bp，第二次重组菌株 PCR 鉴定产物大小为 1013bp，表明 *brnQ* 基因敲除成功。

四、常见问题及分析

1. 电转化后筛选平板上无菌落或菌落少

(1) 感受态细胞因保存时间过长而失效，应重新制备感受态细胞。

(2) 同源臂过短，致使重组效率低，可适当延长同源臂碱基数。

(3) 供体 DNA 浓度过低，或有效供体 DNA 浓度过低。尽管用分光光度法检测出的供体 DNA 溶液浓度较高，但由于其纯度低致使其有效浓度低。因此应保证供体 DNA 的纯度。

(4) 用于转化的 DNA 被降解，可通过琼脂糖凝胶电泳进行检测。

(5) DNA 溶液中离子浓度过高，造成击穿。

2. 第一次重组假阳性率高

第一次重组筛选用的氯霉素抗性基因盒来源于 pKD3，以 pKD3 为模板的 PCR 产物回

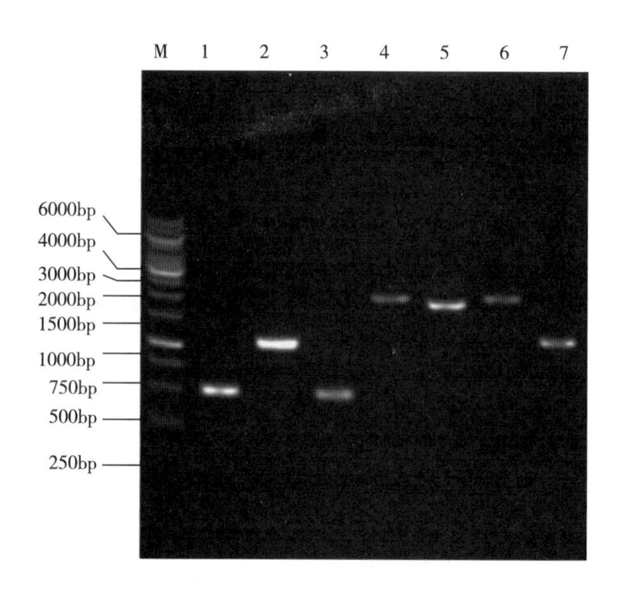

M—Marker 1—上游同源臂 2—氯霉素抗性基因盒片段 3—下游同源臂
4—上下游同源臂和氯霉素抗性基因盒重叠片段 U_{brnQ}-Chl-D_{brnQ}
5—以出发菌株基因组 DNA 为模板，利用 *brn*-1 和 *brn*-6 菌落进行 PCR 扩增
6—以第一次重组菌株基因组 DNA 为模板，利用 *brn*-1 和 *brn*-6 菌落进行 PCR 鉴定
7—以第二次重组菌株基因组 DNA 为模板，利用 *brn*-1 和 *brn*-6 菌落进行 PCR 鉴定
图 6-10 *brnQ* 基因敲除菌株的 PCR 验证图谱

收时，容易将其带入回收产物，一起电转化至宿主感受态细胞中。可用限制性内切酶酶切 pKD3，以线性化的 pKD3 为模板进行 PCR 扩增。

五、思 考 题

(1) Red 重组系统包括哪些质粒？其功能是什么？

(2) Red 重组系统的原理是什么？

(3) 影响 Red 重组的主要因素有哪些？

第二节 基于 CRISPR/Cas9 重组系统的同源重组

通过 Red 重组系统实现的基因敲除和整合，该方法相对操作烦琐，周期较长。近年来开发的 CRISPR-Cas9 重组系统能够实现基因的快速重组。本节介绍利用 CRISPR-Cas9 重组系统实现 DNA 的同源重组。

一、基 本 原 理

(一) CRISPR/Cas9 简介

CRISPR/Cas 系统是一种原核生物（尤其是古核生物）用来抵抗外源 DNA（如噬菌体）的免疫系统。CRISPR/Cas 系统由成簇的规则间隔短回文重复序列（clustered regularly interspaced short palindromic repeats，CRISPR）和 CRISPR 相关蛋白（CRISPR-associated，Cas）组成。其中 CRISPR 由重复序列和插入其中的间隔区组成，前者是一类具有回文结构或者发夹结构的 21～48bp 的序列，后者是来源于入侵噬菌体的 DNA，含 26～72bp。Cas 蛋白编码基因通常位于 CRISPR 序列附近。

目前已鉴定出 3 种不同类型的 CRISPR/Cas 系统（Ⅰ型、Ⅱ型和Ⅲ型），其中Ⅱ型 CRISPR/Cas9 系统较为简单，研究最为透彻，被广泛应用于原核生物和真核生物的基因组编辑。Wiendenheft 等于 2012 年阐述了来源于酿脓链球菌（*Streptococcus pyogenes*）CRISPR 系统中的 Cas9 核酸酶的功能。随后 Jiang 等（2015）证明 CRISPR/Cas9 能够实现对链球菌和大肠杆菌等原核生物的基因编辑。Li 等（2015）于大肠杆菌中建立了完善的 CRISPR/Cas9 基因编辑系统，实现了大肠杆菌的 DNA 重组。

（二）CRISPR/Cas9 系统的作用原理

1. CRISPR/Cas9 的防御原理

CRISPR 重复序列区转录出具有发卡结构的 RNA，称为反式激活 CRISPR RNA（trans-acting CRISPR RNA，简称 tracrRNA）。CRISPR 转录出前 CRISPR RNA（pre-crRNA）。pre-crRNA 能够与 tracrRNA 部分互补并与 Cas9 形成复合体，并在 RNase Ⅲ的作用下形成成熟的 crRNA。Cas9 属于核酸酶，含有 RuvC 和 HNH 两个核酸酶结构域，分别剪切 DNA 的正向链和反向链。Cas9 需要 crRNA 和 tracrRNA 的引导才能发挥作用，因此被称为引导 RNA（guide RNA，gRNA）。

Cas9-tracrRNA-crRNA 复合体通过 crRNA 可与靶序列（原间隔序列）互补。与 crRNA 互补的原间隔序列 3′ 端侧翼含 5′-NGG-3′（N 为任一核苷酸）保守序列，称为原间隔序列邻近基序（protospacer adjacent motifs，PAM）。Cas9-tracrRNA-crRNA 复合体识别 PAM，Cas9 蛋白的 Arg1333 和 Arg1335 会与 5′-GG-3′结合，并从其上游+1 位处使外源 DNA 解螺旋。然后 crRNA 与原间隔序列互补，形成 RNA-DNA 杂合体。Cas9 蛋白的 HNH 结构域切割与 crRNA 互补的 DNA 链、RuvC 结构域切割反向互补链，最终外源 DNA 双链被切断。

2. CRISPR/Cas9 基因编辑原理

在大肠杆菌、枯草芽孢杆菌、谷氨酸棒状杆菌、酵母菌等微生物中，CRISPR/Cas9 基因编辑已广泛应用。在此系统中，crRNA 和 tracrRNA 引导 Cas9 切割基因组 DNA 中的靶点（含 PAM），基因组 DNA 因被切断使宿主细胞致死［图 6-11（1）］。供体 DNA（含靶点 DNA 两侧同源臂的序列）在重组酶的作用下与基因组 DNA 靶点处重组［图 6-11（2）］，使得被切断的基因组 DNA 重新连接［图 6-11（3）］，宿主细胞恢复活性，形成单菌落。

在大肠杆菌 CRISPR/Cas9 基因编辑系统中，crRNA 和 tracrRNA 融合表达出单链引导 RNA（single guide RNA，sgRNA），常用编辑系统主要包括单质粒系统和双质粒系统。前者将 *cas*9 和 sgRNA 等元件构建在同一个表达载体上，后者将 *cas*9 和 sgRNA 分别构建在两个质粒上，本节介绍双质粒系统。

3. 质粒 pREDCas9

质粒 pREDCas9 中包括如下元件（图 6-12）：①温度敏感型复制子编码基因 *repA*101^{ts}，RepA^{ts}在 32℃以下具有活性，介导质粒复制。但当温度高于 42℃时 RepA^{ts}失活，质粒不

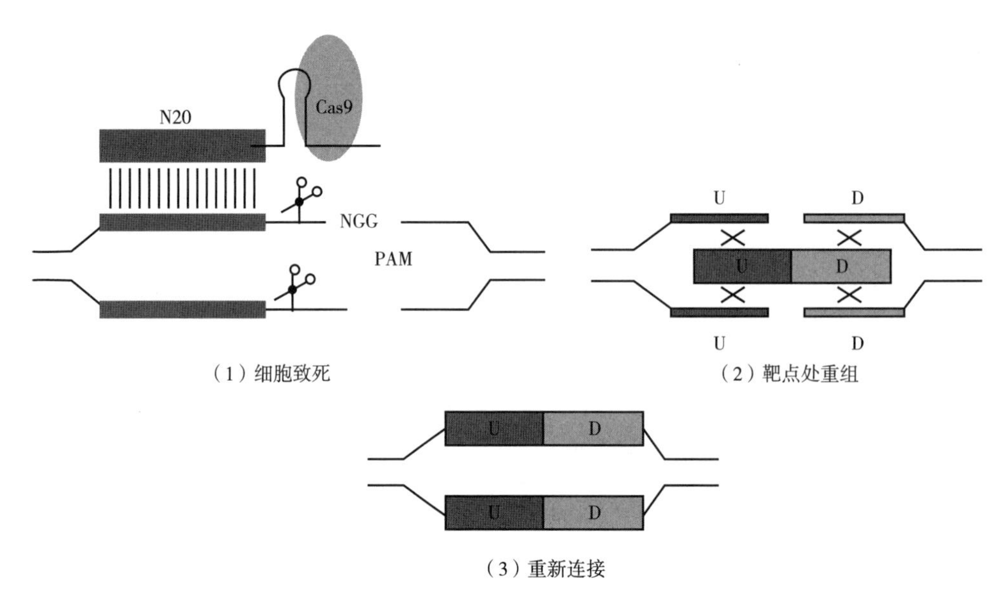

图 6-11 CRISPR/Cas9 基因编辑机制示意图

能复制，因此随宿主细胞的分裂逐渐丢失。②壮观霉素（奇霉毒）抗性基因盒。③来源于酿脓链球菌的 *cas*9 基因盒。④Red 重组系统（*gam*、*bet* 和 *exo*），用于保护断裂后的基因组 DNA。⑤用于切割 pGRB 的 sgRNA 基因盒，该基因盒含阿拉伯糖操纵子的启动子 P_{araBAD}，受 L-阿拉伯糖诱导转录。当获得敲除菌株后，需消除质粒 pGRB-N20（含 N20 的 pGRB 质粒）。加入诱导剂 L-阿拉伯糖，转录出的 sgRNA 介导 Cas9 切割 pGRB-N20，pGRB-N20 随宿主细胞分裂逐渐被消除。

4. 质粒 pGRB

质粒 pGRB 中包括如下元件（图 6-13）：①氨苄青霉素抗性基因盒。②含组成型启动子 *J*23119 的 sgRNA 基因盒。sgRNA 基因盒中可插入拟敲除 DNA 区域靶点 20bp（N20，图 6-14）、tracrRNA 序列（Cas9 结合序列）以及来源于酿脓链球菌的终止序列。

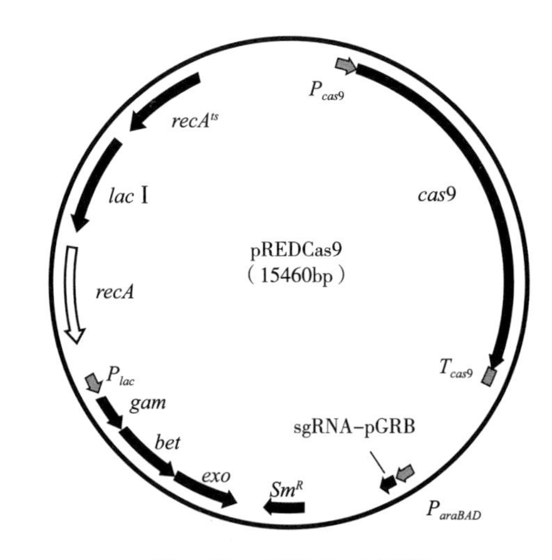

图 6-12 pREDCas9 图谱

利用软件可检索到拟敲除基因中的 PAM 序列及其上游的间隔序列 N20，将 N20 连接至 pGRB 的 sgRNA 基因盒中后形成 pGRB-N20。*J*23119 启动 sgRNA 基因盒转录出 N20-tracrRNA（即 sgRNA）。sgRNA 与 Cas9 形成复合体，Cas9 识别 PAM 序列，sgRNA 中的 N20 与拟敲除基因中的 PAM 序列上游间隔序列互补，Cas9 切割间隔序列，使基因组 DNA 断裂。

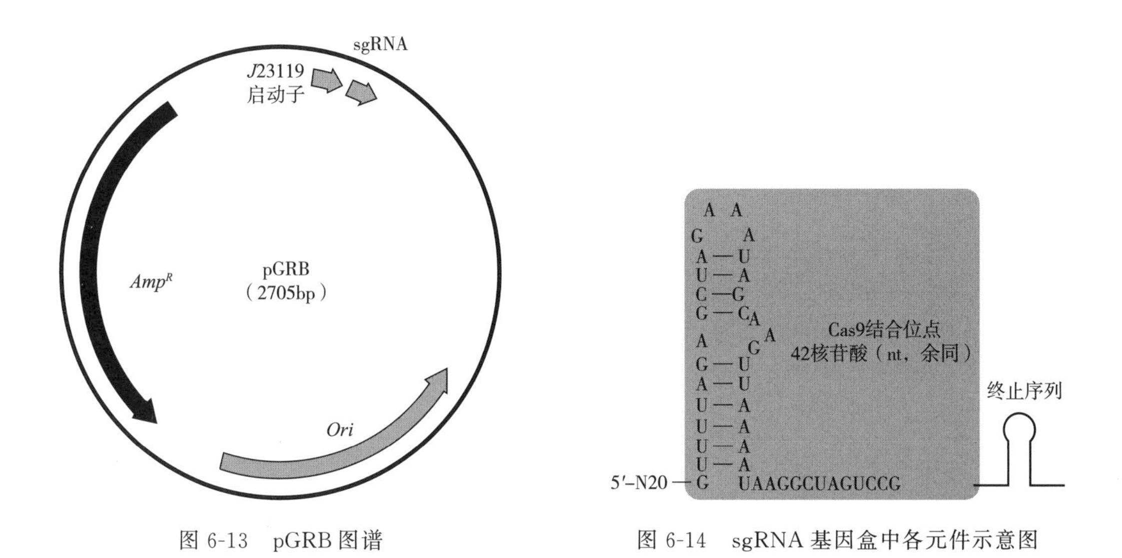

图 6-13　pGRB 图谱　　　图 6-14　sgRNA 基因盒中各元件示意图

5. CRISPR/Cas9 基因编辑系统的主要步骤

CRISPR/Cas9 基因编辑系统的主要步骤如图 6-15 所示。

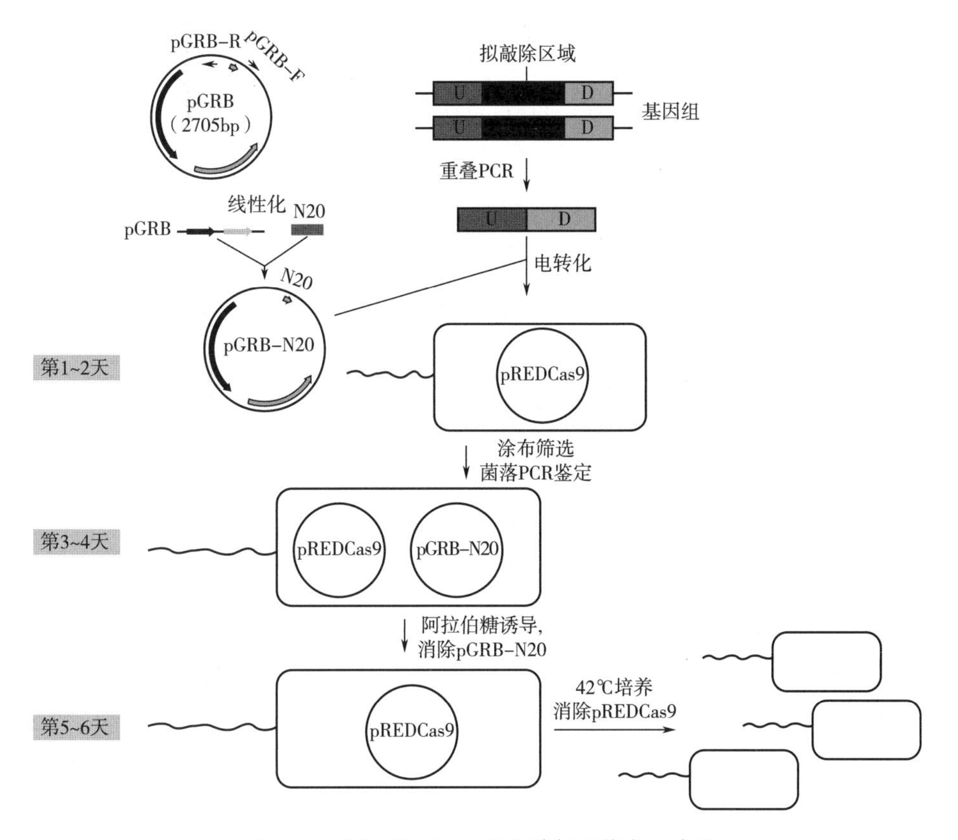

图 6-15　CRISPR/Cas9 基因编辑系统主要步骤

本节以敲除乙酸操纵子阻遏蛋白编码基因 *iclR* 为例，讲述 CRISPR/Cas9 重组系统的应用。*iclR* 及其上、下游序列（下画线部分为 *iclR* 上、下游序列）如下所示。

CATCGCAATGGTCGTGGAGTTGAAGGTGTTGGTTTCGATGATATCCGCGCCCGCTTCAAAGTAGGCGTTGTGGATAGCGGCG
ATCACTTCCGGTTTACTGAGTACCAGCAGGTCGTTGTTGCCTTTGAGGTCGCATGGCCAGTCGGCAAAGCGTTCACCACGAA
AATCGGCTTCGTTCAGTCGATAACTCTGGATCATGGTGCCCATACCGCCGTCCAGCACCAGAATACGTTCATTTAACTGCGC
ACGCAGTTGTTCCACTTTGCTGCTCACACTTGCTCCCGACACGCTCAACCCAGATTTAATAAAAATTCAACAAACCATACTG
GCATAAACGCATCTGTGGTAAAAGCGACCACCACGCAACATGAGATTTGTTCAACATTAACTCATCGGATCAGTTCAGTAAC
TATTGCATTAGCTAACAATAAAAATGAAAATGATTTCCACGATACAGAAAAAAGAGACTGTCATGGTCGCACCCATTCCCGC
GAAACGCGGCAGAAAACCCGCCGTTGCCACCGCACCAGCGACTGGACAGGTTCAGTCTTTAACGCGTGGCCTGAAATTACTG
GAGTGGATTGCCGAATCCAATGGCAGTGTGGCACTCACGGAACTGGCGCAACAAGCCGGGTTACCCAATTCCACGACCCACC
GCCTGCTAACCACGATGCAACAGCAGGGTTTCGTGCGTCAGGTTGGCGAACTGGGACATTGGGCAATCGGCGCACATGCCTT
TATGGTCGGCAGCAGCTTTCTCCAGAGCCGTAATTTGTTAGCGATTGTTCACCCTATCCTGCGCAATCTAATGGAAGAGTCT
GGCGAAACGGTCAATATGGCGGTGCTTGATCAAAGCGATCACGAAGCGATTATTATCGACCAGGTACAGTGTACGCATCTGA
TGCGAATGTCCGCGCCTATCGGCGGTAAATTGCCGATGCACGCTTCCGGTGCGGGTAAAGCCTTTTTAGCCCAACTGAGCGA
AGAACAGGTGACGAAGCTGCTGCACCGCAAAGGGTTACATGCCTATACCCACGCAACGCTGGTGTCTCCTGTGCATTTAAAA
GAAGATCTCGCCCAAACGCGCAAACGGGGTTATTCATTTGACGATGAGGAACATGCACTGGGGCTACGTTGCCTTGCAGCGT
GTATTTTCGATGAGCACCGTGAACCGTTTGCCGCAATTTCTATTTCCGGACCGATTTCACGTATTACCGATGACCGCGTGAC
CGAGTTTGGCGCGATGGTGATTAAAGCGGCGAAGGAAGTGACGCTGGCGTACGGTGGAATGCGCTGACTTTTTCTGGCGGGC
AGAGGCAATATTCTGCCCATCATACCTGAGTGGCAATAGAATAAGGGTGTCTGTTAATCGCATTGACGCCAAAATAACTTAA
TGTCATACACTTCACACACTTTTATTAACTCAGCATTATTTTTAAACATCAAACCACTTAATTATTAACAAAATCGCAAGAT
CTCATTCCACCGAAACTTTTACGGCTGCATTATGAGATTGAGCGATTTATGATATTTCTTTAGTTGTAATCATATTAAATTT
TTTCACTGTTCTGATAGTTAAAATTCAAGACATCAATAAACAATGAGATATTTAAATGATTACTCGTATTCCTCGTAGTTCT
TTCTCTGCAAATATTAATAATACAGCCCAGACAAATGAACACCAA

二、重点和难点

（1）CRISPR/Cas9 重组系统的原理。

（2）利用 CRISPR/Cas9 重组系统进行基因重组的方法。

三、实　　验

实验三　利用 CRISPR/Cas9 重组系统敲除大肠杆菌 *iclR* 基因

1. 实验材料和用具

（1）仪器及耗材　电转化仪、摇床、超净工作台、移液器、吸头、离心机、EP 管等。

（2）菌株　大肠杆菌 *E. coli* W3110、*E. coli* W3110/pREDCas9、*E. coli* DH5*α*（电转化感受态细胞）。

（3）试剂

①LB 固体培养基（含相应抗生素）和液体培养基。

②2-YT 液体培养基。

③SOB 培养基。

④SOC 培养基。

⑤0.1mol/L IPTG 溶液。

⑥100mg/mL 奇霉素。

⑦100mg/mL 氨苄青霉素。

⑧其他试剂略。

2. 操作步骤

(1) 准备工作

①制备 LB 固体培养基平板及 LB 液体培养基摇管。

②制备 2-YT 液体培养基。

③制备 *E. coli* W3110 /pREDCas9 感受态细胞。

a. 从−70℃取出含有 pREDCas9 的 *E. coli* W3110 甘油保菌管，置于冰上至完全熔化。

b. 于超净工作台用接种环蘸取一环菌液于 LB 固体培养基（含 100μg/mL 壮观霉素）平板划线，于 32℃倒置培养过夜。

c. 用接种环挑取 1 个单菌落，接种至 1 支含 5mL LB 液体培养基（含 100μg/mL 壮观霉素）的摇管中，于 32℃，200r/min 振荡培养过夜。

d. 用移液器按 1%的接种量吸取上述种子培养物接种至 100mL 2-YT 液体培养基（含 100μg/mL 壮观霉素），于 32℃，200r/min 振荡培养至 A_{600}=0.1～0.2。

e. 加入终浓度为 0.1mmol/L 的 IPTG，诱导培养至 A_{600}=0.3～0.4。

f. 提前 30min 将 10%甘油、去离子水以及 50mL 离心管于冰上预冷，将 EP 管于−20℃预冷。

g. 将上述大肠杆菌培养物转移至预冷的 50mL 离心管，于冰中静置 15～30min，5000×*g*、4℃离心 5min，弃上清液。

h. 先加入 1～2mL 预冷的无菌去离子水，用移液器悬浮沉淀后，再加入约 40mL 预冷的无菌去离子水，5000×*g*、4℃离心 5min，弃上清液。

i. 先加入 1～2mL 预冷的 10%甘油，用称液器悬浮沉淀后，再加入约 40mL 预冷的 10%甘油，5000×*g*、4℃离心 5min，弃上清液。

j. 加入 400μL 预冷过的 10%甘油，用移液器反复吹吸使细胞重悬，分装至 1.5mL EP 管中（40μL/管）。

(2) 引物设计

①根据 Genbank 中 *E. coli* W3110 的 *iclR* 序列，采用 Primer Premier 5 设计用于该基因敲除的上、下游同源臂扩增引物（表 6-3）。

表 6-3　　本实验所用引物

引物	序列（5′→3′）
iclR-1	CATCGCAATGGTCGTGGAG
iclR-2	GTCACTTCCTTCGCCGCTTTAATCCAGTCGCTGGTGCGGT
iclR-3	ACCGCACCAGCGACTGGATTAAAGCGGCGAAGGAAGTGAC

续表

引物	序列（5′→3′）
iclR-4	TTGGTGTTCATTTGTCTGGGC
DiclR-1*	AGTCCTAGGTATAATACTAGTGAGTGGATTGCCGAATCCAAGTTTTAGAGCTAGAA
DiclR-2	TTCTAGCTCTAAAACTTGGATTCGGCAATCCACTCACTAGTATTATACCTAGGACT

注：* 表示下画线是用于与 pGRB 重组的同源序列，本实验采用重组法连接，也可采用酶切连接法获得重组 pGRB-N20。

②操纵子启动子替换片段的引物

利用 http：//www. rgenome. net/网站中的 Cas-Designer 工具（http：//www. rgenome. net/cas-designer/）设计与间隔序列互补的 N20 的反向序列（即与间隔序列一致），操作如下所示。

a. 在“PAM Type”下的“CRISPR/Cas-derived RNA-guided Endonucleases（RGENs）”选择“SpCas9 from *Streptococcus pyogenes*：5′-NGG-3′”。

b. “Target Genome”中“Organism Type”项选择“Others”。

c. 选择下方“genomes”中的“*Escherichia coli*（K-12，MG1655）”。

d. 在右侧“Target Sequence”中输入 *iclR* 序列。

e. 点击“Submit”提交。

f. 选择评分（Out-of-frame Score）较高的靶点序列（可选择 3 个验证其切割效率）。

g. 分别在靶点序列 5′端和 3′端加入用于与 pGRB 重组的同源序列。

（3）用于 *iclR* 基因敲除片段 U_{iclR}-D_{iclR} 的构建

①以 *E. coli* W3110 基因组 DNA 为模板，分别利用引物 *iclR*-1 和 *iclR*-2 及 *iclR*-3 和 *iclR*-4 扩增 *iclR* 基因上、下游同源臂 U_{iclR} 和 D_{iclR}。

②将 U_{iclR} 和 D_{iclR} 以等摩尔浓度混合，利用引物 *iclR*-1 和 *iclR*-4 进行重叠 PCR。

（4）含 N20 重组质粒 pGRBΔ*iclR* 的构建

①各取 10μL 引物 *DiclR*-1 和 *DiclR*-2（10μmol/L），混合后于 95℃变性 5min，50℃退火 1min。

②以质粒 pGRB 为模板，利用引物 *pGRB-F*（GTTTTAGAGCTAGAAATAG-CAAGTTAA）和 *pGRB-R*（ATTATACCTAGGACTGAGC）进行 PCR 扩增，获得线性化 pGRB。

③将步骤②中 *DiclR*-1 和 *DiclR*-2 形成的双链 DNA 与步骤②获得的线性 pGRB 按比例混合，利用试剂盒 ClonExpress® Ⅱ One Step Cloning Kit 进行重组连接。

④将上述连接产物电转化至大肠杆菌 *E. coli* DH5α，活化后涂布于含 100μg/mL 氨苄青霉素的 LB 固体培养基，于 37℃倒置培养过夜。

⑤挑取单菌落，利用鉴定引物 *ID-F*（GTCTCATGAGCGGATACATATTTG）和 *ID-R*（ATGAGAAAGCGCCACGCT）进行菌落 PCR 鉴定，将鉴定正确的质粒命名为 pGRBΔ*iclR*。

（5）pGRBΔ*iclR* 和 U_{iclR}-D_{iclR} 共转化 *E. coli* W3110 /pREDCas9 感受态细胞

①提取重组质粒 pGRBΔ*iclR*。

②将 50 ng pGRBΔ*iclR* 和 200ng U_{iclR}-D_{iclR} 与 *E. coli* W3110/pREDCas9 感受态细胞混合后，进行电转化（1mm 电转杯，电压为 1400～1800mV）。

③菌体细胞活化后涂布于含 100μg/mL 氨苄青霉素和 100μg/mL 壮观霉素的 LB 培养基固体平板上，于 32℃倒置培养过夜。

④挑取单菌落，利用引物 *iclR*-1 和 *iclR*-4 进行菌落 PCR 鉴定，获得 *iclR* 基因敲除菌（W3110Δ*iclR* /pREDCas9/pGRBΔ*iclR*）。

（6）质粒 pGRBΔ*iclR* 的消除　W3110Δ*iclR*/pREDCas9/pGRBΔ*iclR* 中含有质粒 pREDCas9 和 pGRBΔ*iclR*，需将其消除。

①将 W3110Δ*iclR*/pREDCas9/pGRBΔ*iclR* 接种至含有 100μg/mL 壮观霉素的 LB 液体培养基摇管中，加入终浓度为 10mmol/L 的 L-阿拉伯糖，于 32℃、220r/min 振荡培养过夜。

②将菌体培养物适当稀释后涂布于含有 100μg/mL 壮观霉素的 LB 固体培养基平板，32℃倒置培养过夜。

③用无菌牙签对点至分别含有 100μg/mL 氨苄青霉素和 100μg/mL 壮观霉素的 LB 固体培养基平板，32℃倒置培养过夜。

④挑选在含壮观霉素的 LB 固体培养基平板上生长，含氨苄青霉素的 LB 固体培养基平板上不生长的单菌落。

⑤将单菌落（W3110Δ*iclR*/pREDCas9）接种至含 100μg/mL 壮观霉素的 LB 液体培养基摇管，于 32℃、220r/min 振荡培养过夜，备用或甘油低温法保菌。

（7）质粒 pREDCas9 的消除

①将 W3110Δ*iclR*/pREDCas9 接种至 LB 液体培养基摇管中，于 42℃、220r/min 振荡培养过夜。

②适当稀释后涂布于 LB 固体培养基平板，42℃倒置培养过夜。

③用无菌牙签对点至无抗生素和含有 100μg/mL 壮观霉素的 LB 固体培养基平板，32℃倒置培养过夜。

④挑选在无抗生素的 LB 固体培养基平板上生长，含壮观霉素的 LB 固体培养基平板上不生长的单菌落（W3110Δ*iclR*）。

⑤将 W3110Δ*iclR* 单菌落接种至 LB 液体培养基摇管，于 37℃、220r/min 振荡培养过夜，备用或甘油低温法保菌。

3. 实验结果

结果如图 6-16 所示，*iclR* 基因上、下游同源臂 U_{iclR} 和 D_{iclR} 分别为 537bp 和 433bp，其重叠 PCR 产物 U_{iclR}-D_{iclR} 为 970bp。以出发菌株 W3110 基因组 DNA 为模板，利用引物 *iclR*-1 和 *iclR*-4 扩增获得碱基数为 1685bp 的片段，而以敲除菌基因组 DNA 为模板，获得碱基数为 970bp 的片段，表明 *iclR* 敲除成功。

四、常见问题及分析

1. 电转化后筛选平板上无菌落或菌落少

（1）感受态细胞因保存时间过长而失效，应重新制备感受态细胞。

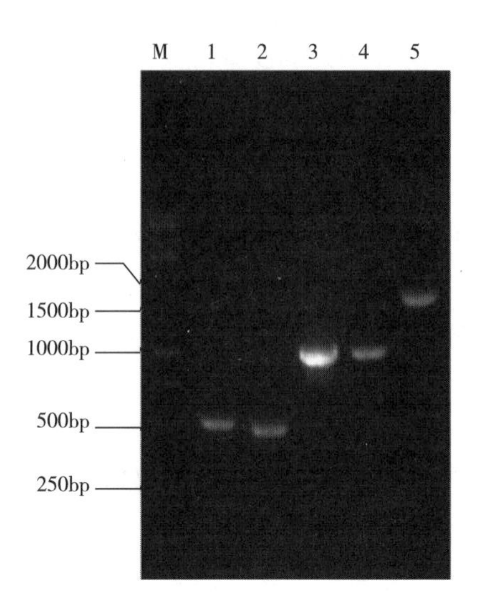

M—Marker 1 和 2—U_{iclR} 和 D_{iclR} 3—U_{iclR}-D_{iclR} 4—以敲除菌基因组 DNA 为模板、*iclR*-1 和 *iclR*-4 扩增鉴定 5—以出发菌株 W3110 基因组 DNA 为模板、*iclR*-1 和 *iclR*-4 扩增鉴定

图 6-16 *iclR* 敲除菌株验证图谱

（2）供体 DNA 浓度过低，或有效供体 DNA 浓度过低。尽管用分光光度法检测出的供体 DNA 溶液浓度较高，但由于其纯度低致使其有效浓度低。因此应保证供体 DNA 的纯度。

（3）用于转化的 DNA 被降解，可通过琼脂糖凝胶电泳进行检测。

（4）DNA 溶液中离子浓度过高，造成击穿。

2. 假阳性率高

由于基因组 DNA 极为复杂，sgRNA 可能与其他非靶向序列部分配对，激活 Cas9 内切酶活性，从而产生脱靶效应。可以一次设计 3～5 个 N20，选择效率最好的。

五、思 考 题

（1）CRISPR/Cas9 重组系统的同源重组包括哪些质粒？其功能是什么？

（2）CRISPR/Cas9 重组系统的原理是什么？

（3）影响 CRISPR/Cas9 重组的主要因素有哪些？

（4）如何利用 CRISPR/Cas9 重组系统进行基因插入？

参考文献

［1］ Murphy K C. Use of bacteriophage lambda recombination functions to promote gene replacement in *Escherichia coli* ［J］. Journal of Bacteriology，1998，180（8）：2063-2071.

［2］ Murphy K C. Lambda Gam protein inhibits the helicase and chiO stimulated recombination activities of *Escherichia coli* RecBCD enzyme ［J］. Journal of Bacteriology，

1991，173（18）：5808-5821.

［3］Bailey J E. Toward a science of metabolic engineering［J］. Science，1991，252（5013）：1668-1675.

［4］Stephanopoulos G，Vallino J J. Network rigidity and metabolic engineering in metabolite overproduction［J］. Science，1991，252（5013）：1675-1681.

［5］Wiedenheft B，Sternberg S H，Dounana J A. RNA-guided genetic silencing systems in bacteria and archaes［J］. Nature，2012，482（7352）：331-338.

［6］张雪，温廷益. Red重组系统用于大肠杆菌基因修饰研究进展［J］. 中国生物工程杂志，2008，28（12）：89-93.

［7］Jiang Y，Chen B，Duan C，et al. Multigene editing in the *Escherichia coli* genome via the CRISPR-Cas system［J］. Applied and Environmental Microbiology，2015，81（7）：2506-2514.

［8］Li Y，Lin Z，Huang C，et al. Metabolic engineering of *Escherichia coli* using CRISPR-Cas9 meditated genome editing［J］. Metabolic Engineering，2015，31（1）：13-21.

［9］李燕军，张海宾，麻杰，等. 代谢工程改造大肠杆菌合成L-异亮氨酸的研究［J］. 发酵科技通讯，2016，45（3）：133-139.

［10］Wu H，Li Y，Ma Q，et al. Metabolic engineering of *Escherichia coli* for high-yield uridine production［J］. Metabolic Engineering，2018，49：248-256.

第七章　谷氨酸棒状杆菌基因操作

1957年，日本科学家筛选出一株土壤微生物，通过培养发现该微生物可以大量分泌L-谷氨酸，因而将其命名为谷氨酸棒状杆菌（*Corynebacterium glutamicum*）。谷氨酸棒状杆菌是兼性厌氧菌，无芽孢，并且是一类GC含量高（约57%）的革兰阳性非致病性细菌，属于放线菌目棒状杆菌属。其细胞为短小棒状，两端钝圆，有时微弯曲，不分枝，呈单个或八字排列，无鞭毛，不运动。菌体为（0.7～0.9）μm×（1.0～2.5）μm，基因组大小为3.31Mbp。

谷氨酸棒状杆菌在自然界中分布非常广泛，作为食品安全级的微生物，其具有易培养，不产孢子、自身胞外蛋白酶分泌缺失以及无内毒素等优点。谷氨酸棒状杆菌是重要的氨基酸生产菌种，如我国每年利用谷氨酸棒状杆菌生产L-谷氨酸和L-赖氨酸均约200万t。利用谷氨酸棒状杆菌还可以生产L-缬氨酸、L-亮氨酸、L-异亮氨酸、L-精氨酸、L-脯氨酸、L-丝氨酸等蛋白质氨基酸。

近年来，随着谷氨酸棒状杆菌多组学等系统生物学研究的发展，对其细胞代谢网络及调控的认识逐渐深入，对工业菌株高产氨基酸的机制也逐渐清晰。同时，针对谷氨酸棒状杆菌的分子生物学工具也日渐成熟，尤其是基因组编辑技术也有了较大的进展。如对现行的基于非复制型质粒介导的两次同源重组方法进行了筛选标记的替换，可大幅提高发生第二轮交换的筛选效率。目前也报道了一些CRISPR基因组编辑技术，但是还不能满足日常工作的需求，尤其是大片段的整合。在上述理论认知和技术进步的基础上，利用合成生物学代谢工程手段理性改造谷氨酸棒状杆菌，可以生产出一系列氨基酸衍生物，如环化氨基酸（L-哌啶酸、四氢嘧啶）、ω-氨基酸（γ-氨基丁酸、5-氨基戊酸）、甲基化氨基酸、乙酰化氨基酸、羟基化氨基酸、卤代氨基酸和二胺（尸胺、腐胺）等。同时，代谢工程研究也大幅拓展了谷氨酸棒状杆菌可利用的底物谱，如木糖、阿拉伯糖、甘油、氨基葡萄糖、可溶性淀粉和微晶纤维素等。此外，谷氨酸棒状杆菌的代谢通量大，分泌能力强，有利于产品的大规模生产，而且在细胞生长停滞的状态下，其代谢能力仍然可以维持在较高的水平，并能够继续合成大量的有机酸（琥珀酸、乳酸等）。总之，诸多优点使谷氨酸棒状杆菌成了工业上应用最为广泛的生产菌种之一，随着基础研究的继续深入，必将在发酵工业中发挥越来越重要的作用，其合成的化学品可应用于饲料、食品、医药、保健品和化妆品领域，同时也可以借助谷氨酸棒状杆菌合成生物燃料、生物塑料的单体物质。

第一节　谷氨酸棒状杆菌基因过表达

谷氨酸棒状杆菌的基因过表达方式包括基于质粒的过表达和基于基因重组的基因组整合过表达。本节介绍利用表达载体在谷氨酸棒状杆菌中表达基因。

一、基本原理

谷氨酸棒状杆菌表达载体有十余种，其中 pXMJ19 和 pEC-XK99E 较为常用，二者可在谷氨酸棒状杆菌和大肠杆菌中复制，属于穿梭载体。pXMJ19 和 pEC-XK99E 所含元件近似，包括谷氨酸棒状杆菌和大肠杆菌识别的复制起始原点、阻遏蛋白编码基因 *lac* Ⅰ、启动子（分别为 P_{tac} 和 P_{trc} 启动子）、终止子 *rrnB*、抗生素抗性筛选标记（分别为氯霉素和卡那霉素抗性）。由此可见，二者皆为诱导型表达载体，显然在工业生产中，加入 IPTG 等诱导剂是不合理的。故在此基础上，可将 P_{tac}（或 P_{trc}）替换为强组成型启动子（如 P_{tuf}、P_{sod} 等）开发出组成型表达载体。将 pXMJ19 质粒中的 *lac* Ⅰ和 P_{tac} 替换为 P_{tuf} 获得组成型表达载体 pXMJ19-P_{tuf}。

本节以过表达来源于需钠弧菌（*Vibrio natriegens*）的丙氨酸脱氢酶基因 $alaD_{Vn}$ 为例，介绍利用表达载体 pXMJ19-P_{tuf} 在谷氨酸棒状杆菌中表达的方法。将过表达质粒 pXMJ19-P_{tuf} 进行双酶切，得到线性载体，与带有同源序列的外源基因 $alaD_{Vn}$ 进行体外同源相连。利用 $CaCl_2$ 介导的方法转化入大肠杆菌 *E. coli* DH5α 感受态细胞，经菌落 PCR 鉴定，得到重组质粒 pXMJ19-P_{tuf}-$alaD_{Vn}$。图 7-1 为出发质粒 pXMJ19-P_{tuf} 示意图，其构建过程为将谷氨酸棒状杆菌常用质粒 pXMJ19 中 *lac* Ⅰ和 P_{tac} 启动子区域替换为 P_{tuf} 启动子，也就是将 IPTG 诱导型表达质粒改变为组成型表达质粒。质粒 pXMJ19-P_{tuf}-$alaD_{Vn}$ 的构建过程见图 7-2。

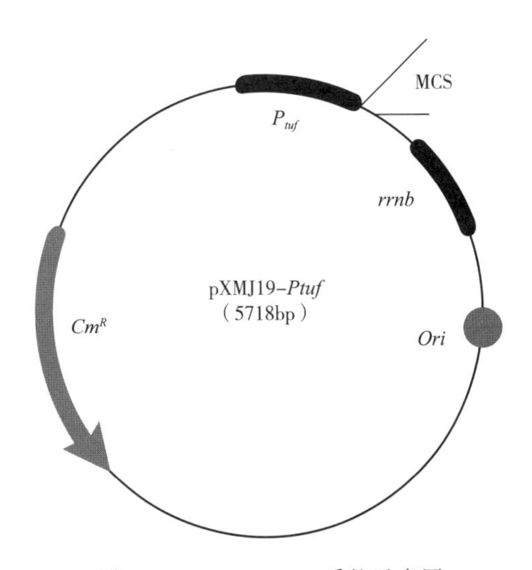

图 7-1 pXMJ19-P_{tuf} 质粒示意图

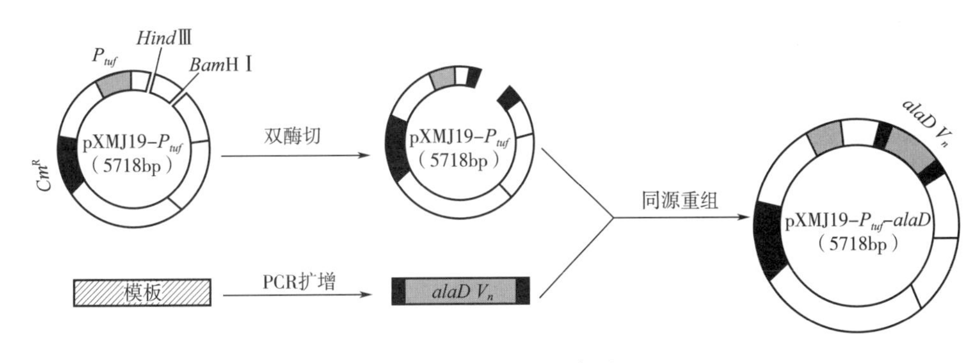

图 7-2 同源重组示意图

将构建的过表达质粒 pXMJ19-P_{tuf}-$alaD_{Vn}$ 电转化到谷氨酸棒状杆菌 ATCC 13032 的感

受态细胞中，菌落 PCR 筛选出阳性转化子，进行摇瓶培养，通过高效液相色谱（HPLC）法测试胞外 L-丙氨酸的积累情况，结果发现与携带空质粒的对照组相比，携带 $alaD_{Vn}$ 过表达质粒的菌株积累 L-丙氨酸的能力大幅提升，说明质粒构建正确，外源基因在谷氨酸棒状杆菌中表达出有活性的酶。

$alaD_{Vn}$ 基因蛋白质编码区序列如下所示：

ATGATCATTGGCGTACCTAAGGAAATCAAAAACCACGAATATCGTGTCGGTATGATCCCAGCAAGCGTGAGAGAGTTAATCT
CACATGGTCACCAAGTTTTAGTTGAGACCAACGCAGGTGCCGGCATTGGTTTTACAGACGATGATTACATCGCTGTCGGCGC
ATCCATTCTCCCTCATGCTGCAGACGTTTTCGCGCAAGCAGACATGATAGTAAAAGTTAAAGAACCCCAAGCAGTCGAGAGA
GCAATGCTCCGCGAAGGGCAAATTTTATTTACTTATTTACACCTAGCACCAGATTTTCCACAAACTGATGAGCTAATCAAGA
GCAAAGCTGTCTGTATAGCCTATGAGACTGTAACAGATAATATGGGTCGTTTGCCACTGTTAGCACCAATGTCTGAAGTAGC
AGGTCGGATGTCTATTCAAGCAGGTGCACAAACGCTAGAAAAATCACACGGTGGTCGTGGTTTACTGCTTGGCGGCGTACCT
GGTGTTGAACCTGCAAAAGTCGTCATTGTGGGCGGCGGTGTCGTTGGCGCAAACGCAGCTCGTATGGCTGTGGGCCTTCGTG
CAGACGTCACTATTCTTGATCGTAATGTCGATACTCTGCGTAAACTGGACGAAGAATTCCAAGGCCGCGCTAAAGTCGTTTA
TTCTACAGAAGACGCGATTGAGAAGCATGTTGTAGAAGCTGACCTAGTAATTGGCGCAGTTCTTATCCCGGGTGCAGCTGCA
CCTAAACTGGTGACAAAAGAACACATTGCGAAGATGAAGCCAGGCGCAGCGGTAGTTGATGTAGCTATCGACCAAGGTGGTT
GCTTTGAAACATCGCACGCAACCACTCACGCAGAACCGACATACATCGTCGATGAAGTCGTTCACTACTGCGTAGCAAACAT
GCCAGGTGCCGTTGCCCGTACTTCTACTTTTGCATTGAACAACGCAACGTTACCTTACATTTTGAAACTGGCGAATAAAGGC
TACCAAAAAGCCCTTCTCGACGAGAAAGGTTTCCTTGAAGGACTAAACGTTATTCACGGCAAAGTGACTTGTAAAGAAGTTG
CCGACAGCTTTGGTCTTGAATATGTAGAAGCAGAGCAAGCGATTGCAATGTTCAACTAA

二、重点和难点

（1）谷氨酸棒状杆菌感受态细胞制备方法。

（2）利用表达载体在谷氨酸棒状杆菌中表达基因的原理和方法。

三、实　　验

实验一　谷氨酸棒状杆菌过表达丙氨酸脱氢酶生产 L-丙氨酸

1. 实验材料和用具

（1）仪器和耗材　超净工作台、核酸定量分析仪、恒温水浴锅、生化培养箱、移液器、高纯水装置、电泳仪（电泳槽）、数码凝胶图像处理系统、PCR 仪、台式高速离心机、分光光度计、电转化仪、全自动灭菌锅、超低温冰箱、高效液相色谱仪、EP 管、吸头等。

（2）菌株和质粒

①菌株：*C. glutamicum* ATCC 13032，*E. coli* DH5α。

②质粒：pXMJ19-P_{tuf}。

（3）试剂和溶液

①BHI 培养基：脑心浸液肉汤 37.5g/L，pH 7.0，121℃灭菌 20min。

②谷氨酸棒状杆菌感受态细胞制备培养基：终浓度为脑心浸液肉汤 37.5g/L，山梨醇 91g/L，80mL pH 7.0～7.2，121℃灭菌 20min。称取 2.5g 甘氨酸溶于 20mL 去离子水中，加入 100μL 吐温 80，过膜除菌加入灭菌后的培养基中。

③SOB 培养基。

④SOC 培养基。

⑤LB 培养基。

⑥BHI 复苏液：BHI 培养基加入 20g/L 葡萄糖。

⑦60mg/mL 氯霉素。

⑧Primer STARHS DNA Polymerase（TaKaRa 中国大连公司）、ClonExpress Entry One Step Cloning Kit（诺唯赞生物科技有限公司）、质粒提取试剂盒、胶回收试剂盒等。

⑨需钠弧菌 *V. natriegens* ATCC 14048 基因组 DNA。

⑩其他试剂略。

2. 操作步骤

（1）引物设计　根据 $alaD_{Vn}$设计引物，引物序列如表 7-1 所示。

表 7-1　引物设计

引物	序列（5′→3′）	备注
alaD-F	ACCACGAAGTCCAGGAGGAAAGCTTATGATCATTGGCGTACCTA-AGGA*	扩增 $alaD_{Vn}$
alaD-R	ATTCGAGCTCGGTACCCGGGGATCCTTAGTTGAACATTG-CAATCGCTTG	
pXMJ19－P_{tuf}－*IF*	CACATTTTGTAATGCGCTAGATCTG**	鉴定引物
*alaD-IR*1	TTTGCGCCAACGACACC	
*alaD-IR*2	AAATTCTGTTTTATCAGACCGCTTC	

注：* 表示与 pXMJ19-P_{tuf}载体线性化后两端同源的序列；

** 表示 pXMJ19-P_{tuf}-*IF* 来源于 pXMJ19-P_{tuf}质粒中的序列，alaD-IR1 和 *alaD-IR*2 来源于 $alaD_{Vn}$中的序列。

（2）重组质粒 pXMJ19-P_{tuf}-$alaD_{Vn}$的构建、转化和鉴定

①以需钠弧菌 *V. natriegens* ATCC 14048 基因组 DNA 为模板，PCR 扩增丙氨酸脱氢酶编码基因 $alaD_{Vn}$，PCR 产物经琼脂糖凝胶电泳，回收（具体方法见第三章第一节）。

②用限制性内切酶 *Hin*d Ⅲ和 *Bam*H Ⅰ酶切 pXMJ19-P_{tuf}，经琼脂糖凝胶电泳，回收后，采用 ClonExpress Entry One Step Cloning Kit 将 $alaD_{Vn}$和线性化的 pXMJ19-P_{tuf}重组连接（具体方法见第四章第二节）。

③经转化大肠杆菌 *Escherichia coli* DH5α、氯霉素固体培养基平板筛选，获得转化子单菌落（具体方法见第四章第三节）。

④挑取单菌落利用引物 pXMJ19-P_{tuf}-*IF* 和 *alaD-IR* 进行菌落 PCR 鉴定（具体方法见第三章第一节）。

⑤将阳性菌落活化后测序验证 $alaD_{Vn}$是否正确，将鉴定正确的重组质粒命名为 pXMJ19-P_{tuf}-$alaD_{Vn}$。

（3）谷氨酸棒状杆菌 *C. glutamicum* ATCC 13032 电转化感受态细胞的制备

①从－80℃甘油保菌管中用接种针挑取谷氨酸棒状杆菌 *C. glutamicum* ATCC 13032，在 BHI 固体培养基平板上三区划线，于 32℃倒置培养过夜。

②挑取单菌落，接种到 BHI 液体培养基摇管中，32℃，200r/min 振荡培养 12～14h。

③按 1%接种量转接到装液量为 100mL 谷氨酸棒状杆菌感受态培养基的 500mL 圆底

瓶中，30℃，200r/min 振荡培养约 5h，至 OD_{600} =0.4～0.6，取出摇瓶于冰上静置 20min 至完全冷却。

④在超净台中，将菌液收集到提前预冷过的 50mL 离心管中，4℃，5000×*g* 离心 6min，弃上清液。

⑤用 50mL 提前预冷的体积分数为 10%甘油重悬菌体细胞，4℃，5000×*g* 离心 6min，弃上清液，重复 3 次。

⑥用 1mL 预冷的 10%甘油重悬菌体，以 100μL/管分装至预冷的 EP 管中，备注感受态详细信息 *C. glutamicum* ATCC 13032，于－80℃保存或直接使用。

(4) 谷氨酸棒状杆菌 *C. glutamicum* ATCC 13032 电转化及鉴定

①提取重组质粒 pXMJ19-P_{tuf}-$alaD_{Vn}$（具体方法见第二章第二节）。

②在超净工作台内，将浸泡在无水乙醇中的内径为 2mm 电转杯倒置于干净的滤纸上晾干，除去电转杯上的无水乙醇，约 20min 后再将电转杯置于冰上预冷约 20min。

③从－80℃冰箱取出保存的谷氨酸棒状杆菌感受态细胞，迅速置于冰上 2～3min。

④将重组质粒 pXMJ19-P_{tuf}-$alaD_{Vn}$ 加入感受态细胞，轻弹混匀后加入 2mm 预冷的电转杯中，放置冰中预冷约 20min。

⑤用滤纸擦干电转杯两侧，迅速放入电转仪内，2500V 条件下电击后，在超净台中向电转杯中加入 900μL 的 BHI 复苏液，吹吸混匀后转移至 1.5mL EP 管中，置于 46℃水浴锅中热击 6min。

⑥32℃，200r/min 振荡复苏约 2h，8000×*g* 离心 2min，涂布至含 30μg/mL 氯霉素的 LB 固体培养基平板，32℃倒置培养至长出单菌落。

⑦挑取单菌落，利用引物 pXMJ19-P_{tuf}-*IF* 和 *alaD*-*IR* 进行菌落 PCR 鉴定。

菌落 PCR 条件与大肠杆菌相似，但由于谷氨酸棒状杆菌细胞壁结构的特殊性，反应条件中预变性的时间需要提高到约 8min。

(5) 以转化有空质粒 pXMJ19-P_{tuf} 的 *C. glutamicum* ATCC 13032 (13032/pXMJ19-P_{tuf}) 为对照，利用摇瓶实验测定 13032/pXMJ19-P_{tuf}-$alaD_{Vn}$ 合成 L-丙氨酸的能力（具体方法略）。

3. 实验结果

(1) $alaD_{Vn}$ 基因的 PCR 扩增　$alaD_{Vn}$ 基因的 PCR 产物为碱基数约为 1000bp 的单一条带（图 7-3），与实际约一致（1125bp），表明扩增成功且其纯度高，故利用 DNA 直接回收试剂盒回收纯化。

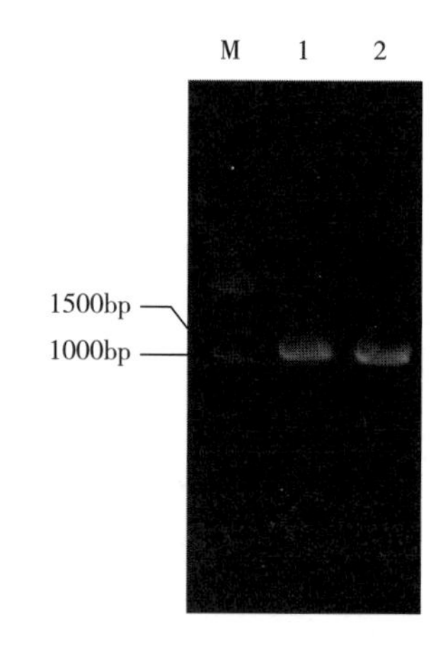

M—Marker　1，2—$alaD_{Vn}$ 基因 PCR 产物

图 7-3　$alaD_{Vn}$ 基因 PCR 产物电泳图谱

(2) 含重组质粒 pXMJ19-P_{tuf}-$alaD_{Vn}$ 的 *E. coli* DH5α 菌落 PCR 鉴定　pXMJ19-P_{tuf} 经限制性内切酶酶切，琼脂糖凝胶电泳并回收后，测得浓度为 89ng/μL，与 $alaD_{Vn}$ 基因重组连接并转化 *E. coli* DH5α。利用引物 pXMJ19-P_{tuf}-*IF* 和 *alaD*-*IR*1 菌落 PCR，获得碱基数约为 500bp 的条带，与预期（546bp）基本一致（图 7-4），表明重组质粒 pXMJ19-P_{tuf}-$alaD_{Vn}$ 构建成功。

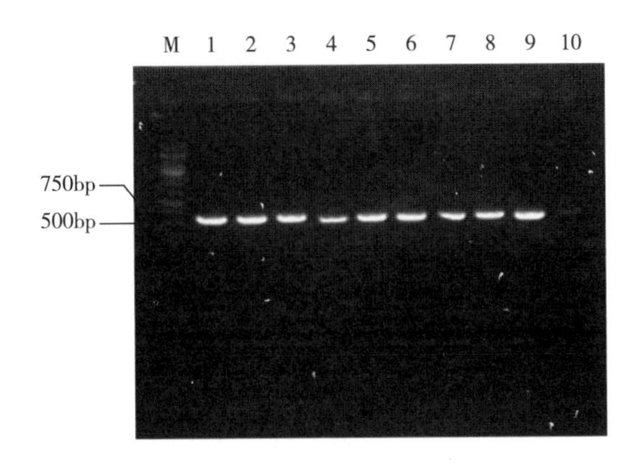

M—Marker　1～10—菌落 PCR 产物图谱

图 7-4　含重组质粒 pXMJ19-P_{tuf}-$alaD_{Vn}$ 的 *E. coli* DH5α 菌落 PCR 鉴定图谱

(3) 含重组质粒 pXMJ19-P_{tuf}-$alaD_{Vn}$ 的 *C. glutamicum* ATCC 13032 菌落 PCR 鉴定

重组质粒 pXMJ19-P_{tuf}-$alaD_{Vn}$ 转化 *C. glutamicum* ATCC 13032 后获得的转化子进行菌落 PCR 鉴定（利用引物 pXMJ19-P_{tuf}-*IF* 和 *alaD*-*IR*2），获得碱基数与 $alaD_{Vn}$ 基因一致的片段（图 7-5），表明重组质粒成功转化致 *C. glutamicum* ATCC 13032。

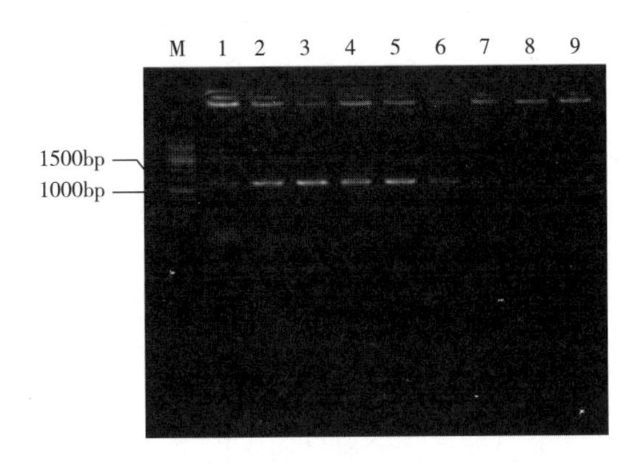

M—Marker　1～9—菌落 PCR 产物图谱

图 7-5　含重组质粒 pXMJ19-P_{tuf}-$alaD_{Vn}$ 的 *C. glutamicum* ATCC 13032 菌落 PCR 鉴定图谱

(4) 摇瓶发酵实验　在谷氨酸棒状杆菌中过表达来自 *V. natriegens* ATCC 14048 的丙氨酸脱氢酶后，菌体生长没有明显变化。摇瓶培养 48h 后，测得培养基中 L-丙氨酸的积累量达到 19g/L，为对照菌株的 4.5 倍。因此，该实验实现了外源丙氨酸脱氢酶在谷氨酸棒状杆菌中的高效表达，使得菌株向胞外分泌高浓度的 L-丙氨酸。

四、常见问题及分析

谷氨酸棒状杆菌为革兰阳性菌，其细胞壁结构与革兰阴性菌不同，因此在实验过程中有一些需要注意的地方。

(1) 培养过程中，大肠杆菌用到 LB 培养基，培养温度为 37℃，谷氨酸棒状杆菌所需营养丰富，用到脑心浸出液肉汤（BHI）培养基，培养温度为32℃。

（2）在进行电转感受态过程中，谷氨酸棒状杆菌的培养基需要加入山梨醇、甘氨酸和吐温80。

（3）电转化过程中，质粒加入感受态细胞转入电转杯后需冰浴20min，加入复苏液后需46℃热击6min。

（4）在进行菌落PCR验证时，谷氨酸棒状杆菌的预变性为8～10min，比革兰阴性菌的预变性时间长。

（5）谷氨酸棒状杆菌实验过程中所用抗生素的工作浓度比大肠杆菌低，不可用氨苄青霉素作为抗性筛选。

五、思　考　题

（1）为什么谷氨酸棒状杆菌不能够以氨苄青霉素作为抗性筛选标记？

（2）谷氨酸棒状杆菌在提取基因组DNA时，在操作方法上与大肠杆菌有何差异？

第二节　基于同源重组的谷氨酸棒状杆菌基因组编辑技术

利用同源重组技术可实现谷氨酸棒状杆菌的基因敲除，主要方法包括基于自杀型质粒和CRISPR的基因组编辑技术。总体而言，目前前者较为简便，故本节着重介绍该方法。

一、基本原理

（一）pk18*mobsacB* 介导的同源重组

pk18*mobsacB* 是谷氨酸棒状杆菌中常用的自杀质粒，该质粒含有大肠杆菌识别的复制起始位点（pBR322 *ori*），故仅能在大肠杆菌而不能在谷氨酸棒状杆菌中复制，故该类质粒被称为自杀型质粒。该质粒中还含有卡那霉素抗性基因盒和 *sacB* 基因盒。*sacB* 基因编码果聚糖蔗糖酶，主要来源于枯草芽孢杆菌等芽孢杆菌属，该酶能催化蔗糖水解成葡萄糖和果糖，并且将果糖聚合成果聚糖，高浓度果聚糖的积累对细胞具有毒害作用。

pk18*mobsacB* 介导的基因组编辑技术通过两次同源重组完成：第一次重组利用拟敲除基因的上下游同源序列同时将重组质粒插入基因组上设计的位点，利用卡那霉素作为筛选标记；第二次同源重组消除基因组上整合的质粒，重组需要借助 *sacB* 基因的反向筛选标记。在含蔗糖的培养基中，那些未消除质粒的细胞因 *sacB* 基因表达的果聚糖蔗糖酶催化产生果聚糖而死亡，而消除质粒的细胞则正常生长，利用该特性筛选出消除质粒的菌株。需要注意的是，通过第二次同源重组会出现回复突变和基因编辑两种基因型的菌株。

（二）pK18*mobrpsL* 介导的同源重组

然而对于谷氨酸棒状杆菌而言，*sacB* 的致死效应并不像芽孢杆菌等革兰阳性菌那样显著。我们以 pk18*mobsacB* 为骨架构建了筛选效率更高的自杀质粒 pK18*mobrpsL*（图7-6）。链霉素作用于细菌核糖体小亚基S12蛋白（由 *rpsL* 编码），抑制蛋白质的合成。但 *rpsL* 突变后（$rpsL^{K43R}$）赋予了菌株链霉素抗性（Strep^{R}）。首先将宿主细胞基因组中 *rpsL* 替换为 $rpsL^{M}$ 进行点突变，菌株具有链霉素抗性，将 pk18*mobsacB* 中的 *sacB* 基因盒

替换为 P_{tuf} 驱动的野生型 *rpsL* 基因盒。当质粒第一轮同源重组插入基因组时，野生型 *rpsL* 表达强度高，压制住了基因组上突变体的表达，使得菌株表现为链霉素敏感（$Strep^S$）。第二轮同源重组时，消除质粒的菌株由于 $rpsL^M$ 的表达重新具有链霉素抗性，而没有消除质粒的菌株因链霉素敏感而死亡。图 7-7 展示了利用链霉素作为反筛基因组编辑的原理。

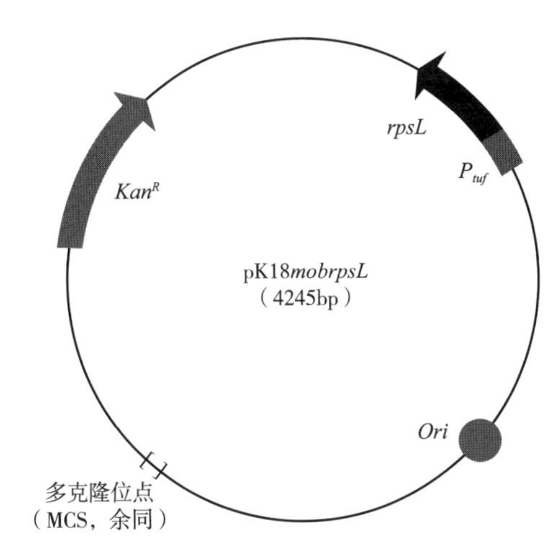

图 7-6　自杀型质粒 pK18*mobrpsL* 示意图

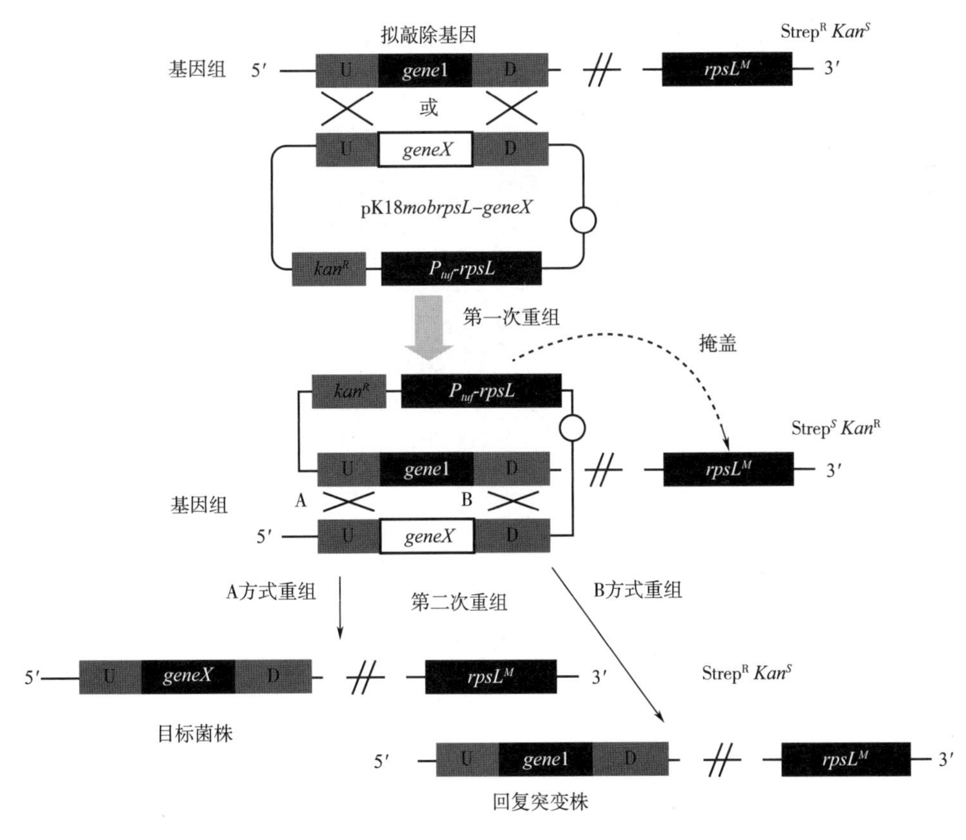

图 7-7　自杀型质粒 pK18*mobrpsL* 介导基因编辑原理示意图

本节以谷氨酸输出蛋白编码基因 *Ncgl*1221 位点整合来源于甲基营养菌的茶氨酸合成酶编码基因（$gmas_{Mm}$）为例，介绍利用自杀型质粒 pK18*mobrpsL* 介导的谷氨酸棒状杆菌基因组编辑技术。谷氨酸是茶氨酸合成的直接前体，为了增强谷氨酸的胞内积累，通过该方法将 $gmas_{Mm}$ 敲除并整合至 *Ncgl*1221 位点，同时实现基因的敲除和敲入，开发出利用谷氨酸棒状杆菌发酵法生产 L-茶氨酸的方法。

（三）基因序列

（1）*Ncgl*1221 基因及其上下游同源序列，下画线序列为 *Ncgl*1221 基因，黑色背景为用于同源重组的上下游同源臂 $U_{Ncgl1221}$ 和 $D_{Ncgl1221}$，黑色背景之间的斜体、下画线序列为敲除序列，灰色背景序列为鉴定引物所对应序列。

ACGACTTTCTGGCTCCTTTACTAAA（鉴定引物 $gmas_{Mm}$-I1F）TAAGGATTTTCACAGGACCCGTCCAAGCCAAGCCGAT
TTCAACTCAGCCTAAAGACAAAGCCCTCATTTAAAATTGTTCCGACGCGGATGCGTGTGCACGCAGTGCGACAGATGTCTGT
TGCAAAGTTGGCTACTTGGGTCATAACCAACAAGAAAGCCCTCGTTCCAACACTGTGGTGAGTGTTGTCGAGGGCGCTTGAC
GAGACGACTTGGAAGGCCGTTACGGCAGGCGCCGCGCGGTTACTACTACAAGTCGAATAATGGTCATGGTGTGTCATGCTAC
ACACATCGAGTTTCCAATTCCACAACGCACGAAAATTCCCACCCCCAAAACTCCCCCACTTCGGTTAAGGAATCAGGATTCT
CACAAAGTTCAGGCAGGCTCCCGCTACTTTTCAGCGCTAATCTTGGCTCATGATTTTAGGCGTACCCATTCAATATTTGCTC
TATTCATTGTGGAATTGGATTGTCGATACCGGTTTTGATGTAGCAATTATCCTGGTCTTGGCGTTTTTGATTCCACGTATCG
GCCGACTGGCCATGCGTATTATCAAGCGCCGAGTGGAGTCTGCAGCCGATGCGGACACCACTAAGAACCAGCTCGCGTTCGC
CGGCGTTGGCGTTTATATCGCGCAAATTGTGGCGTTTTTCATGCTTGCCGTCTCCGCGATGCAGGCTTTTGGTTTCTCTCTC
GCGGGCGCTGCGATTCCGGCAACCATTGCGTCAGCTGCCATTGGCCTTGGTGCGCAGTCGATTGTTGCGGACTTCTTGGCCG
GATTTTTCATCCTGACGGAAAAGCAATTCGGCGTGGGTGACTGGGTGCGTTTTGAGGGCAACGGCATCGTTGTCGAAGGCAC
CGTCATTGAGATCACCATGCGCGCGACCAAAATTCGCACGATTGCACAAGAGACCGTGATCATCCCCAACTCCACGGCGAAA
GTGTGCATCAACAATTCTAATAACTGGTCGCGTGCGGTTGTCGTTATTCCGATCCCCATGTTGGGTTCTGAAAACATCACAG
ATGTC*ATCGCGCGCTCTGAAGCTGCGACTCGTCGCGCACTTGGCCAGGAGAAAATCGCACCGGAAATCCTCGGTGAACTCGA*
TGTGCACCCAGCCACGGAAGTCACGCCGCCAACGGTGGTCGGCATGCCGTGGATGGTCACCATGCGTTTCCTCGTGCAAGTC
ACCGCCGGCAATCAATGGCTGGTCGAACGCGCCATCCGCACAGAAATCATCAGCGAATTCTGGGAAGAATACGGCAGCGCAA
*CCACTACATCGGGAACCCTCAT*TGATTCCTTACACGTTGAGCATGAAGAGCCAAAGACCTCGCTTATCGACGCCTCCCCCCA
GGCTCTTAAGGAACCGAAGCCGGAGGCTGCGGCGACGGTTGCATCGCTAGCTGCATCCTCTAACGACGATGCAGACAATGCA
GACGCCTCGGTGATCAATGCAGGCAATCCAGAGAAGGAACTTGATTCCGATGTGCTGGAACAAGAACTCTCCAGCGAAGAAC
CGGAAGAAACAGCAAAACCAGATCACTCTCTCCGAGGCTTCTTCCGCACTGATTACTACCCAAATCGGTGGCAGAAGATCCT
GTCGTTTGGCGGACGTGTCCGCATGAGCACGTCCCTGTTGTTGGGTGCGCTGCTCTTGCTGTCACTATTTAAGGTCATGACT
GTGGAACCAAGTGAGAATTGGCAAAACTCCAGTGGATGGCTGTCA（鉴定引物 $gmas_{Mm}$-I2R）CCAAGCACTGCCACCTC
AACTGCGGTGACCACCTCCGAAACTTCCGCGCCAGTAAGCACGCCTTCGATGACAGTGCCCACTACGGTGGAGGAGACCCC
AACGATGGAATCTAACGTCGAAACGCAGCAGGAAACCTCAACCCCTGCAACCGCAACGCCCCAGCGAGCCGACACCATCGAA
CCGACCGAGGAAGCCACGTCGCAGGAGGAAACGACTGCGTCGCAGACGCAGTCTCCAGCAGTGGAAGCACCAACCGCGGTCC
AAGAGACAGTTGCGCCGACGTCCACCCCTTAG

（2）P_{tuf} 序列

AGATCGTTTAGATCCGAAGGAAAACGTCGAAAAGCAATTTGCTTTTCGACGCCCCACCCCGCGCGTTTTAGCGTGTCAGTAG
GCGCGTAGGGTAAGTGGGGTAGCGGCTTGTTAGATATCTTGAAATCGGCTTTCAACAGCATTGATTTCGATGTATTTAGCTG
GCCGTTACCCTGCGAATGTCCACAGGGTAGCTGGTAGTTTGAAAATCAACGCCGTTGCCCTTAGGATTCAGTAACTGGCACA
TTTTGTAATGCGCTAGATCTGTGTGCTCAGTCTTCCAGGCTGCTTATCACAGTGAAAGCAAAACCAATTCGTGGCTGCGAAA
GTCGTAGCCACCACGAAGTCCAGGAGGAAAGCTT

（3）$gmas_{Mm}$序列

ATGAAGTCCCTCGAGGAAGCTCAGAAGTTTCTCGAGGACCACCACGTGAAATACGTGCTGGCACAGTTCGTCGACATTCACG
GCGTCGCTAAGGTGAAATCCGTCCCAGCATCCCATCTGAATGACATCCTCACTACTGGTGCTGGCTTCGCTGGCGGTGCAAT
CTGGGGCACCGGCATCGCTCCTAATGGCCCAGACTATATGGCAATCGGCGAGCTGTCTACTCTCTCTCTGATCCCTTGGCAA
CCGGGCTACGCACGCCTCGTGTGCGATGGTCACGTCAACGGCAAGCCATACGAATTCGATACCCGCGTGGTCCTCAAGCAAC
AGATTGCTCGTCTGGCAGAGAAGGGCTGGACTCTGTATAC（鉴定引物 $gmas_{Mm}$-I1R）CGGTCTGGAACCAGAATTCTCT
CTGCTCAAGAAGGACGAGCACGGCGCTGTCCACCCATTTGACGATTCCGACACTCTGCAGAAACCATGCTATGACTACAAGG
GCATTACCCGCCACTCTCCTTTTCTGGAGAAACTCACCGAATCTCTGGTCGAAGTCGGTCTGGACATCTACCAGATCGATCA
CGAGGACGCTAACGGCCAGTTCGAGATCAATTATACCTACGCAGACTGCCTCAAGTCCGCAGATGATTACATCATGTTCAAG
ATGGCAGCTTCCGAGATCGCAAACGAACTGGGCATCATCTGCTCCTTCATGCCAAAGCCTTTCTCCAACCGTCCGGGCAACG
GCATGCATATGCACATGTCCATCGGCGACGGTAAGAAGTCTCTGTTCCAAG（鉴定引物 $gmas_{Mm}$-I2F）ATGACTCTGAC
CCATCCGGTCTGGGCCTCTCTAAGCTGGCTTATCACTTTCTGGGCGGTATTCTGGCACACGCTCCAGCTCTCGCAGCTGTCT
GTGCACCTACCGTGAACTCCTACAAGCGTCTGGTGGTGGGTCGCTCTCTGTCCGGCGCTACTTGGGCACCAGCATACATCGC
ATACGGCAACAACAACCGCTCCACTCTGGTCCGTATCCCTTACGGTCGTCTGGAGCTGCGTCTGCCAGATGGCTCTTGCAAC
CCTTACCTCGCAACCGCTGCTGTCATCGCAGCTGGCCTCGACGGTGTCGCACGTGAGCTCGATCCGGGCACCGGCCGCGACG
ACAATCTGTACGACTACTCCCTCGAACAGCTCGCTGAGTTCGGCATTGGCATTCTGCCTCAGAATCTGGGCGAAGCACTGGA
CGCTCTCGAGGCAGACCAAGTGATTATGGACGCAATGGGCCCGGGTCTGTCCAAGGAATTCGTGGAGCTCAAGCGCATGGAG
TGGGTGGACTACATGCGTCATGTCTCCGACTGGGAAATCAACCGTTACGTGCAGTTTTACTAA

二、重点和难点

（1）自杀型敲除质粒的构建。

（2）自杀型质粒 pK18*mobrpsL* 介导的谷氨酸棒状杆菌基因组编辑技术的原理和操作方法。

三、实　验

实验二　谷氨酸棒状杆菌 L-茶氨酸生产菌株构建——一步法敲除谷氨酸棒状杆菌谷氨酸输出通道基因 *Ncgl*1221 和整合 L-茶氨酸合成酶基因 $gmas_{Mm}$

1. 实验材料和用具

（1）仪器和耗材　同本章实验一。

（2）菌株和质粒

①菌株：*C. glutamicum* ATCC 13032，*E. coli* DH5α。

②质粒：pK18*mobrpsL*。

（3）试剂和溶液　同本章实验一。

2. 操作步骤

（1）引物设计　根据 *Ncgl*1221 上下游序列设计同源臂扩增引物，根据 P_{tuf}启动子和 $gmas_{Mm}$序列设计扩增引物，见表 7-2。其目的是通过重叠 PCR 构建敲除片段 $U_{Ncgl1221}$-P_{tuf}-$gmas_{Mm}$-$D_{Ncgl1221}$，其中 $U_{Ncgl1221}$和 $D_{Ncgl1221}$分别表示 *Ncgl*1221 的上下游同源臂。由第 168 页“（三）基因序列”中的 DNA 序列可知，鉴定引物 $gmas_{Mm}$-Ⅰ1F 和 $gmas_{Mm}$-Ⅰ1R 分别根据基因组 DNA 中 *Ncgl*1221 上游序列和 $gmas_{Mm}$基因设计，故只有 $gmas_{Mm}$基因整合至基因组 DNA 方能用 PCR 扩增出产物。同理 $gmas_{Mm}$-Ⅰ2F 和 $gmas_{Mm}$-Ⅰ2R 分别根据

$gmas_{Mm}$基因和基因组 DNA 中 *Ncgl*1221 下游序列和 $gmas_{Mm}$基因设计。

表 7-2　　引物设计

引物	序列（5′→3′）	备注
*Ncgl*1221-UF	TGCCTGCAGGTCGACTCTAGACGCGGTTACTACTA CAAGTCGAAT*	扩增 *Ncgl*1221 上游同源臂
*Ncgl*1221-UR	TTTTCCTTCGGATCTAAACGATCTGACATCTGTGAT GTTTTCAGAACCC	
P_{tuf}-F	AGATCGTTTAGATCCGAAGGAAAA	扩增 P_{tuf}
P_{tuf}-R	AAGCTTTCCTCCTGGACTTCG	
$gmas_{Mm}$-F	CGAAGTCCAGGAGGAAAGCTTAAGCTTATGAA GTCCCTCGAGGA**	扩增 $gmas_{Mm}$
$gmas_{Mm}$-R	GGATCCTTAGTAAAACTGCACGTAAC	
*Ncgl*1221-DF	GTTACGTGCAGTTTTACTAAGGATCCTGATTCCTTACACG TTGAGCATG	扩增 *Ncgl*1221 下游同源臂
*Ncgl*1221-DR	TACGAATTCGAGCTCGGTACCAATTCTCACTTGGTTCCAC AGTCA	
$gmas_{Mm}$-Ⅰ1F	ACGACTTTCTGGCTCCTTTACTAAA	鉴定引物
$gmas_{Mm}$-Ⅰ1R	GTATACAGAGTCCAGCCCTTCTCTG	
$gmas_{Mm}$-Ⅰ2F	GACGGTAAGAAGTCTCTGTTCCAAG	
$gmas_{Mm}$-Ⅰ2R	TGACAGCCATCCACTGGAGTTTTGC	

注：* 表示 *Ncgl*1221-UF 和 *Ncgl*1221-DR 的下画线部分是 pK18*mobrpsL* 质粒插入位点的同源序列，用于重组连接；** 表示其余引物下划线部分用于重叠 PCR 的互补序列。

（2）敲除质粒 pK18*mobrpsL*-*Ncgl*1221∷$gmas_{Mm}$的构建

①分别扩增$U_{Ncgl1221}$、P_{tuf}、$gmas_{Mm}$和$D_{Ncgl1221}$，通过琼脂糖凝胶电泳纯化并回收。

②利用引物 *Ncgl*1221-UF 和 *Ncgl*1221-DR 通过重叠 PCR 获得$U_{Ncgl1221}$-P_{tuf}-$gmas_{Mm}$-$D_{Ncgl1221}$（具体方法见第三章第二节）。

③将$U_{Ncgl1221}$-P_{tuf}-$gmas_{Mm}$-$D_{Ncgl1221}$通过同源重组连接至线性化 pK18*mobrpsL*（由限制性内切酶 *Xba* Ⅰ和*Kpn* Ⅰ酶切获得）。

④经转化大肠杆菌 *E. coli* DH5α、卡那霉素固体培养基平板筛选，获得转化子单菌落。

⑤挑取单菌落利用引物 $gmas_{Mm}$-Ⅰ1F 和 $gmas_{Mm}$-Ⅰ1R（或者 $gmas_{Mm}$-Ⅰ2F 和 $gmas_{Mm}$-Ⅰ2R）进行菌落 PCR 鉴定（具体方法见第三章第一节）。

⑥将鉴定正确的重组质粒命名为 pK18*mobrpsL*-*Ncgl*1221∷$gmas_{Mm}$。

（3）*C. glutamicum* ATCC 13032 的转化、筛选及鉴定

①提取 pK18*mobrpsL*-*Ncgl*1221∷$gmas_{Mm}$电转化至 *C. glutamicum* ATCC 13032 感

受态细胞（具体方法见本章第一节）。

②将电转化物活化后涂布于含 10μg/mL 卡那霉素 BHI 固体培养基平板，32℃培养 24h，至长出转化子单菌落。

③利用引物 $gmas_{Mm}$-Ⅰ1F 和 $gmas_{Mm}$-Ⅰ1R 进行菌落 PCR 鉴定，正确者为第一次重组菌株。

④正确的菌落接入含有 10μg/mL 卡那霉素的 BHI 液体培养基摇管，32℃，200r/min 振荡培养过夜。

⑤吸取 5μL 上述培养物至 100μL 无菌水中，涂布于含有 500μg/mL 链霉素的 BHI 固体培养基平板，32℃培养至长出转化子单菌落。

⑥利用引物 $gmas_{Mm}$-Ⅰ2F 和 $gmas_{Mm}$-Ⅰ2R 进行菌落 PCR 鉴定，正确者为第二次重组菌株。

⑦正确的菌落接入含链霉素的 BHI 液体培养基的摇管，32℃培养过夜后保存菌株。

（4）摇瓶发酵实验验证　将获得的重组菌株进行摇瓶发酵实验并测定发酵液中 L-茶氨酸含量，由于本节重在介绍基因组编辑，故此部分具体方法见本章参考文献［4］。

3. 实验结果

（1）敲除片段 $U_{Ncgl1221}$-P_{tuf}-$gmas_{Mm}$-$D_{Ncgl1221}$ 的构建　*Ncgl*1221 位点上下游同源臂、P_{tuf} 启动子和 $gmas_{Mm}$ 基因的 PCR 产物经琼脂糖凝胶电泳（图 7-8），分别获得碱基数为 791bp、407bp、362bp 及 1347bp 的单四条带，利用试剂盒进行直接回收。

上述片段回收后经重叠 PCR，琼脂糖凝胶电泳（图 7-9），获得碱基数约为 3000bp 的主条带，与实际片段碱基数一致（2937bp）。由于含有杂带故采用胶回收试剂盒进行切胶回收。

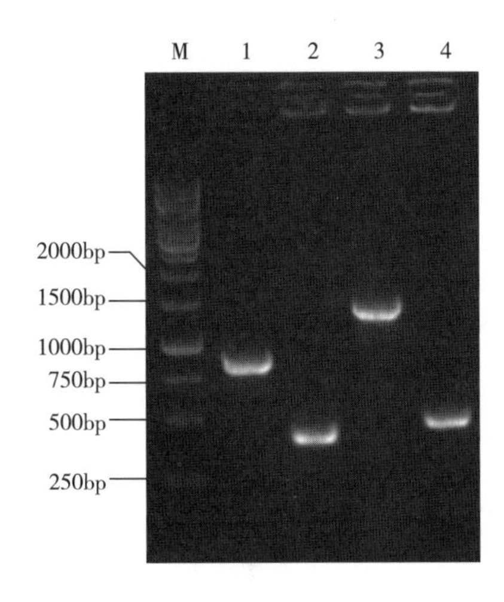

M—Marker　1～4—分别为上游同源臂 $U_{Ncgl1221}$、P_{tuf}、$gmas_{Mm}$ 及下游同源臂 $D_{Ncgl1221}$

图 7-8　*Ncgl*1221 位点上下游同源臂、P_{tuf} 启动子和 $gmas_{Mm}$ 基因的 PCR 产物琼脂糖凝胶电泳图谱

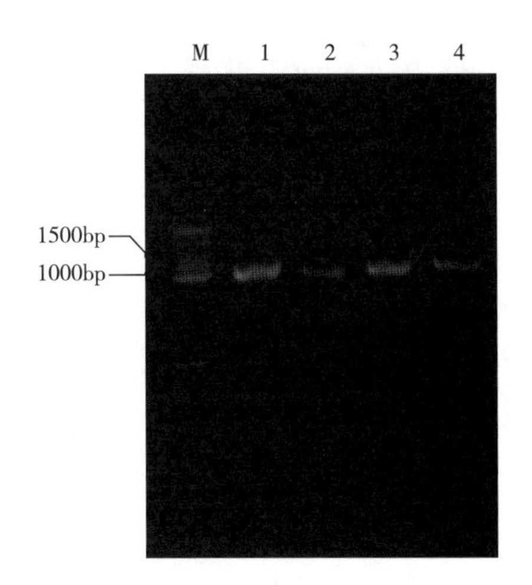

M—Marker　1～4—$U_{Ncgl1221}$-P_{tuf}-$gmas_{Mm}$-$D_{Ncgl1221}$

图 7-9　$U_{Ncgl1221}$-P_{tuf}-$gmas_{Mm}$-$D_{Ncgl1221}$ 琼脂糖凝胶电泳图谱

（2）重组谷氨酸棒状杆菌的鉴定　利用引物 $gmas_{Mm}$-Ⅰ1F 和 $gmas_{Mm}$-Ⅰ1R 扩增出 1787bp 的片段，如图 7-10 所示，（泳道 1、2、4、5、7），表明第一次重组成功。利用引物 $gmas_{Mm}$-Ⅰ2F 和 $gmas_{Mm}$-Ⅰ2R 扩增出 1030bp 的片段，见图 7-11（泳道 1 和 2），表明第二次重组成功。

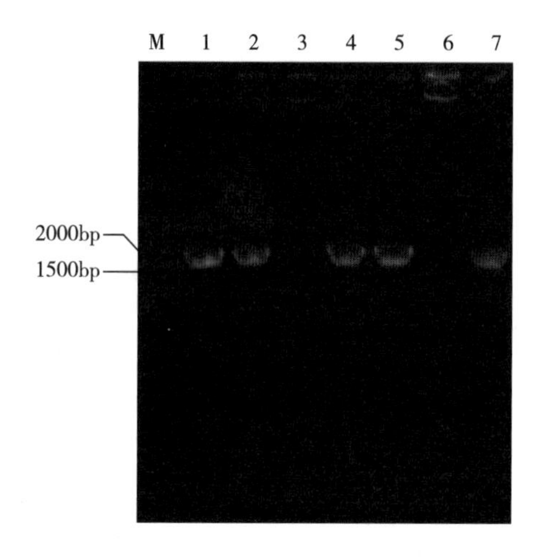

M—Marker　1～7—以第一次重组菌基因组 DNA 为模板利用引物 $gmas_{Mm}$-Ⅰ1F 和 $gmas_{Mm}$-Ⅰ1R 扩增产物

图 7-10　第一次重组菌株鉴定图谱

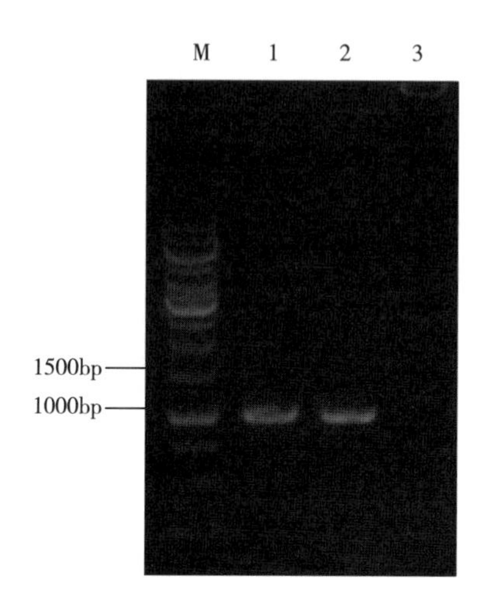

M—Marker　1～3—以第二次重组菌基因组 DNA 为模板利用引物 $gmas_{Mm}$-Ⅰ2F 和 $gmas_{Mm}$-Ⅰ2R 扩增产物

图 7-11　第二次重组菌株鉴定图谱

（3）L-茶氨酸摇瓶发酵测试　摇瓶培养 48h 后，菌体最大生物量达到 64.82kg/m^3，工程菌株 L-茶氨酸产量为 0.31g/L，几乎无 L-谷氨酸积累，说明敲除 *Ncgl*1221 阻断了谷氨酸的分泌，整合 $gmas_{Mm}$ 实现了 L-茶氨酸的合成。

四、常见问题及分析（见本章第一节）

五、思　考　题

（1）基于自杀质粒的基因组编辑技术原理是什么？

（2）除了利用 *sacB*、*rpsL* 外，还有哪些反向筛选的方法？

参考文献

［1］Schäfer A，Tauch A，Jäger W. Small mobilizable multi-purpose cloning vectors derived from the *Escherichia coli* plasmids pK18 and pK19：selection of defined deletions in the chromosome of *Corynebacterium glutamicum*［J］. Gene，1994，145：69-73.

［2］Eggeling L，Bott M. Handbook of *Corynebacterium glutamicum*［M］. New York：CRC Press，Taylor & Francis Group，2005.

[3] Wang T, Li Y J, Li J, et al. An update of the suicide plasmid-mediated genome editing system in *Corynebacterium glutamicum* [J] . Microbial Biotechnology, 2019, 12 (5): 907-919.

[4] Ma H K, Fan X G, Cai N Y, et al. Efficient fermentative production of L-theanine by *Corynebacterium glutamicum* [J] . Applied Microbiology and Biotechnology, 2020, 104: 119-130.

第八章　芽孢杆菌基因操作

芽孢杆菌是一类能够产生芽孢，需氧或兼性厌氧的革兰阳性菌，菌体呈杆状，芽孢呈椭圆形、圆形等多种形态。工业上常用的芽孢杆菌包括枯草芽孢杆菌（*Bacillus subtilis*）、解淀粉芽孢杆菌（*B. amyloliquefaciens*）、地衣芽孢杆菌（*B. licheniformis*）、短小芽孢杆菌（*B. pumilus*）、蜡样芽孢杆菌（*B. cereus*）、巨大芽孢杆菌（*B. megatherium*）等，应用于医药、食品、农业等诸多领域。本章介绍应用最为广泛的枯草芽孢杆菌和解淀粉芽孢杆菌的基因操作技术。

第一节　枯草芽孢杆菌基因组编辑技术

枯草芽孢杆菌（*Bacillus subtilis*）属于芽孢杆菌属，为革兰阳性菌，呈杆状，能够产生芽孢，广泛存在于土壤及腐败有机物中。枯草芽孢杆菌是重要的工业微生物，用于酶（如蛋白酶、糖酶等）、核苷（如腺苷、鸟苷、肌苷等）、维生素（如核黄素等）、*N*-乙酰胺基葡萄糖等多种物质的工业化生产。还有研究致力于代谢工程改造枯草芽孢杆菌合成乙偶姻、2,3-二醇等化学品。此外，枯草芽孢杆菌菌体细胞还可作为饲料添加物。

目前已公布多株枯草芽孢杆菌基因组DNA序列，总长度约为4.1Mb，GC含量约为44%，其基因操作体系较为完善。在枯草芽孢杆菌中，可通过表达载体及基因组整合实现基因的过表达，近年来也实现了利用CRISPR技术进行基因组编辑。利用表达载体过表达基因的方法与大肠杆菌等细菌相近，故不再重复介绍。本节讲解利用基因组整合的方式进行基因组编辑实现基因敲入或敲除。

一、基本原理

（一）基于氯霉素和新霉素抗性标记的基因组编辑原理

本节介绍的枯草芽孢杆菌基因组编辑系统是基于氯霉素和新霉素两种抗性筛选标记通过同源重组实现基因敲除或敲入。先将来源于枯草芽孢杆菌阿拉伯糖操纵子的启动子（P_{ara}）与来源于金黄色葡萄球菌的氨基糖苷*O*-核苷酸转移酶编码基因*neo*（新霉素抗性基因）制备成融合DNA片段，整合至枯草芽孢杆菌基因组的*araR*位点，获得的重组菌株具有新霉素抗性（图8-1）。根据拟插入位点及其两端序列设计整合片段，该片段中包括拟插入位点的上游和下游源臂U_G和D_G、氯霉素乙酰基转移酶和阿拉伯糖操纵者阻遏蛋白基因盒（*cat-araR*）以及插入位点中U_G和D_G间的一段序列*G*，若整合额外基因还包括此基因*geneX*序列，将其融合为U_G-*geneX*-D_G-*cat-araR*-*G*片段。U_G-*geneX*-D_G-*cat-araR*-*G*转化至枯草芽孢杆菌感受态细胞内后，通过同源臂U_G和*G*整合至基因组的拟插入位点（第一次重组），*araR*表达出的AraR阻遏*neo*的转录，使菌株失去新霉素抗性，同时*cat*赋予菌株氯霉素抗性（也可通过U_G和D_G整合至基因组，但此情况下*cat-araR*未能整合，故菌株不会出现上述氯霉素抗性和新霉素敏感性的表现型）。而后，U_G-

geneX-D_G-*cat*-*araR*-*G* 中的 D_G 与基因组自身的 D_G 重组（第二次重组），消除 *cat*-*araR*，*neo* 因不再受 *ara*R 的阻遏，重新赋予菌株新霉素抗性，而因 *cat* 的消除丧失氯霉素抗性（图 8-2）。

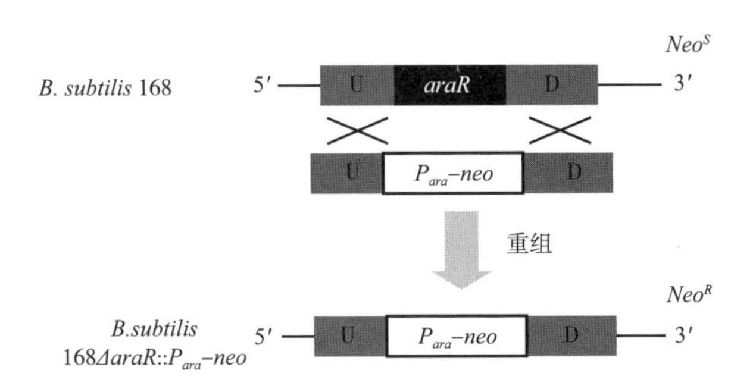

图 8-1　*B. subtilis* 168Δ*araR* ∷ P_{ara}-*neo* 构建示意图

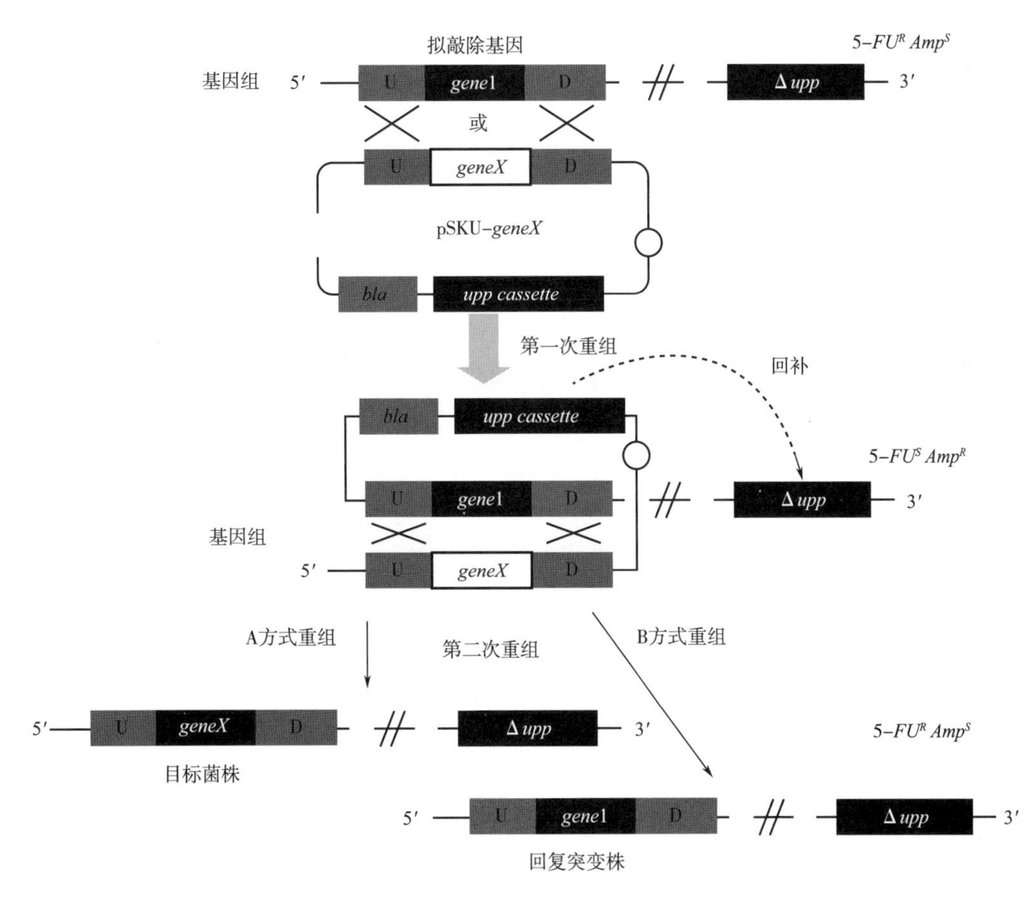

图 8-2　基因敲除及敲入示意图

α-乙酰乳酸脱羧酶是合成乙偶姻的关键酶，在构建尿苷生产菌株时为减少副产物乙偶姻的积累，拟敲除该酶编码基因 *alsD*。本节以敲除 *alsD* 为例，介绍枯草芽孢杆菌基因组编辑方法。

（二）主要元件（基因）序列

（1）枯草芽孢杆菌阿拉伯糖操纵子的启动子 P_{ara}。

ATTGGAGCTCGGGCTGGCCGTCCTATTGAATTAAAAAGCCGGGCTCTGCCCCCGGCTTTTTTAAAAGAAAAGATTGACAGT
ATAATAGTCAATTACTATAATAAAATTGTTCGTACAAATATTTATTTATAGGTTTATTTTCTATCATTAGTACGTATCTTTT
GTATTTGAAAGCGTTTTATTTTATGAGAAAGGGGCAGTTTAC

（2）金黄色葡萄球菌 *neo*（ACCESSION. NG _ 047375，来源于质粒 pUB110，灰色背景为编码序列）。

GTGAATGGACCAATAATAATGACTAGAGAAGAAAGAATGAAGATTGTTCATGAAATTAAGGAACGAATATTGGATAAATATG
GGGATGATGTTAAGGCTATTGGTGTTTATGGCTCTCTTGGTCGTCAGACTGATGGGCCCTATTCGGATATTGAGATGATGTG
TGTCATGTCAACAGAGGAAGCAGAGTTCAGCCATGAATGGACAACCGGTGAGTGGAAGGTGGAAGTGAATTTTGATAGCGAA
GAGATTCTACTAGATTATGCATCTCAGGTGGAATCAGATTGGCCGCTTACACATGGTCAATTTTTCTCTATTTTGCCGATTT
ATGATTCAGGTGGATACTTAGAGAAAGTGTATCAAACTGCTAAATCGGTAGAAGCCCAAACGTTCCACGATGCGATTTGTGC
CCTTATCGTAGAAGAGCTGTTTGAATATGCAGGCAAATGGCGTAATATTCGTGTGCAAGGACCGACAACATTTCTACCATCC
TTGACTGTACAGGTAGCAATGGCAGGTGCCATGTTGATTGGTCTGCATCATCGCATCTGTTATACGACGAGCGCTTCGGTCT
TAACTGAAGCAGTTAAGCAATCAGATCTTCCTTCAGGTTATGACCATCTGTGCCAGTTCGTAATGTCTGGTCAACTTTCCGA
CTCTGAGAAACTTCTGGAATCGCTAGAGAATTTCTGGAATGGGATTCAGGAGTGGACAGAACGACACGGATATATAGTGGAT
GTGTCAAAACGCATACCATTTTGAACGATGACCTCTAATAATTGTTAA

（3）枯草芽孢杆菌 *ara*R 基因（灰色背景为编码序列）。

GCATTTTCTGTCAATGTTTTCTTACAAAGAACGCTGTGATATACTGAAATTTGTCCGTATACATTTTGGAGGAATGGATATG
TTACCAAAATACGCGCAAGTAAAAGAAGAAATCAGTTCTTGGATTAATCAAGGCAAAATACTGCCCGATCAAAAAATCCCTA
CCGAAAACGAATTAATGCAGCAATTCGGCGTCAGCCGGCATACCATCCGCAAAGCGATCGGAGACCTCGTATCACAAGGTCT
GCTGTACAGCGTGCAAGGCGGAGGCACCTTTGTCGCTTCACGCTCTGCTAAGTCAGCGCTGCATTCCAATAAAACGATCGGT
GTTTTGACAACTTACATATCAGACTATATTTTCCCGAGCATCATCAGAGGAATCGAGTCCTATTTAAGCGAGCAGGGGTATT
CTATGCTTTTGACAAGCACAAACAACAACCCGGACAATGAAAGAAGAGGCTTAGAAAACCTGCTGTCCCAGCATATTGACGG
ACTCATCGTAGAACCGACAAAAAGCGCCCTTCAAACCCCAAACATCGGCTATTATCTGAACTTGGAGAAAAACGGCATTCCT
TTTGCGATGATTAACGCGTCATATGCCGAGCTTGCCGCGCCAAGTTTTACCTTGGATGATGTGAAAGGCGGGATGATGGCGG
CGGAGCATTTGCTTTCTCTCGGCCACACGCATATGATGGGTATTTTTAAAGCTGATGACACACAAGGCGTGAAACGGATGAA
CGGATTTATACAGGCGCACCGGGAGCGTGAGTTGTTTCCTTCTCCGGATATGATCGTGACATTTACAACGGAAGAAAAAGAA
TCAAAACTTCTGGAGAAAGTAAAAGCCACACTGGAGAAAAACAGCAAGCACATGCCGACAGCCATTCTTTGTTATAACGATG
AAATTGCGCTGAAGGTGATTGATATGCTGAGGGAGATGGATCTTAAAGTGCCGGAGGATATGTCTATTGTCGGGTACGATGA
TTCACATTTCGCCCAAATCTCAGAAGTGAAACTAACCTCTGTCAAACATCCGAAATCAGTGCTTGGAAAAGCAGCCGCCAAA
TATGTCATTGACTGCTTAGAGCATAAAAAGCCGAAGCAAGAGGATGTCATATTTGAGCCTGAGTTGATCATTCGCCAGTCCG
CACGAAAACTGAATGAATAA

（4）金黄色葡萄球菌 *cat* 基因盒（ACCESSION. K01998，来源于质粒 pC194，灰色背景为编码序列）。

TCTTCAACTAAAGCACCCATTAGTTCAACAAACGAAAATTGGATAAAGTGGGATATTTTTAAAATATATATTTATGTTACAG
TAATATTGACTTTTAAAAAAGGATTGATTCTAATGAAGAAAGCAGACAAGTAAGCCTCCTAAATTCACTTTAGATAAAAATT
TAGGAGGCATATCAAATGAACTTTAATAAAATTGATTTAGACAATTGGAAGAGAAAAGAGATATTTAATCATTATTTGAACC
AACAAACGACTTTTAGTATAACCACAGAAATTGATATTAGTGTTTTATACCGAAACATAAAACAAGAAGGATATAAATTTTA
CCCTGCATTTATTTTCTTAGTGACAAGGGTGATAAACTCAAATACAGCTTTTAGAACTGGTTACAATAGCGACGGAGAGTTA
GGTTATTGGGATAAGTTAGAGCCACTTTATACAATTTTTGATGGTGTATCTAAAACATTCTCTGGTATTTGGACTCCTGTAA
AGAATGACTTCAAAGAGTTTTATGATTTATACCTTTCTGATGTAGAGAAATATAATGGTTCGGGGAAATTGTTTCCCAAAAC
ACCTATACCTGAAAATGCTTTTTCTCTTTCTATTATTCCATGGACTTCATTTACTGGGTTTAACTTAAATATCAATAATAAT
AGTAATTACCTTCTACCCATTATTACAGCAGGAAAATTCATTAATAAAGGTAATTCAATATATTTACCGCTATCTTTACAGG
TACATCATTCTGTTTGTGATGGTTATCATGCAGGATTGTTTATGAACTCTATTCAGGAATTGTCAGATAGGCCTAATGACTG
GCTTTTATAATATGAGATAATGCCGACTGTACTTTTTACAGTCGGTTTTCTAATGTCACTAACCTGCCCCGTTAGTTGAAGA
AGGTTTTTATATTACAGC

（5）枯草芽孢杆菌 *alsD* 基因及其上下游序列（下划线部分为 *alsD* 基因，灰色背景为同源臂 U_{alsD} 和 D_{alsD}，黑色部分为 G 区）。

CTAGAGCAGGCAGATGTTGTTCTGACGATCGGCTATGACCCGATTGAATATGATCCGAAATTCTGGAATATCAATGGAGACC
GGACAATTATCCATTTAGACGAGATTATCGCTGACATTGATCATGCTTACCAGCCTGATCTTGAATTGATCGGTGACATTCC
GTCCACGATCAATCATATCGAACACGATGCTGTGAAAGTGGAATTTGCAGAGCGTGAGCAGAAAATCCTTTCTGATTTAAAA
CAATATATGCATGAAGGTGAGCAGGTGCCTGCAGATTGGAAATCAGACAGAGCGCACCCTCTTGAAATCGTTAAAGAGTTGC
GTAATGCAGTCGATGATCATGTTACAGTAACTTGCGATATCGGTTCGCACGCCATTTGGATGTCACGTTATTTCCGCAGCTA
CGAGCCGTTAACATTAATGATCAGTAACGGTATGCAAACACTCGGCGTTGCGCTTCCTTGGGCAATCGGCGCTTCATTGGTG
AAACCGGGAGAAAAAGTGGTTTCTGTCTCTGGTGACGGCGGTTTCTTATTCTCAGCAATGGAATTAGAGACAGCAGTTCGAC
TAAAAGCACCAATTGTACACATTGTATGGAACGACAGCACATATGACATGGTTGCATTCCAGCAATTGAAAAAATATAACCG
TACATCTGCGGTCGATTTCGGAAATATCGATATCGTGAAATATGCGGAAAGCTTCGGAGCAACTGGCTTGCGCGTAGAATCA
CCAGACCAGCTGGCAGATGTTCTGCGTCAAGGCATGAACGCTGAAGGTCCTGTCATCATCGATGTCCCGGTTGACTACAGTG
ATAACATTAATTTAGCAAGTGACAAGCTTCCGAAAGAATTCGGGGAACTCATGAAAACGAAAGCTCTCTAGCACTCTGCGCA
TCACGACACTGTTTATGAACAGCACTAAATAAAAGGAGTGAAGGGAAATATGAAACGAGAAAGCAACATTCAAGTGCTCAG
CCGTGGTCAAAAAGATCAGCCTGTGAGCCAGATTTATCAAGTATCAACAATGACTTCTCTATTAGACGGAGTATATGACGGA
GATTTTGAACTGTCAGAGATTCCGAAATATGGAGACTTCGGTATCGGAACCTTTAACAAGCTTGACGGAGAGCTGATTGGGT
TTGACGGCGAATTTTACCGTCTTCGCTCAGACGGAACCGCGACACCGGTCCAAAATGGAGACCGTTCACCGTTCTGTTCATT
TACGTTCTTTACACCGGACATGACGCACAAAATTGATGCGAAAATGACACGCGAAGACTTTGAAAAAGAGATCAACAGCATG
CTGCCAAGCAGAAACTTATTTTATGCAATTCGCATTGACGGATTGTTTAAAAAGGTGCAGACAAGAACAGTAGAACTTCAAG
AAAAACCTTACGTGCCAATGGTTGAAGCGGTCAAAACACAGCCGATTTTCAACTTCGACAACGTGAGAGGAACGATTGTAGG
TTTCTTGACACCAGCTTATGCAAACGGAATCGCCGTTTCTGGCTATCACCTGCACTTCATTGACGAAGGACGCAATTCAGGC
GGACACGTTTTTGACTATGTGCTTGAGGATTGCACGGTTACGATTTCTCAAAAAATGAACATGAATCTCAGACTTCCGAACA
CAGCGGATTTCTTTAATGCGAATCTGGATAACCCTGATTTTGCGAAAGATATCGAAACAACTGAAGGAAGCCCTGAATAAAA
GAAAAAAAGAAAGCCCCTTTAGCAGGGCTTTCTTTTTATTTGGCTCTTTTCCTGATTTTAGATAAAATAACATCAAAACAG

TAAAGGTGTGGTCTGATGAAAATATTGGTTTTGGCAGTGCATCCTCATATGGAGACCTCAGTTGTTAATAAGGCGTGGGCTG
AGGAATTGAGTAAACATGACAATATCACAGTACGGGATCTTTATAAGGAATACCCGGATGAAGCGATAGATGTTGCGAAGGA
ACAGCAGCTGTGCGAGGAATACGATCGGATTGTCTTTCAATTCCCGCTATATTGGTACAGCTCTCCGCCGCTCTTGAAAAAA
TGGCAGGATCTTGTGCTGACTTATGGCTGGGCTTTTGGTTCAGAAGGAAATGCCTTGCATGGCAAGGAGCTGATGCTGGCTG
TATCAACAGGGAGCGAAGCGGAAAAATATCAAGCGGGCGGAGCAAATCATTACTCGATCAGTGAGCTATTGAAACCATTTCA
GGCCACGAGTAATCTGATCGGCATGAAGTATCTGCCTCCATATGTGTTCTATGGCGTGAATTATGCAGCTGCAGAGGATATT
TCTCACAGTGCAAAACGGTTAGCCGAATACATCCAGCAGCCTTTTGTTTAAAATACAGCCCTGTCCAACATACGGCAGGGCT
GTATTTGTTTAAAAATCCGGCAGCTCAGACAGGTTATTTTCCTTGATGCCGTCCGGTTCACTTCGCAAAATGTCACGCCCGT
ATTTATGGAAGACATCAACATGAGCGAGTTTTCCTGATTTTGCTTCTGACAGCGCAGTAGGGTAGTCGAGCTCTCTTCCTGT
ATTGGTTTTCACTGCGATAATATTGTCTTCCTCATTTCTTCTAACCGCAATAATTTCTTCTTTTCCAGATGGAACATTTTCT
TGATCGGCAGTTGTTTGCCGGGCTTTATACGATTCATATGCTGCTTCAAATTGATCCATATTTACACCTCCGCTTTT

二、重点和难点

（1）枯草芽孢杆菌基因组编辑的原理和操作方法。

（2）用于基因敲除的引物设计。

三、实　　验

实验一　枯草芽孢杆菌α-乙酰乳酸脱羧酶编码基因 *alsD* 的敲除

1. 实验材料和用具

（1）仪器和耗材　PCR 仪、超净工作台、电泳仪（电泳槽）、电转仪、小型台式离心机、水浴锅、摇床、摇管、移液器、EP 管等。

（2）菌株　枯草芽孢杆菌 *B. subtilis* 168Δ*araR* ∷ P_{ara}-*neo* [*B. subtilis* 168 基因组中 *araR* 被 P_{ara}-*neo*（受 P_{ara} 控制的 *neo* 替代）]。若无此菌株，可利用重叠构建 U_{araR}-P_{ara}-*neo*-D_{araR} 片段，电转化至 *B. subtilis* 168。然后利用含有新霉素的培养基筛选获得 *B. subtilis* 168Δ*araR* ∷ P_{ara}-*neo*。具体操作方法可见本章参考文献 [4]。

（3）试剂和溶液

①LB 培养基。

②10×Spizizen-基本盐培养基：$(NH_4)_2SO_4$ 20g/L，K_2HPO_4 183g/L，KH_2PO_4 60g/L，柠檬酸钠 12g/L，121℃高压蒸汽灭菌 20min。

③GMⅠ液体培养基：10×Spizizen 基本盐溶液 100mL，2%酸水解酪素 20mL，5%酵母提取物 20mL，40%葡萄糖 20mL，20% $MgSO_4 \cdot H_2O$ 1mL，0.5% L-色氨酸 10mL，加水至 1L。葡萄糖母液 115℃高压蒸汽灭菌 15min，其余母液 121℃高压蒸汽灭菌 20min。

④GMⅡ液体培养基：10×Spizizen 基本盐溶液 100mL，2%酸水解酪素 10mL，40%葡萄糖 20mL，20% $MgSO_4 \cdot H_2O$ 8mL，加水至 1L。

⑤LBS 培养基：LB 培养基中添加 91.1g/L 山梨醇，pH7.0～7.2，121℃高压蒸汽灭菌 15min。

⑥菌体洗涤液：山梨醇 91.1g/L，甘露醇 91.1g/L，甘油体积分数 10%，自然 pH，121℃高压蒸汽灭菌 15min。

⑦复苏培养基：蛋白胨 10g/L，酵母粉 5g/L，NaCl 10g/L，甘露醇 69.2g/L，121℃高压蒸汽灭菌 15min。

⑧生理盐水。

⑨60mg/mL 氯霉素溶液。

⑩30mg/mL 新霉素溶液。

⑪其他试剂略。

2. 操作步骤

（1）引物设计　根据 *alsD* 基因及其同源序列设计用于扩增上下游同源序列（U_{alsD} 和 D_{alsD}）及 G 区的引物，根据 *cat-araR* 序列设计其扩增引物。引物序列见表 8-1。

表 8-1　　**引物序列**

引物	序列（5′→3′）	备注
alsD-U1	CTAGAGCAGGCAGATGTTGTTC	扩增 U_{alsD}
alsD-U2	ATCAGGGTTATCCAGATTCGCACGGCTGAGCACTTGAATGTT	
alsD-D1	AACATTCAAGTGCTCAGCCGTGCGAATCTGGATAACCCTGAT	扩增 D_{alsD}
alsD-D2	ATGGGTGCTTTAGTTGAAGAAAAGCGGAGGTGTAAATATGGATC	
alsD-CR1	GATCCATATTTACACCTCCGCTTTTCTTCAACTAAAGCACCCAT	扩增 *cat-araR*
alsD-CR2	TCTCCGTCATATACTCCGTCTAATATTATTCATTCAGTTTTCGTGCG	
alsD-G1	CGCACGAAAACTGAATGAATAATATTAGACGGAGTATATGACGGAGA	扩增 G 区
alsD-G2	CTGTGTTCGGAAGTCTGAGATTC	

（2）敲除片段 U_{alsD}-D_{alsD}-*cat-araR-G* 的构建

①以 *B. subtilis* 168 基因组 DNA 为模板分别利用引物 *alsD-U1* 和 *alsD-U2*、*alsD-D1* 和 *alsD-D2* 以及 *alsD-G1* 和 *alsD-G2* 扩增 U_{alsD}、D_{alsD} 和 G 区。以已有 *cat-araR* 序列（或 *Bacillus subtilis* 168Δ*araR* ∷ P_{ara}-*neo* 基因组 DNA）为模板，利用引物 *alsD-CR1* 和 *alsD-CR2* 扩增用于重叠 PCR 的、具有融合序列的 *cat-araR*。

②上述片段经琼脂糖凝胶电泳并切胶回收后，以此为模板利用引物 *alsD-U1* 和 *alsD-G2* 通过重叠 PCR 扩增 U_{alsD}-D_{alsD}-*cat-araR-G*（具体方法见第三章第二节）。

（3）*B. subtilis* 168Δ*araR* ∷ P_{ara}-*neo* 感受态细胞的制备、转化及筛选（化学转化法）

①挑取活化的 *B. subtilis* 168Δ*araR* ∷ P_{ara}-*neo* 单菌落，接种至装有 5mL GMI 培养基的摇管中，37℃，200r/min 振荡培养过夜。

②取上述培养液 500μL，转接至新的 4.5mL GMⅠ培养基的摇管中，37℃，200r/min

振荡培养约 4.5h，使菌体达到对数生长的中后期。

③取上述培养液 750μL，转接至 4.25mL GMⅡ培养基的摇管中，37℃，240r/min 振荡培养约 1.5h，获得感受态细胞。

④取 1mL 上述感受态细胞培养物转移至无菌 EP 管中，再加入 0.5～2μg U_{alsD}-D_{alsD}-*cat*-*araR*-*G* 片段混匀，37℃，200r/min 振荡培养 1.5h。

⑤将上述 EP 管 10000×*g* 离心 2min，弃上清液至约 100μL，重悬细胞沉淀，涂布至含 6μg/mL 氯霉素的 LB 固体培养基平板上，37℃倒置培养至单菌落长出。

⑥挑取转化子单菌落，分别对应点接至含 30μg/mL 新霉素和 6μg/mL 氯霉素的 LB 固体培养基平板上，37℃倒置培养至菌落（菌苔）长出。

⑦挑取仅在含氯霉素 LB 固体培养基上生长的菌落，活化后提取基因组 DNA，用引物 *alsD*-*U*1 和 *alsD*-*G*2 进行 PCR 鉴定。

⑧鉴定正确的菌株即为第一次重组的菌株，将其接种至 LB 液体培养基摇管中，37℃，200r/min 振荡培养过夜，促使发生第二次重组。

⑨取 1μL 培养物加至 100μL 无菌水中，涂布于含 30μg/mL 新霉素的 LB 固体培养基平板，37℃倒置培养至单菌落长出。

⑩挑取转化子单菌落，分别对应点接至含 30μg/mL 新霉素和 6μg/mL 氯霉素的 LB 固体培养基平板上，37℃倒置培养至菌落（菌苔）长出。

⑪挑取仅在含新霉素的 LB 固体培养基平板上长出的菌落，利用引物 *alsD*-*U*1 和 *alsD*-*D*2 进行 PCR 鉴定。

⑫将鉴定正确的菌株命名为 *B. subtilis ΔalsD*，采用甘油法保存于－80℃。

（4）*Bacillus subtilis* 168*ΔaraR*∷P_{ara}-*neo* 感受态细胞的制备、转化及筛选（电转化法）

①挑取活化的 *B. subtilis* 168*ΔaraR*∷P_{ara}-*neo* 单菌落，接种至装有 5～10mL LB 液体培养基的摇管中，37℃，200r/min 振荡培养过夜。

②按 1%的接种量接种至 LB 液体培养基摇瓶，37℃，200r/min 振荡培养至 OD_{600}＝1.0～1.5，取出摇瓶冰浴 10min 至完全冷却。

③转移至预冷的离心管，于 4℃，5000×*g* 离心 5min，弃上清液。

④加入 1.5mL 预冷过的菌体洗涤液重悬菌体细胞，按 100μL/管分装至预冷的 EP 管中，转化或－80℃保存。

⑤向感受态细胞中加入 100～200ng U_{alsD}-D_{alsD}-*cat*-*araR*-*G* 片段混匀，转移至点转化杯（2mm）。

⑥将电击杯迅速放到电转仪槽内电转化（25μF，2300）。

⑦电击结束后，立即向电击杯中加入 1mL 37℃预热的复苏培养基，转移至无菌离心管，37℃，200r/min 复苏 3h。

后续操作同此步骤（3）中的⑤～⑫。

3. 实验结果

（1）敲除片段 U_{alsD}-D_{alsD}-*cat*-*araR*-*G* 的构建　引物 *alsD*-*U*1 和 *alsD*-*U*2、*alsD*-*D*1 和 *alsD*-*D*2、*alsD*-*G*1 和 *alsD*-*G*2 及 *alsD*-*CR*1 和 *alsD*-*CR*2 分别扩增出碱基数为 1009bp、1084bp、622bp 和 2118bp 的片段（图 8-3）。经重叠 PCR 后获得碱基数为 4700bp 的 U_{alsD}-

D_{alsD}-*cat*-*araR*-*G* 片段。

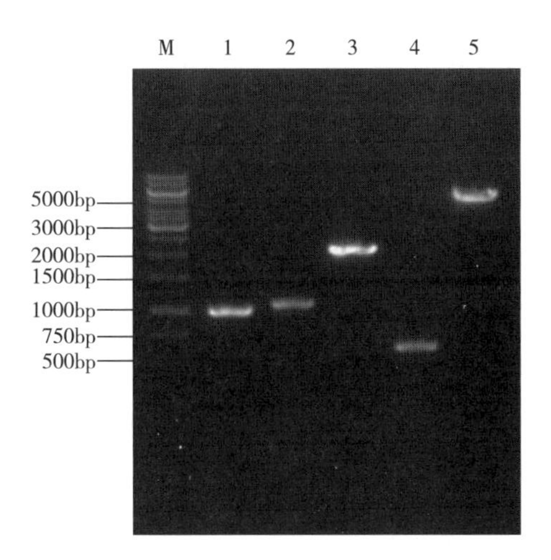

M—Marker　1～4—U_{alsD}、D_{alsD}、*cat*-*araR* 和 G　5—U_{alsD}-D_{alsD}-*cat*-*araR*-*G*

图 8-3　U_{alsD}-D_{alsD}-*cat*-*araR*-*G* 片段 PCR 产物图谱

(2) *alsD* 基因敲除菌株的鉴定　以第一次重组菌株基因组 DNA 为模板利用引物 *alsD*-*U*1 和 *alsD*-*G*2 扩增出碱基数为 4700bp 的条带（与 U_{alsD}-D_{alsD}-*cat*-*araR*-*G* 碱基数一致），而出发菌株扩增出碱基数为 1631bp 的条带［图 8-4（1）］。以第二次重组菌株基因组 DNA 为模板，利用引物 *alsD*-*U*1 和 *alsD*-*D*2 扩增出碱基数为 2032bp 的条带，而出发菌株扩增出碱基数为 2701bp 的条带［图 8-4（2）］。

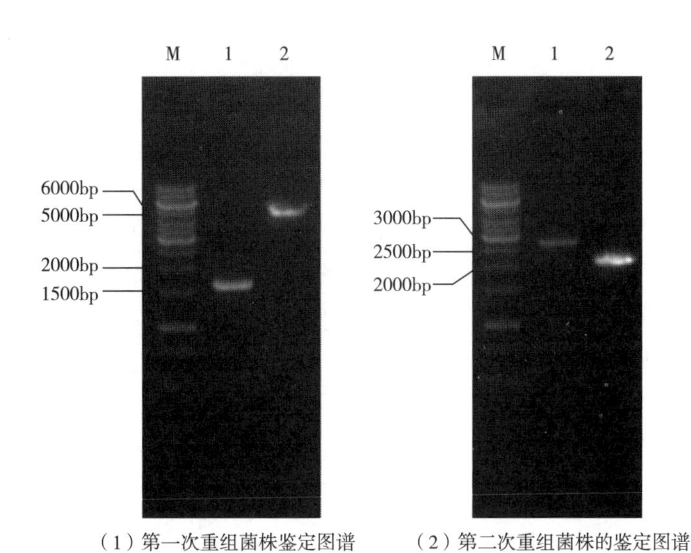

（1）第一次重组菌株鉴定图谱　　（2）第二次重组菌株的鉴定图谱

M—Marker　1—以出发菌株基因组 DNA 为模板，分别利用引物 *alsD*-*U*1 和 *alsD*-*G*2（A）及 *alsD*-*U*1 和 *alsD*-*D*2（B）的 PCR 扩增产物

2—分别以第一次重组菌株（A）和第二次重组菌株（B）基因组 DNA 为模板，利用引物 *alsD*-*U*1 和 *alsD*-*G*2 及 *alsD*-*U*1 和 *alsD*-*D*2 的 PCR 扩增产物

图 8-4　菌株鉴定图谱

四、常见问题及分析

获得的转化子较少：本实验是采用化学转化法获得重组菌株，效率相对较低。可采用电转化的方法提高转化率［第 180 页步骤（4）］。此外，还可适当延长同源臂以提高重组效率。

五、思 考 题

（1）本节所介绍的基因组编辑的原理是什么？

（2）除本节所介绍的方法外，是否还有其他方法能够实现枯草芽孢杆菌的基因组编辑？

第二节　解淀粉芽孢杆菌基因组编辑

解淀粉芽孢杆菌也是一种重要的工业微生物，与枯草芽孢杆菌遗传特性相近，用于 γ-聚谷氨酸、低聚果糖、表面活性素、伊枯草菌素、蛋白酶等生产。本节讲述解淀粉芽孢杆菌的无痕基因操作。

一、基 本 原 理

解淀粉芽孢杆菌基因组无痕基因操作是利用温度敏感型质粒结合 *upp*（尿嘧啶磷酸转移酶编码基因）反向筛选标记来进行基因组无痕操作的，利用该方法可以进行大片段无痕敲除、基因插入、点突变、启动子更换等基因操作。

（一）“打靶”载体

1. 温度敏感型质粒

在解淀粉芽孢杆菌中构建基因操作方法时，温度敏感型质粒是最佳选择。因为基于温度敏感型质粒的基因敲除方法，在进行单交换菌株的筛选时具有不依赖转化效率的特点。理论上而言，只要有一个转化子，便可以完成后续基因敲除突变株的筛选。温度敏感型质粒 pKSV7 由大肠杆菌质粒 pUC18 和芽孢杆菌质粒 $pBD95^{ts}$ 融合而来（图 8-5）。在大肠杆菌中利用 pUC18 上的 *ColE*1 复制子进行复制，而在芽孢杆菌中利用 $pBD95^{ts}$ 上的温度敏感型复制子进行复制。在 30℃时，能够在芽孢杆菌中维持大约 5 个拷贝。而在 37℃及以上条件下，质粒不能稳定复制，所携带的氯霉素抗性基因需要质粒整合入宿主染色体上才可以稳定遗传。

质粒 pKSV7 具有大肠杆菌复制子 *ColE*1 和一个芽孢杆菌的温度敏感型复制子 $pBD95^{ts}$，故该质粒能够在大肠杆菌和芽孢杆菌中复制，并在芽孢杆菌中呈现温度敏感性。该质粒含有 β-内酰胺酶编码基因 *bla* 和氯霉素乙酰转移酶编码基因 *cat*。多克隆位点 MCS 中含有酶切位点 *Hind* Ⅲ、*Sph* Ⅰ、*Pst* Ⅰ、*Sal* Ⅰ、*Xba* Ⅰ、*Bam* H Ⅰ、*Sma* Ⅰ、*Kpn* Ⅰ、*Sst* Ⅰ和 *Eco* R Ⅰ。需要注意的是，在载体上存在另外一个 *Sph* Ⅰ位点，因此在载体构建中不能使用 MCS 上的 *Sph* Ⅰ。

2. 反向筛选标记

解淀粉芽孢杆菌中比较成熟的反向筛选标记包括 *upp*，*mazF*，I-*Sce* Ⅰ等。其中，*mazF* 在大肠杆菌中编码毒素蛋白 MazF，MazF 毒素蛋白可以特异性地剪切 mRNA，从而抑制蛋白合成；I-Sce Ⅰ是核酸内切酶，需要在载体构建时添加 18bp 的识别位点，同

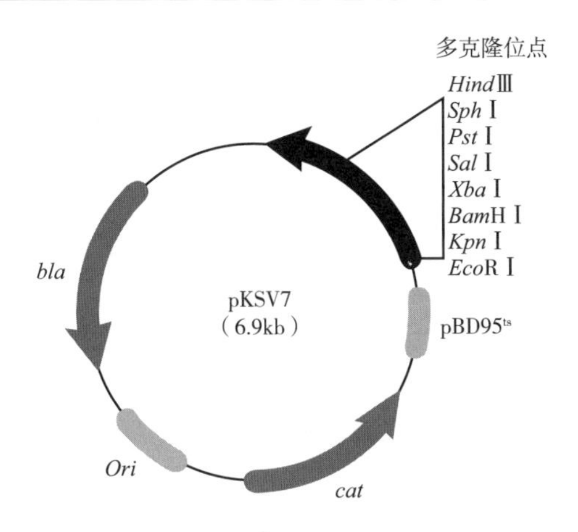

图 8-5 温度敏感型质粒 pKSV7 示意图

时表达相应的酶来进行染色体的切割。*upp* 基因编码尿嘧啶磷酸转移酶，该酶可以将尿嘧啶的类似物 5-氟尿嘧啶（5-FU）转化为 5-F-UMP，并被进一步代谢为 5-F-dUMP，而 5-F-dUMP 能够强烈抑制胸苷酸合成酶活性从而抑制细胞生长，导致细胞死亡。*upp* 相较于另外两种反向筛选标记具有以下优点：*upp* 是来自芽孢杆菌的内源基因，能够保证有效的表达来发挥作用；方法简单，无需引入特定序列或者添加诱导物的最佳选择。将来源于枯草芽孢杆菌 *B. subtilis* 168 的 *upp* 表达盒插入温敏质粒 pKSV7 中，得到 pKSU 载体（图 8-6），作为打靶载体骨架。

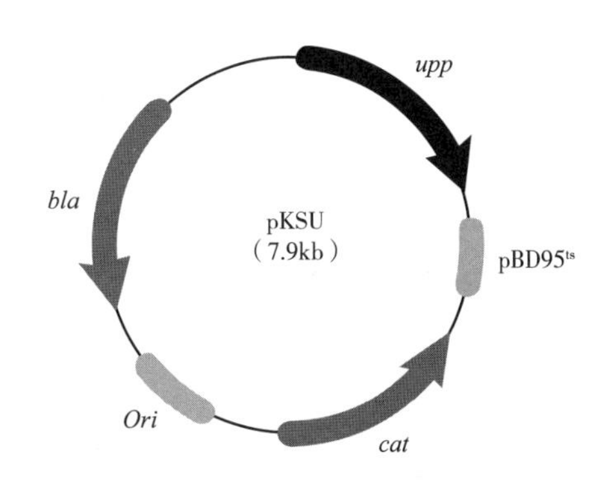

图 8-6 打靶载体 pKSU 示意图

（二）初始菌株

由于解淀粉芽孢杆菌本身含有 *upp* 基因，为了选用 *upp* 基因作为反向筛选标记，需要首先构建 *upp* 基因缺失菌株。利用温敏质粒，通过同源重组的方式，将解淀粉芽孢杆菌的 *upp* 基因进行敲除，得到突变菌株解淀粉芽孢杆菌 Δ*upp*（BAΔ*upp*），该菌株具有 5-氟尿嘧啶抗性，作为后期基因操作的初始菌株。

（三）无痕基因操作流程

无痕基因敲除（敲入）的原理如图 8-7 所示。首先目标基因/DNA 片段的上下游同源臂通过重叠 PCR 获得融合片段（即替换片段）并连接到温度敏感型质粒 pKSU 上，获得敲除质粒。将上述敲除质粒转化至 BAΔ*upp* 或其衍生菌株中，于 30℃条件下培养，促进敲除质粒的复制，然后转接到含有氯霉素的培养基中，42℃培养约 12h。这个过程中质粒容易发生丢失，只有通过其中的一个同源臂整合到染色体上时，氯霉素抗性才能得以保存（即第一次重组）。菌株基因组中因携带有来源于敲除质粒的 *cat* 基因盒而具有氯霉素抗性，此时通过氯霉素筛选获得第一次重组的菌株。此外，菌株还携带有来源于敲除质粒的 *upp* 基因盒，故具有 5-氟尿嘧啶敏感性。引物 *p*1 和 *p*2 能够结合到基因组上同源臂两侧，并且根据缺失片段的序列设计引物 *p*3。使用引物对 *p*1/*p*2（如果目标基因较短）或 *p*1/

$p3$（如果目标基因较长，利用 $p1/p2$ 无法进行 PCR 扩增或者扩增时间较长）筛选第一次同源重组的单交换菌株。

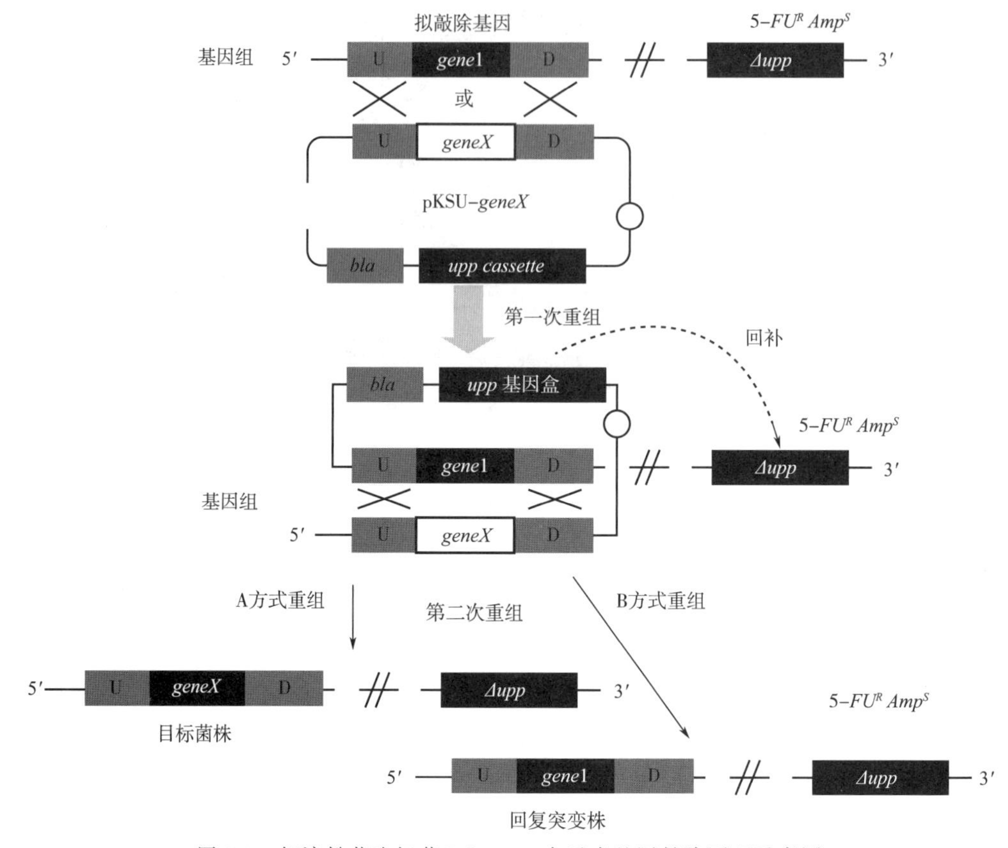

图 8-7　解淀粉芽孢杆菌 BAΔ*upp* 中无痕基因敲除原理示意图

于 42℃条件下培养，未整合的敲除质粒由于具有温度敏感性而无法复制，随菌体细胞的复制而丢失，在此过程中，菌株发生第二次同源重组，整合至基因组的敲除质粒，从基因组脱离，*cat* 和 *upp* 基因盒随之脱离，故第二次同源重组菌株不再具有氯霉素抗性，但具有 5-氟尿嘧啶抗性。利用该特性可将发生第二次同源重组的菌株筛选出来。需要注意的是，通过第二次同源重组最终可能出现回复突变株和基因敲除（或敲入）株两种基因型。使用引物 $p1/p2$ 进行 PCR 验证来区分，基因敲除菌株的 PCR 产物比野生型菌株短，对于高达 50kb 的长片段，恢复为野生型的菌株因为片段太长不会获得 PCR 产物。此外，用 $p1/p3$ 进行 PCR 验证可以排除可能存在突变菌株与野生型菌株混合的情况。最后，通过 DNA 测序可以验证所有缺失、突变、插入等。

本节介绍了利用温敏质粒结合 *upp* 反向筛选标记无痕操作系统进行 DNA 片段敲除和敲入。枯草芽孢杆菌中 *gudB* 是谷氨酸代谢中的关键基因，编码谷氨酸脱氢酶，是催化谷氨酸合成 α-酮戊二酸、谷氨酸下游代谢的重要基因之一。希望通过敲除 *gudB* 基因，阻断谷氨酸变成 α-酮戊二酸，提高胞内谷氨酸积累，从而提高聚谷氨酸产量。

基因 *gudB* 序列如下所示，下画线部分为目标敲除的 *gudB* 基因序列，灰色部分为上、下游同源臂。

TCAATCTGGACACCGATTTTTTCGAGAAAACCGTGATCCGGATGATATCCCGTCATGGCAAATACAAAATCGTTTTTCAGCC
TGACCGTCTCATTCCGGCCTGAGCGGAAAATGATCTCATCTTCCGTCACTTCTTCAAGACAAGCGCCGAATTCCATCCGGAT
CGTGCCGTTTCTGACGAGGGCCTCAAACTCGGGCAGAATCCACGGCTTGATGCTCGGGGAGTATTCATTCCCTCTGTAAAGC
ACCGTGACGCGCGCGCCGGACTTCACCAGTTCCAAAGCCGCGTCCACGCTTGAATTTTTCCCGCCGATTACGGCAACATCTT
TATCAAAATAAGGATGGCCTTCTTTAAAGTAATGAAATACCTTAGGAAGCTCTTCACCCGGTATGTTCATATAATTCGGATG
ATCATAATATCCTGTCGCAATAATACAAAACGGAGTGAGATAGCGGTCTTTTGACGTTTCTACAAGAAAACGGCCGTCTTCC
TGTTTTGTCACGCGCTCCACCGTTTCAAAGGCGTTTACGCGCAGCTCTTTTCTTCTGACAACCTCTCTGTAGTACGAGAGAG
CCTGAATTCTGACCGGTTTTCTGTTTTCCGTAATAAAGGCGACATCGCCGATTTCTAATTTTTCACTTGAACTGAAAAACGT
TTGGTGTGTCGGATAGTTATAAATGCTGTTTACGACATTTCCTTTTTCGATCACAAGGGCGTTCACGCCGATTTGCTTCAGA
TGTATAGCCGCCGATAATCCGCAAGGACCTCCGCCTATTATAATTGCTTTTTCTTCTGTCATGTCCTTCAACTCCTGCGATT
GGCATTTCCATCATAAGTTTCCACTCATATAAAAAATCTCCTATATCATCATAGGAGATTTTTTTGTTTATGCAAACGATT
GGTTTATATCCAGCCTCTGAAGCGCGAAGCCTCCGCCATTTTCCGCACGCCGACCATGTAAGCCGCAAGCCTCATGTCAATC
CGGCGGTTTTGGGACATTTCATAAATATTATTAAACGATTTTACCATCATATTTTCCAGTTTTTCTTCGACTTCTTCTTCAC
TCCAGTAGAAGCCCTGGTTATTTTGAACCCATTCGAAATAAGAAACCGTTACACCGCCGGCGCTCGCCAAAACATCGGGAAC
AAGCAGCGTTCCTTTATCTGTCAGGATTTTCGTTCCTTCCAGTGTCGTCGGTCCGTTTGCCGCCTCTACCACGATTTTCGCT
TTAATGCGGTCAGCGTTTTCATCTGTAATTTGGTTTTCTATCGCTGCCGGGACAAGTATATCACAGTCAAGCTCAAGCAGCT
CCTGATTCGTAATGGTGTCATTGAAAAGCTTCGTCACTGTTCCGAAGCTGTCTCTGCGGTCAAGCAGATAATCAATATCAAG
ACCGTCCGGATCGTAAAGACCTCCGTACGCGTCAGAAATTCCGACAACTTTCGCGCCGGCGTCATGCATAAACTTAGCCAGA
TAGCTGCCCGCGTTTCCGAAACCTTGTACGACGACGCGCGCGTTCTGAATATCAAGACCTTTTTCTTGGCCGCTTCTTTTA
TGCAGATGGTGACGCCTTTTGCTGTAGCTGATTCCCTGCCGTGGGATCCGCCCAGTACAAGCGGTTTTCCCGTAATAAAGCC
AGGTGAGTTAAATTCATCAATTCTTGAATATTCATCCATCATCCAAGCCATAATCTGCGAGTTTGTAAATACGTCTGGTGCC
GGGACATCTTTAGTCGGTCCGACAATCTGACTGATTGCTCTGACGTATCCTCTGCTCAGTCTTTCAAGCTCTCTGAATGACA
TATTTCTCGGATCACAAACAATTCCGCCTTTACCACCGCCATAAGGAAGATCAATAATTCCGCATTTTAAACTCATCCAGAT
AGAAAGTGCTTTCACCTCTTTTTCAGTTACATTCGGGTGAAAACGAATACCGCCTTTTGTCGGACCTACGGAATCATTGTGC
TGTGCACGATAGCCTGTAAATATTTTCACAGACCCGTCATCCATCCGAACCGGAATTTTAACCGTTAATAATCTGAGCGGCT
CTTTCAGCAGTTCATACACTTCTTCTGGATACCCCAATTTTTCCAGAGCTTTATGTATTACGGTTTGGGTTGATTTTAATAC
ATCATGTTTGTCTTCTTCATTATGACCGGTGAATCGATCGGCTTCCATTTGAGTTAACCTCCTAAAATCTTCTGTTTCTCTC
ATGCTCCCTTTCAGTGACTAGTATACACCTTCAATATCTCCGTGCATAGAAGAAAGACAATGATTTTTCCATTATTTCGCTT
AAAAAAAGACGGCCGCTGAAAACAGCTGCCGTTTCGTCTCTTTTTTTATGAAAAATGTCTCTCGATGGTCTCCACAGCATTG
CCGTCCATGATGAGTTTTCCGTACTCATGGAGCCTGTAAATCGTAATCGTCGCAGGGTGCCCGTATTCGGCCAGCACCGCGA
CAACGCCTTCTGCAGAACGGGAGCCGAGGTCTTCAAGACTTACATAGTACTGGTCCTCATAGTGGTAGACGGTTCCGCCGGT
AATCCCGATGCGATGAAGGCTCCCGGCAAGCTGAATGATATCTTCAAACGAATGGAACTGATAAATAATATCCGGGCTTTCG
TCAAGTTTGACCTGCATCTCGATATAATCGTCGTCATATTCGTCGTCTTCTGCGTCCGCGTCATGATTTTTCGTGACAATCA
CAACCATGCCTTGTGCCTGAAGAGAATATACTTCCACCGCGATCGGACCATTCGCTTCAAAGCCGAGCTCTGTATTTGCTTC
ATTCATCATATCTTTAAATAACTGGTGGACTTTAAACGAGTCCTTCCAGAGGTCTTCTTTTGTCAGTCCCCGATCAGTCAGA
TCGTCGAGGGTTAAAAAGATTTTAATCTTATTATAGTTCAGACGCTCAAGCCGCATAATGTTCCCTCCTGCCTCTTCTTGCA
CACAAATCATATAACACAGTATATGAATAAATGAGTCATAGGTTCTTAATTTGTTATCAGTTTACACCGTGTACAGCGGGAA
GACAAGCAGAATGCCGTTTTTATCG

此外，*icd* 基因编码异柠檬酸脱氢酶，该酶催化异柠檬酸合成 α-酮戊二酸，而 α-酮戊二酸是谷氨酸的重要来源之一。本研究将 *icd* 基因前串联一个 P_{C2UP} 强启动子，希望通过强化 *icd* 基因的表达，达到提高胞内 α-酮戊二酸浓度进而提高胞内谷氨酸浓度的目的，最终希望能够提高聚谷氨酸产量。

DNA 序列如下所示，下画线部分为插入的 P_{C2UP} 启动子序列，灰色部分为上、下游同源臂。

ACGCCCATTTCATTTTGCAGGAAGCTGATCAGCTTTTCAACTTCTTCAGAACCTTTCGCATACTCAATTCCGGCGTAAATAT
CTTCTGTATTTTCGCGGAAAATGACCATATCTGTATCTTCAGGGCGTTTGACCGGAGAAGGCACTCCTGTGAAATATCTGAC
AGGGCGCAGACACGTAAACAAATCAAGCTCCTGTCTCAGCGCTACGTTCAAAGAACGGATACCGCCGCCGACAGGTGTCGTC
AGAGGCCCTTTGATCGCGATGAAGTACTCTCTGATGTCTTCCAGCGTTTGGGCAGGGAGCCATTCACCTGTTTTATTATAAG
CCTTTTCACCGGCATAAACTTCTTTCCACGTGATTTTTTTCTCGCCTTTATATGCTTTTTCAACAGCGGCTTCCAAAACTTT
AGAAGCGGCATTCCAAATATCAGGGCCTGTGCCGTCGCCTTCAATAAACGGGATGATCGGATTATTTGGTACGTTTAATACT
CCATTAGAGACTGTAATTTTTTCACCTTGTGACACAATATTACCTCCCCTATTATAGTATAACATGTTAAACGATAGTTTGT
CTACCCTTTTCGACAAATTGATGATAATAAATAGTATAGGTATATAGTCGTGATTTAGTTGTTAGGAATTCTCAAGTATGTA
ATTCATATTTAGAAAACATTTTATTTTTCTTGTATAAAAAATAAAATGATTTTTCTCAAGATTCTATCAAAATTGTAAACCA
ACCCGGGCTTGATTAACAAGAGGCTAACGACATGAAAATCACCAGCCTCCCGTTTGATCAGGCTCTTTCATCAATCGGAACA
AAAGTCTGCTTATCCGGACCCGTGTATTCAGCGCGCGGGCGGATGAGGCGGTTGTTATCGTATTGCTCAAGAATGTGCGCGA
TCCATCCTGACATTCTGCTGACCGCAAAGATCGGCGTGAACAGATCGTGATCAATGCCGAGACTGTGGTAGACAGATGCGGA
ATAGAAATCAACGTTAGGCGGAAGTTTTTTCTCCGACGTCACGATTTCTTCGACACGGATTGACATGTCGTACCATTTGCTT
TCACCCGTCAGATTCGTCAGGCGTTTGCTCATTTCTTTTAAATGTTTGGCGCGCGGGTCCCCATGCTTATACACGCGGTGCC
CAAAGCCCATTACTTTTTCCTTTTTCTCCATTTTGCTGCGGATATAAGGCTCGGCATTT

二、重点和难点

（1）用于基因敲除和敲入质粒的构建方法。

（2）解淀粉芽孢杆菌无痕基因敲除和原理及操作方法。

三、实　　验

实验二　解淀粉芽孢杆菌谷氨酸脱氢酶编码基因 *gudB* 基因敲除

1. 实验材料和用具

（1）仪器和耗材　恒温振荡培养箱、恒温电热干燥箱、凝胶成像仪、高压灭菌锅、微量核酸蛋白测定仪、PCR 仪、漩涡振荡仪、恒温金属浴、紫外分光光度计、真空冷冻干燥仪、DNA 凝胶电泳仪、电转化仪、电转化杯、高效液相色谱检测系统、高速低温离心机、落地式低温离心机、移液器、pH 测定计、电子天平、磁力搅拌器等。

（2）菌株和质粒

①菌株：解淀粉芽孢杆菌 *Bacillus amyloliquefaciens* LL3。

②质粒：pKSU 质粒。

（3）试剂

①LB 培养基。

②LBS 培养基：将 20g LB Mix 加蒸馏水 800mL 溶解后，加入 92.1g 山梨醇，充分搅拌溶解后加入蒸馏水定容至 1L，高压蒸汽灭菌，常温保存备用。

③解淀粉芽孢杆菌电转复苏培养基：将 20g LB 混合物加蒸馏水 800mL 溶解后，加入 92.1g 山梨醇、70g 甘露醇，充分搅拌溶解后加入蒸馏水定容至 1L，高压蒸汽灭菌，−20℃保存备用。

④解淀粉芽孢杆菌电转清洗缓冲液：终浓度山梨醇 0.5mol/L，甘露醇 0.5mol/L，甘油 10%，高压蒸汽灭菌，−20℃保存备用。

⑤解淀粉芽孢杆菌电转重悬缓冲液：终浓度山梨醇 0.5mol/L，甘露醇 0.5mol/L，甘油 10%，PEG6000 14%，高压蒸汽灭菌，−20℃保存备用。

⑥等渗磷酸盐缓冲液（PBS，pH 7.4）：NaCl 8.0g，KCl 0.2g，$Na_2HPO_4 \cdot 12H_2O$ 3.58g，KH_2PO_4 0.272g 溶解于蒸馏水中并定容至 1L，调节 pH 至 7.4，高压蒸汽灭菌，4℃保存备用。

⑦大肠杆菌制备缓冲液Ⅰ：$CaCl_2$ 0.666g 溶于 80mL 蒸馏水中，加入 15mL 甘油，然后用蒸馏水定容至 100mL，高压蒸汽灭菌。常温放置，备用。

⑧5-氟尿嘧啶（5-FU）：母液浓度为 75mg/mL，将 375mg 5-氟尿嘧啶溶解于 5mL 二甲基亚砜中，−20℃保存备用。本实验所用工作浓度为 187.5μg/mL，使用时稀释。

⑨100mg/mL 氨苄青霉素。

⑩25mg/mL 氯霉素。

⑪DNA 聚合酶［LA Taq DNA 聚合酶、Ex Taq DNA 聚合酶、rTaq DNA 聚合酶购买自宝日医生物技术（北京）有限公司，Phanta Super-Fidelity DNA 聚合酶、2× Phanta Master Mix 购买自诺唯赞（南京）有限公司］。

⑫限制性内切酶。

⑬ClonExpress Ⅱ One Step Cloning Kit。

⑭*Bam* HⅠ甲基转移酶。

⑮*S*-腺苷甲硫氨酸。

⑯细菌基因组 DNA 提取试剂盒［天根生化科技（北京）有限公司］。

⑰琼脂糖凝胶纯化回收试剂盒。

⑱其他试剂略。

2. 操作步骤

（1）目标基因上下游同源臂的选择和引物设计

①同源臂位置：为了减少目标基因敲除对上下游基因转录或表达的影响（即“极性效应”），在设计敲除同源臂时候，应该保留基因 5′端和 3′端 3 的倍数个碱基，一般习惯两端各保留约 20 个氨基酸，即 60 个碱基（具体视目标基因大小，具体位置引物 GC 含量等而定）。

②同源臂大小：根据实验室经验，同源臂长度可在 600～1000bp，如果同源臂过短，会影响同源重组效率；若同源臂过长，PCR 过程中容易引入突变且提高了打靶载体构建难度。

根据经验，选择同源臂时，尽量不要包含完整基因，以防在载体构建、基因敲除过程中对宿主造成压力，影响实验效率。

③根据第三章第一节原则设计 *gudB* 基因序列和上下同源臂 PCR 扩增引物，见表 8-2。

表 8-2　*gudB* 基因序列和上下游基因序列 PCR 扩增引物

引物名称	序列（5′→3′）*	备注
GudB-UP-F	GTA*ggatcc*AAGCTCTTCACCCGGTATG（*Bam*H Ⅰ）	扩增上游同源臂 UP
GudB-UP-R	<u>ATCGATTCACCGG</u>TGCTTCGCGCTTCAGAGGC	
GudB-DN-F	<u>TGAAGCGCGAAGC</u>ACCGGTGAATCGATCGGCT	扩增下游同源臂 DN
GudB-DN-R	ACA*gtcgac*GCAGAAGACGACGAATATGAC（*Sal* Ⅰ）	
GudB-OUT-F	TTCCCGCCGATTACGGCAAC	敲除鉴定引物
GudB-OUT-R	TTTGAAGCGAATGGTCCGATC	

注：* 小写斜体代表酶切位点；下画线表示用于融合 PCR 的重叠序列。

其中 *GudB-UP-F* 和 *GudB-UP-R* 用于 PCR 扩增上游同源臂（UP），*GudB-DN-F* 和 *GudB-DN-R* 用于扩增下游同源臂（DN）。*GudB-OUT-F* 和 *GudB-OUT-R* 用于筛选第一次同源重组（单交换）和第二次同源重组（双交换）。

（2）基因组 DNA 提取　解淀粉芽孢杆菌基因组 DNA 提取方法主要参考的是天根细菌基因组 DNA 提取试剂盒说明书，但是由于解淀粉芽孢杆菌为革兰阳性菌，细胞壁较厚，因此在说明书基础上稍加修改，过程描述如下。

①取过夜培养的菌液约 1.5mL，10000×*g* 离心 1min，弃上清液。

②向菌体沉淀中加入 180μL TE 溶液（含有终浓度为 20mg/mL 的溶菌酶），将菌体充分吹打，振荡悬浮，37℃静置 30min。

③加 20μL 蛋白酶 K，吹打混匀。

④加入 220μL GB 缓冲液，振荡 30 s，70℃放置 10min，此时溶液应变清亮（如果菌体量过多，可能还是浑浊状态，但不影响后续操作）。

⑤加入 220μL 无水乙醇，振荡 30 s，使其充分混匀，此时可能出现絮状沉淀。

⑥将步骤⑤所得沉淀及溶液一同加入吸附柱 CB3 中，10000×*g* 离心 30 s，弃废液，将 CB3 放回收集管中。

⑦向 CB3 中加入 500μL GD 溶液，10000×*g* 离心 1min，弃收集管中废液，将 CB3 放回收集管中。

⑧向 CB3 中加入 600μL PW 清洗液，10000×*g* 离心 1min，弃废液，将 CB3 放回收集管。

⑨重复步骤⑧。

⑩将 CB3 放回收集管中，10000×*g* 离心 2min，弃废液，并将 CB3 放入一个干净的 1.5mL 离心管，室温放置 5min。

⑪向 CB3 吸附膜中间位置悬空加入 100μL 65℃预热的 TE 洗脱液，室温放置 2min 后 10000×*g* 离心 1min。

⑫利用琼脂糖凝胶电泳检测基因组 DNA。

（3）上下游同源臂融合片段的构建

①以解淀粉芽孢杆菌基因组 DNA 为模板，利用引物 *GudB-UP-F/R* 以及 *GudB-DN-F/R* 进行上下游同源臂的 PCR 扩增，琼脂糖凝胶电泳后回收扩增产物。

②采用重叠 PCR 方法以上下游同源臂的 PCR 扩增产物为模板，利用引物 *GudB-UP-F* 和 *GudB-DN-R* 进行重叠 PCR（详见第三章第二节）。

③琼脂糖凝胶电泳后，回收扩增产物，获得上下游同源臂融合片段。

（4）敲除载体（打靶载体）的构建

①利用限制性内切酶 *Bam* HⅠ和 *Sal* Ⅰ分别酶切上下游同源臂融合片段和 pKSU 质粒，酶切体系如表 8-3 所示。

表 8-3　*Bam* HⅠ和 *Sal* Ⅰ双酶切体系

成分	使用量	成分	使用量
10×Fast Digest Buffer	2μL	*Sal* Ⅰ	1μL
pKSU/敲除片段	700ng/200ng	去离子水	至 20μL
Bam HⅠ	1μL		

②将上述体系置于 37℃静置反应 45min，然后 65℃ 5min 将限制性内切酶进行失活。1.0%琼脂糖凝胶电泳进行分离纯化，然后进行浓度检测。

双酶切时需要注意两个酶的反应温度和失活温度。酶切体系 20μL 最佳，体系内温度较恒定，酶切效果好。

③将酶切片段和载体进行连接（载体与片段分子个数在 1∶7～1∶3），连接体系如表 8-4 所示，22℃反应 1h 或者 16℃过夜反应。

表 8-4　连接体系

成分	使用量	成分	使用量
载体	约 50ng	T4 连接酶	1.0μL
片段	约 50ng	去离子水	至 10.0μL
10×Buffer	1.0μL		

载体与片段总量不要超过 100ng，且载体与片段的分子个数为 1∶7 效率佳。

④上述连接物转化入 *E. coli* DH5α 感受态细胞中，活化后涂布于含终浓度为 100μg/mL 氨苄青霉素的 LB 固体培养基平板，于 37℃倒置培养过夜。

⑤挑取单菌落利用引物 *GudB-UP-F* 和 *GudB-DN-R* 进行菌落 PCR 及 *Bam*HⅠ和 *Sal* Ⅰ双酶切鉴定，重组质粒转化和转化再筛选详见第四章第四节。

若同源臂中含有完整基因，可能导致载体构建、转化后筛选以及培养困难。可以在转化后活化，培养以及扩大培养时采用 30℃。

⑥验证正确的载体可通过测序进一步鉴定。

（5）解淀粉芽孢杆菌感受态细胞的制备

①制备种子液：将放置于－80℃保存的菌株在固体 LB 培养基平板上划线活化，将单菌落挑取至装有 25mL LBS 培养基的 100mL 三角瓶中，37℃过夜培养。

②按接种量为 1% 接种到装有 100mL LBS 液体培养基的 500mL 三角瓶中，37℃，200r/min 振荡培养至 OD_{600}≈0.5。

③将上述培养物倒入预冷的离心管中，冰上放置 30min 使菌体停止生长。

④4℃，8000×*g* 离心 20min，尽量除去上清液。

⑤加入 30mL 电转清洗缓冲液将菌体重悬，4℃，8000×*g* 离心 20min，去除上清液。

⑥重复步骤⑤两次。

⑦洗涤后的菌体用适量重悬缓冲液进行重悬，100μL/管进行分装，－80℃保存。

如果重悬菌体过程中感觉较为黏稠，可用电转清洗缓冲液重复洗涤数次；最后加入重悬缓冲液后，菌液微微淡黄色为宜，证明菌体浓度较高，但是不宜过高。

（6）敲除载体去甲基化及甲基化处理　由于解淀粉芽孢杆菌的限制修饰系统较为复杂，前期摸索其转化条件时发现，需要对敲除质粒进行甲基化和去甲基化。

①将敲除载体转化至 *E. coli* JM110 或 GM2163 中，将 *dam* 和 *dcm* 位点进行去甲基化处理。

②从 *E. coli* JM110 菌株中提取敲出质粒后，用 *Bam*H Ⅰ甲基转移酶对其进行 *Bam*H Ⅰ位点的甲基化，反应体系如表 8-5 所示。37℃反应 1h，80℃处理 5min 失活，纯化回收备用。

表 8-5　*Bam*H Ⅰ甲基转移酶反应体系　　单位：μL

成分	体积	成分	体积
10×Bam H Ⅰ Buffer	10	*Bam* H Ⅰ甲基转移酶	1
S-腺苷甲硫氨酸	1	去离子水	88

（7）电转化

①将敲除质粒、解淀粉芽孢杆菌感受态细胞、2mm 电转杯、复苏培养基置于冰上，充分冷却。

②将 200ng 敲除质粒加入感受态菌体中，混匀后转移到预冷电转杯中，冰上放置 2min。

③电击转化（2300V，5ms）后，迅速加入复苏培养基，30℃复苏 3h。

④8000×*g* 离心 2min 后涂布于含终浓度为 5μg/mL 氯霉素的 LB 固体培养基平板，30℃倒置培养 24～48h，直至长出单菌落。

⑤挑取菌落至含终浓度为 5μg/mL 氯霉素的 LB 液体培养基中，30℃，200r/min 振荡培养后，用 pKSU 上的通用引物 *pKSU-JCF*（5′-GGATATATTGTTCCAGGTCTC-3′）/*pKSU-JCR*（5′-GATGTGCTGCAAGGCGATTAA-3′）进行菌液 PCR，检测敲除质粒是否转入解淀粉芽孢杆菌中。

⑥将成功转入敲除质粒的菌株－80℃甘油管保存或进行后续实验。

（8）*gudB* 基因敲除

①从 $-80℃$ 冰箱中取出获得转化成功的菌株液，在含终浓度为 5μg/mL 氯霉素的 LB 固体培养基平板划线，30℃倒置培养至长出单菌落。

②挑取单菌落至含终浓度为 5μg/mL 氯霉素的 LB 液体培养基摇管中，30℃，220r/min 培养过夜。

③以 1%的接种率转接至含终浓度为 5μg/mL 氯霉素的 LB 液体培养基摇管中，42℃，220r/min 培养 12h 后转接至同样的 LB 液体培养基摇管中，如此传代 3 次。

④将菌液稀释涂布至含终浓度为 5μg/mL 氯霉素的 LB 固体培养基平板，42℃培养过夜。

⑤挑取单菌落，用 *GudB-OUT-F* 和 *GudB-OUT-R* 引物进行菌液 PCR，筛选第一次发生同源重组的单交换菌株。

⑥将验证成功的单交换菌株转接至 LB 液体培养基摇管中，42℃，200r/min 振荡培养，约 12h 再转接一次，如此传代 3 次。

⑦将菌液稀释涂布到添加 5-氟尿嘧啶（终浓度为 187.5μg/mL）的 LB 固体培养基平板上，42℃倒置培养过夜。

⑧挑取单菌落，再次用 *GudB-OUT-F* 和 *GudB-OUT-R* 引物进行菌液 PCR，筛选第二次发生同源重组的双交换菌株，同时区分恢复野生型的菌株和目标基因敲除菌株。

⑨将 PCR 鉴定正确的菌株，用高保证 DNA 聚合酶进行 PCR 扩增，对 PCR 产物进行测序进一步鉴定，保证没有在同源臂中引入点突变、移码突变等，最终获得 *gudB* 基因敲除菌株。

⑩所得 *gudB* 基因敲除菌株，在 LB 固体培养基平板划线后，将单菌落对点在 LB 固体培养基平板和含氯霉素的 LB 固体培养基平板，筛选/验证所得菌株为氯霉素敏感型菌株，保证敲除载体的彻底消除，以防影响后续菌株改造。

⑪验证是氯霉素敏感型的 *gudB* 敲除菌株在 LB 液体培养基摇管中培养后，$-80℃$甘油管保存。

3. 实验结果

解淀粉芽孢杆菌基因组 DNA 琼脂糖凝胶电泳：解淀粉芽孢杆菌基因组 DNA 琼脂糖凝胶电泳图谱如图 8-8 所示，基因组 DNA 呈单一条带。

①敲除载体 pKSU-*gudB* 酶切验证：提取敲除载体 pKSU-*gudB*，利用 *Bam*H Ⅰ和 *Sal* Ⅰ进行双酶切，琼脂糖凝胶电泳图谱如图 8-9 所示。pKSU-*gudB* 经双酶切共获得碱基数约为 7900bp 和 1800bp 的条带，分别与 pKSU 和上下游同源臂融合片段碱基数一致，表明敲除载体构建成功。

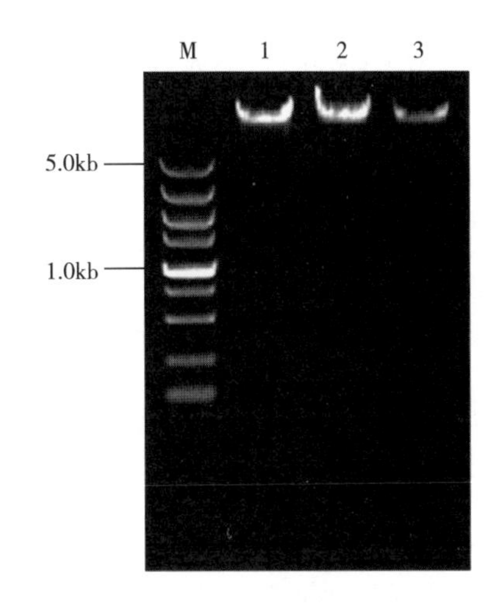

M—Marker 5000　1～3—解淀粉芽孢杆菌基因组 DNA

图 8-8　解淀粉芽孢杆菌基因组 DNA 电泳图谱

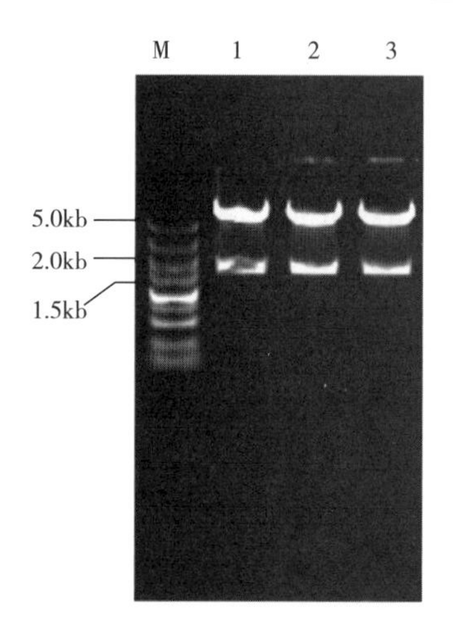

M—Marker 5000　1～3—敲除载体双酶切

图 8-9　敲除载体 pKSU-*gudB* 双酶切图谱

②第一次同源重组（单交换）菌株菌液 PCR 筛选（鉴定）：利用引物 *GudB-OUT-F* 和 *GudB-OUT-R* 对第一次同源重组（单交换）的菌株培养物进行菌液 PCR，以出发菌株为对照。如菌株发生单交换，由于插入了约 9kb 的质粒（在 *GudB-OUT-F* 和 *GudB-OUT-R* 之前），故短时间内无法 PCR 扩增获得。而未发生重组的菌株则可获得 2758bp 的产物。泳道 2、3 和 8 的为碱基数与对照（泳道 8）一致的条带，表明未进行第一次同源重组，而泳道 4～7 未扩增出产物（图 8-10），故认为成功实现第一次重组。

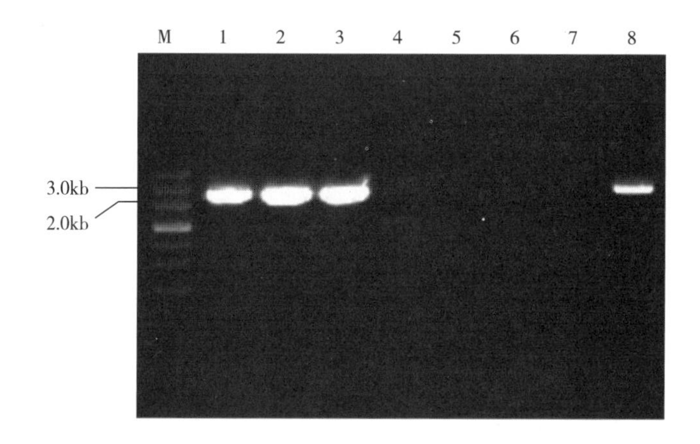

M—Marker　1—以出发菌株基因组 DNA 为模板，利用引物 *GudB-OUT-F* 和 *GudB-OUT-R* 进行 PCR 扩增产物（对照）

2～8—以第一次重组菌株液体培养物为模板，利用引物 *GudB-OUT-F* 和 *GudB-OUT-R* 进行 PCR 扩增产物

图 8-10　第一次重组菌株菌液 PCR 扩增产物图谱

③第二次同源重组（双交换）菌株菌液 PCR 筛选（鉴定）　在第二次同源重组（双交换）过程中，出现回复突变和 *gudB* 被敲除两种基因组。利用引物 *GudB-OUT-F* 和 *GudB-OUT-R* 对第二次同源重组（双交换）的菌株培养物进行菌液 PCR，以出发菌株为对照。若发生回复突变则获得与出发菌株碱基数一致的条带（2758bp），而第二次同源重组（双交换）菌株则获得碱基数为 1534bp 的条带。如图 8-11 所示，泳道 3、4、6、7、8、9 中条带碱基数与对照（泳道 12）一致，推测为回复突变型。泳道 2、10、11 中条带碱基数为 1500bp 左右，推测双交换成功即 *gudB* 被敲除。而泳道 1 无条带、泳道 5 出现多种条带，推测由于菌液中物质较多，可能对 PCR 体系存在干扰作用。故提取泳道 2、10、11 对应菌株的基因组 DNA，利用引物 *GudB-OUT-F* 和 *GudB-OUT-R* 进行 PCR 扩增并对产物进行测序，结果表明 *gudB* 被成功敲除。

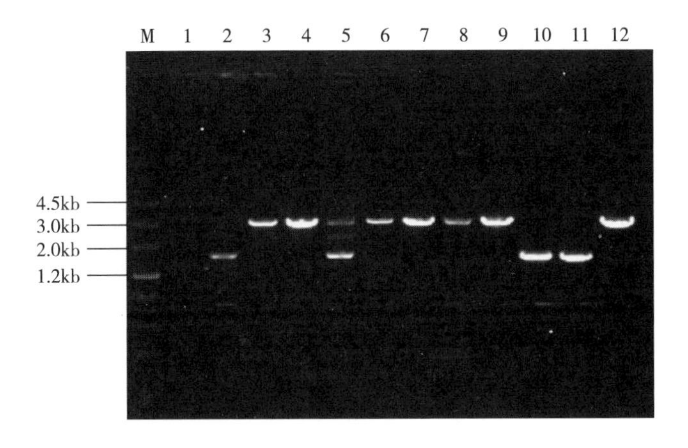

M—Marker　1～11—以第一次重组菌株液体培养物为模板，利用引物 *GudB-OUT-F* 和 *GudB-OUT-R* PCR 扩增产物
12—以出发菌株基因组 DNA 为模板，利用引物 *GudB-OUT-F* 和 *GudB-OUT-R* PCR 扩增产物

图 8-11　第二次重组菌株菌液 PCR 扩增产物图谱

实验三　解淀粉芽孢杆菌异柠檬酸脱氢酶编码基因 *icd* 过表达

1. 实验材料和用具

（1）仪器和耗材　同本章实验一。

（2）菌株和质粒　同本章实验一。

（3）试剂　同本章实验一。

2. 操作步骤

（1）目标基因上下游同源臂、强启动子的选择和引物设计

①同源臂位置：为了更加强化 *icd* 基因的转录和表达，将强启动子 P_{C2UP} 插入 *icd* 基因 RBS 与其自身启动子 P_{icd} 之间，达到原始启动子和强启动子“串联”的效果（图 8-12）。因此，上游同源臂为 *icd* 基因 RBS 往前 500bp 左右，下游同源臂为包括 *icd* 基因 RBS 在内的下游约 500bp。

本实验旨在展示基因敲入的方法，有时启动子串联可能会影响基因的转录，因此多采用强启动子替换自身启动子的方式进行过表达。

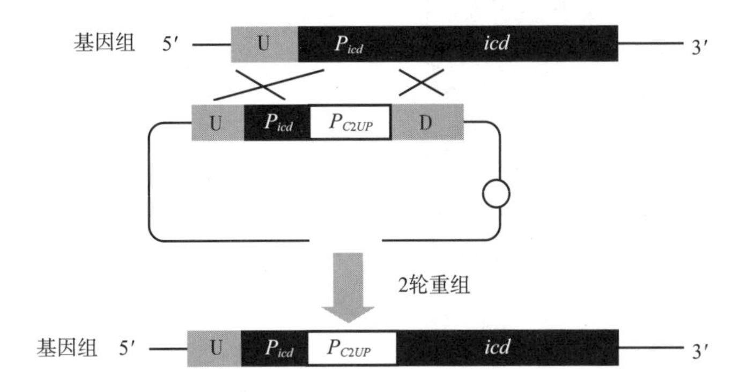

图 8-12　*icd* 基因前插入强启动子 P_{C2UP} 的替换片段选择和构建示意图

②同源臂大小和注意事项同本章实验一，引物序列如表 8-6 所示。

表 8-6　　引物序列

引物名称	序列（5′→3′）*
P_{C2up}-*Icd*-1F	**CGGGGATCCTCTAGAGTCGAC**ACGCCCATTTCATTTTGCAGG
P_{C2up}-*Icd*-1R	CATGTTATACTATAATAGGGGAGGTAATATTGTGTCACAAGG
P_{C2up}-*Icd*-2F	GACACAATATTACCTCCCCTATTATAGTATAACATGTTAAACG
P_{C2up}-*Icd*-2R	AAATATGAATTACATACTTGAGAATTCCTAACAACTAAATC
P_{C2up}-*Icd*-3F	AGTTGTTAGGAATTCTCAAGTATGTAATTCATATTTAGAAAAC
P_{C2up}-*Icd*-3R	**CTTGCATGCCTGCAGGTCGAC**AAATGCCGAGCCTTATATCCGCAGC
Icd-OUT-F	GGACAAGTGTAACAGATTTACGGC
Icd-OUT-R	CCGATATTTACTCAGGCATCAC

注：加粗代表用于重组连接的重组序列；下画线表示用于融合 PCR 的重叠序列。

P_{C2up}-*Icd*-1F 和 P_{C2up}-*Icd*-1R 用于 PCR 扩增上游同源臂（UP），P_{C2up}-*Icd*-2F 和 P_{C2up}-*Icd*-2R 用于扩增 P_{C2UP} 启动子，P_{C2up}-*Icd*-3F 和 P_{C2up}-*Icd*-3R 用于扩增下游同源臂（DN），*Icd-OUT-F* 和 *Icd-OUT-R* 用于筛选第一次同源重组（单交换）和第二次同源重组（双交换）。

（2）解淀粉芽孢杆菌基因组 DNA 的提取　同本章实验一。

（3）上游同源臂-P_{C2up}-下游同源臂融合片段的扩增

①分别利用引物 P_{C2up}-*Icd*-1F 和 P_{C2up}-*Icd*-1R、P_{C2up}-*Icd*-2F 和 P_{C2up}-*Icd*-2R 及 P_{C2up}-*Icd*-3F 和 P_{C2up}-*Icd*-3R 扩增上游同源臂、P_{C2up} 和下游同源臂，并对产物进行回收。

②以上游同源臂、P_{C2up} 和下游同源臂等摩尔混合物为引物，利用引物 P_{C2up}-*Icd*-1F 和 P_{C2up}-*Icd*-3R 进行重叠 PCR 扩增，获得上游同源臂-P_{C2up}-下游同源臂融合片段，对其进行回收（详见第三章第二节）。

（4）敲入载体 pKSU-P_{C2UP}-*icd* 的构建

①用限制性内切酶 *Sal* Ⅰ对 pKSU 质粒进行酶切，然后进行琼脂糖凝胶电泳并回收。

②利用同源重组的方法将上游同源臂-P_{C2up}-下游同源臂融合片段与线性化 pKSU 质粒连接（方法详见第四章第二节）。

（5）后续步骤同本章实验一。

3. 实验结果

（1）敲入载体 pKSU-P_{C2UP}-*icd* 酶切验证　提取敲除载体 pKSU-P_{C2UP}-*icd*，利用 *Sal* Ⅰ进行单酶切，琼脂糖凝胶电泳图谱如图 8-13 所示。pKSU-P_{C2UP}-*icd* 经酶切共获得碱基数约为 7900bp 和 1200bp 的条带，分

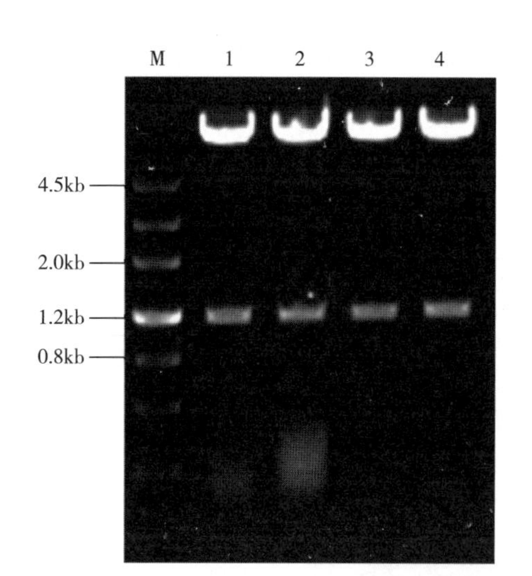

M—Marker 5000　1～4—敲除载体双酶切样品

图 8-13　敲除载体 pKSU-P_{C2UP}-*icd* 双酶切图谱

别与 pKSU 和上下游同源臂融合片段碱基数一致，表明敲除载体构建成功。

（2）第一次同源重组（单交换）菌株菌液 PCR 筛选（鉴定）　利用引物 *Icd-OUT-F* 和 *Icd-OUT-R* 对第一次同源重组（单交换）的菌株培养物进行菌液 PCR，以出发菌株为对照。如菌株发生单交换，由于插入了约 9kb 的质粒（在 *Icd-OUT-F* 和 *Icd-OUT-R* 之前），故短时间内无法用 PCR 扩增获得，而未发生重组的菌株则可获得 1339bp 的产物。泳道 1～3 和 8 为碱基数与对照一致的条带，表明未进行第一次同源重组，而泳道 4～7、9～11 未扩增出产物（图 8-14），故认为成功实现第一次重组。

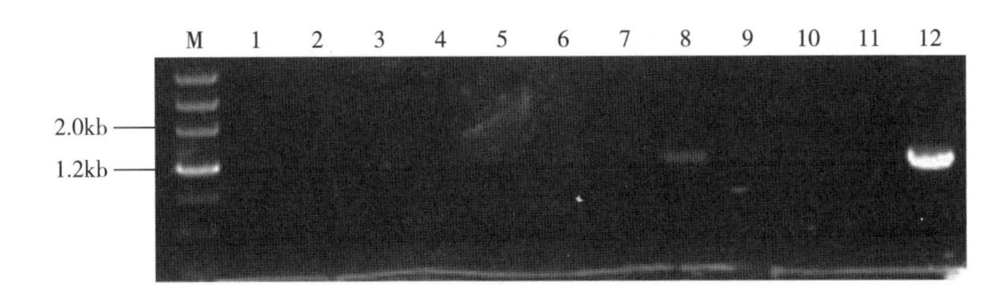

M—Marker　1～11—以第一次重组菌株液体培养物为模板，利用引物 *Icd-OUT-F* 和 *Icd-OUT-R* PCR 扩增产物
12—以出发菌株基因组 DNA 为模板，利用引物 *Icd-OUT-F* 和 *Icd-OUT-R* PCR 扩增产物

图 8-14　第一次重组菌株菌液 PCR 扩增产物图谱

（3）第二次同源重组（双交换）菌株菌液 PCR 筛选（鉴定）　在第二次同源重组（双交换）过程中，出现回复突变和 *gudB* 被敲除两种基因。利用引物 *Icd-OUT-F* 和 *Icd-OUT-R* 对第二次同源重组（双交换）的菌株培养物进行菌液 PCR，以出发菌株为对照。若发生回复突变则获得与出发菌株碱基数一致的条带（1339bp），而第二次同源重组（双交换）菌株则获得碱基数为 1447bp 的条带。如图 8-15 所示，泳道 2～5 中条带为 1447bp，推测双交换成功。故提取泳道 2～5 对应菌株的基因组 DNA，利用引物 *Icd-OUT-F* 和 *Icd-OUT-R* 进行 PCR 扩增并对产物进行测序，结果表明 P_{C2UP} 被成功敲入。

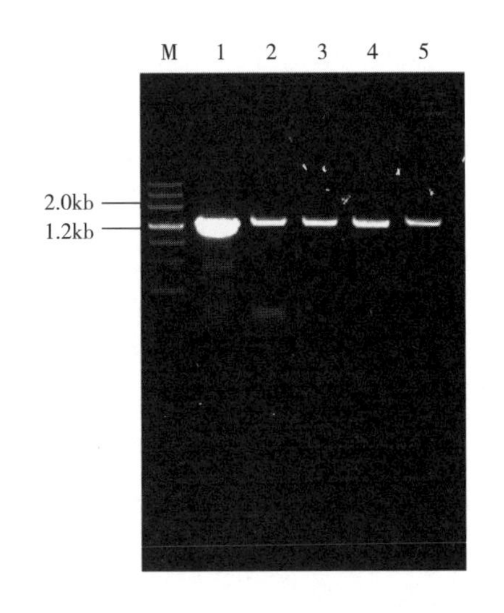

M—Marker　1—以出发菌株基因组 DNA 为模板，利用引物 *Icd-OUT-F* 和 *Icd-OUT-R* PCR 扩增产物
2～5—以第一次重组菌株液体培养物为模板，利用引物 *Icd-OUT-F* 和 *Icd-OUT-R* PCR 扩增产物

图 8-15　第二次重组菌株菌液 PCR 扩增产物图谱

此外，由于插入启动子序列仅为 108bp，故恢复野生型突变菌株与插入突变菌株之间差异不够明显，因此利用引物 *Icd-OUT-F* 与启动子下游引物 P_{C2up}-*Icd*-2*R* 再次进行 PCR 验证，P_{C2up} 菌株菌液 PCR 产物约 776bp，但出发菌株由于无 P_{C2up} 序列故无法扩增出特异性条带。结果如图 8-16 所示，泳道 1～4 中的条带碱基数为 776bp，而对照组中则无，进一步表明，P_{C2up} 成功插入。

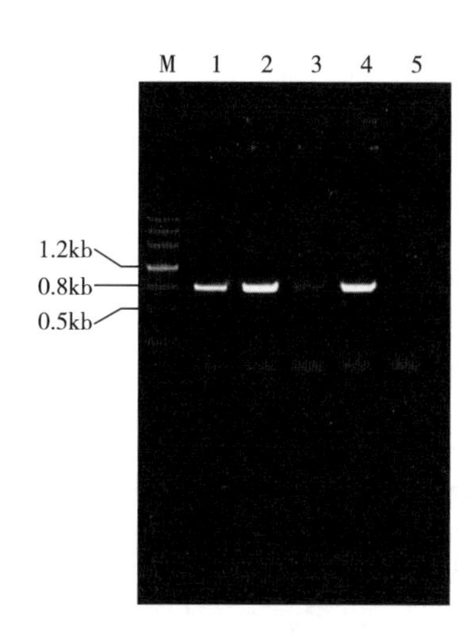

M—Marker　1～4—以第一次重组菌株液体培养物为模板，利用引物 *Icd-OUT-F* 和 P_{C2up}-*Icd-2R* PCR 扩增产物
5—以出发菌株基因组 DNA 为模板，利用引物 *Icd-OUT-F* 和 P_{C2up}-*Icd-2R* 扩增产物

图 8-16　第二次重组菌株菌液 PCR 扩增产物图谱

四、常见问题及分析

1. 无法获得基因敲除菌株（即筛选双交换时均为野生型）

（1）可能是实验设计问题　分析实验设计，是否确实为框内敲除，即不会影响上下游基因组片段。如果影响了上下游基因的表达，那么重新设计敲除载体。

（2）基因可能在此培养条件下为细菌生长所必需的　查阅文献，考证该基因是否为细菌生长必需基因，或者如果敲除该基因是否会导致该菌株生长明显受到抑制。如果是，放弃基因敲除，可以考虑用 sRNA 等方法抑制基因部分转录，而不是完全敲除。

2. 电击转化时没有显示转化时间（即电转不成功）

（1）可能是电转杯没有清洗干净，存在离子。需要换一个电转杯，再次尝试。

（2）可能是感受态细胞制备过程中清洗不够彻底，感受态细胞中有金属离子。需要重新制备感受态细胞，或者用其他菌株感受态细胞做对照，排除感受态细胞的问题。

3. 启动子较短（一般为 100～200bp，通过琼脂糖凝胶电泳无法区分野生型菌株和成功插入启动子的突变菌株）

（1）提高琼脂糖凝胶浓度。

（2）进行第二轮 PCR，引物分别从启动子内部以及上游或下游同源臂进行设计，能够用 PCR 扩增出特异性产物的即为启动子插入成功的突变菌株。

五、思　考　题

（1）简述基因敲除或敲入的过程与原理。

（2）如果要敲除大片段（20kb），如何设计筛选单交换和双交换的检测引物？

（3）如何利用无痕基因操作技术实现某个碱基的点突变？

参考文献

［1］Spizizen J. Transformation of biochemically deficient strains of *Bacillus subtilis* by deoxyribonucleate［J］. Proceedings of the National Academy of Sciences of the United States of America，1958，44（10）：1072-1078.

［2］Anagnostopoulos C，Spizizen J. Requirements for transformation in *Bacillus subtilis*［J］. Journal of Bacteriology，1961，81（5）：741-746.

[3] Fabet C, Ehrlich S D, Noirot P. A new mutation delivery system for genome-scale approaches in *Bacillus subtilis* [J] . Molecular microbiology, 2002, 46 (1): 25-36.

[4] Zhang X Z, Yan X, Cui Z L, et al. *mazF*, a novel counter-selectable marker for unmarked chromosomal manipulation in *Bacillus subtilis* [J] . Nucleic Acids Research, 2006, 34 (9): e71.

[5] Liu S H, Endo K, Ara K, et al. Introduction of marker-free deletions in *Bacillus subtilis* using the AraR repressor and the *ara* promoter [J] . Microbiology, 2008, 154 (Pt 9): 2562-2570.

[6] Shi T, Wang G, Wang Z, et al. Establishment of a markerless mutation delivery system in *Bacillus subtilis* stimulated by a double-strand break in the chromosome [J] . PLoS One, 2013, 8 (11): e81370.

[7] 杜姗姗．腺苷工程菌的构建及其发酵过程优化［D］．天津：天津科技大学，2013.

[8] Dong H, Zhang D. Current development in genetic engineering strategies of *Bacillus* species [J] . Microbial Cell Factories, 2014, 13: 63.

[9] Zhang W, Gao W X, Feng J, et al. A markerless gene replacement method for *B. amyloliquefaciens* LL3 and its use in genome reduction and improvement of poly-γ-glutamic acid production [J] . Applied Microbiology and Biotechnology, 2014, 98 (21): 8963 -8973.

[10] Zhang C L, Du S Sn, Liu Y, et al. Strategy for enhancing adenosine production under the guidance of transcriptional analysis integrated with metabolite pool [J]. Biotechnology Letters, 2015, 37 (7): 1361-1369.

[11] 杨绍梅，郭磊，班睿，等．关键基因的修饰对枯草芽孢杆菌尿苷合成的影响［J］．微生物学报，2016，56（1）：56-67.

第九章　酪丁酸梭菌基因操作

酪丁酸梭菌（*Clostridium tyrobutyricum*）是国内外丁酸生物炼制研究最多的微生物细胞“工厂”，其属于革兰阳性芽孢杆菌，有机化能专性厌氧型微生物。以五碳糖或六碳糖作为碳源底物发酵时，其主要产物为丁酸，同时生成乙酸、二氧化碳和氢气等副产物。酪丁酸梭菌菌体呈现灰白色，端圆，直径为0.3～2.0μm，长1.5～2.0μm，单个或成对存在，短链，偶见长丝状菌体，周身有鞭毛，平板上菌落呈煎蛋状，常见于土壤、废水、动物消化系统、污染的乳制品中。在生长中后期能够形成类似圆形的巨大芽孢，对强酸、高温、高盐等恶劣环境具有较高的耐受性，生命力较强，并且具有培养条件相对简单，丁酸产量、得率、纯度相对较高，发酵稳定性较好等优点，此外其发酵副产物氢气也是一种清洁、高效的绿色能源，因此被认为是最具商业化开发潜力的产丁酸菌株。

第一节　酪丁酸梭菌的基因组编辑技术

一、基本原理

酪丁酸梭菌的基因打靶是基于基因同源重组的原理，通过体外改造一定长度的基因，将其与活体细胞DNA的靶基因的同源序列发生同源重组（插入或置换），使某个目的基因被取代或破坏而失活，从而改变细胞的遗传特性。由于同源重组具有高度特异性和方向性，外源片段也具有可操作性，故该技术可使细胞的基因发生定点和定量的改变。本实验基于基因同源重组原理，通过构建含部分*pta*基因的非复制型载体并进行电转化，完成同源序列的替换，实现野生型酪丁酸梭菌磷酸转乙酰酶（PTA）编码基因*pta*敲除（图9-1）。

葡萄糖进入细胞后通过糖酵解途径转化为丙酮酸，随后丙酮酸可以通过不同的代谢途径生成不同的产物。丙酮酸可以直接被乳酸脱氢酶催化生产乳酸，但是这一反应不会产生能量，因此该途径仅在某些条件下才能被激活，因此酪丁酸梭菌胞内的丙酮酸主要是经铁氧还蛋白氧化还原酶（PFO）催化生成乙酰辅酶A（acetyl-CoA）。乙酰CoA是乙酸和丁酸代谢途径的分节点，其中一部分乙酰CoA依次在PTA和乙酸激酶（AK）的作用下生成乙酸。而另一部分乙酰CoA则通过一系列反应生成丁酸：两分子的乙酰CoA在硫解酶（THL）的催化下生成乙酰乙酰辅酶A（acetoacetyl-CoA），然后依次在β-羟基丁酰辅酶A脱氢酶（BHBD）、巴豆酸酶（CRO）和丁酰辅酶A脱氢酶（BCD）的催化下生成合成丁酸的前体丁酰辅酶A（butyryl-CoA）。在大多数产丁酸梭菌中，丁酰CoA在磷酸丁酰转移酶（PTB）和丁酸激酶（BK）的作用下通过两步反应生成丁酸。而最近的研究表明，在酪丁酸梭菌中，丁酰CoA合成丁酸是在丁酰CoA：乙酸CoA转移酶的催化下完成的。丁酰CoA：乙酸CoA转移酶以丁酰CoA和乙酸为底物通过一步反应生成丁酸和乙酰辅酶A，并且在此过程中副产物乙酸会被细胞重吸收生成乙酰CoA，从而使得酪丁酸梭菌具有

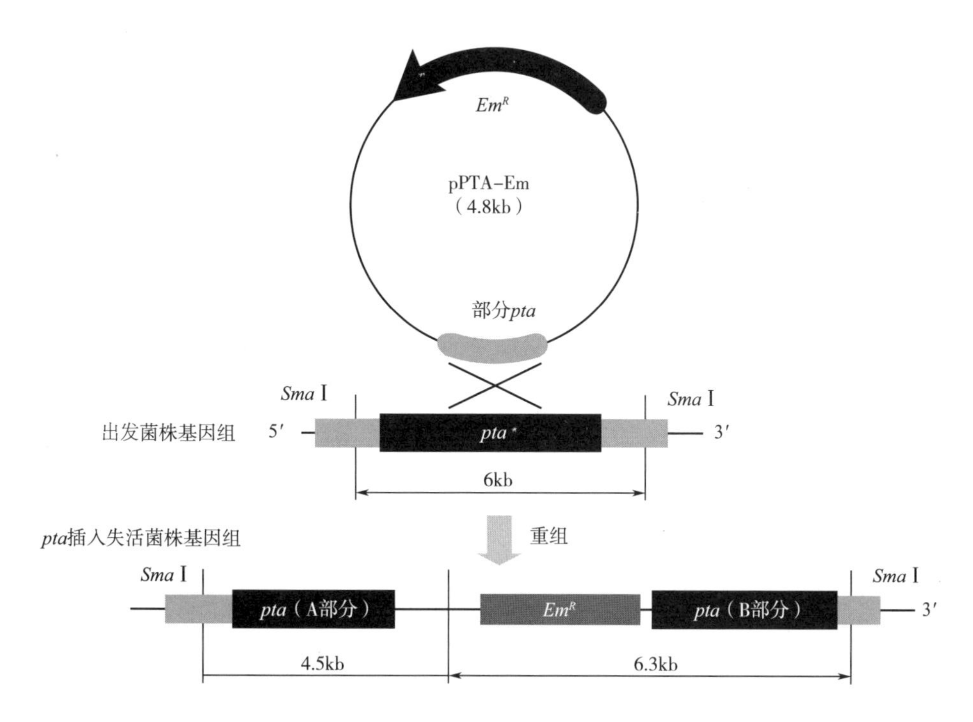

图 9-1　酪丁酸梭菌磷酸转乙酰酶基因 *pta* 敲除（插入失活）示意图

较高的丁酸选择性。

在酪丁酸梭菌糖代谢途径中，分别由磷酸转乙酰酶和磷酸转丁酰酶催化 CoA 衍生物产生乙酰磷酸酯和丁酰磷酸酯。酰基磷酸酯分别通过乙酸激酶和丁酸激酶催化转化为乙酸（盐）或丁酸（盐）。基于上述生物化学原理，可以通过减少乙酸（盐）的产生来提高丁酸（盐）的产量。乙酸（盐）形成途径的遗传修饰（基于同源双交换原理，实现 PTA 编码基因 *pta* 敲除）可以是减少乙酸（盐）形成并将更多的碳流引向丁酸（盐）生产的一种有效方法。

二、重点和难点

通过基因敲除技术获得 *C. tyrobutyricum pta* 缺失突变体，以期得到丁酸（盐）生产高产菌株。

三、实　　验

实验一　磷酸转乙酰酶编码基因 *pta* 敲除（插入失活）

1. 实验材料和用具

（1）仪器和耗材　超净工作台、PCR 仪、凝胶成像仪、核酸蛋白分析仪、紫外可见分光光度计、超低温冰箱、台式恒温摇床、恒温培养箱、蒸汽灭菌锅、冷冻离心机、酸度计（PB-10）、超声波细胞破碎仪、电子分析天平、恒温水浴锅、厌氧操作台、核酸电泳仪。

（2）菌株和质粒

①菌株：酪丁酸梭菌 *C. tyrobutyricum* ATCC 25755，*E. coli* INVαF′。

②质粒：pCR 2.1，pDG 647。

（3）试剂和溶液（①～④为终浓度）

①矿物 1 溶液：7.86g/L K_2HPO_4。

②矿物 2 溶液：2.5g/L $MgSO_4$，6g/L KH_2PO_4，6g/L $(NH_4)_2SO_4$，12g/L NaCl，0.16g/L $CaCl_2$。

③其他元素溶液：1.5g/L 次氮基三乙酸，0.1g/L $FeSO_4$，0.5g/L $MnSO_4$，1.0g/L NaCl，0.1g/L $CoCl_2$，0.1g/L $CaCl_2$，0.1g/L $ZnSO_4$，0.01g/L $CuSO_4$，0.01g/L $AlK(SO_4)_2$，0.01g/L H_3BO_3，0.01g/L $Na_2MoO_4 \cdot 3H_2O$。

④维生素溶液：5mg/L 维生素 B_1，5mg/L 维生素 B_2，5mg/L 烟酸，5mg/L 泛酸，0.1mg/L 维生素 B_{12}，5mg/L 对氨基苯酸，5mg/L 硫辛酸。

⑤强化培养基（CGM，1L 体系）：40mL 矿物 1 溶液，40mL 矿物 2 溶液，10mL 维生素溶液，10mL 其他元素溶液，10mL 0.005% $NiCl \cdot 6H_2O$，2mL 0.2% $FeSO_4 \cdot 7H_2O$，30g 葡萄糖，5g 蛋白胨，5g 酵母提取物，6g 氯化钠，0.3g L-半胱氨酸盐酸盐，0.1% 刃天青 0.5mL，pH 调节至 6.0，沸水浴除氧。

⑥种子培养基采用梭菌强化培养基（RCM，1L 体系）：5g 葡萄糖，5g NaCl，10g 蛋白胨，10g 牛肉粉，3g 酵母提取物，3g 无水乙酸钠，1g 可溶性淀粉，0.5g 半胱氨酸-HCl，pH（6.8±0.2），固体培养基添加 15g/L 的琼脂粉。

⑦LB 培养基。

⑧25mg/mL 红霉素溶液。

⑨25mg/mL 氨苄青霉素溶液。

⑩5mg/mL 甲砜霉素溶液：0.05g 甲砜霉素粉末溶于 10mL 无水乙醇，0.22μm 滤膜过滤除菌，分装后－20℃贮存。

⑪0.5mol/L EDTA（pH 8.0）：将 16.81g EDTA 钠盐溶解在 80mL 蒸馏水中，并用 NaOH 调节 pH 到 8.0，冷却至室温后加入蒸馏水至 100mL。

⑫1mol/L $MgCl_2$溶液：将 2.033g $MgCl_2 \cdot 6H_2O$ 溶解在 10mL 蒸馏水中。

⑬10mg/mL NADH 溶液：将 10mg NADH 溶于 1000μL Tris-HCl 缓冲液中（50mmol/L，pH 7.4），分装并储存于 4℃。

⑭1mol/L 磷酸盐缓冲液（pH 7.4）：将 10.99g Na_2HPO_4和 2.71g NaH_2PO_4溶解在 100mL 蒸馏水中。

⑮蔗糖氯化镁磷酸盐缓冲液（SMP 缓冲液）：在 200mL 蒸馏水中加入 18.48g 蔗糖，0.04g $MgCl_2 \cdot 6H_2O$ 和 1.4mL 磷酸钠缓冲液（1mol/L，pH 7.4）。

⑯100mg/mL 溶菌酶溶液。

⑰20mg/mL 蛋白酶 K 溶液。

⑱其他试剂略。

2. 操作步骤

（1）菌株的培养

①在厌氧培养箱中，用接种环蘸取适量－80℃保存的酪丁酸梭菌菌液，于 RCM 固体

培养基平板划线，37℃培养24～36h；挑取单菌落接种于装有50mL液体RCM的100mL厌氧培养瓶中，低速振荡培养12～24h至OD_{600}≈2.0，可用于收集菌体或进一步扩大培养。

②大肠杆菌*E. coli* INVαF′培养于LB培养基，并根据需要添加终浓度为100μg/mL的氨苄青霉素和200μg/mL的红霉素。

（2）制备质粒DNA（以QIAprep Spin Miniprep试剂盒法为例）

①将3mL大肠杆菌过夜培养物于12000×*g*离心5min。

②将细胞沉淀重悬于250μL缓冲液P1中。

③加入250μL缓冲液P2，轻轻颠倒试管4～6次以进行混合（不要让裂解反应高于5min）。

④加入350μL N3，立即将EP管倒置，且轻轻倒置4～6次。

⑤12000×*g*离心15min。

⑥将QIAprep旋转柱放在2mL收集管中。将上清液加到色谱柱。

⑦12000×*g*离心1min，并丢弃流出物。

⑧加入500μL PB缓冲液，离心1min，并丢弃流出物。

⑨通过添加750μL缓冲液PE洗涤QIAprep离心柱，并离心1min。

⑩丢弃流出物，再离心1min。

⑪将QIAprep色谱柱放在干净的1.5mL离心管中，并在每根色谱柱的中央添加30～50μL EB。

⑫静置1min，12000×*g*离心1min。

（3）提取酪丁酸梭菌基因组DNA（以QIAGEN基因组DNA试剂盒法为例）

①将活化后的酪丁酸梭菌培养物接种至50mL CGM培养基，于37℃培养过夜，使得OD_{600}达到2.0。

②60000×*g*离心10min，弃上清液。

③用4mL缓冲液B1将菌体沉淀重悬。

④添加300μL溶菌酶溶液和500μL蛋白酶K溶液，在37℃孵育1h。

⑤添加4mL缓冲液B2，颠倒数次进行混合。

⑥在50℃下孵育30min。

⑦用10mL QBT缓冲液平衡QIAGEN Genomic-tip 500/G（分离柱）。

⑧将样品涡旋振荡10s，转移至QIAGEN Genomic-tip（分离柱）上，待样品溶液自然流过树脂。

⑨用15mL缓冲液QC洗涤Genomic-tip 2次。

⑩将QIAGEN Genomic-tip放在清洁的30mL收集管上。

⑪将15mL缓冲液QF预热至50℃，并用QF洗涤Genomic-tip。

⑫向洗脱的DNA中加入10.5mL室温异丙醇沉淀DNA。

⑬12000×*g*，4℃离心30min。

⑭小心除去上清液，并用4mL的70%冷乙醇洗涤沉淀。

⑮短暂涡旋，10000×*g*，4℃下离心20min。

⑯小心除去上清液，风干（约20min），将DNA重悬于1mL TE缓冲液中。

（4）PCR 扩增

①基于大肠杆菌、丙酮丁醇梭菌和枯草芽孢杆菌的 *pta* 基因序列以及酪丁酸梭菌的密码子使用偏好（Kazusa 的密码子使用数据库）设计 PCR 简并引物。引物序列为 *F*：5′-GA（A/G）（C/T）T（A/T/G）AG（A/G）AA（A/G）CA（T/C）AA（A/G）GG（A/T）ATGAC-3′和 *R*：5′-（A/T）GCCTG（A/T）（G/A）C（A/T）GC（A/T/C）GT（A/T）AT（A/T）GC-3′，使用酪丁酸梭菌基因组 DNA 作为模板进行 PCR 扩增。PCR 反应体系和步骤同第三章第一节中的实验一。扩增了预期大小为 730bp 的 *pta* 基因的 DNA 片段。

②PCR 产物经琼脂糖凝胶电泳，回收。

③回收产物 TA 克隆至载体 pCR 2.1 质粒中，构建重组 pCR-PTA 质粒，然后进行测序。

（5）重组质粒的构建

①用限制性核酸内切酶 *Sph* Ⅰ 酶切重组质粒 pCR-PTA（4.65kb，经酶切去掉 1.5kb），琼脂糖凝胶电泳、回收（1.5kb）。

去除该片段后可提高重组效率。

②用 T4 连接酶重新连接，经转化大肠杆菌 *E.coli* INVαF′、筛选、鉴定，获得重组质粒 pCR-PTA1。

③用 *Hind* Ⅲ酶切 pDG 647 质粒，经琼脂糖凝胶电泳、回收获得红霉素抗性基因盒（Em^r，1.6kb）。

④用 *Hind* Ⅲ酶切质粒 pCR-PTA1，琼脂糖凝胶电泳、回收。

⑤将 Em^r 基因盒连接至经 *Hind* Ⅲ酶切的 pCR-PTA1，经转化大肠杆菌 *E.coli* INVαF′、筛选、鉴定，获得重组质粒为 pPTA-Em（4.75kb）（图 9-2）。

（6）酪丁酸梭菌感受态细胞的制备

①所有操作均在配有培养箱和离心机的厌氧室内进行。

②将 *C.tyrobutyricum* ATCC 25755 接种于梭菌强化生长培养基 CGM 中于 37℃厌氧培养过夜。

③当 OD_{600}≈1.5 时，取 5mL 培养物接种至 40mL 含 40mmol/L DL-苏氨酸的 CGM。

④培养约 4h 至 OD_{600}≈0.8，6000×*g*，4℃离心 5min。

⑤将菌体沉淀用 1mol/L 磷酸盐缓冲液洗涤 2 次并悬浮于 1mL 冰冷的 SMP 电穿孔缓冲液中。

（7）转化和筛选

①将 0.5mL 细胞悬浮液转移至预冷的 0.4cm 电转化杯中，并于冰上放置 5min。

②取重组质粒 pPTA-Em 10～15μg 加入上述悬浮液中，并充分混合。

③将电转化杯置于电转化仪进行转化（2.5 kV，600Ω，25μF，6～8ms）。

④取出电转化杯，将转化产物转移至装有 5mL CGM，37℃预热下孵育 3h。

⑤6000×*g* 离心 2min，弃上清液。

⑥用 0.5mL CGM 重悬菌体细胞，涂布于 2 个含 40μg/mL 红霉素的 RCM 固体培养平板，37℃培养 3～5d。

⑦挑取单菌落进行活化，利用引物 *F* 和 *R* 进一步验证。

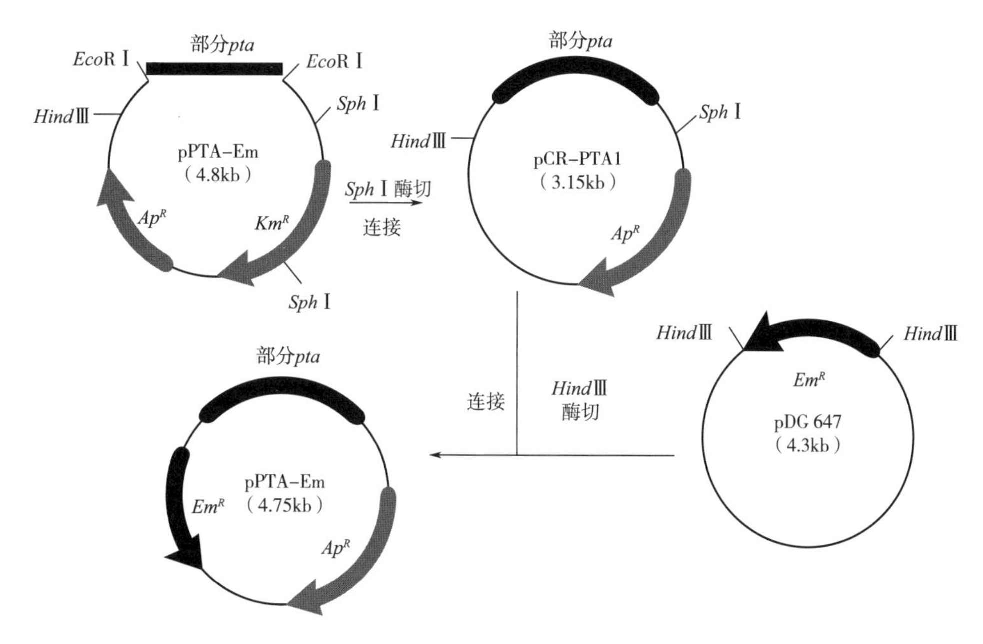

图 9-2　重组质粒构建示意图

3. 实验结果

C. tyrobutyricum ATCC 25755 为红霉素敏感型，故在含有 20μg/mL 红霉素的固体培养基平板上无菌落长出。而阳性菌株则能够在上述培养基上生长，每微克 DNA 约 1 个转化子，菌落 PCR 鉴定出现碱基数为 730bp 的条带。

四、常见问题及分析

RCM 固体平板上的阳性突变子少：首先孵育确定 *C. tyrobutyricum* 感受态细胞的活菌浓度，判断感受态细胞的优劣，继而确定所制备非复制性质粒 pPTA-Em 的浓度（微量核酸定量仪器检测），检查电转杯，并进行电转条件优化。

五、思　考　题

（1）比较 *C. tyrobutyricum* 感受态细胞制备流程及大肠杆菌感受态细胞制备的差异。

（2）非复制质粒和复制质粒的转化效率有何异同？

第二节　酪丁酸梭菌的基因过表达技术

一、实验原理

细菌的遗传重组有接合转移、转化和转导 3 种方式，接合转移是指供体和受体细胞间直接接触，质粒 DNA 从供体向受体转移的过程。质粒可分为可转移质粒和非转移质粒两类，转移质粒带有完整的编码转移酶的 *tra* 基因，质粒能自主地从一个细胞转移至另一细胞，甚至可带动供体细胞的染色体 DNA 向受体细胞转移，这类质粒常被称为自主转移质粒，如大肠杆菌的 F 质粒。本节依据细菌的接合转移遗传重组原理，利用 *E. coli* CA434 [含结合质粒 R702（Tra^{+}，Mob^{+}）的 *E. coli* HB101]、大肠杆菌-梭菌穿梭质粒 pMTL82151（*ColE*1 *ori*；Cm^{R}；pBP1 *ori*；*TarJ*）实现乙酰 CoA 依次通过硫解酶（thiolase，THL）编码基因 *thl* 基因在 *C. tyrobutyricum* ATCC 25755 的过表达。

在酪丁酸梭菌中，THL、β-羟基丁酰辅酶 A 脱氢酶（HBD）、巴豆酸酶（CRT）和丁酰辅酶 A 脱氢酶（BCD）的作用生成丁酰 CoA，然后丁酰 CoA 在丁酰 CoA：乙酸 CoA 转移酶（CAT）的催化下合成丁酸，在此过程中乙酸会被重吸收转化为乙酰 CoA。理论上，增强丁酸合成方向代谢流不仅可以削弱乙酸的合成，还可以显著促进乙酸的重回收，在此双重作用下酪丁酸梭菌的乙酸产量会大幅度降低。乙酰 CoA 到丁酸的合成需要 5 种酶催化，其中硫解酶催化第一步反应，其表达量高低直接决定乙酰 CoA 流向丁酸合成的流量。

thl 基因序列如下。

ATGAAAGACGTAGTTATAGTAAGCGCTGTAAGAACAGCATTAGGATCTTTTGGAGGAACATTAAAGGATGTTTCAGCAGTAG
ACTTAGGTGCAACAGTAATTAAGGAAGCAATAACAAGAGCAGGTGTTAAACCAGAATTAGTAGAAGAAGTTATAATGGGAAA
TGTTATACAAGCAGGTCTTGGACAAAACACAGCAAGACAAGCTACAATAAAAGCTGGGTTACCAAATGAAGTTCCAGCTATG
ACAATCAATAAAGTTTGTGGATCAGGTTTAAGATCAGTTAGTTTAGCTGCTCAAATGATTAAAGCAGGGGATGCAGATATTA
TAGTTGCAGGTGGTATGGAAAACATGTCAGCAGCACCATATGCATTACCAACTACTAGATGGGGACAAAGAATGAATGATGG
TAAAATAGTAGATACTATGGTTAAAGATGCATTATGGGATGCTTTTAATAATTACCACATGGGTGTTACAGCTGAAAACATC
GCAAAAGAATGGGGAATTACAAAGGAAGAACAAGATGCTTTCTCAGCATCATCACAACAAAAAGCAGAAAGAGCTATTAAAG
AAGGAAGATTTAAAGATGAAATAGTTCCAGTTGTTATTCCTCAAAGAAAAGGTGAACCAAAAGTATTTGATACTGATGAATT
CCCAAGATTCGGAACAACAGCAGAAACTTTAGGAAAATTAAAACCTTGTTTCATTAAAGATGGTACAGTTACAGCTGGTAAT
GCATCAGGAATTAATGATGGAGCAGCAGCTTTCGTAATAATGAGTGCAGAAAAAGCAGAAGAATTAGGAATAAAACCACTTG
CTAAAATTCTTTCTTATGGTTCAAAAGGATTAGATCCAGCTATAATGGGATACGGTCCATTCCATGCAACTAAAAAAGCATT
AGAAGTGGCTAATCTTACAGTTGAAGACTTAGACTTAATCGAAGCAAACGAAGCTTTTGCAGCTCAAAGTTTAGCAGTAGCT
AAGGATTTAAAATTCGATATGGATAAAGTAAATGTAAATGGTGGAGCTATAGCTTTAGGACATCCAGTAGGAGCTTCAGGAG
CAAGAATACTTGTTACTCTTCTTTATGAAATGGAAAAGAGAGACTCTAAAAAAGGTTTAGCTACATTATGTATCGGTGGTGG
TATGGGAACTGCTGTCATCGTTGAAAGAATGTAA

二、重点和难点

（1）接合转移的原理。

（2）利用接合转移进行基因过表达的操作方法。

三、实　　验

实验二　硫解酶编码基因 *thl* 的过表达

1. 实验材料和用具

（1）仪器和耗材　同本章实验一。

（2）菌株和质粒

①菌株：*C. tyrobutyricum* ATCC 25755，*E. coli* CA434（*E. coli* HB101 带质粒 R702）。

②质粒：pMTL82151-P_{thl}（ACCESSION. HM989902），该质粒携带 *thl* 启动子 P_{thl}（图 9-3）。

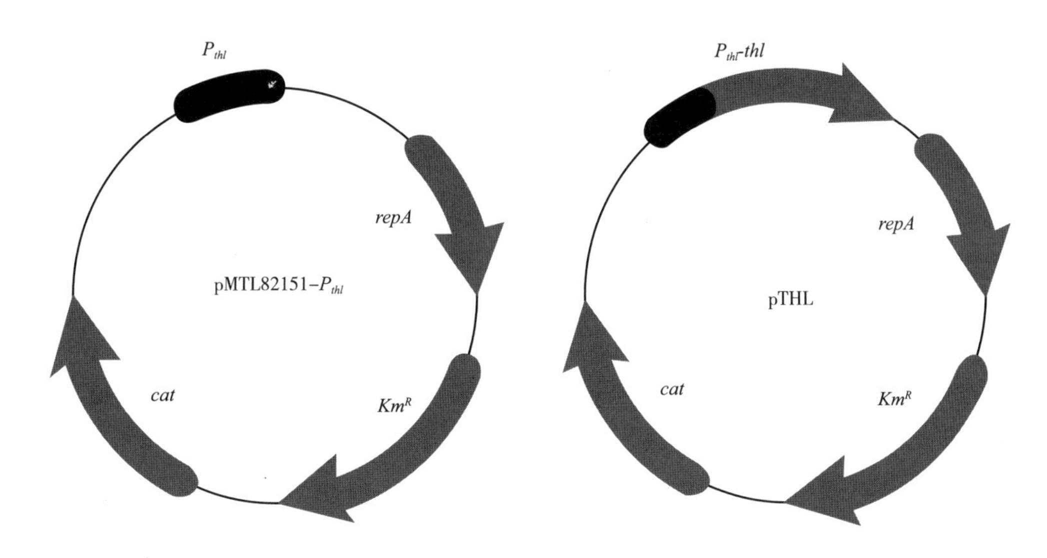

图 9-3　pMTL82151-P_{thl} 和 pTHL 质粒示意图

（3）试剂

①RCM 和 CGM 培养基。

②LB 培养基。

③25mg/mL 氯霉素溶液。

④5mg/mL 甲砜霉素溶液。

⑤100mg/mL D-环丝氨酸溶液：0.1g D-环丝氨酸粉末溶于 1mL 无菌水，0.22μm 滤膜过滤除菌，现用现配。

⑥SDS-PAGE 试剂。

⑦其他试剂略。

2. 操作步骤

（1）菌种活化及扩大培养同本章实验一。

（2）*C. tyrobutyricum* ATCC 25755 基因组 DNA 提取同本章实验一。

（3）*thl* 基因的 PCR 扩增　以 *C. tyrobutyricum* ATCC 25755 基因组 DNA 为模板，利用引物 *thl-F*：GCTCTAGAATAAATATTTAGGAGGAATAGTCATGAGTGAAGTTGTAATTGCAAG 和 *thl-R*：TCCCCGCGGTTATCTTTCAACGATTATAGCAGT 扩增 *thl* 基因。

（4）*thl* 基因 PCR 经琼脂糖凝胶电泳后，纯化、回收。

（5）重组质粒的构建

①将纯化后的 *thl* 用 *Xba* Ⅰ和 *Sac* Ⅱ双酶切（详见第四章第一节）。

②用 *Xba* Ⅰ和 *Sac* Ⅱ将质粒 pMTL82151 双酶切后，进行琼脂糖凝胶电泳、回收。

③将酶切后的 *thl* 和 pMTL82151 利用 T4 DNA 连接酶连接（详见第四章第二节），转化至大肠杆菌 *E. coli* DH5α 感受态细胞，活化、筛选，获得重组质粒 pTHL。

④提取重组质粒 pTHL 进行酶切鉴定并测序。

（6）接合及筛选

①将 pTHL 电转化至 *E. coli* CA434 感受态细胞，经活化后涂布于含 25μg/mL 氯霉素的 LB 固体培养基平板进行筛选。

②挑取单菌落进行菌落 PCR。

③将验证正确的菌株于含 25μg/mL 氯霉素的 LB 液体培养基中培养 OD_{600}≈1.5。

④取 3mL *E. coli* CA434 培养物，4200×*g* 离心 2min，收集菌体。

⑤菌体细胞用无菌 PBS 缓冲液洗一次，4200×*g* 离心 2min。

⑥用 400μL *C. tyrobutyricum* ATCC 25755 菌体培养物（OD_{600}≈2）重悬步骤⑤中的 *E. coli* CA434 菌体细胞。

⑦将上述重悬液涂布于 RCM 固体培养基平板，于 37℃厌氧培养箱培养 24h。

⑧用 1mL 无菌 PBS 缓冲液收集 RCM 固体培养基平板上的菌体，涂布于数个含 25μg/mL 甲砜霉素和 200μg/mL D-环丝氨酸的 RCM 固体培养基平板上，37℃ 培养 36～48h。

⑨挑选单菌落接种于含 25μg/mL 甲砜霉素的 RCM 液体培养基中，37℃培养 8～12h 后，利用高灵敏度的 KOD FX DNA 聚合酶以 *thl-F* 和 *thl-R* 为引物进行菌液 PCR 鉴定。

（7）SDS-PAGE 分析蛋白表达

①将 *C. tyrobutyricum* ATCC 25755 和重组菌株分别接种于 RCM 液体培养基，37℃ 培养至 OD_{600}≈2。

②离心收集 3mL 菌体并用 1mL 无菌 PBS 洗涤菌体沉淀，并用 0.5mL PBS 重悬菌体。

③冰上超声破碎（300W，工作 10s，间歇 10s）5min 得到细胞裂解液，12000×*g* 离心 2min，分别取上清液和沉淀。

④后续 SDS-PAGE 见第五章第一节。

3. 实验结果

（1）基因 *thl* 的 PCR 扩增　基因 *thl* 的 PCR 扩增产物的琼脂糖凝胶电泳图谱如图 9-4（1）所示，其碱基数约为 1000bp，与实际碱基数（1182bp）一致，表明 *thl* 的 PCR 扩增成功。

（2）重组质粒 pTHL 的酶切鉴定　利用限制性内切酶对重组质粒 pTHL 进行 *Xba* Ⅰ和 *Sac* Ⅱ双酶切鉴定。酶切产物琼脂糖凝胶电泳图谱如图 9-4（2）所示，获得碱基数分别为 5491bp 和 1182bp 的条带，分别与 pMTL82151-P_{thl} 和基因 *thl* 的碱基数一致，表明重组质粒构建成功。

（3）重组菌株菌体蛋白 SDS-PAGE 分析　*C. tyrobutyricum* ATCC 25755（对照）和重组菌株菌体蛋白 SDS-PAGE 图谱如图 9-5 所示。与 *C. tyrobutyricum* ATCC 25755 相比，重组菌株多出一条相对分子质量约为 41000 的条带，与 THL 相对分子质量（41400）基本一致，表明 *thl* 成功表达。

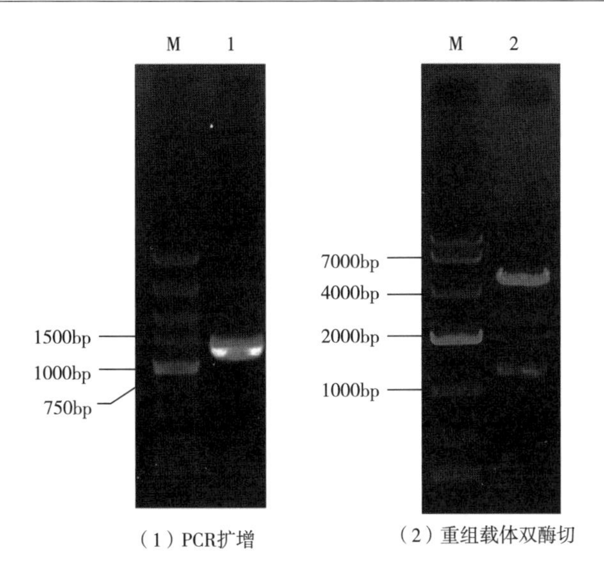

M—DNA Marker 1—*thl* PCR 产物 2—使用限制性内切酶 *Xba* Ⅰ和 *Sac* Ⅱ对重组表达质粒 pTHL 双酶切

图 9-4 目的基因产物图谱

四、常见问题及分析

RCM 固体平板上的阳性克隆少：首先确定受体细胞 *C. tyrobutyricum* 和供体细胞 *E. coli* CA434 的浓度，在保证 *C. tyrobutyricum* 细胞浓度的基础上，将 *E. coli* CA434（pMTL82151-P_{thl}）的细胞浓度适当提高。在此基础上，可将 PBS 缓冲液洗脱 RCM 固体平板上的菌体洗脱液进行浓缩。

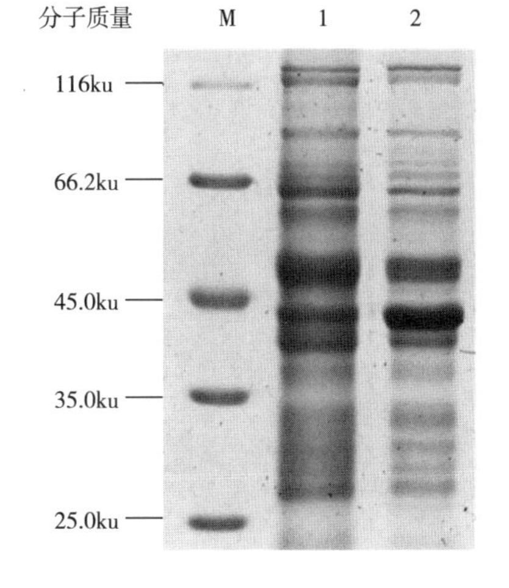

M—蛋白质 Marker 1—出发菌株菌体破碎液
2—重组菌株 ATCC 25755/pTHL 菌体破碎液

图 9-5 重组菌株蛋白 SDS-PAGE 图谱

五、思 考 题

（1）简述 pMTL82151-P_{thl} 中启动子 P_{thl} 的作用。

（2）简述双酶切操作与单酶切操作的优缺点。

（3）简述影响 *C. tyrobutyricum* 和 *E. coli* CA434 接合的因素。

参考文献

[1] Allen S P, Blaschek H P. Factors involved in the electroporation-induced transformation of *Clostridium perfringens* [J]. FEMS Microbiology Letters, 1990, 70:

217-220.

[2] Guérout-Fleury A M, Shazand K, Frandsen N, et al. Antibioticresistance cassettes for *Bacillus subtilis* [J]. Gene, 1995, 167: 335-336.

[3] Zhu Y, Liu X, Yang S T. Construction and characterization of *pta* gene-deleted mutant of *Clostridium tyrobutyricum* for enhanced butyric acid fermentation [J]. Biotechnology and Bioengineering, 2005, 90: 154-166.

[4] Heap J T, Pennington O J, Cartman S T, et al. A modular system for *Clostridium* shuttle plasmids [J]. Journal of Microbiological Methods, 2009, 78 (1): 79-85.

[5] Suo Y K, Ren M M, Yang X T, et al. Metabolic engineering of *Clostridium Tyrobutyricum* for enhanced butyric acid production with high butyrate/acetate ratio [J]. Applied Microbiology and Biotechnology, 2018, 102 (10): 4511-4522.

第十章　酵母菌基因操作

酵母（yeast），是一个通俗名称，并非分类学术语，其英文源于起泡（foam）、上升（to rize）之意，原指啤酒和面包发酵过程。因此酵母通常被认为是类似于酿酒酵母（*Saccharomyces cerevisiae*）的发酵性子囊菌门高等真菌，事实上在分子生物学的某些领域也经常将“yeast”和“*Saccharomyces*”等同。酵母种类繁多，在自然环境中普遍存在。《酵母分类研究》（*The Yeasts*，*a Taxonomic Study*，2011 年第 5 版）中列出的酵母达到 148 个属 1500 个种之多，其中子囊酵母 86 个属，担子酵母 62 个属。截至 2016 年，荷兰的 CBS-KNAW 微生物生物资源中心（www. cbs. knaw. nl）则保藏有代表 1700 多个种的约 9000 株酵母菌株。据估计，迄今被描述的酵母只占地球上现存数量的 1%，随着分离和鉴定手段［如内转录间隔区（ITS）和核糖体大亚基（LSU）条形码］的发展，会有越来越多的新酵母被分离鉴定出来。

相对于细菌（如大肠杆菌），酵母往往具有许多具有工业吸引力的有益特性，如：能够利用多种碳源达到高细胞密度培养，能够完成各种翻译后修饰的能力，在细胞器中进行区隔化反应的潜力，高分泌能力，以及对诸如噬菌体这样的传染源缺乏敏感性。绝大多数的酵母合成生物学工具都是在模式酵母中的酿酒酵母（*S. cerevisiae*）中开发出来的，同样，酿酒酵母在历史上也主导了工业加工用酵母改造领域。然而，还有许多具有良好特性的非常规酵母宿主，其中一些也被用于工业生物加工过程。随着合成生物学的进步，一些非传统酵母如巴斯德毕赤酵母（*Pichia pastoris*）、耶氏解脂酵母（*Yarrowia lipolytica*）、乳酸克鲁维酵母（*Kluyveromyces lactis*）、多形汉逊酵母（*Hansenula polymorpha*）等，可极大地拓展酵母作为工业宿主方面的应用。

第一节　酿酒酵母基因组编辑

酿酒酵母又称面包酵母或芽殖酵母，广泛分布于自然界，喜在糖分高、偏酸性的环境中生长。酿酒酵母营养细胞呈球形、卵形，直径 5～10μm。酿酒酵母有两种生活方式：单倍体和二倍体。单倍体为出芽生殖，二倍体细胞主要进行有丝分裂繁殖，但在营养及环境条件比较恶劣时能够以减数分裂方式繁殖，生成单倍体孢子。单倍体可以交配融合重新形成二倍体细胞，继续进行有丝分裂繁殖状态。酵母是兼性厌氧微生物，在有氧呼吸或无氧发酵条件下都能生长。

作为一种单细胞真核生物，酿酒酵母既有一切真核细胞生命活动最基本的重要特征，又有实验微生物所具备的背景清楚、生长迅速、易于操作等许多优点。现今遗传学、生物化学和细胞生物学中的许多规律性认识都是以酵母为研究材料得出的。以酵母为模型研究高等真核生物的重要生理功能和疾病发生发展的分子机理，以及寻找药物作用靶点等都有其独特的优势。

酿酒酵母是合成生物学研究开发中最常用的真核底盘细胞，是第一个完成全基因组测序的真核微生物，其遗传操作简便，基因表达调控机理清楚且高密度发酵技术成熟，特别是近年来一系列适用于酿酒酵母途径组装工具的开发，使得酿酒酵母成为合成生物学研究的理想底盘微生物。

酿酒酵母与人类的生产、生活息息相关。酿酒酵母是所有酒类发酵生产的主体微生物，酿酒酵母厌氧发酵生成的乙醇（酒精）是所有酒的最基本成分。面包、馒头等面食的生产也离不开酿酒酵母（面包酵母），这些面食产品的蓬松质感得益于面包酵母代谢活动产生的二氧化碳。此外，酿酒酵母菌体维生素、蛋白质含量高，可作食用、药用和饲料酵母，还可以从其中提取细胞色素 C、核酸、谷胱甘肽、B 族维生素、辅酶 Q_{10} 和三磷酸腺苷等多种功能成分。

一、基本原理

（一）基于同源重组的基因组整合过表达

与大肠杆菌等原核生物不同，在酵母菌中过表达基因主要采用基因组整合的方式进行。通常目的基因的过表达需要整合位点的上下游同源臂、筛选标记（常用的筛选标记为卡那霉素抗性基因，其在酿酒酵母中表现出对抗生素 G418 的抗性。除此之外还可以使用潮霉素 B 磷酸转移酶基因和链霉素乙酰转移酶基因作为筛选标记，在酿酒酵母中分别表现出对潮霉素和诺尔斯菌素的抗性）、宿主内源的启动子与终止子，且启动子-目的基因-终止子需要按顺序连接，筛选标记一般连接在终止子之后，如图 10-1 所示。重组质粒基因过表达通常的方法是将所需全部元件的 DNA 片段通过醋酸锂转化法全部导入酵母细胞，酵母本身则会通过 DNA 装配在胞内实现多片段的组装，并由同源臂介导的同源重组将目的基因表达盒整合到过表达位点。DNA 装配是一种利用酵母体内同源重组的机制，酿酒酵母具有从体外吸收并在体内组装 DNA 片段的能力，常用于体内多片段 DNA 的组装。

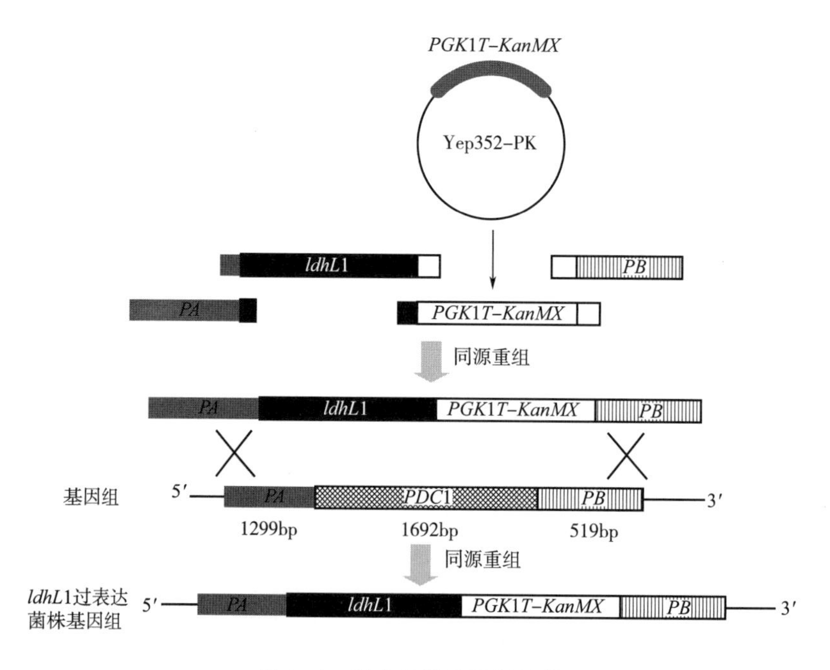

图 10-1　转化片段的重组过程

（二）基因敲除（和敲入）

基因敲除（和敲入）的原理与基因过表达近似，也是通过同源重组的方式将拟敲除和敲入位点的同源臂与筛选标记（正向筛选标记为 *HERP*1.0，其中包含胸腺激酶编码基因 *TK*，含有 200mg/L 甲氨蝶呤，5g/L 磺胺，5g/L 胸腺嘧啶和 500mg/L 次黄嘌呤的正向筛选培养基对野生型菌株有致死作用，但是对含有胸腺激酶编码基因 *TK* 的菌株无致死作用。半乳糖诱导重组菌株中 I-Sce Ⅰ内切酶表达，利用双链断裂促进正向重复序列之间的重组，实现第二步整合，实现目的基因的无痕敲除）及拟敲入基因重组至基因组，然后通过第二重组将残余序列（如抗性基因等）消除（含有 50mg/L 的 5-氟-2′-脱氧尿苷反向筛选培养基，抑制稳定整合 *TK* 基因的菌株生长，但是允许野生型菌株生长），实现无痕敲除。

（三）基因过表达的设计思路

乳酸乙酯是白酒中重要的呈香物质，并影响着白酒质量和风格。乳酸是合成乳酸乙酯的关键前体物质。酿酒酵母通过 EMP 途径可以将葡萄糖转化为丙酮酸，但是酵母本身没有乳酸脱氢酶基因 *LDH*，因此无法将丙酮酸转化为乳酸。本实验以过表达乳酸脱氢酶基因 *LDHL*1 为例，将来源于植物乳杆菌的乳酸脱氢酶基因 *LDHL*1 整合到酿酒酵母染色体基因组上，赋予酿酒酵母产乳酸及乳酸乙酯的能力。整合过表达位点为 *PDC*1 位点，在此位点过表达可以减弱丙酮酸脱羧酶的活性，可以使丙酮酸更多地流向乳酸的合成途径，见图 10-2，其中上同源臂已经包含 *PDC*1 启动子 P_{PDC1}序列（图 10-3）。

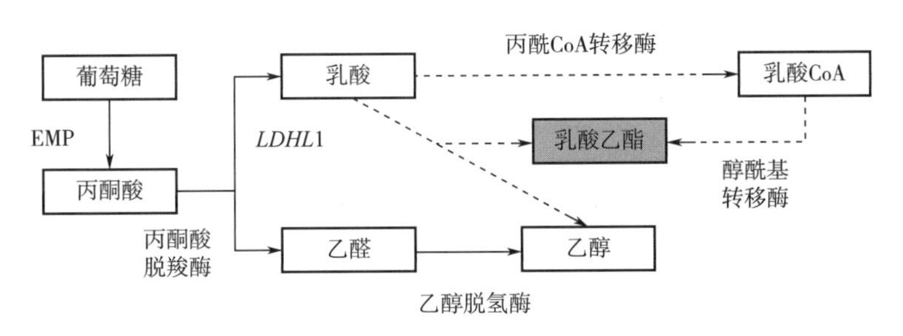

图 10-2　目的基因过表达所需元件

图 10-3　酿酒酵母产乳酸与乳酸乙酯代谢途径

*LDHL*1 基因序列如下：

ATGCCAAATCATCAAAAAGTTGTGTTAGTCGGCGACGGCGCTGTTGGTTCTAGTTACGCTTTTGCCATGGCACAACAAGGAA
TTGCTGAAGAATTTGTAATTGTCGATGTTGTTAAAGATCGGACAAAGGGTGACGCCCTTGATCTTGAAGACGCCCAAGCATT
CACCGCTCCCAAGAAGATTTACTCAGGCGAATATTCAGATTGTAAGGACGCTGACTTAGTTGTTATTACAGCCGGTGCGCCT
CAAAAGCCTGGTGAATCACGTTTAGACTTAGTTAACAAGAATTTAAATATCCTATCATCCATTGTCAAACCAGTTGTTGACT
CCGGCTTTGACGGCATCTTCTTAGTTGCTGCTAACCCTGTTGACATCTTAACTTACGCTACTTGGAAATTCTCAGGTTTCCC

AAAGGATCGTGTCATTGGTTCAGGGACTTCCTTAGACTCTTCACGTTTACGCGTTGCGTTAGGCAAACAATTCAATGTTGAT
CCTCGTTCCGTTGATGCTTACATCATGGGTGAACACGGTGATTCTGAATTTGCTGCTTACTCAACTGCAACCATCGGGACAC
GTCCAGTTCGCGATGTCGCTAAGGAACAAGGCGTTTCTGACGAAGATTTAGCCAAGTTAGAAGACGGTGTTCGTAACAAAGC
TTACGACATCATCAACTTGAAGGGTGCCACGTTCTACGGTATCGGGACTGCTTTAATGCGGATTTCCAAAGCCATTTTACGT
GATGAAAATGCCGTTTTACCAGTAGGTGCCTACATGGACGGCCAATACGGCTTAAACGACATTTATATCGGGACTCCGGCTG
TGATTGGTGGAACTGGTTTGAAACAAATCATCGAATCACCACTTTCAGCTGACGAACTCAAGAAGATGCAAGATTCCGCCGC
AACTTTGAAAAAAGTGCTTAACGACGGTTTAGCTGAATTAGAAAATAAATAA

*PDC*1 位点及其上下游序列如下，下画线部分为 *PDC*1 基因序列，灰色部分为上、下游同源臂。

AAAATGAAGGCCAAATCAAGGCGGGAAGGGACAACCAGGACGTAAAGGGTAGCCTCCCCATAACATAAACTCAATAAAATAT
ATAGTCTTCAACTTGAAAAAGGAACAAGCTCATGCAAAGAGGTGGTACCCGCACGCCGAAATGCATGCAAGTAACCTATTCA
AAGTAATATCTCATACATGTTTCATGAGGGTAACAACATGCGACTGGGTGAGCATATGTTCCGCTGATGTGATGTGCAAGAT
AAACAAGCAAGGCAGAAACTAACTTCTTCTTCATGTAATAAACACACCCCGCGTTTATTTACCTATCTCTAAACTTCAACAC
CTTATATCATAACTAATATTTCTTGAGATAAGCACACTGCACCCATACCTTCCTTAAAAACGTAGCTTCCAGTTTTTGGTGG
TTCCGGCTTCCTTCCCGATTCCGCCCGCTAAACGCATATTTTTGTTGCCTGGTGGCATTTGCAAAATGCATAACCTATGCAT
TTAAAAGATTATGTATGCTCTTCTGACTTTTCGTGTGATGAGGCTCGTGGAAAAAATGAATAATTTATGAATTTGAGAACAA
TTTTGTGTTGTTACGGTATTTTACTATGGAATAATCAATCAATTGAGGATTTTATGCAAATATCGTTTGAATATTTTTCCGA
CCCTTTGAGTACTTTTCTTCATAATTGCATAATATTGTCCGCTGCCCCTTTTTCTGTTAGACGGTGTCTTGATCTACTTGCT
ATCGTTCAACACCACCTTATTTCTAACTATTTTTTTTTAGCTCATTTGAATCAGCTTATGGTGATGGCACATTTTTGCAT
AAACCTAGCTGTCCTCGTTGAACATAGGAAAAAAAAATATATAAACAAGGCTCTTTCACTCTCCTTGCAATCAGATTTGGGT
TTGTTCCCTTTATTTTCATATTTCTTGTCATATTCCTTTCTCAATTATTATTTTCTACTCATAACCTCACGCAAAATAACAC
AGTCAAATCAATCAAATGTCTGAAATTACTTTGGGTAAATATTTGTTCGAAAGATTAAAGCAAGTCAACGTTAACACCGTT
TTCGGTTTGCCAGGTGACTTCAACTTGTCCTTGTTGGACAAGATCTACGAAGTTGAAGGTATGAGATGGGCTGGTAACGCCA
ACGAATTGAACGCTGCTTACGCCGCTGATGGTTACGCTCGTATCAAGGGTATGTCTTGTATCATCACCACCTTCGGTGTCGG
TGAATTGTCTGCTTTGAACGGTATTGCCGGTTCTTACGCTGAACACGTCGGTGTTTTGCACGTTGTTGGTGTCCCATCCATC
TCTGCTCAAGCTAAGCAATTGTTGTTGCACCACACCTTGGGTAACGGTGACTTCACTGTTTTCCACAGAATGTCTGCCAACA
TTTCTGAAACCACTGCTATGATCACTGACATTGCTACCGCCCCAGCTGAAATTGACAGATGTATCAGAACCACTTACGTCAC
CCAAAGACCAGTCTACTTAGGTTTGCCAGCTAACTTGGTCGACTTGAACGTCCCAGCTAAGTTGTTGCAAACTCCAATTGAC
ATGTCTTTGAAGCCAAACGATGCTGAATCCGAAAAGGAAGTCATTGACACCATCTTGGCTTTGGTCAAGGATGCTAAGAACC
CAGTTATCTTGGCTGATGCTTGTTGTTCCAGACACGACGTCAAGGCTGAAACTAAGAAGTTGATTGACTTGACTCAATTCCC
AGCTTTCGTCACCCCAATGGGTAAGGGTTCCATTGACGAACAACACCCAAGATACGGTGGTGTTTACGTCGGTACCTTGTCC
AAGCCAGAAGTTAAGGAAGCCGTTGAATCTGCTGACTTGATTTTGTCTGTCGGTGCTTTGTTGTCTGATTTCAACACCGGTT
CTTTCTCTTACTCTTACAAGACCAAGAACATTGTCGAATTCCACTCCGACCACATGAAGATCAGAAACGCCACTTTCCCAGG
TGTCCAAATGAAATTCGTTTTGCAAAAGTTGTTGACCACTATTGCTGACGCCGCTAAGGGTTACAAGCCAGTTGCTGTCCCA
GCTAGAACTCCAGCTAACGCTGCTGTCCCAGCTTCTACCCCATTGAAGCAAGAATGGATGTGGAACCAATTGGGTAACTTCT
TGCAAGAAGGTGATGTTGTCATTGCTGAAACCGGTACCTCCGCTTTCGGTATCAACCAAACCACTTTCCCAAACAACACCTA

CGGTATCTCTCAAGTCTTATGGGGTTCCATTGGTTTCACCACTGGTGCTACCTTGGGTGCTGCTTTCGCTGCTGAAGAAATT
GATCCAAAGAAGAGAGTTATCTTATTCATTGGTGACGGTTCTTTGCAATTGACTGTTCAAGAAATCTCCACCATGATCAGAT
GGGGCTTGAAGCCATACTTGTTCGTCTTGAACAACGATGGTTACACCATTGAAAAGTTGATTCACGGTCCAAAGGCTCAATA
CAACGAAATTCAAGGTTGGGACCACCTATCCTTGTTGCCAACTTTCGGTGCTAAGGACTATGAAACCCACAGAGTCGCTACC
ACCGGTGAATGGGACAAGTTGACCCAAGACAAGTCTTTCAACGACAACTCTAAGATCAGAATGATTGAAATCATGTTGCCAG
TCTTCGATGCTCCACAAAACTTGGTTGAACAAGCTAAGTTGACTGCTGCTACCAACGCTAAGCAATAAGCGATTTAATCTCT
AATTATTAGTTAAAGTTTTATAAGCATTTTTATGTAACGAAAAATAAATTGGTTCATATTATTACTGCACTGTCACTTACCA
TGGAAAGACCAGACAAGAAGTTGCCGACAGTCTGTTGAATTGGCCTGGTTAGGCTTAAGTCTGGGTCCGCTTCTTTACAAAT
TTGGAGAATTTCTCTTAAACGATATGTATATTCTTTTCGTTGGAAAAGATGTCTTCCAAAAAAAAAACCGATGAATTAGTGG
AACCAAGGAAAAAAAAAGAGGTATCCTTGATTAAGGAACACTGTTTAAACAGTGTGGTTTCCAAAACCCTGAAACTGCATTA
GTGTAATAGAAGACTAGACACCTCGATACAAATAATGGTTACTCAATTCAAAACTGCCAGCGAATTCGACTCTGCAATTGCT
CAAGACAAGCTAGTTGTCGTAGATTTCTACGCCACTTGGTGCGGTCCATGTAAAATGATTGCTCCAATGATTGAAAAATTCT
CTGAACAATACCCACAAGCTGATTTCTATAAATTGGATGTCGATGAATTGGGTGATGTTGCACAAAAGAATGAAGTTTCCGC
TATGCCAACTTTGCTTCTATTCAAGAACGGTAAGGAAGTTGCAAAGGTTGTTGGTGCCAACCCAGCGGCTATTAAGCAAGCC
ATTGCTGCTAATGCTTAAACTCACCCAATGACCGATATATTGTGTTTCTATACTGTGTTTGTTATATATAGTTTACCTTTTT
TAGACAAAAAAACAGAATTATATATTATCCTTATGTTTTGTTATTTACTCGGAAGCACACAATTGCCCACCACACAAAGGAG
GTGGAGGAAACAATTAATTTTTCACACAAGAGGTATATATTTGGAGAAAAATGAAGAATGAGATACTTTTCTTCCGATTACT
TAAGTATTACGGCTCTGAAATTTTCTCGAGCATTAGATGATTAAATCAAAATGACATAGTATTTCGCAACCTTTCAGTTGGG
CT

（四）基因敲除设计思路

高级醇的种类和含量对酒的口感和品质有很大的影响。适宜的高级醇含量能给人以柔和、醇厚、圆润、丰满及协调的感觉。若高级醇含量过高，不但造成酒体有不愉快的异杂味，还会有较强的致醉性，也就是人们俗称的“上头”。因此，通过选育低产高级醇的酿酒酵母菌株，控制酒中的高级醇含量在适宜的范围，对提高酒的品质有重要意义。在支链氨基酸分解生成高级醇的代谢途径中，支链氨基酸转氨酶（*BAT*2 基因编码）的缺失可阻断或者减弱支链氨基酸转变成 α-酮酸的生成量，进而减少亮氨酸生成异戊醇及缬氨酸生成异丁醇的产量。

利用质粒 YHERP1.0 扩增出 *HERP*1.0（P_{GAL1}-*I-Sce* Ⅰ-P_{TEF1}-*HSV-TK*-T_{TEF1}）片段作为筛选标记。然后将靶基因 *BAT*2 上游同源臂 *PA*、上游同源臂 *BA* 片段、下游同源臂 *BB* 片段以及 *HERP*1.0 转化至感受态细胞，实现第一次重组。以 *HERP*1.0 中的胸腺激酶编码基因 *TK* 作为正向筛选标记（含有 200mg/L 甲氨蝶呤，5g/L 磺胺，5g/L 胸腺嘧啶和 500mg/L 次黄嘌呤的正向筛选培养基对野生型菌株有致死作用，但是对含有胸腺激酶编码基因 *TK* 的菌株无致死作用），经过正向筛选培养基，获得含 *HERP*1.0 重组盒的突变株，*HERP*1.0 重组盒两侧序列形成正向重复序列。最后，半乳糖诱导培养基诱导 I-Sce Ⅰ内切酶表达（半乳糖诱导重组菌株中 I-Sce Ⅰ内切酶表达，利用双链断裂促进正向重复序列之间的同源重组），通过正向重复序列之间的重组实现第二步整合，实现目的基因的无痕敲除，将 *HERP*1.0 重组盒等外源序列从菌株基因组中全部去除（含有 50mg/L 的 5-氟-2′-脱氧尿苷

(FudR）反向筛选培养基，抑制稳定整合 *TK* 基因的菌株生长，但是允许野生型菌株生长），实现 *BAT* 2 基因的无痕敲除，两步整合重组敲除 *BAT* 2 流程如图 10-4 所示。

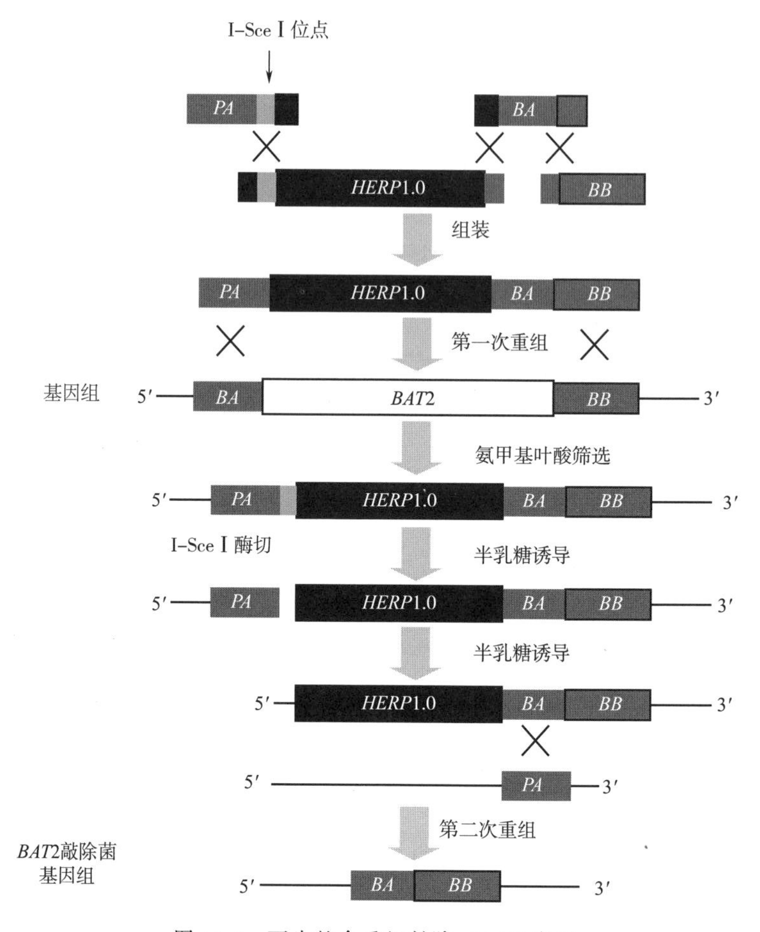

图 10-4　两步整合重组敲除 *BAT*2 流程

*BAT*2 位点及其上下游序列如下：

下画线部分为 *BAT*2 基因序列，灰色部分为上、下游同源臂。

TCCTTTCCAAACATCTTCGAACGTGAAAACCTGCCTCTGAGGGTCATTCACGACCTAGCATACCACTATATACGTGTACGAT
TTTTTTTTCTGTGACCGCACTACACCAAAGTTTAATGTTCCATTGGCCCCGGAACCATTCTTGCAAACGGCGTTCTTTTTC
CGCTTTCGGGTGACACTTAATTTAGCTTCTTTTCCCTCTCTGACACCTCTTGTTATCTAATCTGTAGATCCGACTCTTTTTC
TTTTTGGTGTCGTTCTTCTATGTCCGTTTTTCTGTCAACAAAAACGGAAATAATAGGTAGAAATTAAGAGCCGTACGTGAGT
GAGAGGAGATCCGAAATGAGCTGACAGTATAACTAATATAAGCTTACAAGATATTCGACTATTTCCTGGGAAAAAATTCATT
CCTTTGAGAAATCCTTAATAAAAACAGACTAACTACTAAAATTTTAGAAATTTAAGGGAAAGCATCTCCACGAGTTTTAAGA
ACGATATGACCTTGGCACCCCTAGACGCCTCCAAAGTTAAGATAACTACCACACAACATGCATCTAAGCCAAAACCGAACAG
TGAGTTAGTGTTTGGCAAGAGCTTCACGGACCACATGTTAACTGCGGAATGGACAGCTGAAAAAGGGTGGGGTACCCCAGAG
ATTAAACCTTATCAAAATCTGTCTTTAGACCCTTCCGCGGTGGTTTTCCATTATGCTTTTGAGCTATTCGAAGGGATGAAGG
CTTACAGAACGGTGGACAACAAAATTACAATGTTTCGTCCAGATATGAATATGAAGCGCATGAATAAGTCTGCTCAGAGAAT

CTGTTTGCCAACGTTCGACCCAGAAGAGTTGATTACCCTAATTGGGAAACTGATCCAGCAAGATAAGTGCTTAGTTCCTGAA
GGAAAAGGTTACTCTTTATATATCAGGCCTACATTAATCGGCACTACGGCCGGTTTAGGGGTTTCCACGCCTGATAGAGCCT
TGCTATATGTCATTTGCTGCCCTGTGGGTCCTTATTACAAAACTGGATTTAAGGCGGTCAGACTGGAAGCCACTGATTATGC
CACAAGAGCTTGGCCAGGAGGCTGTGGTGACAAGAAACTAGGTGCAAACTACGCCCCCTGCGTCCTGCCACAATTGCAAGCT
GCTTCAAGGGGTTACCAACAAAATTTATGGCTATTTGGTCCAAATAACAACATTACTGAAGTCGGCACCATGAATGCTTTTT
TCGTGTTTAAAGATAGTAAAACGGGCAAGAAGGAACTAGTTACTGCTCCACTAGACGGTACCATTTTGGAAGGTGTTACTAG
GGATTCCATTTTAAATCTTGCTAAAGAAAGACTCGAACCAAGTGAATGGACCATTAGTGAACGCTACTTCACTATAGGCGAA
GTTACTGAGAGATCCAAGAACGGTGAACTACTTGAAGCCTTTGGTTCTGGTACTGCTGCGATTGTTTCTCCCATTAAGGAAA
TCGGCTGGAAAGGCGAACAAATTAATATTCCGTTGTTGCCCGGCGAACAAACCGGTCCATTGGCCAAAGAAGTTGCACAATG
GATTAATGGAATCCAATATGGCGAGACTGAGCATGGCAATTGGTCAAGGGTTGTTACTGATTTGAACTGAAGTATCGCTATT
GCTACGTAAAGTAATTAAAAGTTAAAAAGAATAAAACTAGAGCGTTTTTTCTACTGAGTTAAGGGGTCATGTCAGAATATAA
CATACCCTTTGACATTGTATATATGAATTCCTGGATTTTGCAGTGATCTGATAAAAAATGTATGTCGAAACCTGCAATTATC
CTTTCGTTTTTTTTCTTGTCATCTAGTGCTGGCCTATCGGTATCAAGGACATCTTTTGCGCGGATAGAAAAGGGCCCATACA
TACCTTAGAAGCAACTCAAGACAATTCATGTACTTTTTAAACCAACTAATATTTCAAGACGTTTCCGTAATGTCGGTGGATA
AAAGAGAAGATATGAGCAGATCTTTCCAAAAATGTTTAAACTTGAGATACCCTATCATCCAGGCCCCTATGGCGGGGGTCAC
GACTATTGAAATGGCCGCTAAGGCTTGTATTGCGGGCGCCATAGCTTCACTACCCCTATCCCACTTAGACTTCAGAAAGGTC
AATGATATTGAAAAGCTTAAACTGATGGTTTCACAATTCAGAGATCAAGTAGCCGATGAATCTTTAGAGGG

二、重点和难点

（1）酿酒酵母感受态细胞的制备及转化方法。

（2）酿酒酵母中染色体整合基因过表达的基本原理和操作方法。

（3）酿酒酵母基因敲除的原理和操作方法。

（4）酿酒酵母中染色体整合基因过表达的操作方法。

三、实　　验

实验一　植物乳杆菌乳酸脱氢酶在酿酒酵母中的过表达

1. 实验材料和用具

（1）仪器和耗材　PCR仪、高速离心机、漩涡振荡器、生化培养箱、恒温摇床、电泳仪、全自动凝胶成像仪、超净工作台、移液器、离心管等。

（2）菌株和质粒

①菌株：酿酒酵母 *S. cerevisiae* 单倍体 AY12α，大肠杆菌 *E. coli* DH5α。

②质粒：Yep352-PK（含卡那霉素抗性基因表达盒 *KanMX* 与终止子 T_{PGK}）。

（3）材料及试剂

①植物乳杆菌（*Lactobacillus plantarum*）基因组DNA。

②*S. cerevisiae* AY12α 基因组DNA。

③酵母培养基（YEPD）：终浓度葡萄糖20g/L，酵母浸粉10g/L，蛋白胨20g/L，自然pH。

④LB 培养基。

⑤100mg/mL G418 母液：称取 1g G418 溶解于 10mL 无菌水中，0.22μm 滤膜过滤除菌，分装后 −20℃贮存。

⑥1mol/L 醋酸锂（LiAc）溶液：准确称取 6.6g LiAc 充分溶解于 80mL 蒸馏水中，定容至 100mL，121℃高压蒸汽灭菌 20min，贮存于 4℃。

⑦50% PEG 3350：称取 50g PEG3350，充分溶解于 80mL 蒸馏水中，定容至 100mL，115℃高压蒸汽灭菌 20min。

2. 操作步骤及注意事项

（1）引物设计　利用 Primer Premier 5.0 进行引物设计，根据 NCBI 数据库报道的 *Lactobacillus plantarum LDHL*1 基因序列设计 PCR 反应引物，用于构建过表达系统及定点验证引物，引物序列如表 10-1 所示。

表 10-1　　PCR 引物序列

引物	序列（5′→3′）
PA-U	CGGGATCCCTTCCGCTTTGCCATT（*Bam*H Ⅰ）*
PA-D	ACACAACTTTTTGATGATTTGGCATTTTGATTGATTTGACTGTGTTATTT
*LDHL*1*-U*	AAATAACACAGTCAAATCAATCAAAATGCCAAATCATCAAAAAGTTG
*LDHL*1*-D*	GAAAAAAATTGATCTATCGTTATTTATTTTCTAATTCAGC
PK-U	GCTGAATTAGAAAATAAATAACGATAGATCAATTTTTTTC
PK-D	TACCGTAGGTGTTGTTTGGGAAAGTGCATAGGCCACTAGTGGAT
PB-U	TATCAGATCCACTAGTGGCCTATGCACTTTCCCAAACAACACCT
PB-D	GGAATTCCGTTGGTAGCAGCAGTC（*Eco*R Ⅰ）
*P*1*-U*	TGGCATCTTCACCG
*P*1*-D*	GAAAAAAATTGATCTATCGTTATTTATTTTCTAATTCAGC
*P*2*-U*	AAATAACACAGTCAAATCAATCAAAATGCCAAATCATCAAAAAGTTG
*P*2*-D*	GCGTACGAAGCTTCAGCTGTAACGAACGCAGAATTTTC
*P*3*-U*	GAAAATTCTGCGTTCGTTACAGCTGAAGCTTCGTACGCTGC
*P*3*-D*	TGTGCTACTACAACTGTTCAT

注：*：酶切位点的加入可以方便后续质粒的构建，或者可以将目的片段通过酶切连接到质粒载体上。

（2）*S. cerevisiae* AY12α 感受态细胞的制备

①取一环酵母菌接种于含有 5mL 液体 YEPD 培养基的试管中，180r/min，30℃摇床振荡培养。

②血球计数确定菌液中的细胞浓度，以 5×10^6 个/mL 的菌体浓度接种至 50mL YEPD 液体培养基中，180r/min，30℃摇床振荡培养约 4h，至菌体浓度达到约 2×10^7 个/mL。

③将摇瓶中的菌液转移入无菌的离心管中，$5000\times g$，4℃离心 5min，收集菌体。

④菌体用 25mL 无菌水洗涤 2 次，$5000\times g$，4℃离心 5min，弃上清液。

⑤用 1mL 浓度为 0.1mol/L 的醋酸锂（LiAc）缓冲液重悬菌体，转移到无菌 EP 管。

⑥$5000\times g$，4℃离心 6min，弃上清液。

⑦用 500μL 浓度为 0.1mol/L 的醋酸锂（LiAc）缓冲液重悬菌体，以 50μL/管分装至无菌 EP 管中。

（3）目的基因片段的扩增与纯化回收

①以 *S. cerevisiae* AY12*α* 基因组 DNA 为模板，以引物对 *PA-U*/*PA-D* 经 PCR 扩增得到 *PDC*1 位点上同源臂的 *PA* 片段（包含 *PDC*1 基因的启动子序列），以引物对 *PB-U*/*PB-D* 经 PCR 扩增得到 *PDC*1 位点下同源臂的 *PB* 片段。

②以植物乳杆菌的基因组 DNA 作为模板，以引物对 *LDHL*1-*U*/*LDHL*1-*D* 经 PCR 扩增得到乳酸脱氢酶基因 *LDHL*1 片段。

③以质粒 Yep352-PK 作为模板，以引物对 *PK-U*/*PK-D* 经 PCR 扩增得到 $PGK1_T$-*KanMX* 片段。

④将 *PA*、*LDHL*1、$PGK1_T$-*KanMX* 和 *PB* 的 PCR 扩增产物纯化回收。

（4）转化和筛选

①将 *PA*、*LDHL*1、$PGK1_T$-*KanMX* 和 *PB* 片段按等摩尔量混合。

②向酿酒酵母感受态细胞中依次加入 240μL 50% PEG、36μL 1mol/L LiAc 缓冲液、50μL 单链 DNA（ssDNA，通常采用鲑鱼精 DNA，2mg/mL，煮沸 5min 后冰浴 2min，煮沸的目的是保持 DNA 维持单链状态）以及 34μL（片段总重量在 0.1～1μg，补水至 34μL）的上述待转化片段（或者加入的待转化片段之和为 34μL）。

上述物质加入顺序不能改变，否则会影响转化效率。

酿酒酵母会降解外源的 DNA，加入 ssDNA 可以作为保护剂，防止目的片段被降解。

鲑鱼精 DNA 煮沸、骤冷的目的是使其淬火后维持单链状态。

③涡旋振荡混合均匀，于 30℃静置 30min 后，42℃水浴热激 40min。

④$10000\times g$ 离心 1min，用移液器吸出上清液。

⑤加入 1mL YEPD 液体培养基重悬菌体，100r/min，30℃培养 3～4h 活化。

⑥将上述活化后的酿酒酵母细胞培养物稀释涂布于含 300μg/mL G418 的 YEPD 固体培养基平板上，30℃培养 36h。

配制固体培养基平板添加 G418 时，培养基温度不宜太高，防止其失效。

转化后的细胞培养物可以采用梯度稀释涂布以确定最适稀释倍数，转化时最好将出发菌作为对照。

⑦挑选生长较好的酵母单菌落点接或划线至含 300μg/mL G418 的 YEPD 固体培养基平板上（图 10-5），30℃培养 36h。

⑧挑取单菌落进行菌落 PCR。

3. 实验结果

（1）PCR 验证 *LDHL*1 基因过表达重组菌株　以出发菌株 *S. cerevisiae* AY12*α* 的基

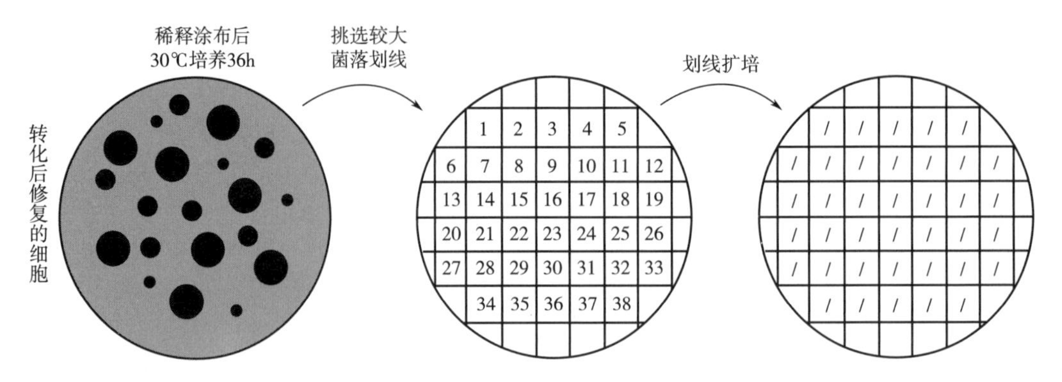

图 10-5 转化子筛选示意图［均为 G418（300 μg/mL YEPD 平板）］

因组为阴性对照，分别以 *P*1-*U*/*P*1-*D*、*P*2-*U*/*P*2-*D*、*P*3-*U*/*P*3-*D* 3 对引物对转化子进行上游、中游和下游定点验证，如图 10-6 所示，结果如图 10-7（1）～（3）所示，上游定点验证得到约 2900bp 的条带，中游定点验证得到约 1300bp 的条带，下游定点验证得到约 4100bp 的条带。而 *S. cerevisiae* AY12*α* 则为阴性，表明 *LDHL*1 基因成功整合到 *S. cerevisiae* AY12*α* 的基因组上，将其命名为 *α*（L）。

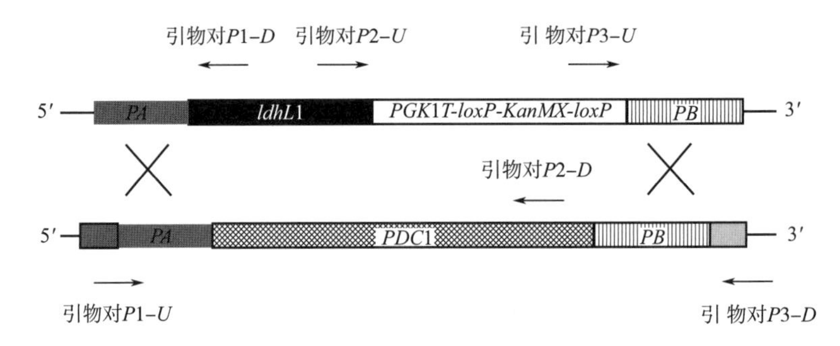

图 10-6 验证引物的设计

（2）*LDHL*1 基因过表达效果验证 以出发菌株 *S. cerevisiae* AY12*α* 为对照菌株与重组菌株 *α*（L）同时进行玉米水解液发酵，发酵结束后测定各菌株的基本发酵性，乳酸以及乳酸乙酯的生成量，结果如表 10-2 所示。

表 10-2 出发菌株与重组菌株的发酵数据对比

菌株	CO_2 失重/g	还原糖剩余量/（g/L）	乙醇/（g/L）	乳酸/（g/L）	乳酸乙酯/（g/L）
AY12*α*	12.4	0.42	80.27	NF	NF
α（L）	11.2	0.46	73.35	12.64	142.75

重组菌株 *α*（L）与出发菌株在相同条件下 CO_2 失重、还原糖剩余量等主要发酵性能没有明显变化，而乙醇稍有降低但不是很明显，研究表明过表达 *LDHL*1 基因对菌株的发酵性能没有太大影响。

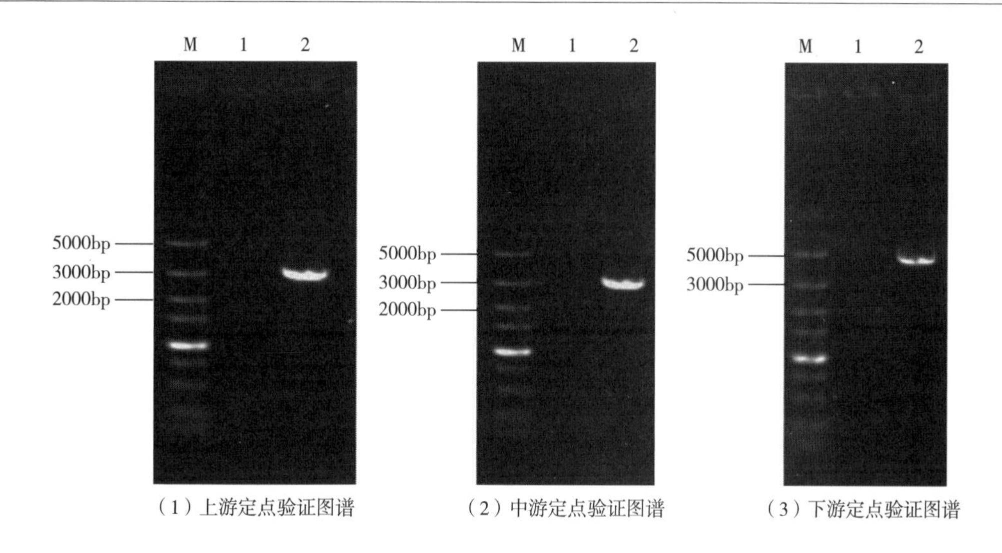

M—Marker　1—以出发菌株 *S. cerevisiae* AY12α 基因组 DNA 为模板，利用引物 *P*1-*U* 和 *P*1-*D* (1)、*P*2-*U* 和 *P*2-*D* (2) 以及 *P*3-*U* 和 *P*3-*D* (3) 进行 PCR 扩增　2—以重组菌株 α (L) 基因组 DNA 为模板，利用引物 *P*1-*U* 和 *P*1-*D* (1)、*P*2-*U* 和 *P*2-*D* (2) 以及 *P*3-*U* 和 *P*3-*D* (3) 进行 PCR 扩增

图 10-7　*LDHL*1 基因过表达菌株的验证

*LDHL*1 基因过表达重组菌株 α (L) 中乙醇的产量有所降低，这可能是 *PDC*1 基因敲除弱化了丙酮酸脱羧酶的活性，最终导致乙醇含量减少。而乳酸脱氢酶 *LDHL*1 基因的引入使酵母可以将丙酮酸直接还原为乳酸，同时再生 NAD^+ 使得糖酵解途径可以继续进行，从而导致乳酸的积累。改造菌 α (L) 乳酸和乳酸乙酯产量分别为 12.64g/L、142.75mg/L，而出发菌几乎检测不到乳酸和乳酸乙酯，说明产乳酸酿酒酵母 α (L) 构建成功。

实验二　酿酒酵母 *BAT*2 基因的敲除

1. 实验材料和用具

(1) 仪器和耗材　同本章实验一。

(2) 菌株和质粒

①菌株：黄酒酵母 HJ-1 单倍体 α1，大肠杆菌 *E. coli* DH5α。

②质粒：YHERP1.0。

(3) 试剂和溶液

①半乳糖诱导培养基：终浓度半乳糖 10g/L，蛋白胨 20g/L，酵母浸粉 10g/L，硫酸腺嘌呤 100mg/L，蒸馏水配制，自然 pH，115℃高压蒸汽灭菌 20min。

②正向筛选培养基：终浓度酵母浸粉 10g/L，蛋白胨 20g/L，甘油 50g/L，氨甲基叶酸 200μg/mL，磺胺 5mg/mL，胸腺嘧啶 5mg/mL，次黄嘌呤 50μg/mL，琼脂 20g/L，115℃高压蒸汽灭菌 20min (胸腺嘧啶，氨甲基叶酸在倒平板前添加)。

③反向筛选培养基：终浓度酵母基本氮源 (yeast nitrogen base，YNB) 1.7g/L，硫酸铵 5g/L，葡萄糖 20g/L，酵母营养缺陷型培养基补充剂 2g/L (倒平板前添加)，50μg/mL 5-氟-2′-脱氧尿苷 (FudR)，20g/L，115℃高压蒸汽灭菌 20min。

④破菌缓冲液：最终配为 TritonX-100 体积分数 2%，NaCl 100mmol/L，EDTA 1mmol/L，SDS 10g/L，Tris-HCl（pH8.0）10mmol/L，调节 pH 至 8.0。

⑤其余试剂同本章实验一。

2. 操作步骤

（1）引物设计　利用 Primer Premier 5.0 进行引物设计，设计各序列 PCR 反应引物，引物序列如表 10-3 所示。

表 10-3　　PCR 引物

引物	序列（5′→3′）
BAT2-PA-U	TCCTTTCCAAACATCTTCGAACGTG
BAT2-PA-D	CTTCTTTGCGTCCATCCAAGAATTCAT- TACCCTGTTATCCCTAAAAACTCGTGGAGATGCTTTCCCTTA
HERP1.0-U	TAAGGGAAAGCATCTCCACGAGTTTT<u>TAGGGATAACAGGGTAAT</u>GAATTCTTG- GATGGACGCAAAGAAG*
HERP1.0-D	CACGTTCGAAGATGTTTGGAAAGGAATTAAGGGTTCTCGAGAGCTCG
BAT2-BA-U	CGAGCTCTCGAGAACCCTTAATTCCTTTCCAAACATCTTCGAACGTG
BAT2-BA-D	GACCCCTTAACTCAGTAGAAAAAACGCAAAACTCGTGGAGATGCTTTCCCTTA
BAT2-BB-U	TAAGGGAAAGCATCTCCACGAGTTTTGCGTTTTTTCTACTGAGTTAAGGGGTC
BAT2-BB-D	CCCTCTAAAGATTCATCGGCTACT
B1-U	GCTCCCTCCAACTACTCT
B1-D	CGAGGCACATCTGCGTTTCA
B2-U	CTGCTTGCCAATACGGTGCG
B2-D	CTATGTCCTCCCGCTTCA

注：*：下画线区域为 I-*Sce* Ⅰ识别和切割序列。

（2）DNA 片段的 PCR 扩增　分别扩增 *PA*、*BA*、*HERP*1.0 及 *BB*，琼脂糖凝胶电泳后回收。

（3）转化　同本章实验一。

（4）筛选

①将转化并活化后的菌液全部涂布于数个正向筛选培养基平板上，30℃培养 4 d 后挑取能够正常生长的转化子提取基因组 DNA，利用引物 *B*1-*U* 和 *B*1-*D*、*B*2-*U* 和 *B*2-*D* 以及 *B*3-*U* 和 *B*3-*D* 进行 PCR 鉴定。

②将鉴定正确的转化子接种至半乳糖诱导液体培养基，30℃，180r/min，振荡培养 24h 后，取适量培养物稀释至 10^{-3}。

③100μL 涂布于反向筛选固体培养基平板，30℃倒置培养 48h。

④挑取单菌落提取基因组 DNA，利用引物 *B*1-*U* 和 *B*2-*D* 进行 PCR 鉴定。

（5）基因组 DNA 粗提

①将酵母菌接种于 5mL YEPD 培养基中 30℃，180r/min，振荡培养过夜。

②取 1.5mL 培养物，10000×*g* 离心 5min 后弃上清液，用 500μL 去离子水充分重悬菌体。

③加入 200μL 破菌缓冲液。

④加入 200μL 石英砂（以体积计）和 200μL 酚：氯仿为 25：24（体积比）的混合液（pH>7），漩涡振荡 4min。

⑤加 200μL TE 缓冲液，漩涡振荡，10000×*g* 离心 5min，取上清液。

⑥加入 1mL 无水乙醇，颠倒混匀。

⑦10000×*g* 离心 3min，弃上清液，烘干，沉淀用 0.4mL TE 溶解，作为 PCR 模板。

3. 实验结果

（1）DNA 片段的 PCR 扩增　以酿酒酵母单倍体 α1 基因组为模板，以 *BAT*2-*PA*-*U* 和 *BAT*2-*PA*-*D* 为引物对，利用 PCR 扩增靶基因左侧获得 488bp 的上游同源臂 *PA*；以 *BAT*2-*BA*-*U* 和 *BAT*2-*BA*-*D* 为引物，利用 PCR 扩增靶基因左侧获得 488bp 的上游同源臂 *BA*；以 *BAT*2-*BB*-*U* 和 *BAT*2-*BB*-*D* 为引物对，PCR 扩增靶基因右侧获得 522bp 的下游同源臂 *BB*；以质粒 YHERP1.0 为模板，以 *HERP*1.0-*U* 和 *HERP*1.0-*D* 为引物对，PCR 扩增得到 3165bp 的 *HERP*1.0 片段，PCR 产物琼脂糖凝胶电泳图谱如图 10-8 所示。

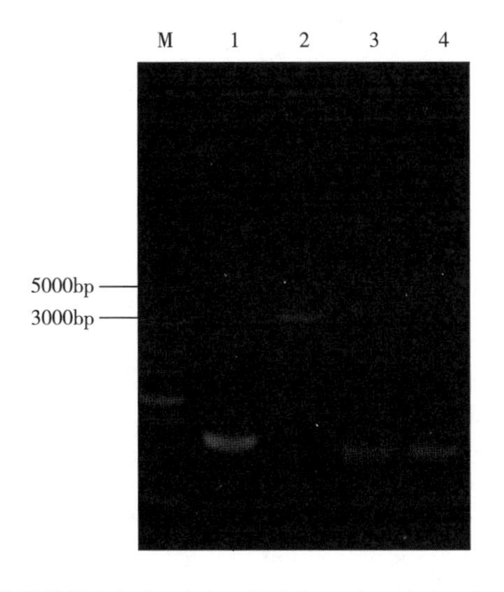

M—Marker　1～4—分别为同源臂 *PA*（488bp）、*HERP*1.0（3165bp）、*BA*（488bp）和 *BB*（522bp）

图 10-8　*PA*、*HERP*1.0、*BA* 和 *BB* 片段 PCR 产物

（2）第一次重组菌株验证　通过醋酸锂转化法将 *PA*、*HERP*1.0、*BA* 和 *BB* 四个片段同时导入单倍体 α1 中，经过第一步同源重组，在正向筛选培养基平板上可以获得整合菌株 α1ΔB。使用引物 *B*1-*U*/*B*1-*D* 和 *B*2-*U*/*B*2-*D* 进行 PCR 定点验证，验证整合成功的菌株，结果见图 10-9。当使用 *B*1-*U*/*B*1-*D* 引物进行验证时，整合菌株转化子 α1Δ*B* 有大小为 890bp 左右条带，而 α1 没有特异条带；当使用 *B*2-*U*/*B*2-*D* 引物进行验证时整合菌

株转化子 $\alpha1\Delta B$ 有大小为 2070bp 左右条带，而 $\alpha1$ 没有特意条带，由图 10-9 可知，PCR 目的条带大小正确，证明敲除 *BAT*2 基因成功，得到重组菌株 $\alpha1\Delta B$。

（3）第二次重组菌株验证　以第二次重组菌株基因组 DNA 为模板，利用引物 *B*1-*U* 和 *B*2-*D* 进行 PCR 验证，重组菌株可以获得一条长度为 1494bp 的条带（图 10-10）。说明 *HERP*1.0 重组盒已经从重组菌株基因组上全部消除，重组菌株构建成功（命名为 $\alpha\Delta$B）。

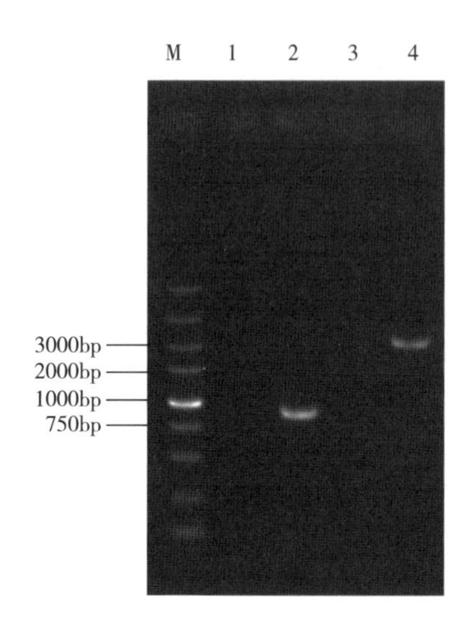

M—Marker　1 和 3—以出发菌株基因组 DNA 为模板，利用引物 *B*1-*U* 和 *B*1-*D* 以及 *B*2-*U* 和 *B*2-*D* 进行 PCR 扩增　2 和 4—以重组菌株基因组 DNA 为模板，利用引物 *B*1-*U* 和 *B*1-*D* 以及 *B*2-*U* 和 *B*2-*D* 进行 PCR 扩增

图 10-9　重组菌株 $\alpha1\Delta$B PCR 定点验证

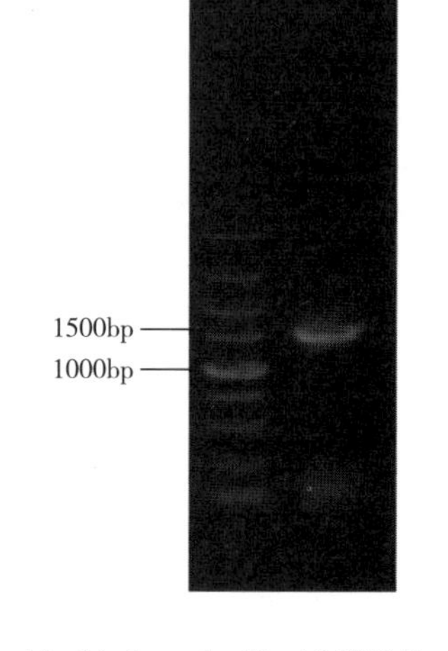

M—Marker　1—以 $\alpha\Delta$B 基因组 DNA 为模板，利用引物 *B*1-*U* 和 *B*2-*D* 进行 PCR 扩增

图 10-10　重组菌株 $\alpha\Delta$B 的 PCR 验证

四、常见问题及分析

1. 醋酸锂转化效率较低

（1）转化所使用的片段浓度较低或者比例分配不合适　一般转化所使用的片段浓度需要在 100ng/μL 以上，并且根据片段的长度与浓度的不同，最终的使用量也不同。需要根据说明分配好各个片段的比例（一般长片段的添加量较多）。

（2）菌株没有培养到对数生长期　菌株对数生长期最容易接收外来的 DNA 片段，需要提前做好预实验确定菌株的对数生长期。

（3）实验没有在低温中进行　醋酸锂会提高酵母细胞膜的通透性，需要加入保护剂，属于酵母细胞感受态的制备，因此需要在低温下处理，不应在室温下放置时间过长。

（4）筛选所使用的抗性浓度不合适　不同的菌株对同一种抗性有一定差异，需要提前使用不同的抗性浓度确定最适条件。

（5）导入酵母的 DNA 片段较多　通常过表达系统所需要的片段越多，转化的效率越低。可以考虑重叠 PCR 或构建质粒将部分片段进行融合连接。重叠 PCR 详见第三章第二节。

2. 复筛转化子验证为假阳性

为了保证实验的准确性，通常需要将阳性转化子纯化后用相同的方法再次复筛验证，但偶尔出现假阳性，可能原因和解决方法如下。

（1）一些假阳性菌落可能与转化子重合，导致转化子不纯。需要多次纯化，并且挑选单一的菌落进行验证。

（2）尽量保存在带有抗性的平板或者斜面。

3. 阴性对照出现条带

（1）试剂、吸头、工作台污染　使用全新的试剂和吸头，对工作台进行清洁。

（2）外源 DNA 污染　确保操作的洁净。

五、思　考　题

（1）如何选取一个适当的过表达整合位点？

（2）在醋酸锂转化过程中，为什么需要先加入 ssDNA，之后才能加入目的基因片段？

（3）简述整合过表达基本流程。

（4）简述基因敲除的流程。

第二节　解脂耶氏酵母基因组编辑

解脂耶氏酵母（*Y. Lipolytica*）是一种严格需氧的、非发酵型的安全级酵母菌，同时，它也是一种重要的工业微生物菌种。目前，工业上主要利用解脂耶氏酵母进行油脂产品（如 γ-癸内酯、单细胞油脂等）、有机酸产品（如柠檬酸、异柠檬酸、α-酮戊二酸、丙酮酸等）和工业酶产品（如蛋白酶、脂肪酶、磷酸酶等）的生产。解脂耶氏酵母也是目前基础研究最多、应用最广泛的非常规酵母之一，与常规酿酒酵母相比，该酵母具有多种独特的生化和代谢特征，具体如下：①具有典型的二型性生长（两型现象）的特点，碳源、氮源、pH 等生长条件的改变都会影响该菌的菌落形态，因此它成为了研究酵母及真菌菌丝分化的模式菌株。②并不受葡萄糖效应的影响，因此不会进行有氧酒精发酵。③胞内拥有高效的乙酰辅酶 A 代谢通路和较高的三羧酸循环通量，脂质的积累量可达干重的 77%，因此非常适合有机酸、脂质及其衍生物的工业生产。④可以利用的碳源非常广泛，如糖类（葡萄糖、果糖、甘露糖）、烃类（烷烃、烯烃等）、醇类（乙醇、甘油、甘露醇等）、脂类（脂肪酸、甘油三酯等）、有机酸（乙酸、乳酸、丙酸、马来酸、柠檬酸、琥珀酸、油酸等）和氨基酸（赖氨酸等）等，并且可以利用极其廉价的工业煤油或餐饮废油作为唯一营养来源进行生长。⑤它对油脂类物质具有较强的降解能力，因此可用于对废油污染的生物修复。⑥它对生长条件的要求更低，在较低 pH、较高渗透压等不利条件下均可生长。因此，解脂耶氏酵母成为了非常具有工业应用潜力的非常规酵母之一。近年来，随着合成生物学和基因编辑技术在解脂耶氏酵母中的应用及快速发展，研究者利用解脂耶氏酵母作为底盘细胞进行合成生物学的研究也取得了迅猛发展，这就进一步扩大了该酵母的工业应用范围。

一、实验原理

（一）基因（过）表达基本概念

在所有有细胞结构的生物中，基因的表达过程是指遗传信息从 DNA 传递给 RNA，再从 RNA 传递给蛋白质的过程，也是完成遗传信息转录和翻译的过程，这一过程也被称为中心法则。在病毒中存在特殊的 RNA 自我复制过程（如烟草花叶病毒）和 RNA 逆转录成 DNA 的过程（如某些致癌病毒），则是对中心法则的补充。

基因过表达是对微生物进行分子改造（基因工程）中最常用的一种遗传操作方法。它的基本原理是通过人工操纵（如增加基因的拷贝数，增强基因的转录频率）的方式，使目标基因（同源或异源）的转录和翻译水平得以增加，从而产生大量功能产物的加工过程。

（二）酵母菌表达载体介绍

在酵母菌宿主中进行基因过表达通常需要借助于酵母表达载体（游离型质粒和整合型质粒）。酵母表达载体至少需要含有适当的筛选标记（如营养缺陷型标记和抗性标记）、启动子序列、终止子序列、多克隆位点、复制起始点等功能元件。而目标基因需插入到多克隆位点，组成基因表达框，才能完成基因表达。到目前为止，在解脂耶氏酵母中还尚未发现任何天然的内源性质粒的存在，但是科学家们已经利用自主复制序列（ARS）和着丝粒序列（CEN）设计出了可以在解脂耶氏酵母胞内染色体外进行自主复制的游离型质粒（如 pSL30-DN、pRRQ1、pINA752 和 pINA532）。然而，该类游离型质粒存在拷贝数较低（1～3 个/细胞）且易丢失的问题，因此限制了其在基因过表达中的应用。

紧接着，科学家们又人工构建了解脂耶氏酵母的整合型表达载体（如 pINA1269、1267、1296、JMP3 和 JMP5），与游离型质粒相比，整合型质粒的遗传稳定性更高。因此，目前用于解脂耶氏酵母载体基因过表达的表达载体主要以整合型质粒为主，已经商用的整合型质粒主要有中国台湾 Yeastern 公司生产的胞内表达载体 pYLEX1 和分泌表达载体 pYLSC1 两种，其应用已经相当成熟和广泛。pYLEX1 和 pYLSC1 均能够通过同源重组的方式整合到解脂耶氏酵母宿主菌株基因组的特定位点上，从而实现目标基因的过表达，该步的完成需要在 5′和 3′端分别含有 300bp 以上的同源臂。然而，解脂耶氏酵母胞内会优先使用非同源末端连接（NHEJ）进行 DNA 修复，这就限制了同源重组的效率。

（三）基因过表达的基本步骤

1. 目的基因的获得

最常用的目的基因的获得方法主要包括化学合成（包括已知基因序列、难以获取含目的基因的菌株或质粒以及其他特殊要求）、PCR 获得（包括已知基因序列、已有含目的基因的菌株或质粒）等。本章实验三中目的基因 *HMGR* 表达框的获得是依靠基因组 PCR 方法完成的。

2. 重组表达载体的构建

采用限制性核酸内切酶的处理或人为地在 DNA 的 3′端接上 poly A 和 poly T，就可使参与重组的两个 DNA 分子产生互补的黏性末端。把两个 DNA 分子在一定温度下混合，互补的黏性末端会在氢键的作用下相互吸引而重新形成双链。这时，在外加连接酶的作用下，目的基因与载体之间进行共价结合，从而形成完整的、有体外复制能力的环状嵌合体。本章实验三中以在 pYLEX1 质粒的多克隆位点上插入了植物源的 D-柠檬烯合成酶基因（pYLEX1-D-LS）为出发质粒，在表达 D-柠檬烯合酶基因 *D-LS* 的基础上，构建了过表达 *HMGR* 基因的重组表达载体，简要流程如图 10-11 所示。

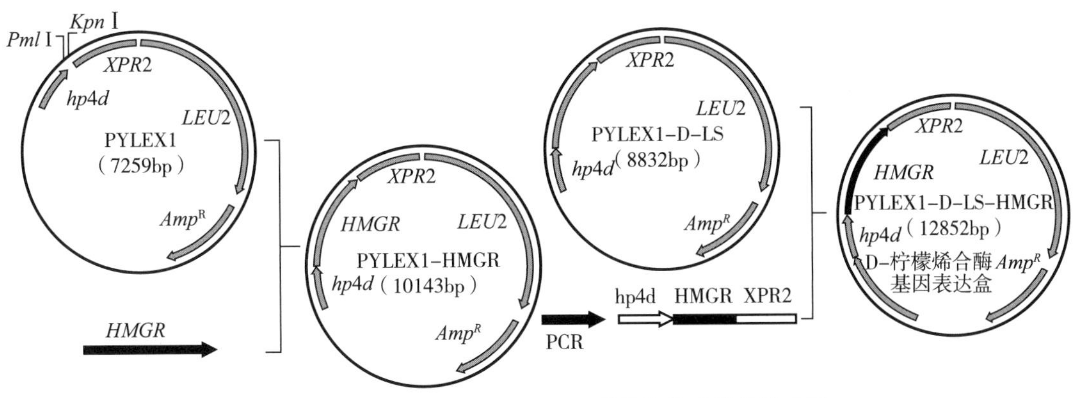

图 10-11　pYLEX1-D-LS-HMGR 质粒的构建流程示意图

3. 重组表达载体的体外扩增

将构建好的重组质粒转化大肠杆菌宿主细胞（如 *E. coli* DH5α），进行质粒的体内复制和扩增，经 PCR 及酶切等方法鉴定正确后，即可大量提取重组质粒 pYLEX1-D-LS-HMGR。

4. 重组表达载体导入酵母宿主菌

构建好的重组表达载体经体外扩增后，需先进行酶切线性化处理，再通过转化等途径将线性化重组质粒导入受体细胞中。由于 pYLEX1 载体和解脂耶氏酵母 Po1g 菌株染色体基因组上具有匹配的对接序列（*pBR*322 对接平台），因此线性化的重组质粒能够通过同源重组的方式整合到受体细胞染色体基因组的特定位点上。然后利用合适的筛选标记（本章实验三利用的是亮氨酸缺陷型）筛选出正确的酵母转化株，才能最终实现目的基因的过表达。重组载体导入酵母受体细胞有多种途径，如物理转化法、化学转化法、病毒感染法等。本节采用的是化学转化法——醋酸锂转化法。

本章实验三所用的酵母表达载体为 pYLEX1（pINA1269），由 *hp4d* 杂合启动子，*XPR2* 终止子，亮氨酸选择性标记基因 *LEU2* 以及氨苄抗性基因 *bla* 组成（图 10-12）。

本章实验一中我们以解脂耶氏酵母甲羟戊酸途径的关键限速基因——甲羟戊二酸单酰辅酶 A 还原酶（HMGR）编码基因为例，介绍在非常规酵母——解脂耶氏酵母中进行基因过表达的完整过程。

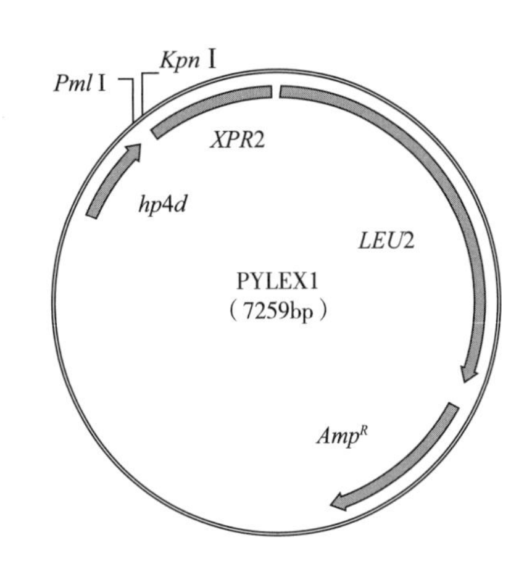

图 10-12　pYLEX1 质粒的图谱

（四）基因敲除

基因敲除是指DNA用同源重组等方式将细胞基因组中靶基因片段进行定点去除的一种遗传修饰技术。基因敲除技术的最早应用是通过对某个序列已知但功能未知的特定基因进行敲除，再研究基因敲除后对相关生命现象造成的影响，进而推测该基因的生物学功能。目前，研究者更多的是利用基因敲除技术对功能已知的目标基因进行去除，以完成对特定生物体的基因工程或代谢工程改造。

（五）同源重组

同源重组是指发生在非姐妹染色单体之间或同一染色体上含有同源序列的DNA分子之间或分子之内的重新组合。借助同源重组可以将外源基因引入宿主细胞的染色体中，整合后的外源基因可以同宿主染色体DNA一起稳定遗传。同源重组是一种最基本的重组方式，通常同源片段越长越利于重组的发生。在经典的基因工程操作中，通常将目的基因上下游的DNA片段设置为抗性基因两侧的同源臂，通过同源重组，染色体上的目的基因由于与载体两侧同源臂的重组交换而被抗性基因替代。可以说，同源重组的发现为基因敲除技术的建立奠定了理论基础。

（六）基因敲除的载体设计

通过基因敲除技术能够删除目的基因从而使其功能丧失，构建携带外源基因的敲除载体是实现基因敲除至关重要的一步。敲除载体主要由敲除骨架载体、目的基因的同源臂及抗性选择标记三部分组成。根据敲除载体分为置换型敲除载体和插入型敲除载体两类。置换型敲除载体由敲除骨架、同源序列、正负选择标记基因组成。其中正筛选标记位于长短同源臂之间，外侧为负筛选标记，转化前线性化的酶切位点设计在同源臂的外侧。同源臂与目的基因发生两次染色体交换后，目的基因被敲除载体上的同源序列及抗性选择标记基因所取代，造成功能缺失从而达到敲除的目的。插入型敲除载体与置换型敲除载体类似，区别在于转化前线性化的酶切位点设计在同源臂内部，同源臂与目的基因只发生一次染色体交换且没有负筛选标记基因，敲除载体完全插入靶基因组序列中。

（七）Cre-*loxP* 敲除系统

Cre-*loxP* 系统是从大肠杆菌噬菌体P1中获得的，其由Cre重组酶和 *loxP* 序列两部分组成。利用该系统，噬菌体可以将其基因定点整合到大肠杆菌染色体上。该系统在20世纪80年代应用以来，已经在酵母细胞、植物细胞以及哺乳动物细胞中显示出了较好的异源应用前景。Cre重组酶是一种无需辅助因子进行位点特异性重组的生物酶，由343个氨基酸组成，相对分子质量为38000，它的作用类似于限制性内切酶，能够识别特异的DNA序列，从而起到重组作用。Cre重组酶识别的序列被称为 *loxP* 位点，该位点含有34bp，包括被8bp间隔的两个13bp反向重复序列，由每个反向重复及其临近的4bp构成。两个 *loxP* 位点可以在同一条或不同染色体上，*loxP* 序列之间既可同向也可以反向排列。

Cre重组酶催化作用下完成 *loxP* 重组位点的过程具有可逆性和不稳定性，整个过程有下面3类方式：①当2个 *loxP* 位点所在的DNA链相同，且保持方向一致，此时Cre重组酶就能够有针对性地将 *loxP* 位点序列删除。②当2个 *loxP* 位点所在的DNA链相同，但保持不同的方向，这时Cre重组酶就能够使 *loxP* 位点序列出现倒位。③当 *loxP* 位点位于不同的DNA链，Cre重组酶就能够对2条不同的DNA链进行置换，或是染色体异位。

（八）解脂耶氏酵母中 *KU70* 基因的敲除原理

本章实验三选择解脂耶氏酵母表达宿主菌 Po1g 中 NHEJ 途径的关键蛋白 Ku70 编码基因为研究对象，利用同源重组的原理对其进行敲除，最终成功获得了同源重组精确率更高的菌株。利用同源重组敲除解脂耶氏酵母 *KU*70 基因的敲除原理为：以亮氨酸（编码基因：*LEU*2）作为选择标记，选择长的同源臂（两条臂长均为约 1kb），并利用同源双交换进行基因敲除。

我们设计了两对引物来验证基因敲除是否成功，其中的上游引物都位于待敲除目标基因 5′端上游区域，下游引物分别位于亮氨酸标记基因内部区域和待敲除基因的内部区域。最后，我们用 Cre 重组酶去掉亮氨酸标记（图 10-13）。

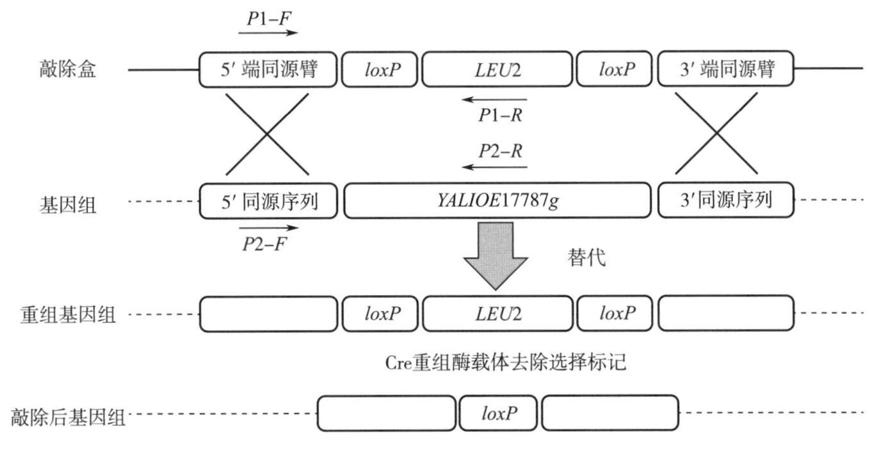

图 10-13　解脂耶氏酵母 *KU*70 基因的敲除原理示意图

（九）*KU70* 基因的敲除实验操作流程

本章实验四通过将酵母表达宿主菌 NHEJ 途径中的关键蛋白基因 *KU*70 进行了敲除，成功获得了同源重组精确率更高的菌株，也保证了表达载体的定点插入，见图 10-14。

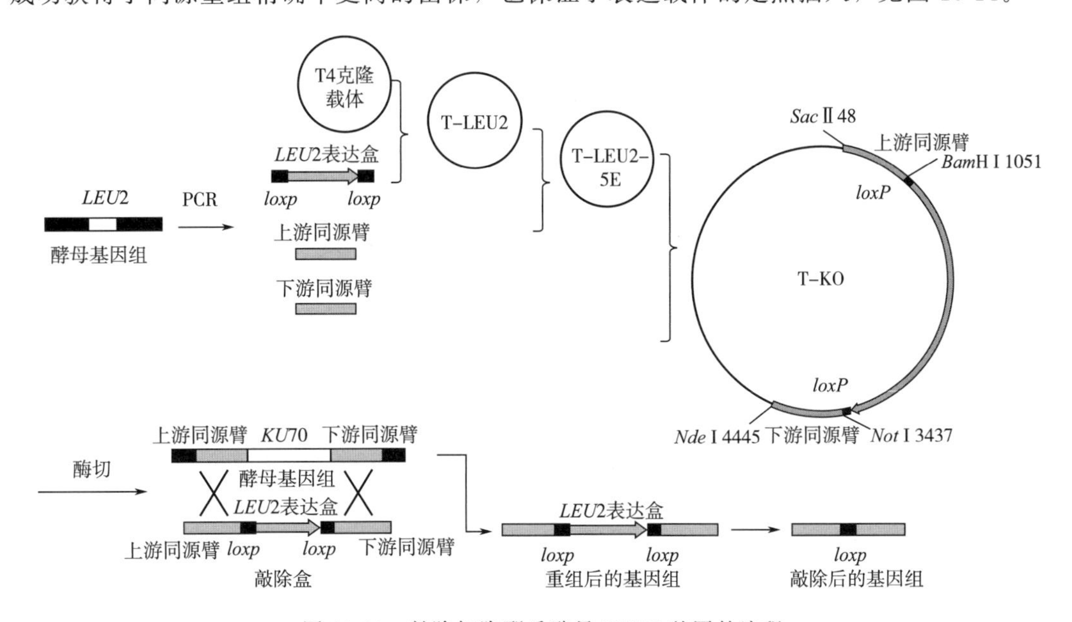

图 10-14　敲除解脂耶氏酵母 *KU*70 基因的流程

（十）本节所涉及的基因序列

1. *Y. lipolytica HMGR* 基因序列

ATGCTACAAGCAGCTATTGGAAAGATTGTGGGATTTGCGGTCAACCGACCCATCCACACAGTTGTCCTGACGTCCATCGTGG
CGTCAACCGCATACCTCGCCATCCTCGACATTGCCATCCCGGGTTTCGAGGGCACACAACCCATCTCATACTACCACCCTGC
AGCAAAATCTTACGACAACCCTGCTGATTGGACCCACATTGCAGAGGCCGACATCCCTTCAGACGCCTACCGACTTGCATTT
GCCCAGATCCGTGTCAGTGATGTTCAGGGCGGAGAGGCCCCCACCATCCCTGGCGCCGTGGCCGTGTCTGATCTCGACCACA
GAATCGTCATGGACTACAAACAGTGGGCCCCCTGGACCGCCAGCAACGAGCAGATCGCCTCGGAGAACCACATCTGGAAGCA
CTCCTTCAAGGACCACGTGGCCTTCAGCTGGATCAAGTGGTTCCGATGGGCCTACCTGCGTTTGTCCACTCTCATCCAGGGG
GCAGACAACTTCGACATTGCCGTGGTCGCCCTTGGCTATCTTGCCATGCACTACACCTTCTTCAGTCTCTTCCGATCCATGC
GAAAGGTTGGCTCGCACTTTTGGCTTGCCTCCATGGCTCTGGTCTCTTCCACCTTCGCTTTCCTGCTTGCGGTGGTGGCTTC
CTCTAGCCTGGGTTACCGACCTAGCATGATCACCATGTCCGAGGGCCTGCCCTTCCTCGTGGTCGCCATTGGCTTTGACCGA
AAGGTCAACCTGGCTAGCGAGGTGCTCACATCCAAGAGCAGCCAGCTCGCTCCCATGGTGCAGGTGATCACAAAGATCGCCT
CCAAGGCGCTGTTTGAGTACAGCCTTGAGGTGGCCGCCCTGTTTGCTGGCGCCTATACCGGAGTTCCTCGACTGTCCCAGTT
TTGCTTCTTATCTGCTTGGATCCTCATCTTCGACTACATGTTTTTGCTGACCTTCTACTCTGCTGTCCTTGCTATCAAGTTT
GAGATCAATCACATTAAGCGAAACCGAATGATCCAGGATGCTCTCAAGGAGGATGGTGTATCTGCTGCTGTTGCCGAGAAGG
TAGCCGACTCTTCTCCCGACGCCAAGCTCGACCGAAAGTCCGACGTTTCTCTTTTTGGAGCCTCTGGCGCCATTGCGGTGTT
CAAGATCTTCATGGTCCTTGGGTTCCTTGGTCTCAACCTCATCAACCTGACTGCCATCCCTCACCTTGGCAAGGCGGCCGCC
GCTGCCCAGTCTGTGACTCCCATCACCCTCTCCCCCGAGCTTCTCCATGCCATCCCCGCCTCTGTGCCCGTTGTTGTCACCT
TTGTGCCCAGCGTTGTGTACGAGCACTCCCAGCTCATTCTGCAGCTGGAGGACGCCCTCACTACCTTCCTGGCTGCCTGCTC
CAAAACTATTGGTGACCCCGTCATCTCCAAGTACATCTTCCTGTGCCTGATGGTCTCCACCGCCCTGAACGTCTACCTGTTT
GGAGCCACCCGAGAAGTTGTGCGAACCCAGTCTGTGAAGGTGGTTGAGAAGCACGTTCCTATCGTCATTGAGAAGCCCAGCG
AGAAGGAGGAGGACACCTCTTCTGAAGACTCCATTGAGCTGACTGTCGGAAAGCAGCCCAAGCCCGTGACCGAGACCCGTTC
TCTGGACGACCTAGAGGCTATCATGAAGGCAGGTAAGACCAAGCTTCTGGAGGACCACGAGGTTGTCAAGCTCTCTCTCGAG
GGCAAGCTTCCTTTGTATGCTCTTGAGAAGCAGCTTGGTGACAACACCCGAGCTGTTGGCATCCGACGATCTATCATCTCCC
AGCAGTCTAATACCAAGACTTTAGAGACCTCAAAGCTTCCTTACCTGCACTACGACTACGACCGTGTTTTTGGAGCCTGTTG
CGAGAACGTTATTGGTTACATGCCTCTCCCCGTTGGTGTTGCTGGCCCCATGAACATTGATGGCAAGAACTACCACATTCCT
ATGGCCACCACTGAGGGTTGTCTTGTTGCCTCAACCATGCGAGGTTGCAAGGCCATCAACGCCGGTGGCGGTGTTACCACTG
TGCTTACTCAGGACGGTATGACACGAGGTCCTTGTGTTTCCTTCCCCTCTCTCAAGCGGGCTGGAGCCGCTAAGATCTGGCT
TGATTCCGAGGAGGGTCTCAAGTCCATGCGAAAGGCCTTCAACTCCACCTCTCGATTTGCTCGTCTCCAGTCTCTTCACTCT
ACCCTTGCTGGTAACCTGCTGTTTATTCGATTCCGAACCACCACTGGTGATGCCATGGGCATGAACATGATCTCCAAGGGCG
TCGAACACTCTCTGGCCGTCATGGTCAAGGAGTACGGCTTCCCTGATATGGACATTGTGTCTGTCTCGGGTAACTACTGCAC
TGACAAGAAGCCCGCAGCGATCAACTGGATCGAAGGCCGAGGCAAGAGTGTTGTTGCCGAAGCCACCATCCCTGCTCACATT
GTCAAGTCTGTTCTCAAAAGTGAGGTTGACGCTCTTGTTGAGCTCAACATCAGCAAGAATCTGATCGGTAGTGCCATGGCTG
GCTCTGTGGGAGGTTTCAATGCACACGCCGCAAACCTGGTGACCGCCATCTACCTTGCCACTGGCCAGGATCCTGCTCAGAA
TGTCGAGTCTTCCAACTGCATCACGCTGATGAGCAACGTCGACGGTAACCTGCTCATCTCCGTTTCCATGCCTTCTATCGAG
GTCGGTACCATTGGTGGAGGTACTATTTTGGAGCCCCAGGGGGCTATGCTGGAGATGCTTGGCGTGCGAGGTCCTCACATCG
AGACCCCCGGTGCCAACGCCCAACAGCTTGCTCGCATCATTGCTTCTGGAGTTCTTGCAGCGGAGCTTTCGCTGTGTTCTGC
TCTTGCTGCCGGCCATCTTGTGCAAAGTCATATGACCCACAACCGGTCCCAGGCTCCTACTCCGGCCAAGCAGTCTCAGGCC
GATCTGCAGCGTCTACAAAACGGTTCGAATATTTGCATACGGTCATAG

2. *KU*70 基因及其上下游序列

下画线部分为 *KU*70 序列，灰色部分为上、下游同源臂。

CACTACACTACACTACTTGTACCATTCTACCCGGGGTCTGCCGGCTTGTACACACCGACAGCACTCGTACTCTCCCACGAAT
GCTCCGGCTGCCGACATCAACACGATCTCAAAAGCGCATACTGAGCTTCCTTTCCTAGCTCTTCCTTCCTTCAACTCGATAA
ATACATTGGATATATACATGTGTGGCGACTGTCGACTTGATGTTTAGAGTGTCCAGATCCGCAAGATCGGCTCGCACTTGTG
TTGTGTTGTTTCAAATCAGCCTGTCGTTTTGTGTCGTTTGAGATCATTCTGTCTCACTCTTAGGCTCGCTTAGAACCGACAA
CGGAGAATCCGGGCTCGGTTTTTCGGTCGGCCTTGATCTGGGCCTTGGACTTGTACTGGTCGGCCATCTCCACGTTGACCAG
CTCCTTGACCTTGTAGAGCTGACCGGCGATACCAGGAGACACCTTGTAGTACTTCTGGGAGCCGACCTTGCCCAGACCGAGG
GTCTTGAGCACGTCACGTGTTCTCCACGGCATTCGCAGGATAGATCGGACCTGTGTGACTTTGTAGAACATGGCGTTTCAGG
TGGTTGCGTGAGTGTGTAAAATCGTGTCTTTCAGAAGTTACAAATTTCACCGCATTTAGAGTTTATGCAGATGGGCGGTGTG
TGGTTGGGAGTTCGATTTCCGTGCGTGCATTTGATCTTGATGAATTGGATTTGTACATGAGGAAGAGCACGTCAAGCACCGC
CTACTGCAAACTCGTGAATATTGAGATTATTGAGGAAATTCAAGGAAAATTCAGATCAGATTTGAGAGCAAAGTCCAACAAT
ACTACACAATCCCTTTCCTGTATTCTTCCACCATCGTCATCGTCGTCTGTCTTCTCTTCAGCTTTTTAATTTCACTCCCCAC
AAACCCAAATTTAGCTGCATCATTCATCAACCTCCAATTATAACTATACATCGCGACACGAACACGAAACACGAACCACGAA
CCGCCGCTTTTTGAAAATGGAATGGATTTCACATCTGGAGAACGATGACGATGTGCTGGAAATCGAGGACTACAAGGTGCGC
AAGGACGCGCTGCTGATCGCCATTCAAGTAACCCAGAACGCCATTAACAACGGAACTCTTCATAAGGCCTTGGAGGCAGCCT
TCGATGCTGTGACTGACAGAATCGTCATATCGCCGCAAGATTACACCGGCGTTATGCTGTTCGGTGCCTCCATGCAGTCTGA
GGACGACGGTGACGAGTTCGATGATGAGTCAGATACACATTTCATTCTCAAGCTGGGCCTTCCTACCGCTGCTCAGATCAAA
CGACTCAAACGACTGGCAGAGGACCCTGATCTGGGTGAGAGGTTCAAGGTGCAGGAAGAGCCTCACCTGATGGACGTGTTTT
TCGACATGAACCGCCATTTTATCAACATGGCACCCAACTTCGCGTCCAGACGAATCATCTATATCACAGACGACGATACCCC
CACGACGAATGAGGACGATATCAACAAGACACGAGTTCGAATTGAGGATCTAAGCCATCTCAAGGTGAAGGTCGAGCCTCTT
TTGATCAACCCTTCGGAAGACAAGACGTTCGACTCCTCCAAATTCTACGCTCTTGTGTTCAACGAAGACACATCTGTGGAGC
CGGTTGAGGCGATCGATTTGAAGCAGTTTATCAACAAAAGAAACGTGCTCAATCGATCACTGTTCAATGTCAAAATGGAAAT
CGGAGAAGGTCTTGTTGTCGGAGTAAGAGGATACCTTCTTTATGCGGAACAAAAGGCTACTTCAACAACCCGAAAGGCCTGG
GTTTACACTGGAGGTGAGAAACCCGAGATTGCCAAATTAGAATCGCAGGCCGTCACTATTGAAAGTGGCAGAAGCGTGGACA
AGGCAGATCTGAGAAAGACTTTCAAGTTTGGAAATGACTATGTTCCTTTCACAGAAGAACAGCTGACGCAAATCCGGTACTT
TGGAGAGCCAATTATTCGAATTCTCGGCTTCCACAATTCCTCGGACTTCTCCGAGCTCTTCATCCACAGTGTCCGATCGTCA
ATGTTCCTATATCCCACTGATGAGAAGCTTGTGGGTTCGATTCGAGCCTTTTCAGCACTCTATCAGAGTCTCAAGAACAAGG
ATAAGATGGCTCTGGCCTGGGTTATTGTCCGCAAGGGCGCCAAACCTATTCTGGCTCTTCTTATTCCTTCAACTAAGGAGAT
CGAAGGTCTTCATATGGTCTTCTTGCCTTTTACAGATGATATTCGACAAGAACCAAAGACTGAACTTGTGTCTGCCGCCCCT
GAGCTCGTGGACGCAACCAAGAATATTTTCACTCGTCTACGCATGCCTGGCGGATTTGAGTCGCAAAGATACCCCAACCCCC
GTCTACAGTGGCATTACCGAGTTGTACGAGCCATGGCCCTTCAGGAGGAGGTTCCCAAGGTACCCGAAGACAAGACGACACC
AAAGTATCGGTCTATTGATACTCGAGTTGGTGATGCCATCGAGGAATGGAACAAGGTGTTGCAGAGCAGCTCCAAGCGACCT
GCGGAGGATATCTGTAAGGCTGAGAAGAAAGTCAAGAGTTCTGACGCGGGCCCTCCGTCCAACGAGCAAATGCAAAATATGG
TTGAGAATGACATTGTCGGCAAGCTGACCGTCGCAGAACTCAGGGCTTGGGGTGCTGCTAACAATGTTGAGCCCAATGGTAG
CAAGTTGAAGAAGGACTGGGTTGAGGTGGTCAAAAAGTACTATGGGAAGTGACTAGGGAGGCACATCTAAACGAATAACGAA
TATTAATGATACCATCATATCTCAGAACATGTATGACTGCTGCTTCCAAACGATATGAGGATGAGTCCTCTTTCAGATTAAG
ATAGAGTACAAATATATTATCTATATACTGGTGTCTGTGCGATGTCGTATGAGCGGTGAATCATGTGACTGTCACGTGGTTT

GGCCCAAGTTACACCGTAGCTACGCCTTTCTTGACCGTCTCCATGGTCTTCTGGGCGGGTTGACAGTTTCCACTGGATGAGC
GTCCGCCTCCTGTTCCTGTCGTTGTCCCTGCAGCTCAGCCTCAATCTTCTGACCGAGCTCGGAGTCCAGGGAAATGCCAACA
GGTTGTCCAAGCAACATCATGGTTTGGTGGGCAGCCGTGATCTCATCGTCGTTGGATACCATTCGGTACTTGGCCTCAATCT
GCACAAAGTAGCGGTACCACTGGTTTCGAGCAAACCGCTCCAATTGAGCCTCTCCGTCGAGAGAGAGAGTAGGTGATTGCTC
CAACTTGCGGCCAAAATGAAGTTCTCGACTCACCTTTTTGAAGCGGTTCTTCTTGCCCATCTTGGTGGCGAAAGTAGTGGCT
AGTGGTGGATGACTTTGTATAATGTACCGATGAAGAGGGTTGTATTTGCTCAGTAAGAAGTAGCGAGTGAAATCAGATGACT
TAACGAGAGCAAAGGGCAATGGAATACCTGCTGCCTGATTAACAACAGCTTCTGTGTCGTTTCTCTCTTGTGAATGAGTGTG
TTGCTAGAGGTAGGTTGGCACTCCAATGTTACGACACACAATAGTCTATAGAGCACTACAAAGGGCTATATCGTCAACTGCT
CTATTGTAGCTACAGTACAGTACATACCATCAAGTGAACAATGGACCACCAAACTCGGCACTAAGCCAATAGAACCTTTGCG
GCCTCCTTTATCACGTTTCTATATACCTTGTCCATTTATGTGCCACCCTTTAGTCTTGGTCGTTCACT

二、重点与难点

（1）解脂耶氏酵母感受态细胞的制备方法。

（2）解脂耶氏酵母基因过表达的流程。

（3）Cre-*loxP* 法解脂耶氏酵母基因敲除的原理和流程。

三、实　　验

实验三　解脂耶氏酵母 *HMGR* 基因的过表达

1. 实验材料和用具

（1）仪器和耗材　恒温摇床、恒温水浴锅、PCR 扩增仪、全自动凝胶成像仪、紫外分光光度计、电泳仪、电热鼓风干燥箱、超净工作台、电子天平等。

（2）菌株和质粒

①菌株：*Y. lipolytica* strain Po1g ΔKU70，*E. coli* DH5α。

②质粒：pYLEX1、pYLEX1-D-LS。

（3）主要试剂

①LB 培养基。

②酵母培养基（YPD）：终浓度葡萄糖 20g/L，酵母浸粉 10g/L，蛋白胨 20g/L，自然 pH，115℃高压蒸汽灭菌 20min。

③酵母基本氮源（YNB）筛选培养基：终浓度葡萄糖 20g/L，无氨基酵母氮源（YNB）6.7g/L，固体培养基添加琼脂 20g/L，115℃高压蒸汽灭菌 20min。

④100mg/mL 氨苄青霉素溶液。

⑤0.1mol/L 醋酸锂溶液（pH 6.0）：准确称取 0.5101g 二水醋酸锂溶于 40mL 蒸馏水中，用冰乙酸调 pH 至 6.0，加蒸馏水定容至 50mL，121℃高压蒸汽灭菌 20min，4℃保存。

⑥40% PEG 4000：称取 20g PEG 4000，溶于 30mL 的 0.1mol/L 醋酸锂溶液（pH 6.0）中，充分溶解后，加蒸馏水定容至 50mL，121℃高压蒸汽灭菌 20min，室温保存。

⑦1mol/L Tris-HCl 溶液（pH 8.0）：称取 Tris 60.55g，于 450mL 蒸馏水中溶解，再用浓 HCl 将 pH 调至 8.0，加蒸馏水定容至 500mL，121℃高压蒸汽灭菌 20min，室温

保存。

⑧0.5mol/L EDTA（pH 8.0）：称取 $Na_2EDTA \cdot 2H_2O$ 93.05g，溶于 450mL 蒸馏水中，再用 NaOH 将 pH 调至 8.0，加蒸馏水定容至 500mL，室温保存。

⑨酵母破壁缓冲液：称取 2.922g NaCl 和 5g SDS 溶于 400mL 蒸馏水中，再加入 10mL Triton X-100、10mL 0.5mol/L EDTA（pH 8.0）和 5mL 1mol/L Tris-HCl，然后加蒸馏水定容至 500mL，室温保存。

⑩限制性内切酶 *Pml* Ⅰ、*Nru* Ⅰ、*Spe* Ⅰ及 *Cla* Ⅰ。

⑪TE 溶液。

⑫其他试剂略。

2. 操作步骤

（1）引物设计　根据 Genbank 中 *Y. lipolytica* strain CLIB89（CP028452.1）的 *HMGR* 基因序列［*Pml* Ⅰ（CACGTG）、*Nru* Ⅰ（TCGCGA）、*Spe* Ⅰ（ACTAGT）及 *Cla* Ⅰ（ATCGAT）］设计引物，序列如表 10-4 所示。

表 10-4　引物

引物	序列（5′→3′）	备注
HMGR-F	ACAACCACACACATCCACAATGCTACAAGCAGCTATTGGAAAG*	扩增 *HMGR**
HMGR-R	GGGACAGGCCATGGAGGTACCCTATGACCGTATGCAAATATTCGAA	
BDH-LS-F	CCATCCAGCCTCGCGTCGGTTAACTATCCTAGGGTGCATGCTGAG	扩增 *HMGR* 基因盒
BDH-LS-R	ACGTCTTGCTGGCGTTCGCGATCATCGATGATAAGCTGTCAAACA	
pYL-F	CCTCGATCCGGCATGCACTGATCACG	鉴定引物
pYL-R	TAGGCAACAGCGTTGGGAGAGCCCTTGAGG	

注：*：下画线部分为质粒的同源序列，用于同源重组法构建重组质粒。

（2）解脂耶氏酵母基因组 DNA 的提取

①用接种环在 YEPD 固体培养基平板上挑取一环解脂耶氏酵母 Po1g ΔKU70 的菌落，转接到 5mL YEPD 液体培养基中，28℃、225r/min 振荡培养 20h。

②将解脂耶氏酵母培养液倒入 2mL 离心管中，12000r/min 离心 1min，尽量弃去上清液，加入 200μL 破壁缓冲液、200μL 石英砂、200μL DNA 提取液和 200μL TE 缓冲液，高速振荡 5～10min。

DNA 提取液具有毒性，使用时须戴上橡胶手套，振荡效果决定了基因组 DNA 的提取效果，因此一定要保证混匀彻底。

③12000r/min 离心 10min，混合体系分为三层，取 200μL 上层清液并转移至新的 1.5mL 离心管中。

④加入 1mL 无水乙醇并轻轻颠倒混匀，－20℃放置 5～20min（时间也可适度延长）。

⑤12000r/min 离心 10min，尽量弃去上清液，在 60℃干燥箱中烘干沉淀。

⑥再用适量的 TE 缓冲液溶解沉淀即可获得基因组 DNA，－20℃保存备用。

此步的烘干操作主要是为了去掉无水乙醇，时间 5～10min 即可；用 TE 缓冲液溶解烘干沉淀的时候，若离心管壁上有明显的白（黄）色物质，则加 70～100μL 缓冲液，否则只加 20～40μL 缓冲液。

（3）*HMGR* 基因 PCR 扩增　以解脂耶氏酵母基因组 DNA 为模板，利用引物 *HMGR-F* 和 *HMGR-R* 用 PCR 扩增 *HMGR* 基因，产物经琼脂糖凝胶电泳纯化、回收。

（4）重组质粒 pYLEX1-HMGR 的构建

①将 pYLEX1 质粒用限制性内切酶 *Pml* Ⅰ酶切后用琼脂糖凝胶电泳纯化、回收。

②采用重组法将 *HMGR* 基因连接至线性化的 pYLEX1（方法详见第四章第二节）。

③连接产物转化至 *E. coli* DH5α，活化并涂布于含有氨苄青霉素 100μg/mL 的 LB 固体培养基平板。

④挑取单菌落接种于含有氨苄青霉素 100μg/mL 的 LB 液体培养基，于 37℃、200r/min 振荡培养过夜后提取重组质粒。

⑤使用限制性内切酶 *Cla* Ⅰ和 *Spe* Ⅰ进行双酶切验证，将验证正确的重组质粒命名为 pYLEX1-HMGR。

构建示意图见图 10-15。

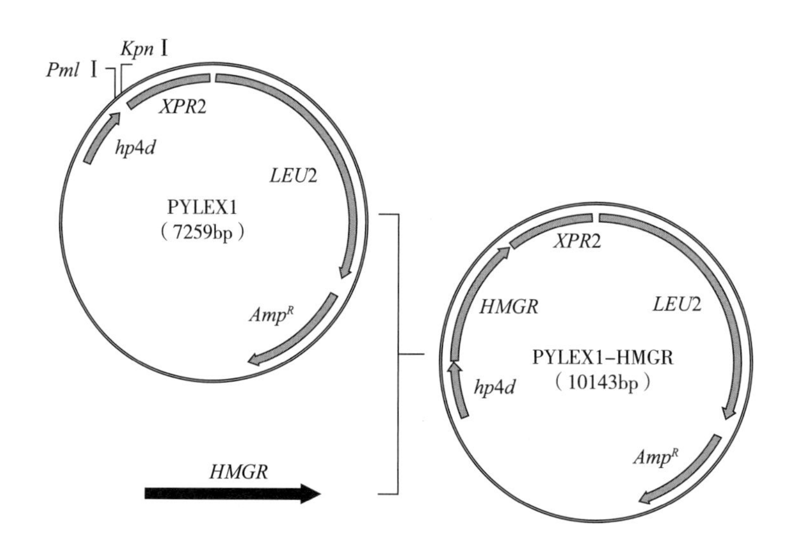

图 10-15　pYLEX1-HMGR 质粒的构建示意图

（5）重组质粒 pYLEX1-D-LS-HMGR 的构建　基因 *HMGR* 的转录需要启动子和终止子，仅 *HMGR* 开放阅读框无法表达。该基因在质粒 pYLEX1 的插入位点上下游分别含有启动子 *hp4d* 和 *XPR2* 终止子，组成启动子-*HMGR* 基因-终止子的基因表达盒。

①以 pYLEX1-HMGR 为模板，利用引物 *BDH-LS-F* 和 *BDH-LS-R* 用 PCR 扩增 *HMGR* 基因的表达盒，PCR 产物经琼脂糖凝胶电泳纯化、回收。

②使用限制性内切酶 *Nru* Ⅰ将质粒 pYLEX1 线性化，再将 *HMGR* 基因的表达盒通过同源重组连接至 pYLEX1，经过转化、筛选、鉴定（限制性内切酶 *Spe* Ⅰ和 *Nru* Ⅰ双酶切验证）获得重组质粒 pYLEX1-D-LS-HMGR。

构建流程图见图 10-16。

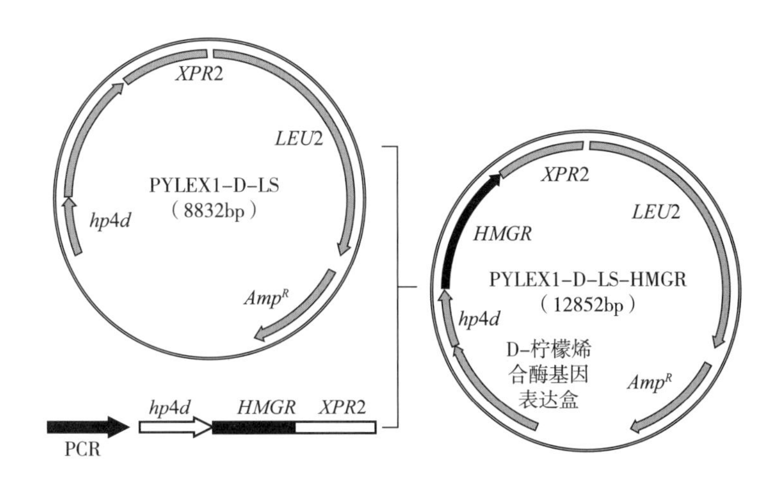

图 10-16　质粒 pYLEX1-D-LS-HMGR 的构建流程图

（6）解脂耶氏酵母感受态的制备

①从 YPD 培养基平板上挑取解脂耶氏酵母 Po1g ΔKU70 菌落到 50mL 液体 YPD 培养基中，于 28℃、225r/min 摇床培养 24h。

培养时间很重要，必要时需要优化培养时间。

②室温 5000×*g* 离心 4min，收集菌体，用 20mL 无菌水洗涤菌体 2 次。

③5mL 0.1mol/L 醋酸锂悬浮细胞，室温静置 10min，以 100μL/管进行分装或添加终浓度为体积分数 25%的无菌甘油并保存到−80℃备用。

感受态细胞较脆弱，重悬要轻柔。

（7）转化

①将 100μL 的解脂耶氏酵母 Po1g ΔKU70 感受态细胞、10μL 鲑鱼精 DNA（10mg/mL）和 10μL 经 *Spe* Ⅰ线性化后的重组质粒 pYLEX1-D-LS-HMGR 轻轻混匀，30℃放置 15min。

鲑鱼精 DNA 使用前需先经沸水浴 10min，再冰浴 3min（退火），以获得单链 DNA。

②加入 700μL 无菌的 40% PEG 4000 溶液，混匀后于 30℃，225r/min 放置 1h。

与其他酵母菌不同，此处使用 PEG4000 而不是 PEG3350。

③39℃水浴 1h。

④添加 1mL YPD 培养基，30℃，225r/min 培养 2h。

⑤室温 8000×*g* 离心 1min，弃上清液并用 1mL 无菌水悬浮菌体。

⑥室温 8000×*g* 离心 1min，用 100μL 无菌水重悬菌体并涂到亮氨酸缺陷的培养基平板上，30℃培养 2～3d 直至出现菌落。

（8）重组菌株的验证

①挑取 5～10 个单菌落，分别接种到 5mL 液体 YPD 培养基里，过夜培养。

②提取重组菌株基因组 DNA，使用引物 *pYL-F* 和 *pYL-R* 进行 PCR 验证，通过电泳条带大小判断重组质粒是否成功转化入解脂耶氏酵母中。

3. 实验结果

质粒 pYLEX1-HMGR 经 *Cla* Ⅰ和 *Spe* Ⅰ酶切后，可得 5517bp 和 4626bp 片段。由图 10-17（1）可知，实际条带大小与预期条带大小吻合，故质粒 pYLEX1-HMGR 构建成功。

质粒 pYLEX1-D-LS-HMGR 经 *Spe* Ⅰ和 *Nru* Ⅰ双酶切后可得到 5139bp 和 7713bp 的片段。由图 10-17（2）可知，条带大小与预期条带大小吻合，故质粒 pYLEX1-D-LS-HMGR 构建成功。

以转化 pYLEX1-D-LS-HMGR 的解脂耶氏酵母 Po1g ΔKU70 的基因组为模板，使用引物 *pYL-F* 和 *pYL-R* 进行 PCR 验证，理论上可得 3280bp 和 1966bp 的片段。由图 10-17（2）可知，实际条带与预期条带大小吻合，故重组解脂耶氏酵母菌株 Po1g ΔKU70-pYLEX1-D-LS-HMGR 构建成功。

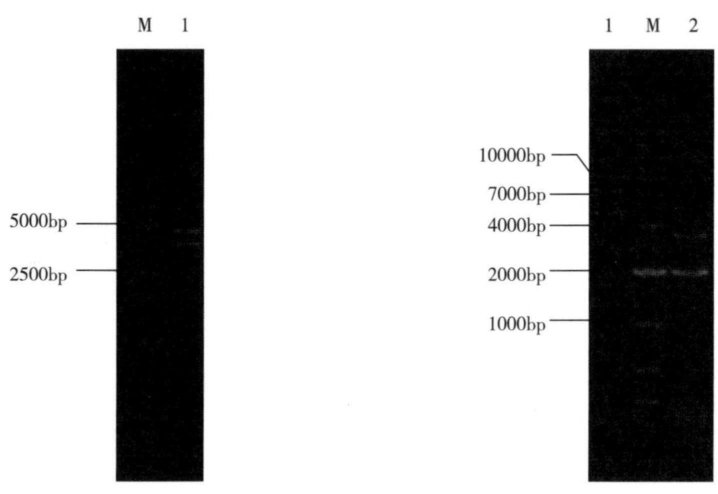

（1）质粒pYLEX1-HMGR经*Cla* Ⅰ和*Spe* Ⅰ酶切产物琼脂糖凝胶电泳图谱（泳道1），M为Marker

（2）质粒pYLEX1-D -LS-HMGR经*Spe* Ⅰ和*Nru* Ⅰ酶切产物琼脂糖凝胶电泳图谱（泳道1）以及基因组PCR验证菌株Po1g ΔKU70-pYLEX1-D-LS-HMGR的基因组上是否存在HMGR-表达盒的胶图（泳道2），M为Marker

图 10-17　质粒酶切验证与基因组 PCR 验证图谱

实验四　解脂耶氏酵母 *KU70* 基因的敲除

1. 实验材料与用具

（1）仪器和耗材　同本章实验一。

（2）菌株和质粒

①菌株：*Y. lipolytica* Po1g，*E. coli* DH5α。

②质粒：pGEM-T、pYLEX1、pSH69、pSL16-CEN1-1。

（3）试剂　限制性内切酶 *Sac* Ⅱ、*Bam*H Ⅰ、*Pml* Ⅰ、*Kpn* Ⅰ、*Sal* Ⅰ、*Pst* Ⅰ、*Xho* Ⅰ以及 *Bgl* Ⅱ。其余同本章实验一。

2. 操作步骤

（1）引物设计　引物如表 10-5 所示。

表 10-5　　构建 *KU*70 基因敲除盒所用引物

序号	序列（5′→3′）	备注
#1	GGATCCAAGCTTATAACTTCGTATAATGTATGCTATACGAAGTTATGAATTCCGTCGTCGCCTGAG（*Bam*H Ⅰ）*	扩增 *LEU*2 基因表达盒
#2	ATAACTTCGTATAGCATACATTATACGAAGTTATAATTCATGTCACACAAACCG	
#3	TCCCCGCGGCACTACACTACACTACTTGT（*Sac* Ⅱ）	扩增上游同源臂
#4	CGGGATCCTTTCAAAAAGCGGCGGTTCG（*Bam*H Ⅰ）	
#5	ATAAGAATGCGGCCGCCTAGGGAGGCACATCTAAAC（*Not* Ⅰ）	扩增下游同源臂
#6	GGAATTCCATATGAGTGAACGACCAAGACTAAA（*Nde* Ⅰ）	
#7	TCAATGGCAGCTCCTCCAATGAGTC	
#8	TCGTGAATATTGAGATTATTGAGGA	
#9	TGAAATGTGTATCTGACTCATCATC	
#10	AATGTCCAATTTACTGACCGT	扩增 *cre* 基因
#11	GGGGTACCCTAATCGCCATCTTCCAGCA（*Kpn* Ⅰ）	
#12	AATGGGTAAAAAGCCTGAACT	扩增 *hph* 基因
#13	GGGGTACCTTATTCCTTTGCCCTCGGAC（*Kpn* Ⅰ）	
#14	CGCGTCGACGCTCTCCCTTATGCGACTCC	扩增 *cre* 基因盒
#15	AACTGCAGGAATTCGGACACGGGCATCT（*Pst* Ⅰ）	
#16	CCGCTCGAGGCTCTCCCTTATGCGACTCC（*Xho* Ⅰ）	扩增 *hph* 基因盒
#17	GAAGATCTGAATTCGGACACGGGCATCT（*Bgl* Ⅱ）	

注：* 下画线表示酶切位点。

（2）*KU*70 基因敲除盒的构建

①以解脂耶氏酵母 Po1g 菌株的基因组 DNA 为模板，利用引物#3 和#4 以及#5 和#6 扩增 *KU*70 基因 1kb 5′上游序列和 1kb 3′下游序列。

②在 *LEU* 基因表达盒的 5′端和 3′端分别插入一个 *loxP* 位点，即正向引物（#1）和反向引物（#2），构建表达盒 *loxP*-启动子-*LEU*2-终止子-*loxP*。为了在随后的克隆步骤中可以插入其他的限制性酶切位点，在引物#1 上额外插入了 *Bam*H Ⅰ位点 。

③将 *loxP*-启动子-*LEU*2-终止子-*loxP* *T-A* 克隆至 *T*-载体 *pGEM-T*（具体方法见第四章第二节），获得重组载体 *T-LEU*2。

④分别用限制性内切酶 *Sac* Ⅱ和 *Bam*H Ⅰ酶切 *T-LEU*2 和上游同源臂，连接、转化、筛选、鉴定后获得重组质粒 *T-LEU*2-5*E*。

⑤分别用限制性内切酶 *Not* Ⅱ和 *Nde* Ⅰ酶切 *T-LEU*2-5*E* 和下游同源臂，连接、转化、筛选、鉴定后获得重组质粒 T-KO。

⑥使用限制性内切酶 *Sac* Ⅱ 和 *Nde* Ⅰ对质粒 T-KO 进行双酶切，酶切产物纯化回收，即 *KU*70 基因敲除盒。

(3) *KU*70 基因敲除盒转化解脂耶氏酵母 Po1g 菌株（同本章实验一）。

(4) 基因敲除（第一次重组）菌株鉴定　提取转化子基因组 DNA，利用引物为＃ 7 和＃ 8 及＃8 和＃ 9 进行 PCR 鉴定。

(5) 构建 *cre* 基因表达质粒

①以质粒 pSH69 为模板，利用引物＃10 和＃11 及＃12 和＃13 进行 PCR 扩增 *cre* 基因和潮霉素磷酸转移酶基因 *hph*。

②分别用限制性内切酶 *Pml* Ⅰ和 *Kpn* Ⅰ酶切 pYLEX1 及 *cre* 的 PCR 产物，连接、转化、筛选、鉴定后获得重组质粒 pYLEX1-CRE。

③以质粒 pYLEX1-CRE 为模板进行 PCR，利用引物＃14 和＃15 扩增 *cre* 表达盒。

④分别用限制性内切酶 *Sal* Ⅰ和 *Pst* Ⅰ酶切 *pSL*16-*CEN*1-1 和 *cre* 表达盒，连接、转化、筛选、鉴定后获得重组质粒 pSL16-CRE。

⑤分别用限制性内切酶 *Pml* Ⅰ和 *Kpn* Ⅰ酶切 pYLEX1 及 *hph* 的 PCR 产物，连接、转化、筛选、鉴定后获得重组质粒 pYLEX1-HPH。

⑥以质粒 pYLEX1-HPH 为模板进行 PCR，利用引物＃16 和＃17 扩增 *hph* 表达盒。

⑦分别用限制性内切酶 *Sal* Ⅰ和 *Pst* Ⅰ酶切 *pSL*16-*CRE* 和 *hph* 表达盒，连接、转化、筛选、鉴定后获得重组质粒 pSL16-CRE-HPH。

(6) 第二次重组菌株的筛选

①将 pSL16-CRE-HPH 质粒转化到 *KU*70 基因的敲除菌株，YPDH 培养基（含 400μg/mL 潮霉素 B)，30℃培养 2～3d。

②使用引物＃10 和＃11 对含 pSL16-CRE-HPH 质粒的阳性菌落进行酵母菌液 PCR 验证，挑选阳性克隆子到 2mL YPDH 培养基，30℃，225r/min 过夜培养，OD_{600} 约为 1.5 的时候 5000r/min 离心分离 5min，并使用 2mL 无菌水洗涤。

③酵母菌液 PCR 步骤　把平板上的单菌落挑到 2mL 培养基里，37℃摇床培养 2～8h 至培养基浑浊后，取 1μL 的菌液为模板进行 PCR。

④将验证正确的菌落重新接种细胞到 2mL YPD 培养基中，30℃，225r/min 过夜培养，分别在 YPD、YPDH 和 YNB 固体培养基平板上进行涂布培养，同时失去 *LEU*2 标记和 pSL16-CRE-HPH 质粒的阳性克隆子只能在 YPD 固体培养基平板上生长。

3. 实验结果

*KU*70 基因敲除盒的理论大小为 4.3kb，由图 10-18（1）可知，基因敲除盒构建成功。由图 10-18（2）可知，泳道 7 显示一个阳性敲除，而泳道 1 显示假阳性（阴性），其中在上部凝胶中，引物＃ 8/＃ 9 得到 5000bp 的片段，仅在第 1 和第 7 泳道中缺失。在底层凝胶中，成功的敲除株会产生 750bp 的片段，该片段由引物对＃ 7/＃ 8 获得。因 750bp 的条带只在泳道 7 出现，因此泳道 7 对应的转化子即为成功敲除了 *KU*70 基因的解脂耶氏酵母菌株。

*KU*70 基因被成功敲除后，设计了 Cre-*loxP* 系统对敲除菌株中的选择性标记进行了切除。如图 10-19 所示，所挑取的 4 个转化子经稀释后，分别涂布在 YPD 培养基、YPDH 培养基和缺乏亮氨酸的 YNB 培养基平板上，无标记的转化子（1、3、4）只能在 YPD 培

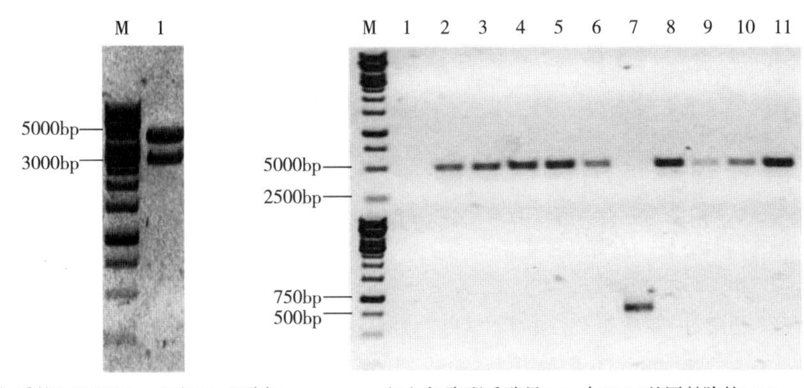

（1）质粒T-KO经*Sac* Ⅱ和*Nde* Ⅰ酶切得到*KU*70基因敲除盒（泳道1）

（2）解脂耶氏酵母Po1g中*KU*70基因敲除的PCR验证图谱（泳道1~11）

图 10-18　*KU*70 基因敲除菌株的构建

养基平板上生长，这是因为 *LEU*2 标记在 Cre 重组酶表达下被切除，并且也丢失了外源质粒 pSL16-CRE-HPH。因此，我们最终得到了无选择性标记且敲除了 *KU*70 基因的解脂耶氏酵母菌株。

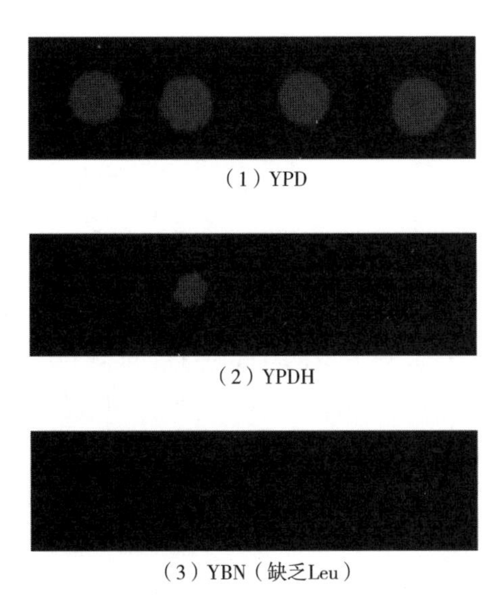

（1）YPD

（2）YPDH

（3）YBN（缺乏Leu）

图 10-19　无标记的解脂耶氏酵母 *KU*70 基因敲除株的筛选

四、常见问题及分析

（1）酵母转化子在筛选平板上长出后，应尽快挑取并进行验证。

（2）以酵母基因组为模板进行 PCR 前，如果浓度过大，需先进行适当稀释，否则 PCR 反应容易失败。

五、思 考 题

(1) 简述解脂耶氏酵母基因过表达的原理及一般流程。

(2) 简述解脂耶氏酵母基因敲除（同源替换法）的原理及一般流程。

(3) 简述解脂耶氏酵母感受态的制作流程。

第三节 巴斯德毕赤酵母基因组编辑

巴斯德毕赤酵母表达系统，简称毕赤酵母表达系统，是目前最为成功的外源蛋白真核表达系统之一。与现有的其他表达系统相比，巴斯德毕赤酵母在表达产物的加工、外分泌、翻译后修饰以及糖基化修饰等方面有明显的优势。巴斯德毕赤酵母是甲醇营养型酵母中的一类能够利用甲醇作为唯一碳源和能源的酵母菌。与其他酵母一样，在无性生长期主要以单倍体形式存在，当环境营养限制时，常诱导 2 个生理类型不同的接合型单倍体细胞交配，融合成双倍体，其生长培养液的组分包括无机盐、微量元素、生物素、氮源和碳源，廉价而无毒。它能在以甲醇为唯一碳源的培养基中快速生长，其中存在着一种称为微体的细胞器，其中大量合成过氧化物酶，因此也称为过氧化物酶体。合成的蛋白质贮存于微体中，可免受蛋白酶的降解，且不对细胞产生毒害。同时，其分子操作与大肠杆菌和酿酒酵母同样简单，虽然与酿酒酵母有着相似的分子及遗传操作，但其外源蛋白表达水平是后者的 10 倍乃至百倍。目前，毕赤酵母表达系统已广泛用于外源蛋白的表达。

一、基 本 原 理

(一) 毕赤酵母菌株表型

毕赤酵母菌 GS115 及 KM71 在组氨酸脱氢酶位点（His4）有突变，因而不能合成组氨酸（即组氨酸缺陷型，His^-），所有表达质粒都有 *HIS*4 基因可与宿主进行互补，通过不含组氨酸的培养基来选择转化子。KM71 的亲本菌在精氨酸琥珀酸裂解酶基因（*ARG*4）有突变，在不含精氨酸的培养基中不能生长。用野生型 *ARG*4 基因破坏 *AOX*1 基因后，产生 KM71 MutsArg＋His^- 菌株。GS115 及 KM71 都可在复合培养基如酵母浸出粉胨葡萄糖培养基（YPD）及含组氨酸的最小培养基中生长。转化之前，GS115 及 KM71 都不能在 MM 基本培养基中生长，因为它们是 His^-。

(二) 毕赤酵母菌株的培养和保存

毕赤酵母生长温度为 28～30℃。在 32℃以上诱导生长时，对蛋白表达有害，甚至会导致细胞死亡。当使用甲醇培养基时，建议每天添加甲醇以补偿甲醇挥发及消耗。毕赤酵母可在 YPD 培养基或者 YPD 琼脂斜面培养基保存数周至数月。若需长时间保存，可采用甘油法于－80℃保存。

(三) 甲醇营养型酵母

毕赤酵母是甲醇营养型酵母，可利用甲醇作为其唯一碳源。甲醇代谢第一步的醇氧化酶利用氧分子将甲醇氧化为甲醛及过氧化氢。为避免过氧化氢的毒性，甲醛代谢主要在过氧化物酶体这个特殊的细胞器里进行，使得有毒的副产物远离细胞其余组分。由于醇氧化

酶与 O_2 的结合率较低，因而毕赤酵母代偿性地产生大量的酶。而调控产生醇过氧化物酶的启动子也正是驱动外源基因在毕赤酵母中表达的启动子。

(四) 毕赤酵母表达载体

1. 载体的选择

典型的巴斯德毕赤酵母表达载体包含醇氧化酶-1（AOX1）基因的启动子和转录终止子（5′*AOX*1 和 3′*AOX*1），它们被多克隆位点分开，外源基因可以在此插入。此载体还包含组氨醇脱氢酶基因（*HIS*4）选择标记及 3′*AOX*1 区。当整合型载体转化受体时，它的 5′*AOX*1 和 3′*AOX*1 能与染色体上的同源基因重组，从而使整个载体连同外源基因插入受体染色体上，外源基因在 5′*AOX*1 启动子控制下表达。毕赤酵母本身不分泌内源蛋白，而外源蛋白的分泌需要具有引导分泌的信号序列。

如果目的蛋白是细胞溶质型且是无糖基化蛋白，可选择胞内表达蛋白。如果目的蛋白是正常分泌、糖基化蛋白或直接分泌至胞内细胞器内，可尝试分泌表达目的蛋白。建议用体内及体外方法产生并分离外源基因多拷贝插入子。每种方法的优缺点如表 10-6 所示。

表 10-6　毕赤酵母常用表达载体的性能比较

载体名称	优点	缺点
pAO815	①可构建特定数目的多拷贝子 ②大多数 His^+ 转化子含有正确的特定数目插入 ③筛选多插入子很容易，因为大部分 His^+ 转化子含有多拷贝目的基因 ④体外构建可以分析拷贝数对蛋白表达的影响 ⑤多拷贝插入位于单一位点 ⑥载体上无需另外的药物抗性标记	①克隆特定数目多拷贝子需要更多工作 ②载体可能会很大，与基因大小及插入拷贝数有关 ③在大肠杆菌宿主细胞中可能会发生重排
pPIC3.5K/ pPIC9K	①操作比较容易，转化毕赤酵母前载体中只需克隆单拷贝基因 ②1%～10%的 His^+ 转化子有自发的多拷贝插入 ③载体平均大小与其他毕赤酵母表达系统相似 ④拷贝插入位于单一位点	①定量筛选-遗传霉素抗性并不一定与基因拷贝数相关 ②筛选 His^+ 转化子需要做很多工作，因为要从成千上万个 His^+ 转化子中才能筛选到足够多的遗传霉素抗性克隆进行检测 ③多拷贝插入的数目不知（尽管可用 southern 或 dot blot 分析方法进行检测） ④遗传霉素筛选对细胞密度敏感，可能会分离到假阳性

2. 毕赤酵母多拷贝表达载体的构建

如用 pPIC9K 载体，应考虑将目的基因克隆进 α-factor 信号序列读码框中。应用 pAO815、pPIC3.5K 或 pPIC9K 时需考虑以下几点。

(1) 毕赤酵母的密码偏爱与酿酒酵母相同，已证明许多酿酒酵母中的基因在毕赤酵母中有交叉功能。

(2) 酶 AOX1 对应的 mRNA 的 5′末端在各多克隆位点都已标注出。如需分析 RNA，可计算插入基因 mRNA 的大小。

(3) 插入基因的终止密码子或 3′*AOX*1 序列可使翻译有效终止，如图 10-20，3′*AOX*1 序列终止密码已标注出。

(4) 在毕赤酵母及其他真核系统中均发现了“AT 富含区”导致的转录提前终止。如果表达蛋白时出现问题，应检查是否提前终止及 AT 富含区。如要表达基因则需改变基因序列。

(5) 插入成熟基因的开放阅读框，应克隆进 α-factor 信号序列读码框的下游。

(6) pPIC9K 的 *pAOX*1 及 *MCS* 特殊考虑以下几点。

①目的片段必须克隆进分泌信号序列开放阅读框中。

②信号序列中含 ATG，翻译从离 mRNA 5′端最近的一个 ATG 开始。

③如果插入片段中有 *Bgl* Ⅱ位点，毕赤酵母转化时，可选取其他限制性位点来线性化质粒。

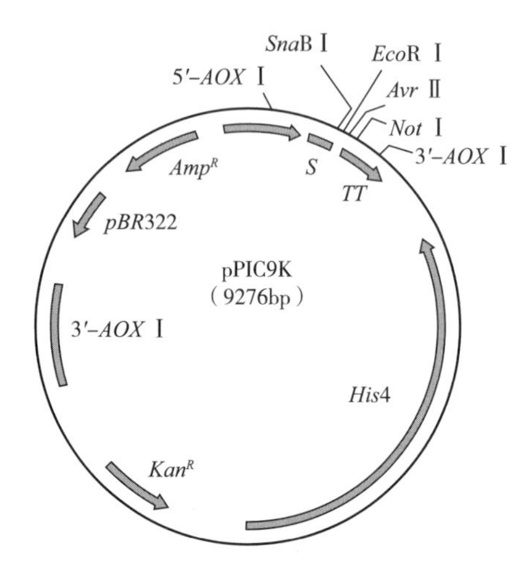

图 10-20　pPIC9K 质粒

(五) 醇氧化酶蛋白

1. *AOX*1 及 *AOX*2

毕赤酵母中有 *AOX*1 和 *AOX*2 两个基因编码醇氧化酶。细胞中大多数的醇氧化酶是 *AOX*1 基因产物。甲醇可紧密调节、诱导 *AOX*1 基因的高水平表达，较典型的是占可溶性蛋白的 30%以上。*AOX*1 基因已被分离，含 *AOX*1 启动子的质粒可用来促进编码外源蛋白的目的基因的表达。*AOX*2 基因与 *AOX*1 基因具有 97%的同源性，但在甲醇中带 *AOX*2 基因的菌株比带 *AOX*1 基因菌株甲醇利用慢得多，通过这种甲醇利用缓慢表型可分离 Muts 菌株。

2. *AOX*1 基因的表达

在甲醇中生长的毕赤酵母细胞大约有 5%的 polyA+ RNA 来自 *AOX*1 基因。*AOX*1 基因调控包括抑制/去抑制机制及诱导机制。简单来说，在含葡萄糖的培养基中，即使加入诱导物甲醇，转录仍受抑制。为此，用甲醇进行优化诱导时，推荐在甘油培养基中培养。注意即使在甘油中生长（去抑制）时，仍不足以使 *AOX*1 基因达到最低水平的表达，诱导物甲醇是 *AOX*1 基因可辨表达水平所必需的。

3. *AOX*1 突变表型

缺失 *AOX*1 基因，会丧失大部分的醇氧化酶活性，产生一种表型为 Muts 的突变株（methanol utilization slow，以前称为 Mut），而 Muts 可更精确地描述突变子的表型。结果毕赤酵母细胞代谢甲醇的能力下降，因而在甲醇培养基中生长缓慢。Mut^+ 指利用甲醇为唯一碳源的野生型菌株。这两种表型用来检测外源基因在毕赤酵母转化子中的整合方式。

本章实验五采用毕赤酵母表达系统，通过对来源于黑曲霉（*Aspergillus niger* CBS513.88）的两种编码 AA9 家族多糖单加氧酶的基因 *An*14*g*02670 和 *An*15*g*04900 在毕赤酵母 GS115 中进行了异源表达。

*An*14*g*02670 和 *An*15*g*04900 基因 cDNA 序列如下所示。

（1）*An*14*g*02670 基因 cDNA 序列

ATGCGTCAAGCTCAGTCTGCTTCTCTCCTCGCGGCCCTTCTGTCGGCCACCCAGGTCGCTGCCCACGGTCACGTCACTAACC
TCGTCGTCGACGGTGTCTACTACGAGGGCTTCGACATCAGCGTCTTCCCTTACGAGTCCGACCCCCCGAAGGTCGCCGCCTG
GACGACCCCCAACACCGGTAACGGCTTCATCTCGCCCGACGAGTACCGCAACCCCAACATCATCTGTCACGAGAACGCCACC
AACGCCCAGGCCCACGTTGTCGTCGGTGCCGGTGAGAAGATCAACATCCAGTGGACTGCCTGGCCCGACTCCCACCACGGTC
CCGTCCTGGACTACCTGGCTCGTTGTGACGGCAGCTGCGAGACCGTCGACAAAACCGACCTGGAGTTCTTCAAGATCGACGG
CGTCGGTCTCGTCAGCGACACCGAGGTCCCCGGTACCTGGGGTACCGACCAGCTGATCAACAACAACAACAGCTGGATGGTC
GAGATCCCTCCCTCCATTGCCGCTGGTAACTACGTCCTCCGTCACGAGCTCATCGCTCTCCACGGCGCTGAGGAGCAGGACG
GCGCCCAGAACTACCCCCAGTGCTTCAACCTCCAGGTCACCGGTACCGGTACCGCCACTCCCTCCGGTGTCAAGGGTACCGA
GCTCTACACTGCCACTGAGGGCGGTATCCTCGTCAACATCTACTCCTCCCTGAGCACTTACACTATGCCCGGCCCTACTGCC
TACAGCGGCGATGTCTCCATCACTCAGACTACTTCCGCTGTCACTTCCACCGGCACCGCCGTGGTTGGCAGTGCTAGCGCCG
TCGCTTCCGCTTCCTCGACCGCTGCCGCCGCTACCAGCGCTGCTGCCGTGACCAGCATCCCCGTGCAGGTCCCCTCTTCTTG
GACTACCCTGTTGACCTTCACCAACACTCCCCAGGCTGTGCAGCCTACTACCTCGGTCCAGCCCGAGCCTGCTCAGTCGACT
ATCACCCCTGCTCCGGCTGTTAGCTCTGCTGCCTCCGGTAGCTCCGGTAGTCAGTCTCTGTACGGCCAGTGCGGTGGTATCA
ACTGGACTGGTGCTACTCAGTGCGCGAGCGGATCTAGCTGCCACTCGTACAACCCTTACTACTACCAGTGCATTGCTAGTGC
TTAA

（2）*An*15*g*04900 基因 cDNA 序列

ATGAAGACTACCACCTACAGTTTGCTCGCTCTGGCAGCGGCTTCCAAGCTGGCTTCCGCCCACACCACCGTCCAGGCCGTCT
GGATCAACGGCGAGGACCAGGGTCTCGGTAACTCCGCCGATGGCTACATCCGCAGTCCCCCCAGCAACAGCCCCGTCACCGA
CGTCACGTCCACCGACATGACCTGCAACGTCAACGGTGACCAGGCCGCCTCTAAGACCCTCTCCGTCAAAGCCGGTGACGTT
GTCACCTTCGAGTGGCACCACAGCGACCGCTCCGACTCCGACGACATCATCGCCTCCTCCCACAAGGGTCCCGTCCAGGTCT
ACATGGCCCCGACGGCCAAGGGCTCCAACGGCAACAACTGGGTCAAGATCGCCGAGGACGGATACCACAAGAGCTCCGACGA
GTGGGCCACCGACATCCTGATCGCCAACAAGGGCAAGCACAACATCACTGTTCCCGACGTTCCCGCCGGTAACTACCTCTTC
CGCCCTGAGATCATTGCCCTCCACGAGGGTAACCGCGAGGGTGGTGCCCAGTTCTACATGGAGTGTGTCCAGTTCAAGGTCA
CCTCCGACGGCTCCAGCGAGCTTCCCTCCGGTGTCTCCATCCCCGGCGTCTACACCGCCACTGACCCCGGTATCCTCTTCGA
TATCTACAACTCCTTCGACAGCTACCCCATCCCCGGCCCGGATGTCTGGGATGGCTCCAGCTCCGGCTCCAGCTCCGGATCT
TCCTCCGCTGCTGCTGCTGCTACCACCTCCGCTGCTCAGGCCACCTCCGCTGTCACCAGCCAGGCCCAGGCCCCCACCACCT
TCGCCACCTCTTCTAAGTCCTCCAAGACTGCCTGCAAGAACAAGACCAAGTCCAAGTCCAAGGTTGCTGCTTCCAGCACTGA
GGCCGTCGTTGCCCCCGCCCCTACTTCCAGCGTCGTCCCTGCTGTCAGTGCCAGCGCTAGCGCTTCCGCTGGCGGTGTTGCT
AAGATGTACGAGCGCTGCGGTGGTATCAACCACACTGGCCCTACTACGTGCGAGAGCGGCTCCGTTTGCAAGAAGTGGAACC
CTTACTACTACCAGTGCGTTGCGTCTCAGTAA

二、重点和难点

（1）毕赤酵母感受态制备。

（2）毕赤酵母基因过表达的原理及操作方法。

三、实　　验

实验五　黑曲霉多糖单加氧酶在毕赤酵母中的异源表达

1. 实验材料和用具

(1) 仪器和耗材　移液器、小型台式离心机、PCR 仪、离心管、水平电泳仪、恒温振荡器、电转仪、培养箱、紫外分光光度计、电泳仪、凝胶成像仪等。

(2) 菌株和质粒

①菌株：毕赤酵母 *P. pastoris* GS115，大肠杆菌 *E. coli* DH5α。

②质粒：pPIC9k。

(3) 主要试剂和溶液

①基础葡萄糖培养基（MD 培养基）：终浓度为 2%葡萄糖，2%琼脂粉，115℃，高压蒸汽灭菌 20min 后加 1.34%YNB。

②酵母基本氮源（YNB）筛选培养基：称取 YNB 培养基 13.4g 至 100mL 水中，加热至完全溶解，过滤除菌，于 4℃保存备用。

③LB 培养基。

④毕赤酵母蛋白表达培养基（BMMY 培养基）：终浓度为酵母提取物 10g/L，2%蛋白胨 20g/L，YNB 13.4g/L，4×10^{-5}%生物素，0.5%的甲醇，100mmol/L 的 pH6.0 的磷酸钾缓冲溶液，溶于去离子水中，121℃，高压蒸汽灭菌 20min。

⑤毕赤酵母生长培养基（BMGY 培养基）：终浓度为酵母提取物 10g/L，2%蛋白胨 20g/L，YNB 13.4g/L，4×10^{-5}%生物素，1%的甘油，100mmol/L 的 pH6.0 的磷酸钾缓冲溶液，溶于去离子水中，121℃，高压蒸汽灭菌 20min。

⑥YPD 培养基：终浓度为 1%酵母提取物，2%蛋白胨，2%葡萄糖，溶于去离子水中，固体培养基加 2%琼脂粉，液体培养基不加，115℃，高压蒸汽灭菌 20min。

⑦黑曲霉 *A. niger* CBS513.88 cDNA。

⑧限制性内切酶 *Eco*R Ⅰ、*Not* Ⅰ、*Bgl* Ⅱ。

⑨100mg/L G418：称取 1g G418 粉末用灭菌的去离子水溶解后定容至 10mL 容量瓶中，配成浓度 100g/L 的母液，再用灭过菌的 0.22μm 微孔滤膜过滤除菌，然后分装到灭菌的 EP 管中，－20℃保存，现用现配。

⑩1mol/L 山梨醇溶液：18.217g 溶解在 100mL 去离子水中，115℃高压蒸汽灭菌 20min。

⑪Ni 蛋白纯化柱。

⑫其他试剂略。

2. 操作步骤

(1) 毕赤酵母感受态细胞的制备

①接种毕赤酵母 GS115 单菌落到含有 5mL YPD 液体培养基的试管中，30℃过夜培养（12～16h）。

②以 1%接种量接种到 50mL YPD 液体培养基，30℃过夜生长至 OD_{600}＝1.3～1.5。

③提前将离心机预冷至 4℃，1500×*g* 离心 5min，25mL 双蒸水冰浴悬浮。

④4℃，1500×*g* 离心 5min，15mL 预冷灭菌水悬浮。

⑤4℃，1500×*g* 离心 5min，10mL 1mol/L 预冷山梨醇悬浮。

⑥4℃，1500×*g* 离心 5min，1mL 预冷山梨醇悬浮。

⑦以 80μL/管分装至预冷的 EP 管。

⑧转化或－80℃冰箱保存。

（2）引物设计　根据 *An*14*g*02670 和 *An*15*g*04900 基因序列设计 PCR 扩增引物，序列见表 10-7。

表 10-7　引物

引物	序列（5′→3′）	备注
*An*14*g*-*F*	GCGCGAATTCCACGGTCACGTCACTAACCTCGTCGT（*Eco*R Ⅰ）*	扩增 *An*14*g*02670
*An*14*g*-*R*	TATATGCGGCCGCTTAGTGATGGTGATGGTGATGAGCACT AGCAATGCACTGGTAGTAGTA（*Not* Ⅰ）*	
*An*15*g*-*F*	GCGCCGAATTCCACACCACCGTCCAGGCCGTCTGGAT（*Eco*R Ⅰ）	扩增 *An*15*g*04900
*An*15*g*-*R*	ATATAGCGGCCGCTTAGTGATGGTGATGGTGATGCT-GAGACGCAACGCACTGGTAGTA（*Not* Ⅰ）	
*AOX*1-*F*	GACTGGTTCCAATTGACAAGC	鉴定引物
*AOX*1-*R*	GCAAATGGCATTCTGACATCC	

注：* 下画线表示酶切位点。

（3）重组表达质粒的构建

①以黑曲霉 *A. niger* CBS513.88 cDNA 为模板，分别利用引物 *An*14*g*-*F* 和 *An*14*g*-*R* 及 *An*15*g*-*F* 和 *An*15*g*-*R* 用 PCR 扩增 *An*14*g*02670 和 *An*15*g*04900 基因，PCR 产物经琼脂糖凝胶电泳、回收。

②分别用限制性内切酶 *Eco*R Ⅰ和 *Not* Ⅰ酶切 *An*14*g*02670 和 *An*15*g*04900 基因片段和质粒 pPIC9K，经琼脂糖凝胶电泳、回收后用 T4 DNA 连接酶连接。

③经转化大肠杆菌 *E. coli* DH5α、氨苄青霉素固体培养基平板筛选，获得转化子单菌落。

④用引物 *AOX*1-*F* 和 *AOX*1-*R* 菌落进行 PCR 鉴定。

⑤提取鉴定正确菌株的质粒，送测序，以确保重组质粒中 *An*14*g*02670 和 *An*15*g*04900 序列正确，将重组质粒命名为 pPIC9K-*An*14*g*02670 和 pPIC9K-*An*15*g*04900（图 10-21）。

（4）毕赤酵母的转化

①提取重组质粒 pPIC9K-*An*14*g*02670 和 pPIC9K-*An*15*g*04900，用限制性内切酶 *Bgl* Ⅱ酶切，使其线性化。

②取 10μL 40～100ng/mL 上述线性化质粒加至 80μL 毕赤酵母感受态，混匀后转入提前预冷的 0.2cm 的电转杯中，冰上静置 5min。

③电转化（1500 V，200 Ω，20μF，4.8～5.5ms）后，加入 1mL 1mol/L 预冷的山

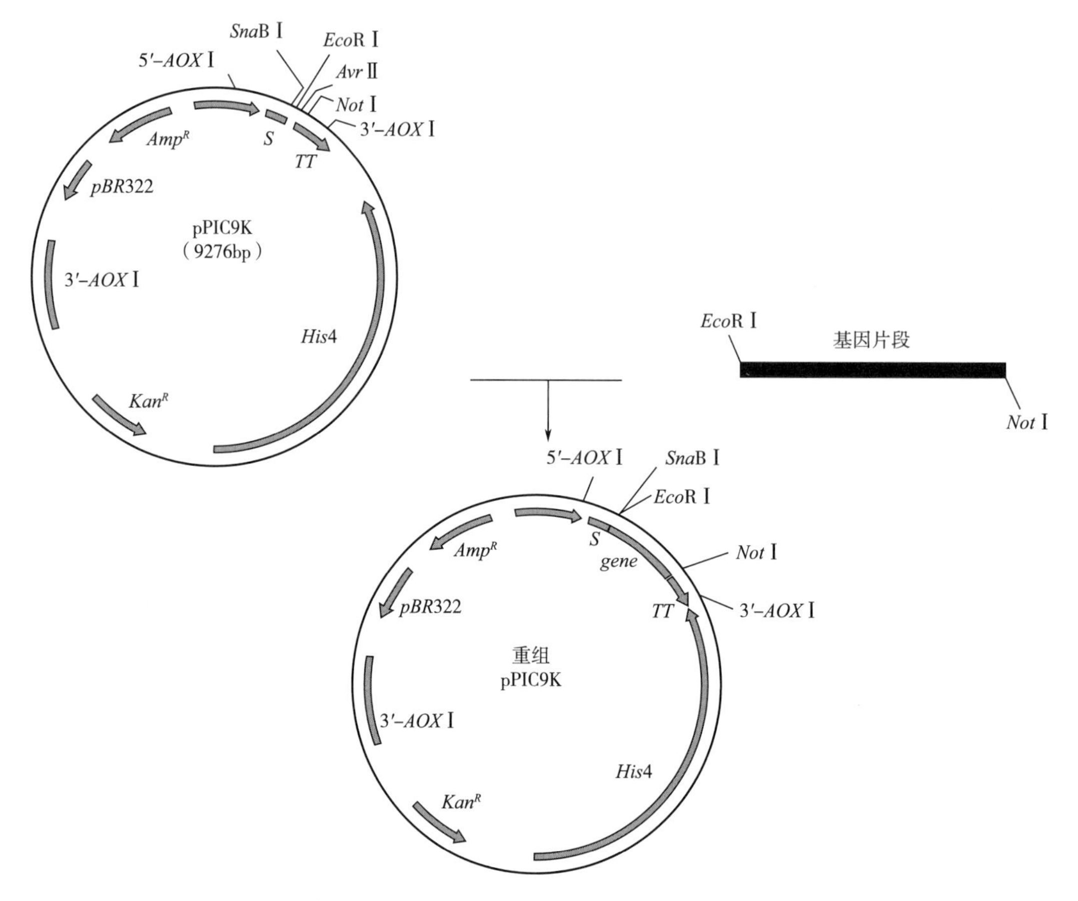

图 10-21 重组质粒 pPIC9K-*An*14*g*02670 和 pPIC9K-*An*15*g*04900 构建示意图

梨醇。

④将上述菌液转移至无菌 EP 管中，封口后于 30℃培养箱中静置培养 1～2h。

⑤将菌液混匀后 200μL 涂布于 MD 固体培养基平板上，30℃倒置培养 2～3d 至有菌落长出。

⑥挑取阳性克隆至加入不同浓度 G418 的 YPD 固体培养基平板上，培养 2～3d，挑取生长较大的菌落进行菌落 PCR 验证。

⑦将菌株分别命名为 *An*LPMO14*g* 和 *An*LPMO15*g*。

(5) *An*14*g*02670 和 *An*15*g*04900 基因的诱导表达

①挑取菌落验证正确的阳性克隆接种至 5mL 的 BMGY 液体培养基中，30℃、200r/min 振荡培养过夜。

②取过夜培养物以 1%的接种量接种至 25mL BMGY 培养基中，30℃、200r/min 振荡培养至 OD_{600}=2～6（对数期，需要 12～16h）。

③将上述培养物转移至 50mL 离心管中，5000r/min 离心 5min，弃上清液。

④菌体用 50mLBMMY 液体培养基重悬细胞至 OD_{600}=1.0，加入终浓度为 0.5%的甲醇。

⑤将菌液转移到 250mL 摇瓶中，30℃、250r/min 振荡培养。

⑥每 24h 补加甲醇至终浓度为 0.5%，同时取样，测定 OD_{600}，10000×*g* 离心 1min 收集上清液。

⑦达到最佳诱导时间后，将培养物 6000×*g* 离心 10min，收集上清液。

（6）重组蛋白的纯化与分析

①用 10 倍柱体积的去离子水冲洗 Ni-NTA 柱以去除封柱用的残留乙醇，再用 10 倍柱体积的 10mmol/L 咪唑平衡柱子。

②取 10～12mL 步骤（5）获得的上清液，加载到柱上并收集流穿液。

③用 10 倍体积的 10mmol/L 的咪唑去除杂蛋白，分别用 20、40、60、80、100 和 300mmol/L 的咪唑对目的蛋白进行梯度洗脱，通过 SDS-PAGE 选择最佳洗脱梯度。

④用 10 倍柱体积的水清洗柱子，用乙醇封柱。

⑤将收集到的蛋白用 50mmol/L 醋酸钠缓冲溶液（pH 5.0）在低温条件下进行透析，去除咪唑和盐离子。

（7）重组蛋白的 SDS-PAGE（方法详见第五章第一节）。

3. 实验结果

（1）基因 *An*14*g*02670 和 *An*15*g*04900 的 PCR 扩增　两者的 PCR 扩增产物琼脂糖凝胶电泳图谱如图 10-22 所示，其碱基数约为 1000bp 与实际碱基数（1152bp 和 1098bp）基本一致。

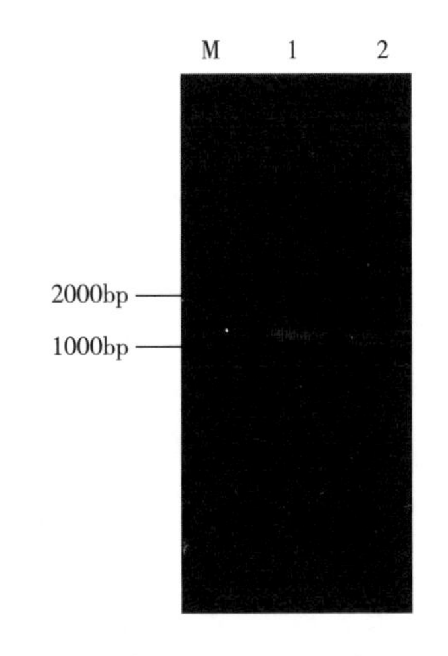

M—Marker　1 和 2—*An*14*g*02670 和 *An*15*g*04900

图 10-22　*An*14*g*02670 和 *An*15*g*04900 的 PCR 扩增产物琼脂糖凝胶电泳图谱

（2）重组质粒 pPIC9K-*An*14*g*02670 和 pPIC9K-*An*15*g*04900 的鉴定　基因 *An*14*g*02670 和 *An*15*g*04900 插入 pPIC9K 质粒 *AOX*1 中。利用通用引物 *AOX*1-F 和 *AOX*1-R 进行菌落 PCR 鉴定，若 *An*14*g*02670 和 *An*15*g*04900 成功插入则获得碱基数约为 1500bp 的条带，否则获得碱基数约为 500bp 的条带。如图 10-23 所示，获得碱基数约为 1500bp 的条带，表明重组质粒 pPIC9K-*An*14*g*02670 和 pPIC9K-*An*15*g*04900 构建成功。

（3）重组毕赤酵母的鉴定　毕赤酵母本身含有 *AOX*1 基因（1992bp），若重组质粒整合成功则具有 2 拷贝 *AOX*1 基因。菌落 PCR 结果如图 10-24 所示，重组菌株 *An*LPMO14*g* 的菌落可扩增出碱基数分别约 1500bp（1590bp，含 *An*14*g*02670 和部分 *AOX*1）和 2000bp 的条带（1992bp，自身 *AOX*1），重组菌株 *An*LPMO15*g* 的菌落可扩增出碱基数分别约 1600bp（1644bp，含 *An*1502670 和部分 *AOX*1）和 2000bp 的条带（1992bp，自身 *AOX*1），而出发菌株菌落仅扩增出碱基数 2000bp 的条带（自身 *AOX*1），表明重组质粒成功整合至基因组 DNA。

（4）重组蛋白的表达　将重组毕赤酵母菌株接种到诱导培养基中振荡培养，用甲醇进行诱导表达，菌体的 OD_{600} 值在 0～72h 随时间增加，在 72h 以后趋于平稳，由此可见，诱

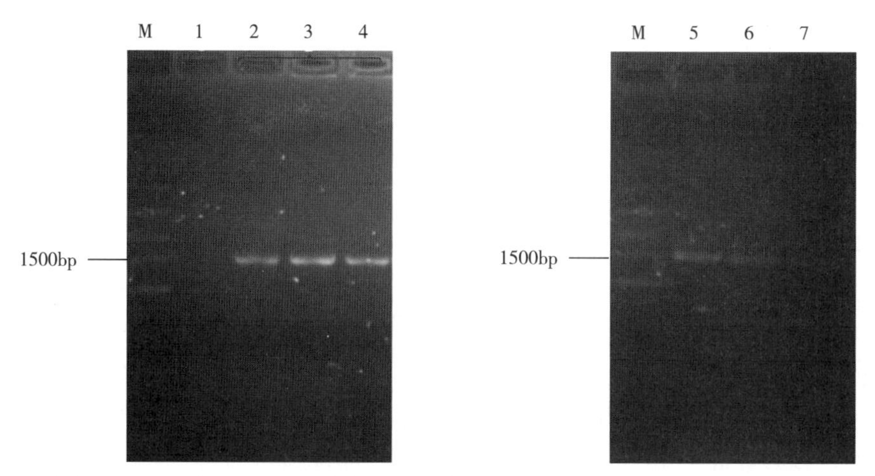

M—Marker 1—阴性对照 2～4—含 *An*14*g*02670 的重组大肠杆菌 5～7—含 *An*15*g*04900 的重组大肠杆菌

图 10-23 重组质粒 pPIC9K-*An*14*g*02670 和 pPIC9K-*An*15*g*04900 的鉴定图谱

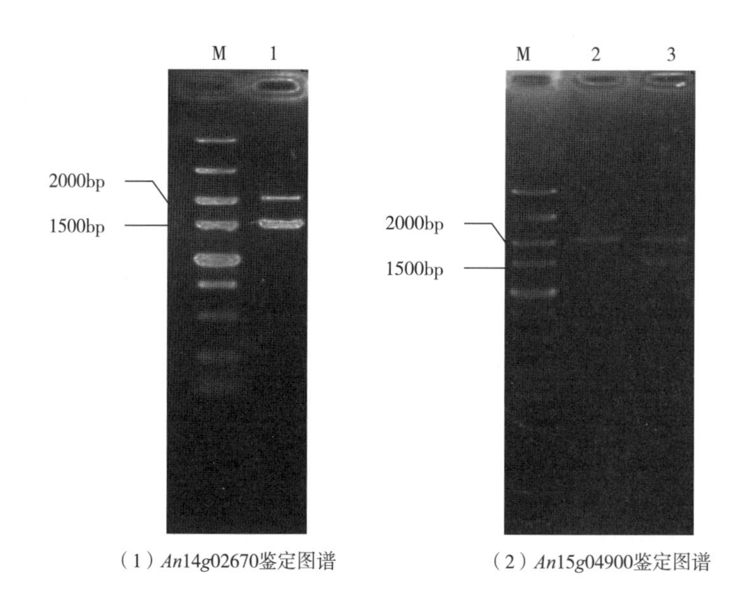

M—Marker 1—*An*LPMO14*g* 2—阴性对照（转入空质粒） 3—*An*LPMO15*g*

图 10-24 重组毕赤酵母菌株的鉴定

导 4～5d 菌体浓度基本不再增加。用培养第 4d 和第 5d 的培养基上清液进行 SDS-PAGE，结果如图 10-25 所示，*An*LPMO14*g* 和 *An*LPMO15*g* 分别表达出相对分子质量约为 70000 和 66000 的蛋白质，初步推断基因成功表达，但与实际有所差异（相对分子质量分别为 39700 和 37700），可能原因是基因在毕赤酵母中表达发生了糖基化（包括 *N*-糖基化和 *O*-糖基化）。

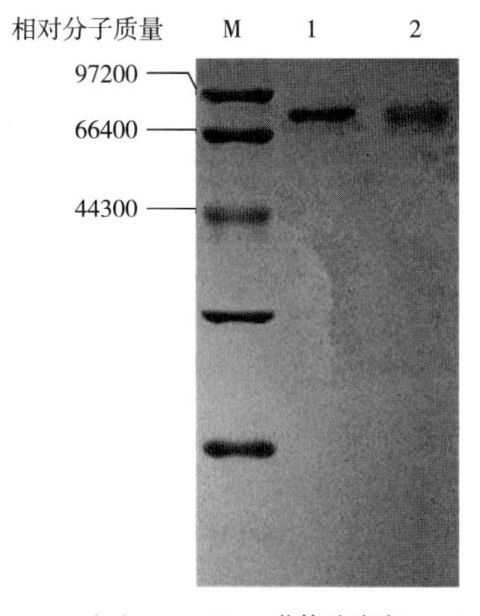

(1) *An*LPMO14*g*菌体破碎液SDS-PAGE图谱

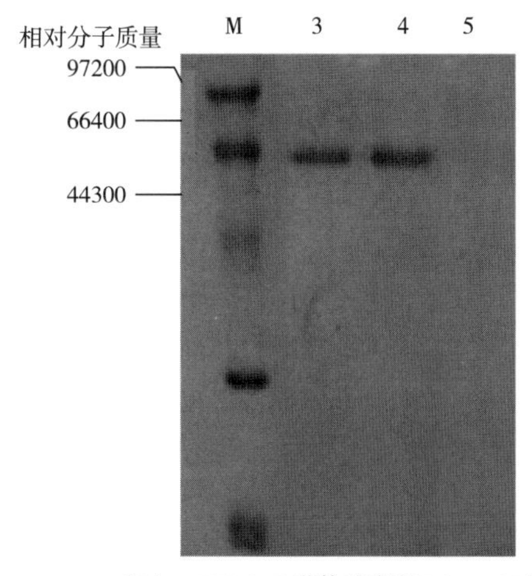

(2) *An*LPMO15*g*菌体破碎液SDS-PAGE图谱

M—Marker　1 和 2—*An*LPMO14*g*　3 和 4—*An*LPMO15*g*　5—阴性对照

图 10-25　重组毕赤酵母诱导表达结果

四、常见问题及分析

1. 毕赤酵母蛋白表达量低或不表达的原因

(1) 毕赤酵母与人及其他物种一样对所使用的氨基酸密码子具有不同的偏好性，这可能限制其蛋白质翻译速度。比较 110 种酵母基因密码子使用情况发现，所有基因可分为明显的两组：高表达组和低表达组。高表达组基因的密码子相应的 tRNA 也明显高于低表达组，第三位密码子为胞嘧啶的比例也明显升高，AT 含量则比较低。鉴定酵母和人类使用频率最低的密码子发现：8 个低频密码子中有 6 个是一样的，无论大肠杆菌、果蝇，还是酵母和人类，大量表达的蛋白基因中低频密码子则明显减少，低频密码子含量高的蛋白质大量表达都是对其自身有害的。为了在毕赤酵母中表达 HIV-2 外壳糖蛋白 gpl05 等，将低频密码子 AGG 突变为同源的 CGA，编码天冬氨酸的 GAT 突变为编码谷氨酸的 GAA，并引入了酵母偏好的 TCC，最终实现了 gpl05 在其中的高表达。

(2) 当整合拷贝数增多后，可能在转录水平产生后生的调节，影响重组蛋白产率的提高。

(3) 转录提前终止，这主要是因为 AT 含量过多引起的。据报道 HIV-1gpl20 就是因为在 AT 丰富区转录提前终止而不能在毕赤酵母中表达，在酿酒酵母中有一些共有序列，类似于 HIV-1gpl20 中引起转录提前终止的 AT 丰富区域，如：TTTTATA，当改变这些序列后，就可发现更长的 mRNA 出现。

2. 诱导之后表达上清液中检测不到目的蛋白

(1) 如果是蛋白表达低，可以选择浓缩蛋白，具体的方法很多，有 TCA、丙酮、浓缩柱等方法。

(2) 如蛋白浓缩 *N* 倍之后仍检测不到，那基本可以确证蛋白并不在上清液中。考虑是否没有分泌出来，而是在胞内，那就需要通过裂解酵母来检测胞内蛋白，如果胞内也没有目的蛋白表达，那么基本可以确定蛋白并没有表达。

（3）诱导过程优化　甲醇一般是0.5%～1.0%，本章实验五中用的是0.5%，也有很多实验用1.0%，超过1.5%反而会抑制表达。培养条件28～30℃，转速250r/min比较合适，诱导体系没有固定的体系，说明书上推荐的是BMGY到OD_{600}＝2～6，换到BMMY中OD_{600}为1左右。

3. 蛋白酶水解或降解

作一系列表达时间研究，检测是否在某一个时间点产生较多比例的全长蛋白。

（1）如果分泌表达，在无缓冲的MM培养基中培养，检测蛋白是否对中性pH蛋白酶敏感。另外，在缓冲培养基中加入1%酪蛋白氨基酸，则抑制胞内蛋白酶。

（2）用SMD1168（蛋白酶A缺陷）进行表达。

（3）分泌表达水平低　检测细胞沉淀，看是否总体表达水平低或蛋白没有分泌。如果不分泌，尝试不同的信号序列（自身或α-factor信号序列）。

（4）用硫酸铵沉淀或超滤浓缩上清液。

（5）Mut^+，用高浓度培养物进行诱导表达。

4. 重组酵母PCR检测证明目的基因已经重组而检测不出蛋白

（1）先做RT-PCR证明mRNA水平的情况，验证是否转录。

（2）重新设计实验，比如换酵母株，有文献报道：用GS115表达不出蛋白，换KM71H后，大部分克隆能表达。

5. 培养基

（1）YPD　最基本的培养基；BMGY：诱导表达前培养用；BMMY：诱导表达用；MD：电转化后筛选His^+用。BMGY、BMMY灭菌后才能加甲醇、磷酸钾、生物素。配制BMMY时也没必要用5%过滤除菌的甲醇，灭菌后使用前加100%甲醇至需要的浓度。

（2）YEPD是不能代替BMGY的，因为残留的葡萄糖会影响下一步的诱导表达。不过有种方法是可行的，就是用YPG培养基代替，把YEPD中的葡萄糖用3%甘油代替，也可降低成本。摇瓶毕竟不能和发酵罐比，甘油残余会抑制甲醇利用。

（3）YNB可以高压灭菌，也可以0.22μm过滤处理，天冬氨酸和苏氨酸要待培养基高压灭菌后加入但时间不能太长，温度不能太高，一般121～125℃，12～15min足够了。葡萄糖和含氮化合物在一起容易产生美拉德反应，这是配制培养基中的禁忌。颜色很深的话，基本不能使用了。或者含有葡萄糖和/或YNB的培养基（108℃高压蒸汽灭菌35min）。

（4）pH　表达系统上用6.0，pH提高到6.8，不表达的蛋白质可能就表达出来了。BMMY的pH7.0～7.5比较合适。国内外做得最好的重组人血清白蛋白（rHSA），最适pH5～6左右。pH3的时候酵母浸粉和胰化蛋白胨可能会沉淀，可以用磷酸和磷酸二氢钾调pH，具体比例应尝试。

五、思　考　题

（1）毕赤酵母表达外源基因的优缺点有哪些？

（2）毕赤酵母表达系统常用的表达载体有哪些？

（3）毕赤酵母蛋白质糖基化修饰的主要特征是什么？

（4）克服毕赤酵母超糖基化修饰的主要措施是什么？

（5）为分析酵母生长和产物生成，要求分析做三个平行，试估算需要多少分析试剂？需要多少一级种子瓶、二级种子瓶和发酵瓶？以及各需要多少基础培养基和补料甲醇。

（6）根据实验结果，解释酵母生长曲线的变化趋势。

（7）根据实验结果，解释产物生成曲线的变化趋势。

参考文献

［1］王镜岩，朱圣庚，徐长法．生物化学［M］．北京：高等教育出版社，2002.

［2］Colombi S，Dequin S，Sablayrolles J M. Control of lactate production by *Saccharomyces cerevisiae* expressing a bacterial LDH gene［J］. Enzyme & Microbial Technology，2003，33（1）：38-46.

［3］韩雪清，刘湘涛，尹双辉，等．毕赤酵母表达系统［J］．微生物学杂志，2003，4（4）：35-40.

［4］Madzak C，Gaillardin C，Beckerich J M. Heterologous protein expression and secretion in the non-conventional yeast *Yarrowia lipolytica*：a review［J］. Journal of Biotechnology，2004，109：63-81.

［5］Zengyi S，Hua Z，Huimin Z. DNA assembler，an in vivo genetic method for rapid construction of biochemical pathways［J］. Nucleic Acids Research，2009，37：16-19.

［6］Coelho M A Z，Amaral P F F，Belo I. *Yarrowia lipolytica*：an industrial workhorse［J］. Current Research，Technology and Education Topics in Applied Microbiology and Microbial Biotechnology，2010，2：930-940.

［7］Alexander W G，Doering D T，Hittinger C T. High-efficiency genome editing and allele peplacement in prototrophic and wild Strains of *Saccharomyces*［J］. Genetics，2014，198：859-866.

［8］Layton D S，Trinh C T. Engineering modular ester fermentative pathways in *Escherichia coli*［J］. Metabolic Engineering，2014（26）：77-88.

［9］孙熙麟．毕赤酵母表达重组蛋白生产工艺关键技术及其机制研究［D］．长春：吉林大学，2014.

［10］Bennati-Granier C，Garajova S，Champion C，et al. Substrate specifcity and regioselectivity of fungal AA9 lytic polysaccharide monooxygenases secreted by *Podospora anserina*［J］. Biotechnology for Biofuels，2015，8：90.

［11］Liu H H，Ji X J，Huang H. Biotechnological applications of *Yarrowia lipolytica*：past，present and future［J］. Biotechnology Advances，2015，33：1522-1546.

［12］Abdel-Mawgoud A M，Markham K A，Palmer C M，et al. Metabolic engineering in the host *Yarrowia lipolytica*［J］. Metabolic Engineering，2018，50：192-208.

［13］Du L P，Ma L J，Ma Q. Hydrolytic boosting of lignocellulosic biomass by a fungal lytic polysaccharide monooxygenase，*An*LPMO15*g* from *Aspergillus niger*［J］. Industrial Crops & Products，2018，126：309-315.

［14］马清．黑曲霉多糖单加氧酶的克隆表达与协同性研究［D］．天津：天津科技大

学，2018.

[15] 刘港，李洁，任津莹，等．产乳酸乙酯酿酒酵母菌株的构建 [J]．中国酿造，2018，37（7）：72-77.

[16] 王培霞，马渊，吴毅．大 DNA 体内组装技术进展 [J]．生物加工过程，2019，17（1）：15-22.

[17] Pang Y，Zhao Y，Li S，et al. Engineering the oleaginous yeast *Yarrowia lipolytica* to produce limonene from waste cooking oil [J]．Biotechnology for Biofuels，2019，12：241.

[18] Yu A Q，Pratomo N，Ng T K. Genetic engineering of an unconventional yeast for renewable biofuel and biochemical production [J]．Journal of Visualized Experiments，2019，115：e54371.

第十一章 丝状真菌基因操作

丝状真菌无论是在人们的生活还是工业生产过程中都起着至关重要的作用。一方面，真菌病原体比疟疾或结核更严重，全球有超过10亿人遭受真菌感染，并且每年夺走了150万～200万人的生命。真菌病原体也会危及全球粮食安全，严重影响全球作物的生产，约有10%以上的粮食因真菌污染而无法使用，而这些粮食足以为每年超过6.5亿人提供食物。随着新的高毒力株的出现和病原体不断传播，这一危害也不断加剧。全球对抗真菌剂的市场需求在2014年为100亿欧元，预计将持续增长。然而，近年来农药施用量的增加也导致真菌病原体抗性的增强。另一方面，丝状真菌是工业生物技术重要的细胞工厂，与基于细菌和酵母的细胞工厂相比，真菌具有更多的代谢多样性，更好的鲁棒性与更强的分泌能力等优势，在食品、饲料、制药、造纸和纸浆、洗涤剂、纺织和生物燃料等生物制造行业中具有非常广泛的应用。各国学者已经开发并建立了利用丝状真菌的大规模生物制造工艺，通过诱变或理性改造，丝状真菌成为有机酸、蛋白质、酶以及抗生素和类固醇等小分子药物的重要工业生产菌株。我国是柠檬酸主要生产国和出口国，在世界市场上具有很强的竞争力，我国利用黑曲霉生产柠檬酸的产量远远高于其他任何由微生物发酵生产的有机酸；由丝状真菌生产的植物纤维降解酶类的市场就达47亿欧元，并且预计在未来10年将翻一倍。

国内外通用的丝状真菌育种手段主要以传统的理化诱变为主。然而，该育种技术存在着目的性差、工作量大、效率低等缺点，已经不能满足工业发展的要求。近年来，随着基因组、转录组、代谢组、蛋白组等组学技术的发展，极大地促进了人们对丝状真菌遗传基础的认识，与发酵性能相关的基因被逐渐鉴定，工业菌株的高产分子机制也进一步被详细地阐明，这些成果都为利用基因工程手段改造菌株提供了夯实的理论基础。目前，常用的丝状真菌转化方法有：根癌农杆菌介导转化法（*Agrobacterium tumefaciens*-mediated transformation，ATMT）、PEG-$CaCl_2$法、电转化以及基因枪法。其中，电转化通常更适用于模式菌株，不太适用于细胞壁较厚的工业真菌，而基因枪法需要特殊装置，而且转化时需要使用贵金属，限制了一般分子生物学实验室的使用。因此，本章重点介绍根癌农杆菌介导法转化和PEG-$CaCl_2$介导法转化。

第一节 黑曲霉的基因操作

黑曲霉（*Aspergillus niger*）是曲霉属一种常见的丝状真菌，在分类学上属于半知菌类的丛梗孢目。曲霉菌属于公认食品安全（generally recognized as safe，GRAS）微生物。黑曲霉可利用廉价的可再生碳源，与其他细胞工厂相比具有显著的优势，被广泛用于发酵生产多种有机酸和酶制剂。有机酸的发酵生产主要包括柠檬酸、葡萄糖酸以及草酸等，其中最为突出的是发酵生产柠檬酸。食品化学家James Currie首次证实黑曲霉出色的发酵生产柠檬酸的潜力，且发现其能够广泛利用诸多廉价碳源和耐受极低的pH（2.5～3.5），为后来工业化发酵生产柠檬酸奠定了基础。辉瑞公司（Pfizer）在1923年首次建立了黑曲霉工业发酵生产柠檬酸，至今已有近百年的历史，成为生物技术在工业应用中的成功典范。在工业酶制剂领域的应用可以追溯到20世纪60年代，用于发酵生产葡萄糖氧化酶、α-淀粉酶、纤维素酶、果胶酶等，因这些真菌蛋白酶在非生理条件下依然表现出较高活性，而被广泛应用于食品、医药和清洁剂等领域。此外，黑曲霉具有翻译后复杂的加工能力也被广泛用于异源蛋白的表达。2007年，工业酶生产菌株 *A. niger* CBS 513.88 的全基因组测序及功能注释被公开，随后柠檬酸生产菌株 *A. niger* ATCC 1015 基因组也完成测序。全基因组测序的完成促进了各种组学包括转录组学、蛋白质组学及代谢组学等的快速发展，标志着黑曲霉相关的研究进入了系统生物学时代，可以实现对菌体的代谢网络进行重构与调控。

根癌农杆菌（*Agrobacterium tumefaciens*）介导基因转移是目前比较常用的黑曲霉转化方法。根癌农杆菌介导的转化步骤包括：①目的基因序列的获得（基因过表达）/目的基因上下游同源序列的获得（目的基因敲除）。②将目的序列插入 Ti 质粒的 T-DNA 区域中。③将构建好的 Ti 质粒转化根癌农杆菌。④将转化后的根癌农杆菌与黑曲霉分生孢子共培养。⑤培养转化的孢子使其萌发生长。⑥检测基因过表达/基因敲除情况，筛选出阳性转化子。⑦测定相关表型变化。

一、基本原理

根癌农杆菌可以引发植物产生冠瘿瘤，其中的 Ti 质粒可以诱导合成不同类型冠瘿碱，可分为章鱼碱型、胭脂碱型、农杆菌素碱型和琥珀碱型。天然的 Ti 质粒是一种双链环状 DNA 分子，长200～250kb，包括3个重要区域：①复制起始位点（*Ori*），负责 Ti 质粒的自我复制。②T-DNA 区：在特异性核酸内切酶作用下从 Ti 质粒上切割下来转移至植物细胞的区域，存在有生长素基因、细胞分裂素基因和冠瘿碱合成基因，其两端左右边界各有25bp的重复序列，分别称之为左边界（LB 或 LT）和右边界（RB 或 RT）。③毒性区（*vir* 区）：位于 T-DNA 区之外，该区域由7个操纵子组成，分别是 *virA*、*virB*、*virC*、*virD*、*virE*、*virF*、*virG*，其中 *virA* 和 *virG* 为组成型表达的基因，VirA 蛋白检测到酚类化合物（比如乙酰丁香酮）存在时，（可能）经过磷酸化作用，将信号传递给 VirG，被激活的 VirG 是一种 DNA 结合蛋白，可激活其他毒性基因的表达，进而激活 T-DNA 的转移。VirD 编码两种蛋白质：VirD1 和 VirD2，其中 VirD2 具有特异性的核酸内切酶活性，识别并切断 T-DNA。VirE 编码两种蛋白质 VirE1 和 VirE2，其中 VirE2 结合于单链 T-DNA 上，形成 polyVirE2-T-DNA 复合体，可以免受植物核酸水解酶的降解。VirB 包含11个开放阅读框，所编码的蛋白质被运输到细胞膜或周质中形成 polyVirE2-T-DNA 转移的通道。

Ti 质粒虽然是一种高效的天然载体，但是并不适合作为常规的克隆载体。目前经过人为改造的 Ti 质粒主要分为两种，即共合载体系统和双元载体系统。在黑曲霉的转化中，最常用的是双元载体系统。由于 *vir* 基因以反式激活的方式介导 T-DNA 区切割并发生转移，在双元系统中，将包含 *vir* 区基因和 T-DNA 区基因分别构建至两种质粒上。含有 *vir* 基因的辅助质粒，只可表达 *vir* 各个功能基因，缺少 T-DNA 区而丧失转移功能。含有 T-DNA 区的微型质粒，可以在 *vir* 辅助质粒的作用下发生转移。所以，将目的基因片段置于微型质粒的 T-DNA 区段，转入含有 *vir* 基因辅助质粒的根癌农杆菌中，再转化黑曲霉，即可获得黑曲霉转化子。

菌株根癌农杆菌 AGL1 为一种含有辅助质粒 pAGL0（pTiBo542DT-DNA）的农杆菌，该质粒含有 *vir* 基因，而自身的 T-DNA 转移功能被破坏，但可辅助双元表达载体的 T-DNA 的转移。pAGL0 质粒还含有 str^r 基因，赋予 AGL1 菌株链霉素抗性。

在黑曲霉发酵生产柠檬酸过程中，草酸是一种主要的副产物。微生物中草酸的合成途径主要有两种：一是乙醛酸代谢中，乙醛酸在乙醛酸氧化酶作用下生成草酸；二是草酰乙酸在草酰乙酸水解酶（OAH）作用下水解生成草酸和乙酸，而在黑曲霉中只存在草酰乙酸乙酰基水解酶编码基因 *oahA*。本节以 *A. niger* ATCC 1015 为研究对象，对草酰乙酸水解酶基因 *oahA* 进行基因敲除。制备根癌农杆菌电转感受态细胞，将 *oahA* 基因敲除质粒 pLH398（5′和 3′旁侧序列 *oahA*，Hyg^r，Ble^r，Kan^r）电转化至根癌农杆菌感受态细胞中，获得携带敲除载体的根癌农杆菌菌株，进而通过与黑曲霉分生孢子进行共培养，完成敲除质粒中 T-DNA 区转化入黑曲霉。通过同源重组，使得潮霉素 B 筛选标记基因 *hph* 替换基因组中的 *oahA* 基因，从而完成黑曲霉中 *oahA* 的敲除（图 11-1）。

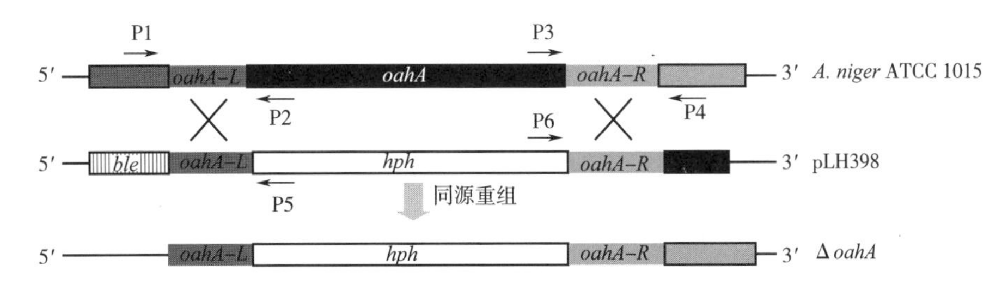

图 11-1　*oahA* 基因敲除及 PCR 鉴定原理示意图

oahA 基因及上下游同源序列如下：下画线部分为 *oahA* 序列，灰色部分为上、下游同源臂。

AATTCGAGCCCTGGCAGTCTATCGGTGCAGATCTGCTCCCTCGGCCAAGCGCCAATCACGTCCGATTCATCCCATTCCTCAT
CCAGCTGGCGAACTCCGGAGGTTGATTGCTCGCTCGCTCTCAGTTGGCCACCAAACTTACTCGTCCCCCTCCTTCACCCTCC
CTCCTCTGCCAATGCTACAGAGTACTTGGCTAGGCTACTATCTTCTCAGCTGGGTGAAGAACAACGGGCCCCGTGCGTGATG
AGCAAAAGCGTCTGACATGCAGCAACTGCAGTATACTGGAGCCCGCGGCTACCGAGGAACTCGTGCTCGTGTGCCACCACAT
CGAAGTGAGTTGATGCGTCTTGTCCATGCAGTGTCGGCGTGGCCTAAAGTACGGGCCAAACCTGTCTGACTTCATCCCACAC
TATTACCCCCTCCCTCATTCTCCCCTGATTCGGCCCAATAAGGAAATCACTTAGTCAATCAATCCTGCCATTACCGGCGCGT
AATCTGAAACTACGCGCGGACTGTCTCTTACTCCCCTCGCGGTGGGCGGCCCAGCCAGCCCCATCCTTACTAGATTTAGCGA
ATTACTGGTCATTAGCCCTGTACGGGGGAGGGGCGGGAAAACAAAAATGCGAATAATAGAATAAATTTAATAAAGAAAAAAG
AGGGGGGGGGAGCTTATCTAGGCCCCTGCTGCATTGCATTCGGACATTTTTCGACTTGTCACAGGCACAAATCATAGTCCGC
CGATGGCGTCGATTGACCATTTTCTTTTCTTTTCTCGGCGCTGGGATGGTGGCCAAGAAAATTGAATGGCAATGGTTCGTTC
ACCGGAGTAGGGTGTACGTGCATTGTGTGGATTGACGATGATTCTCGGCCAAGGGCTTGCGTTGCAATCCCACCAGGAGGGG
AATGTTGCAGACAGACAGAAAGCAAAAGAAGTATTGGAGGGAAAAAAACAATTCTTGAAAAATGATCTTCTCAGGTAATGAA
TATTGGTTGCTGGCGGGCTGATCTTCTCCCGACACGTCTATATAAACTGGTCACCTTCTGGCCCTTCCTTTCTATCTCTTCC

TTCTCATCATCAGTCTCAAACAAGCCTCTTTCTGATGAAAGTTGATACCCCCGATTCTGCTTCCACCATCAGCATGACCAAC
ACTATCACCATCACCGTAGAGCAGGACGGTATCTATGAGATCAACGGTGCCCGTCAAGAGCCCGTGGTCAACCTGAACATGG
TCACCGGTGCGAGCAAACTGCGCAAGCAGCTTCGCGAGACCAATGAGTTGCTCGTGTGTCCTGGTGTGTACGACGGTCTGTC
CGCCCGTATTGCCATCAACCTGGGCTTCAAGGGCATGTACATGGTATGTTGGATTCCTCACACTACCTTTCCCCACAGTCAA
CACTTCTCCGCTTCCGCGATGGAGAAAAAAGATCATACTAACGGAAGGGTCAGACCGGCGCCGGTACTACCGCGTCTAGACT
GGGCATGGCCGATCTGGGTCTAGCCCACATCTACGACATGAAGACCAACGCGGAGATGATCGCAAACCTGGACCCCTACGGT
CCTCCCCTGATCGCAGACATGGACACTGGCTACGGAGGTGAGAATCCCCCATCTCCACTGTCTGCCAAGACATAATGATCTA
CCCGCGCCAAAAAGCAAAACGGCAATATAGACCCAGTTCCCCACTAACACAAAAAAAAAACAAAAATAGGCCCCCTGATGGT
CGCCCGTTCCGTTCAACAATACATCCAAGCCGGAGTCGCGGATTCCACATCGAAGATCAGATCCAAAACAAGCGATGCGGA
CACCTGGCAGGCAAGCGCGTCGTCACCATGGACGAATACTTGACTCGCATCCGCGCCGCCAAGCTCACCAAGGACCGCCTCC
GCAGCGACATCGTGCTGATTGCCCGCACCGACGCCCTCCAGCAGCACGGCTACGACGAGTGCATTCGCCGCCTTAAGGCCGC
CCGCGATCTTGGCGCCGATGTTGGTCTCCTCGAGGGCTTCACCAGTAAGGAGATGGCGAGGCGGTGTGTCCAGGACCTTGCG
CCTTGGCCGCTTCTTCTCAACATGGTGGAGAACGGTGCTGGGCCGGTTATTTCCGTCGATGAGGCTAGGGAAATGGGCTTCC
GCATTATGATCTTCTCGTTCGCTTGCATTACTCCTGCCTATATGGGGATTACGGCTGCTCTGGAGAGGCTCAAGAAGGATGG
TGTGGTTGGGTTGCCCGAGGGGATGGGGCCGAAGAAGCTGTTTGAGGTTTGCGGATTGATGGACTCGGTGAGGGTTGATACC
GAGGCTGGTGGAGATGGGTTTGCTAATGGTGTTTAACTAGTTTTGTTTCACCCAGCAGAACCTTATTGCATTAACAATCATA
TTCTCAGTAAGCACGAGACACAGAAACGAGAAAAGTATTCTAGACCCTGACAGAACACCCTGATCGACAGTCACTTACCCAA
CAAAGTAAGTGGTCTCTACCCTCTGATTACAGTTAAGGCAGGCAGTAGTAAGCAAGAATAAGAAAGAAAGAATAATTAACTA
CTAAGTTGCTCGCTACTGCATGCACGACCACGGAGTCGCCGTGCAAAAACAATTGGTGCGTGCTCAGCTAGCTGCACTCTGC
ACACTGCCACCCTCGCCCTACAAAAGAAACCATGCTGTTTCTCCACTATACTGTTCCCGCGATGAAACTAGGGCCAATAACC
ATGCAGTTACTATTGGTCCCACTGGGGTGGGTTGGGTAGCCTTATGGTATTAAAAGGAGTAGGGGTCTTTGTCGATCGCTTT
TCCATTATTATTTTTGTATTTTTATTTTTGTTGGTTTCTGTTTGTGTTATGTTGGGCCGTTTTTGTTTTTCTTTGGGTAACG
AGGGATGGGAATATATTCATATGGAAATGGAAATGGATTATGCTATTGATTGATGAATGGTGATGATCTGCGTGGAAATTAA
TGTCAGAGTCTTGTCTGATTCAAACTCCGTCGTCCGTCTGATGTCAGCCAGCCACAATCACACATCCACGCAAGCACATTCA
ACCCCCTGAATGGAAAAGCAGGGTCCAAAGAAAAAAAGAAAAAATGATAAAAATGTAACAAGAAATAGAATATTCATCAGCG
AACTGCATCAAAACAAATCATGATTCGTTCATTCTCTCCATCCCCTACTGTCACTCCTTCCCTCCCCCTCTCATTGTCCCCC
CCCTGCATCTGAATCTCAGGATCTCACATTAATGTCTCCTGATGCACCACAATCCGCCACTCTCCATCACTTGCCTGACTCC
ATGTCGTCGACCCGGTGCCCCGGTACGTCTCCTCGCCGCGCCGCGCATTGATCTTGTATGTTACTGATCCGGCCATCAGGTC
GATGACGATCACGCGCACTTCCTGCAGTTCGTACTCGTCGAAGTGATGGAAGGGTGGCTTCAGCGCCTCGCTGATTGATGGC
TTCGAATGCAGGTGCAGAATCTCGCGCTGCGGGAAAAGTAAGTTGGCTTCTTCGTTACACATCTTCTTGATTTCGGGCCCCG
GATCGGCGGAGGTGAGCGCCGTCCAGAGACGACGCTCCTTGCCGATA

二、重点和难点

(1) 根癌农杆菌感受态细胞的制备。

(2) 利用根癌农杆菌介导基因重组的原理。

(3) 敲除质粒的构建。

(4) 利用根癌农杆菌介导转化法实现基因敲除的原理。

三、实　验

实验一　黑曲霉 *oahA* 基因的敲除

1. 实验材料和用具

（1）仪器和耗材　电转孔仪（含电转杯）、超净工作台、紫外分光光度计、pH 计、光学显微镜、台式高速冷冻离心机、恒温培养摇床、恒温培养箱、电泳仪、凝胶成像仪、血球计数板、50mL 离心管、EP 管、Miracloth 滤布等。

（2）菌株和质粒

①菌株：根癌农杆菌 *A. tumefaciens* AGL1，黑曲霉 *A. niger* ATCC 1015，大肠杆菌 *E. coli* DH5α。

②质粒：质粒 pLH314。

（3）试剂和溶液

①LB 培养基。

②PDA 固体培养基：马铃薯 200g，切成小块，加 1000mL 水煮沸 30min（马铃薯的切块尽量小，水煮时要不断搅拌，以防煳锅），用双层纱布滤成清液。然后加入 20g 葡萄糖完全溶解，加水定容至 1L。固体培养基需加入 1.5%～2.0%的琼脂粉，121℃高压蒸汽灭菌 20min，室温放置备用。

③黑曲霉完全培养基（complete medium，CM）：终浓度为葡萄糖 10g/L，酪蛋白胨 1g/L，酵母提取物 5g/L，$MgSO_4$ 0.5g/L，$ZnSO_4 \cdot 7H_2O$ 21mg/L，$CuSO_4 \cdot 5H_2O$ 1.6mg/L，硼酸 11mg/L，$MgCl_2 \cdot 4H_2O$ 5mg/L，$FeSO_4 \cdot 7H_2O$ 5mg/L，$CoCl_2 \cdot 6H_2O$ 1.7mg/L，$Na_2MoO_4 \cdot 2H_2O$ 1.5mg/L，Na_2EDTA 51mg/L，KCl 522mg/L，KH_2PO_4 1.496g/L，$NaNO_3$ 5.95g/L（pH5.5）。

④IM 培养基：终浓度为葡萄糖 2g/L，$MgSO_4 \cdot 7H_2O$ 0.6g/L，NaCl 0.3g/L，$CaCl_2 \cdot 2H_2O$ 0.1g/L，$FeSO_4 \cdot 7H_2O$ 1mg/L，NH_4NO_3 0.5g/L，甘油 5mL/L，$ZnSO_4 \cdot 7H_2O$ 5mg/L，$CuSO_4 \cdot 5H_2O$ 5mg/L，硼酸 5mg/L，$MnSO_4 \cdot H_2O$ 5mg/L，$Na_2MoO_4 \cdot 2H_2O$ 5mg/L，K_2HPO_4 174mg/L，KH_2PO_4 174mg/L，pH 5.5 的浓度为 1mol/L 的吗啉乙磺酸（MES）母液，固体培养基添加琼脂粉至 15g/L。根据需要添加卡那霉素 100μg/mL，乙酰丁香酮 0.2mol/L。115℃高压蒸汽灭菌 20min，相关抗生素在使用前添加。

⑤IM 微量元素母液：终浓度 $ZnSO_4 \cdot 7H_2O$ 1g/L，$CuSO_4 \cdot 5H_2O$ 1g/L，硼酸 1g/L，$MnSO_4 \cdot H_2O$ 1g/L，$Na_2MoO_4 \cdot 2H_2O$ 1g/L。

⑥黑曲霉液体培养基：终浓度酵母提取物 10g/L，葡萄糖 20g/L，$MgSO_4 \cdot 7H_2O$ 1g/L，KH_2PO_4 1g/L，调节 pH 至 4.0。在 115℃高压蒸汽灭菌 20min。

⑦基本培养基（minimal medium，MM）培养基：终浓度葡萄糖 15g/L，Vogel's Salts 溶液 20mL/L，琼脂粉 20g/L。在 115℃，高压蒸汽灭菌 20min。

⑧Vogel's Salts 溶液：终浓度为二水合柠檬酸钠 3g/L，KH_2PO_4 5g/L，NH_4NO_3 2g/L，$MgSO_4 \cdot 7H_2O$ 0.2g/L，$CaCl_2 \cdot 2H_2O$ 0.1g/L，$Fe(NH_4)_2 \cdot (SO_4)_2 \cdot 6H_2O$ 0.6g/L，$ZnSO_4 \cdot 7H_2O$ 5mg/L，$CuSO_4 \cdot 5H_2O$ 0.25mg/L，$MnSO_4 \cdot H_2O$ 0.05mg/L，

一水柠檬酸 5mg/L，硼酸 0.05mg/L，Na_2MoO_4 0.05mg/L，生物素 5μg/L。

⑨MM 微量元素溶液：终浓度为 $Fe(NH_4)_2 \cdot (SO_4)_2 \cdot 6H_2O$ 10g/L，$ZnSO_4 \cdot 7H_2O$ 50g/L，$CuSO_4 \cdot 5H_2O$ 2.5g/L，$MnSO_4 \cdot H_2O$ 0.5g/L，一水柠檬酸 50g，硼酸 0.5g/L，Na_2MoO_4 0.5g/L。

⑩体积分数 10%甘油：量取 10mL 甘油，加蒸馏水定容至 100mL，121℃高压蒸汽灭菌 20min。

⑪生理盐水。

⑫真菌基因组 DNA 提取缓冲液：氯化钠 0.58g，Na_2 EDTA 1.46g，Tris 0.6g，SDS 0.01g，加去离子水定容至 100mL。

⑬5mol/L 乙酸钾。

⑭DNA 提取液（北京索莱宝科技有限公司）。

⑮其他试剂略。

2. 操作步骤

（1）根癌农杆菌 AGL1 感受态细胞的制备

①将根癌农杆菌 AGL1 单菌落接种于 3mL 的 LB 液体培养基中，28℃，200r/min 振荡培养过夜。

②取 2mL 菌液接种于 100mL 的 LB 液体培养基摇瓶中，28℃，200r/min 振荡培养 6h，至 OD_{600}=0.5～0.8。

③将上述培养物冰浴 40min 后，取 40mL 放入两个 50mL 的离心管中。

④5000×g 离心 10min，弃上清液，用 10mL 冰冷无菌水充分悬浮菌体。

⑤重复步骤④。

⑥5000×g 离心 10min，弃上清液，用 10mL 冷却的 10%甘油充分悬浮菌体。

⑦重复步骤⑥。

⑧5000×g 离心 10min，弃上清液，菌体用 1mL 的 10%甘油充分悬浮后，分装在灭菌过的 1.5mL EP 管中，每管分装 70μL。

（2）引物设计　根据 *oahA* 上下游同源序列设计引物，用于扩增上下游臂 *oahA*-5′*f* 和 *oahA*-3′*f* 的引物，序列如表 11-1 所示。

（3）黑曲霉 ATCC 1015 基因组 DNA 的提取

①将黑曲霉 ATCC 1015 接种于黑曲霉液体培养基中，28℃，200r/min 过夜培养。

表 11-1　引物列表

引物	序列（5′→3′）	备注
*UP*1	CGGAATTCGAGCCCTGGCAGTCTATCGG（*Eco*R Ⅰ）	扩增 *oahA*-5′*f*
*UP*2	CGGGATCCAGAAAGAGGCTTGTTTGAGACTGAT（*Bam*H Ⅰ）	
*DN*1	GGACTAGTTTTGTTTCACCCAGCAGAACCTTA（*Spe* Ⅰ）	扩增 *oahA*-3′*f*
*DN*2	CCCAAGCTTATCGGCAAGGAGCGTCGTCT（*Hin*d Ⅲ）	

续表

引物	序列（5′→3′）	备注
*P*1	CAGCCATGCACTATTGCCTATC	鉴定引物
*P*2	GGGCACCGTTGATCTCATAGA	
*P*3	GAAAACTGGGTGTTAGATTTCAGTTG	
*P*4	TGTTCTGCCAGCCGTTAGGA	
*P*5	CAATATCAGTTAACGTCGAC	
*P*6	GGAACCAGTTAACGTCGAAT	

注：下画线表示对应酶切序列。

②用纱布过滤收集菌丝体，并用蒸馏水清洗两次。

③将菌丝体转移到研钵中，倒入少量液氮，研磨至细粉状。

④取菌丝体细粉末 100～200μg 加入 950μL 真菌基因组 DNA 提取缓冲液重悬，混合均匀后，65℃孵育 30min。

⑤加入 350μL 5mol/L 乙酸钾进行酸化，混合均匀后，－20℃放置 15min。

⑥4℃，10000×*g* 离心 15min。

⑦将上清液转移到新的 2mL EP 管中，加入等量的苯酚缓冲液混合均匀。

⑧4℃ 10000×*g* 离心 15min。

⑨将含有 DNA 的上层水相转移到新的 EP 管中，加入 350μL 异丙醇，混合均匀。

⑩4℃ 12000r/min 离心 10min，弃上清液，沉淀为基因组 DNA。

⑪加入 1mL 70％乙醇于 DNA 沉淀中，4℃ 8000×*g* 离心 5min，收集 DNA。

⑫将 DNA 沉淀风干 5～10min，用 100～200μL TE 缓冲液（pH8.0）重新溶解，于室温下静置 1h。

⑬琼脂糖凝胶电泳检测基因组 DNA 的质量。

（4）*oahA* 基因敲除质粒的构建

①以黑曲霉 ATCC 1015 基因组 DNA 为模板，分别 PCR 扩增 *oahA* 两端侧翼序列片段 *oahA*-5′*f* 和 *oahA*-3′*f*，PCR 产物经琼脂糖凝胶电泳纯化、回收。

②用 *Eco*R Ⅰ和 *Bam*H Ⅰ双酶切 *oahA*-5′*f* 并连接至经 *Eco*R Ⅰ和 *Bam*H Ⅰ双酶切的 pLH314 质粒，经转化 *E. coli* DH5α、筛选、鉴定获得重组质粒 pLH314∷*oahA*-5′*f*。

③用 *Spe* Ⅰ/*Hin*d Ⅲ双酶切 *oahA*-3′*f* 并连接至经 *Spe* Ⅰ/*Hin*d Ⅲ双酶切的 pLH314∷*oahA*-5′*f*，经转化 *E. coli* DH5α、筛选、鉴定获得重组质粒 *oahA* 基因敲除质粒 pLH398（图 11-2）。

（5）根癌农杆菌 AGL1 的电转化

①将根癌农杆菌 AGL1 感受态细胞从－80℃冰箱取出，置于冰上解冻。

②加入 0.5μg 质粒 pLH398（体积不大于 5μL）于 70μL 感受态细胞中混匀，转入 2mm 电转杯，置于冰上。

③将电转杯放置于电转仪中，电转条件为，25μF、2.5 kV、200 Ω、5ms。

④迅速加入预冷的 1mL LB 培养基，28℃，150r/min 振荡培养 6h。

⑤取 100μL 菌液涂布于含 100μg/mL 卡那霉素 LB 固体培养基平板上。

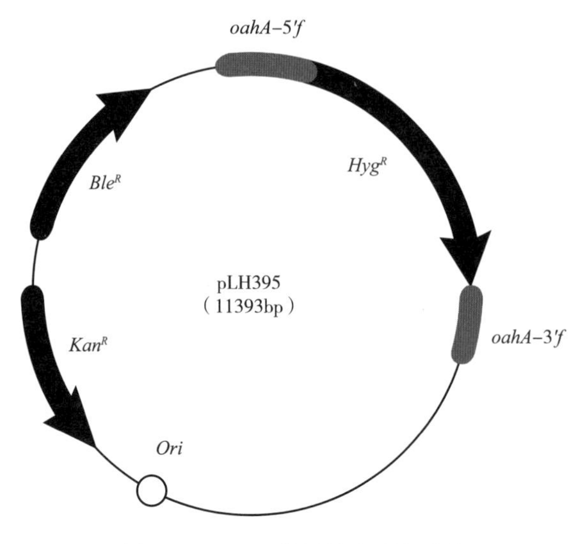

图 11-2　*oahA* 基因敲除质粒图谱

⑥2d 后挑选单菌落进行菌落 PCR 验证（使用 *UP*1 和 *UP*2 验证 *oahA*-5′*f*，使用 *DN*1 和 *DN*2 验证 *oahA*-3′*f*），挑取阳性转化子保藏。

（6）黑曲霉孢子的制备

①用吸头或接种环蘸取黑曲霉平板上的孢子，点接到 PDA 固体平板上，置于黑暗中 28℃培养 4d。

孢子需要最新生长，以免影响转化率。

②向平板上加入 5mL 无菌生理盐水，用灭菌棉签缓慢摩擦菌丝体表面，获得孢子悬液。

③将孢子悬液振荡后，利用灭菌的 Miracloth 滤布过滤至 5mL 的无菌离心管中。

④用血球计数板测定孢子的浓度，用生理盐水稀释孢子到终浓度为 1×10^7 个/mL。

（7）乙酰丁香酮诱导培养根癌农杆菌 AGL1

①在 3mL 添加有 100μg/mL 卡那霉素的 LB 液体培养基中接种成功电转化的根癌农杆菌 AGL1，并置于 28℃，200r/min 振荡培养过夜。

②取 1.5mL 菌液于 2mL 离心管中，4000×*g* 离心 10min，弃上清液。

③加入 1mL 新鲜 IM 液体培养基（含有 100μg/mL 卡那霉素和 200μmol/L 乙酰丁香酮）重悬菌体。

④4000×*g* 离心 5min 后弃上清液。

⑤将菌体转移至含有 4mL IM 液体培养基的试管中，于 28℃，100r/min 摇床培养约 5h，至 OD_{600} 约为 0.8。

（8）根癌农杆菌与黑曲霉的共培养（转化）、黑曲霉转化子的筛选及鉴定

①取步骤（6）获得的孢子悬液和步骤（7）获得的根癌农杆菌 AGL1 各 200μL 等体积混合。

②将上述混合液缓慢滴加到铺有 0.45μmol/L 微孔滤膜的 IM 固体培养基平板（含有 100μg/mL 卡那霉素和 200μmol/L 乙酰丁香酮）上，静置于超净工作台风干后，将平板封

口转移至25℃恒温培养箱中正置培养约48h。

③将含有共培养物的滤膜从IM固体培养基上揭下，用1mL无菌水将共培养的菌体洗涤下来，并用涂布器敲打摩擦使菌体充分分散以免结块。

④将共培养物悬液转移至CM固体培养基筛选平板（含250μg/mL潮霉素、100μg/mL氨苄霉素、100μg/mL链霉素、100μg/mL头孢噻肟钠），于28℃条件下培养至长出转化子。

⑤挑取转化子点接PDA平板，并对转化子进行编号，28℃下培养约2d至长出菌落。

⑥挑取菌落，分别点接含有250μg/mL潮霉素的PDA平板和10μg/mL博来霉素的PDA平板，28℃条件下培养，观测生长状况。对于基因敲除转化子，挑取在PDA平板和添加潮霉素的PDA平板都能生长，而在添加博来霉素的平板上不能生长的转化子。

⑦挑选阳性转化子，活化后提取基因组DNA。

⑧利用引物*P*1和*P*2进行PCR鉴定。

3. 实验结果

(1) 根癌农杆菌转化子与黑曲霉孢子共培养　根癌农杆菌AGL1与黑曲霉孢子以1∶1比例混合后在25℃下IM固体培养基平板共培养48h后完成转化过程。如图11-3所示，微孔滤膜上有黑曲霉长出。

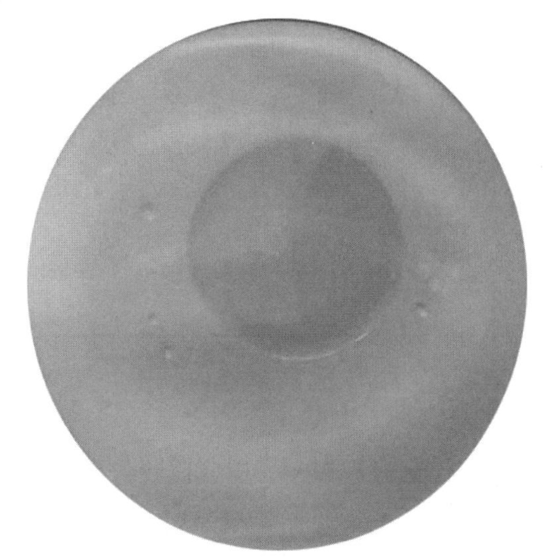

图11-3　根癌农杆菌转化子与黑曲霉孢子共培养结果

(2) 黑曲霉转化子的筛选　共培养物用无菌水洗下混匀，转移至CM平板上，经28℃培养至生长出单克隆［图11-4（1）］。挑取单克隆，分别点接PDA固体培养基平板、含有潮霉素B的PDA固体培养基平板和含有博来霉素的固体培养基，结果如图11-4所示。

(3) 转化子的PCR鉴定　挑取在PDA平板和含有潮霉素B的PDA平板上生长，而不在博来霉素平板生长的菌落，提取基因组进行PCR验证。含有*oahA*基因上下游同源片段及潮霉素B抗性基因*hph*和博来霉素抗性基因*ble*的T-DNA转移到黑曲霉中，通过同源重组，较小的*hph*片段替换了较长的*oahA*基因片段，同时*ble*片段丢失。因此，利用P1和P5、P4和P6（平板编号，余同）仅能从*oahA*基因敲除株基因组DNA扩增（碱基数分别为1335bp和1540bp）；利用P1和P2、P3和P4仅能从出发菌株基因组DNA扩增（碱基数分别为1485bp和1651bp）；利用P1＋P4能从二者基因组DNA扩增，但其碱基数不同，出发菌株和敲除菌株基因组DNA分别扩增出4559bp和4283bp的条带。挑取生长表型正确的1、8、13、19和24菌株，提取基因组DNA，进行PCR鉴定。PCR产物图谱如图11-5所示，由图可知，8号为*oahA*基因敲除菌株。

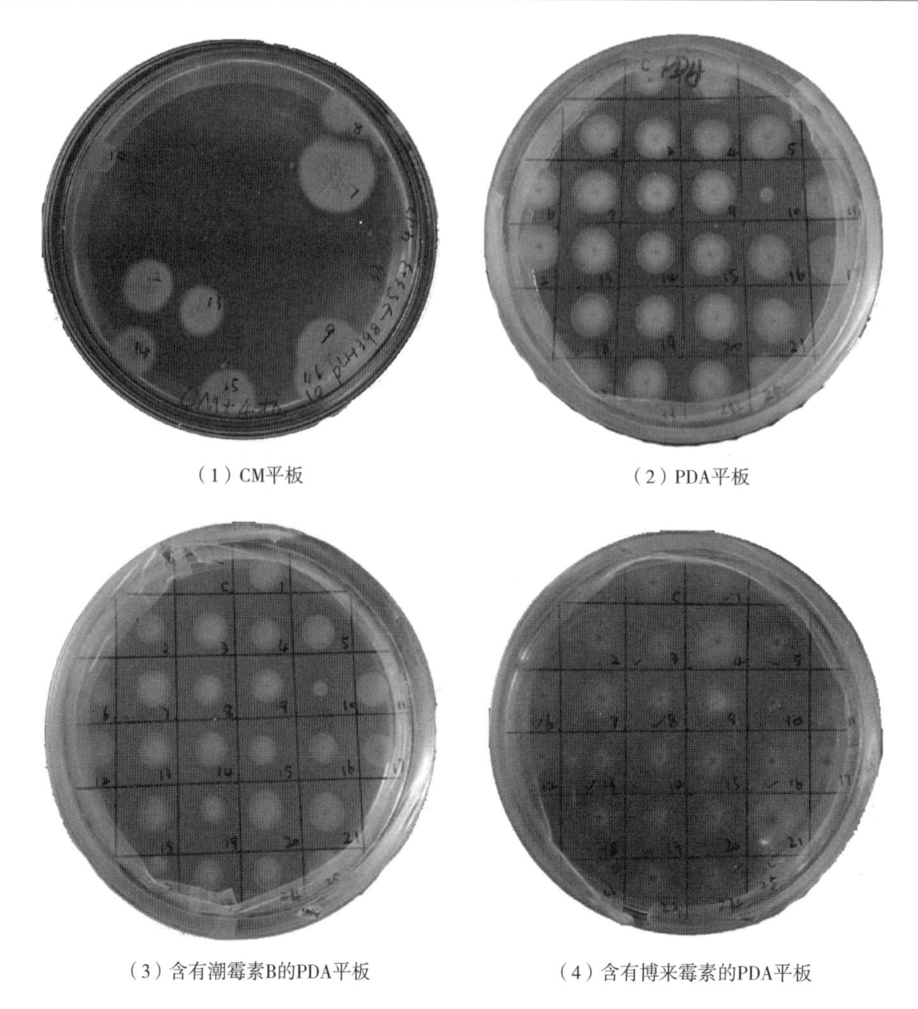

（1）CM平板　　（2）PDA平板

（3）含有潮霉素B的PDA平板　　（4）含有博来霉素的PDA平板

图 11-4　黑曲霉转化子在含有四种抗生素的平板的生长情况

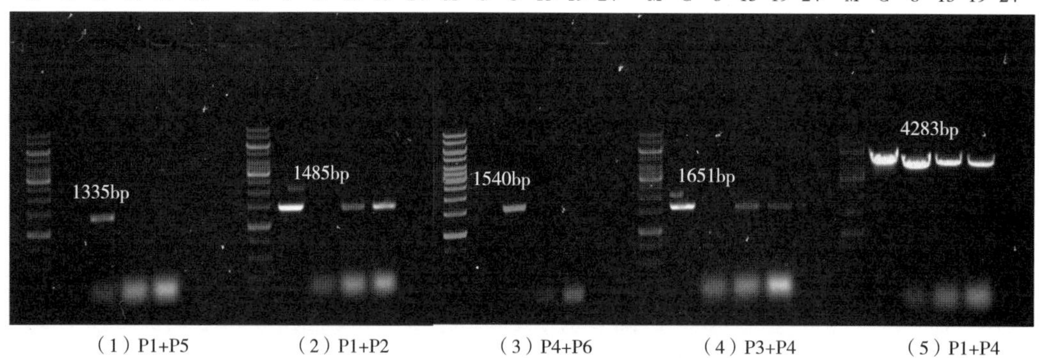

（1）P1+P5　　（2）P1+P2　　（3）P4+P6　　（4）P3+P4　　（5）P1+P4

M—Marker，分别为 250bp、500bp、750bp、1000bp、1500bp、2000bp、2500bp、3000bp、3500bp、4000bp、5000bp、6000bp、8000bp、10kb　C—出发菌株

8，13，19，24—转化子编号

图 11-5　*oahA* 基因敲除 PCR 验证图谱

四、常见问题及分析

怎样选择目的基因的敲除载体的同源臂？

设计总体原则与芽孢杆菌基因敲除同源臂的设计原则相同。同源臂位置尽量保留基因5′端和3′端3的倍数个碱基，同源臂长度可在800～1000bp。

五、思　考　题

（1）在挑取克隆时，那些具有博来霉素和潮霉素B双重抗性生长表型的菌株，是什么原因？

（2）如果后期需要消除基因敲除菌株的潮霉素B抗性，有哪些方法？

第二节　金龟子绿僵菌的基因操作

金龟子绿僵菌（*Metarhizium anisopliae*）属于半知菌亚门的丝孢菌类，是一种重要的昆虫病原真菌，作为研究昆虫与病原真菌间相互作用的模型而被广泛研究，也是最具有潜在价值的生防真菌。在自然界中，*M. anisopliae* 可以直接穿过昆虫体壁，感染昆虫并在其血腔中以囊孢子等形式生长，破坏昆虫免疫系统后杀死寄主，最终在虫尸表面产生分生孢子开始下一轮侵染。在侵染昆虫的过程中，*M. anisopliae* 还可以产生破坏素（非核糖体多肽类毒素）等杀虫毒素，抑制昆虫免疫，加快寄主死亡过程。此外，近年来的研究表明 *M. anisopliae* 还可与植物根部形成根际共生关系，并且可以促进植物根系的生长发育。目前，在亚洲、北美洲和欧洲一些地区，*M. anisopliae* 被普遍地应用于农林业虫灾的防治中，例如：*M. anisopliae* 在美国已被商业用于对甲虫、白蚁、苍蝇、蚊子、牧草虫和壁虱的防治，而在其他一些国家，*M. anisopliae* 也已被开发用作蝗虫、金龟子、沫蝉、蛆、蛀虫的生物防治剂，并且在大范围内得到应用。

一、基 本 原 理

根癌农杆菌是革兰阴性土壤杆菌，自然情况下它可通过伤口侵入植物受伤部位导致产生瘿瘤，其细胞中含有Ti质粒，其中一段T-DNA区可以通过一系列过程进入植物细胞中并将其精确地整合到受体DNA中。因此，ATMT法是一种自然的植物遗传操作手段。该种转化法的核心是T-DNA整合到受体染色体的过程，这一过程由Ti质粒上的毒力区中的相关基因以及一系列蛋白质共同完成的。植物细胞在受伤后细胞壁破损，产生创伤诱导分子，如乙酰丁香酮和羟基乙酰丁香酮。根癌农杆菌对这些诱导物质有趋化性，贴附在受体植物创伤细胞表面，而植物的创伤诱导分子激活根癌农杆菌 *vir* 区中的 *virA* 基因，磷酸化的VirA蛋白将其上的磷酸盐基团转移到VirG蛋白的天冬氨酸残基上，被激活的VirG蛋白进一步激活其他 *vir* 基因的表达，导致根癌农杆菌细胞中Ti质粒中的T-DNA序列被剪切、加工，形成单链DNA/蛋白质复合体，并通过根癌农杆菌的细胞膜进入植物细胞后整合到植物基因组中。该技术最初广泛地应用在植物遗传转化中。Bundock等首次利用根癌农杆菌介导的方法实现了对酿酒酵母的转化。目前，这项技术已经广泛地应用于稻瘟病菌、尖孢镰刀菌、金龟子绿僵菌、球孢白僵菌等丝状真菌的遗传转化中。

研究表明磺酰脲类除草剂可以抑制乙酰乳酸合成酶。依据这个结果，我们拟将除草剂抗性基因 *sur* 应用到金龟子绿僵菌的遗传转化中。为了检测氯嘧磺隆作为选择标记是否适用于 *M. anisopliae* 的遗传操作，在此以其 *cag*-8 基因（GenBank：DQ826044）为例，利用氯嘧磺隆选择标记敲除该基因，并且测试其转化效率。

cag-8 基因及其上下游序列如下所示，下画线部分为 *cag*-8 序列，灰色部分为上、下游同源臂序列。

GTACTGGCAACCTGGACATGTCGTTCTTGCAAGGTGGATCGTACAGTACATACAATAGCCTGATCCAAAGCCCGTTTCGGCC

AGGCTCCGGATGTGCACATCAAATACCCCGTACGCCTCGTGCTAGCAGGGCGAAGGGTTGAGATGATTGACGCTATTCAAAT

TCTTTGCATTTGATAAAGCACGCGGGCCCATCGTGATGCGGACAGCCAAGTTCCCGTGTCACACCCACCGGCACATGGCCCG

AACGTTGCATCCCACCAGGATAAAGCACAGAGAGTGCGATAATTGAGACGTTGATGACGGACATGCAGTCTGCCCAGAGTAG

CGGTTCCCAAGGTTGGCAGCCAAAAGACGGAAGTTGAATAATACCGACTTCCCCTTGGTCTACTTGTCGAATAGACAAAATC

CATGTCACGCCGTCGGTAGCATGACGTATCCCCTTTTTATTTTATTTTTGTTGCGCATGGCATTTCTTTGATTTTGACCTGC

CTTTCTCTCTCTTCCTTGCTCTTCCTCTTTTTTTTCTCTCCCCATTCATTATACAGGGGCTCACGGAGCCTCGGTTTCACGG

TCGTCTTTTATTTTTCTTTTTCTTTTCACGATGGATCATCCCCCACCTCTTGACCACCCTGACCCTGGTCTGCCTTGTGTCA

GGCGCTGGCAGATGCTCAAGTGGGCGAGCTTGAGCGCAAGCGGTTTGTAGCTTGGGCTGGTATTTGCATTGCGATACTCATG

CTCATCGTGGCTTTTTCGTCCCTACTCGTATCATGTGTGTGTTTATATGTCTTCTCTGGGATAGAAACACATAGCTGGCGGC

CTTGAATCAGTGATTCGGCTTGAATTTGAGAAGCACTTGAGCGCTTGGGCACTGCATCACTTGAGTAGACAAGCAATTGTAT

TTGCTGGCCAACATTTGGTTTACCAAGGGCTTTACAATGTTCCAGCCGGTGGTCCAGTGCAGGCTTCATTCAACTGCTTGAG

GCTGAGGAGCCAAGTTACACCAGCCATGGCATTGAATAGTCGCTTGCCCAAGTCTGCATGTGCTGTGTATAGAAGCCAGCAG

ACGCAGGCTATTGACCAATGCTGGGGAAAATGGAAACGTACTTGCTGCATGCGTGCAGAGTTGTGCCGTTCCAGAGGTTGCC

GAGTCGGGGTTGTCACGTCCAGTCGAGCAGGCTTGCTTTGCTGCCATGGCTCAAGGTCCAGCTACGGCTCAATATATGCATG

TCGACGATGGGCAATGAGCGTGGAAACCAATGCCGCAAACCGCCAGCTGGGCAGCCCTTTTTTGGCTGATGCGCTCGACATG

TCGGCGAGGTGACGCCAAAGTCAAGGAGCACTTGAGCACCGAGGGCTATCAAATGCAGTCAATAATATCCACCTTAGAAGCC

CCGGCCCTTCCATCCACGCTATCGTCAGTCCACAGTCCACCACAGCGCACTGGAGCCCGCAGCACTGGAGCCCGCCCACAGC

CCACGACCACGAGCGTGAGCACGAGGCCATGCCCTGGTCTTCCTCGTCCGACAACTCGAGCAGCGCAGGCGGCCTAGCTTGG

CCCCTCGACCCAGGACCCACCCTCACGCCTCATGTCCCACGTCCCACGCCCCACGCCCCGGGCCCAGCTCCTGAAGATTTTT

GCTGCAAGTACCCTCTACATCCGGCCCCTGGGTGGCTTCACACACCAGGCTCAGGTAGTGTGGCATGGCATGGCATGGCATG

GCACTTGCAGGCATGGCAGTGGGAGCATGGGCATGGGGGCATGGGGGCATGGAGCGCGGTGCTGGCTCTTGTGCCATCTTGT

CGCCTGTGCGCCTGCTTCGTCTGTTCCTGGGCTCCCACGTTAAACTGGGCAAACGGGTGCACCTTTGCGCCCTCGAGTGGTC

TCCATACTTGACTCCGTACACCCCACCCCCACCCCCCCTGGCGAGACACTGAGAGAGCACTTGCTTGCACTTGAGACCAGAC

GCTAGGCGCTAGGCTCTGACCATCTCTTGTCTGGTCCTAATTCTTTTTGGTCGTCCCATGCAGTCCGCTTTGTCTTCTATTT

CAACTTTCCCATCGCCGTCACCATCTGTCCTAACTTTTTTGGCTTCGTCAGATGGCCGCCCTGTCGCATCGACCTCCGATCG

AAGACGACACTCCCTCGCAAGCTTCCAAGACGCATCATCACAGTCACGATAGCCACCACGCGCACCACACCCCGCCATTGAA

GCACTACACCTCTGCACCCCGATCATCGACGTCAGACCGCCTGACTGCCGACCTCACCACCCTGCCCGCTTCCTCCCACCAC

CAGCGACACTCGAGCACTCCGTCCGCAAGTTCCTTTTCCCGATCACAGCGTTCTGCCACCAGTCTTCTCAGCCGAGCCGCTG

CCGCCCTGGACAGAACCCAGAACGCATTCGCCGGCATATCTGAACCCGTCATCCGGCCTCGACACTCGAACTCGGCACTGGC

TCGTCTCTCTTTGCAATCAGTTTCTGCTCCCAGTCCAGAACCCTCAAGCCCAGGCAGAACCGCCGGATCCAAGGCATTTTCT

GTCAACGGCCCCTTCACTCCCGCCCCAAGAGCCCAAATCAAGGTAGTGTCTCCAGCGGCTCAGGCGAACCATCCACCTTCAC
AGCCATACTCGGAGACAGATCCAAGTCTGCCCGCACCTATCAGAGTAGCGCCGTCTGACAAGAAAATGCATCAAACATCGTC
GCGCTTATTGCGCATGACGGACGATGACCGACCTTTCACAAGGGTATGTTTTCTGCAATCCCATGTCCTCGCCATCCCCTCC
TCGCTCTTTTTTGCTGCGCTCGACAAGCCCTGGGATTCATCCCTATCATTCTGCTGTACCGGGAGAGACGTGCATTTCAGTG
TTGGAGAGCAATCAGCGGATTGGTTTATCAGGTTGGGTGACGTGCGTTTGCACACCACGAGGCGGGAAGCTCTGTGGGGGTC
GCCTCCTTGGTCTTGTTTAAGCGAGACTAGACTCACTCAATCTCTCACTCACTGATGCCAACATCGTCTCACTCAGACCACC
TGCTCTGACACTTGAATGGTTCCACTCCAATGCGCAGTGTTGCAGATGCGGAAGATTGTTAAAGTGAAATTGGCTGTTTTTT
TTTCTGTAAAATTTATTTTAATTCTCTCCAAAGACATAATTCTTGGCCAAGAAGCTCTTTGCTAATTGCATCCAAAAAAACA
GGATTTCAAAGATTTATTCGCAACTCTCATTGTCAGCTTGCTGCCTCTTTCTGCACACCGCGTACGGTTGTCAAAAGTTGAA
TACACCTTCCTCTCAGAAGATGCCATCAATAACCTCGGCTCACTAAAATTCTCACAATCAAATCGAATGCCCGATCCCAAGG
ACCCTTCTAGAATTGTTACCACGACGACAACAACGACCTTTTCCATGGCCAAGGACATGGCCAGGTCCATCTGCCAACGCTT
CGTGGAGGCCCGCTTTATTGAATCAGCAGACGGTAAATACCAGCAAGTGTACAACATGAAGGGATCTGTTTGGCAATTGACT
CCAAAGGGCATCACGGTGCTGGATCGCTTCTGTTCCAGGAATGGCATCCAACAGAAGCAGGTTGGCGAATTATCCAATATGA
GCTCGGCTCAGTTGGTCATTCTGGAACGTGACCAGCAAACAGACAAGCTTCTACACGATTGGGGGACTATCGAGGTAATATT
CCGCCGCTTTGTTGGTGCCGATCGACGCAACGTCAAAACCAGCGTCACTGCCGCCGACTCGGACTCCCTACACGATTATAGG
GATGGGCTCACCGGAGTAAAAATGGCAGCAGAGCGGAAGGTGAACGGCAAGGCCTACAGAGACACATTCACCGGCAAAGCCA
CCACGGACTGGCTGATGGACTGTTCCACAATCGTCGACCGTCGTGAAACCGTCGAGATTGCGTCCCTGTTTGTAGAGTACGA
CTTGATGGAGCCTGTCGTTCAGGATCGGGCCTTTATGTCACAGAACACTGGATACAACCTGTTTCAGCCAACGAAGCATGCC
ATCTACCAGCTCACTACCCGTGGTAAAGAGCTAATTAGTGGAAGTGGTTCTAGGGGCCGTGCATCAGAGAGCGAAAATGGTA
CAGGCTCTCAACGAAATGGCATCACGAGAGATTCCAACACTCAGAGACTAGAGAAGATCCTGAACGATGCTGCCCTGCGCCT
TCTTTTCAGGGAAAATTTACGAGAAACCCATTGCGAGGAGAATTTATCATTTTACAAGGACGTTGGCGAATTCGTACGCAGC
TGCAAGGATGCCATTCGTCAAGCTCAAAAGGCACCGAACGCGAGCTCCATGGACACCATCAAGGAAATCATGGCTCAAGCCT
ACGGCATCTACAATGCCTTCTTGGCTCCAGGATCACCCTGTGAACTCAACATCGACCACCAACTCCGCAACAACCTGGCTAC
TCGCATGACCAAGGCTGTGGGTCAAGACAACACAATGATTGAGACGTTGCAGGAGGTAACGGCTCTGTTCGAGGATGCACAG
AATGCAGTTTTCAAGCTGATGGCTAGCGTAAGTCTATCCTTTTCTAGAATTGGTGCCTCTTACCCTTGTGCCCCCGAGGCTC
CGTGGCGCGCATGAATCGGCAGGCCCGGCAGACTGTGCTAACGGAGATTTTTTGCCTTTGTTTGCAGGATTCGGTACCGAAA
TTTCTTCGCAACGCCAAGTACGAGCAGCAACTCAGGAACTACGATCTTGACATGTCGGCCCGCGCACCCGAGCGGAGCCAAA
GTCGTTCCAACCGCAAATAAGAAACATTTCTTCTACTGGGCTGAGAGTCCGAGGCGGCTGGCCAAAGAGCGGCCGCGAGTCA
TGCACCGTCACGTCAGTTAAAGTTTATACGCTTGCGTCGAACAGCATTTTCCACCACTCACGAGGCGGCCGTCAATTTCACT
TTTTTACATGGTCATTTTGTTTTATCATGAGATGTTCTAGATTCGAGACCTTATACCTCTGCATCAATCGGTGTTCTTTGCG
TTATTTTCGGAAACTATATACTTTTTGCCTCATTTTATGGCCTCATTTATATACAATACCAACACCCATGGGCGTGGATCAC
CAGGCGCGCAATCCAGAACGAGACGTCAGTCAAGGGCATTGAGTGAGCGCAGTGGCTAGTGTTCTGAACTGGCTGATCAACA
CTGCTGCCTTTATGCTTTACGTTTGGCATGCTCCCTTTTTTTCATTATTATTTTCCCTTCTTAAAACGCGCTTGTTGCGATG
GCCTGCGGCATTGGCCTGCGTGGACTTGTTTTCTGTGTCTCTGTTTGATTGGAAATGAAGACGGCGTTGGGGAAAACGACCT
TAGAGGGGGCGGGGCAATTTCACCTTTTCTATGATGACAACAATGCGAACATGGATGGCATGCGTTGATATCGCGCCATTTA
TGAGGCGTCGGGCCGAGTTGCGGCCACAGTGAGACCAGTGACATATTCTGGTTGGGCGCGTTCAAAATTTTGCCTCGTGCGT
CGGTCCGTAAGTGTCATGGCATATGGGAGACGTGCAACGGCGCAAGACGGGCGGCATTGGCCATGTCATGCAGAAGCCACCA
AGCCACCAAGCCACCACCAATGCTGCCACTTAACGGTCTGGCGGAGGGGAAACGGTCGGGAGAAGACTTTGGGAGGAGAGGG
CGAAACGCAAACCGGCGCTGAGACTCCCCAAAAAAGGCCAATCAGATGGGACTGGTCTGTCGCCAGTGTCGTTCCCCAACGG

CATCCCGAAAGCCGAAGTGGTGGCGGAGTCTTATTCCCCGGGATTTCAACCCTATTCAGGCAAATGTTTGAGATTTCCAAGG
CTTTGGATGTATGTACGCCGTACCTAGAAGACGAATGTAAATCATTACGACTCGGGGTTCTGAGGTCTGCGGGCACGCTTGG
CAGACAGCGGGCAGCAGACAGCAGACAGGACCGCAGACGGCACGAGGGGGCCGGTACATAGATGATTAGGAAATAAAAAAAG
AGACTGAACAGACGACGTTTGAGCTGTCAGAGTATGAAAGTGCCATGACGTGTTAATGGGTTGGTTGTGTTGGACTTGTGAC
GAGCGCAACTGGTAGTGATGTGCAGGACTGGATGAATGCATGCATGCACAGTTGCAGCAGCTAGGAGGCAACAGGGCAGGCG
AGCCATTCCCCAAGCGGGTGCGACAGTCTGGTGGTGATGGATCGACAAGAGGTGTCTGCGAGGAATGCGAAATGTCTGGTTG
CCGCGGGAGCACTGCAGGGCACGCGAACTGGCTGGCACGCGAGGAGGCTTCCCGATCTGAAAGCGTGTCCAAGTGCCGTGGC
CTTTTAACAGATGTCGGGATCGCCCAGCTTGGCACTCAGTGCTGTGTGTGTGTCACTAGATTGATAGATGTCGCCAGAAGCG
ACGGGGCGACTGGAATGCCGCGTCTGGCCCGGCGCGTGCTCATTGGCCCGGTGGGCAAGCTTCGTCTGCGTAGGTGCCGAGA
CCAGTTTGGTTTCTCTTTTCTTTTTCTTTTTTGGTGTTTAAGGGGGATGGAATGGCCCTAACAGGACGAGATTTGACTGATT
CACACGAAGGCGGAGATCGGAGACGGTCAGGACAGACGGCGTGTTTTGTTTTTAGTAAAGTGCTTTTTTGGTGCGCGGTGTC
TCGTTTGCATTTTTGGCAGAGTGTCTGTTTGCGTAGGCCGGAATTCTGGGCCGCGTACACAGGAACGAGGTCTGGTTTGGGG
ATGTGAATACAACCAGGAGAAATGGGGGAAAGGGTAGAACCGAGATCCAAACATAAATAGCTGCGCGTCTCTGGCCCTCGAG
TTGATAAGCTGCCTTTGCTTTTGTTATTTGCCTTCTCCTGTTCTATCAAACACACCAGACATTCGTTCTACAACACTCGCT
AATTATCTGCCGTTGTTGTTTGCACCAAGCCGCAACAACACAACACTCGCT

二、重点和难点

（1）金龟子绿僵菌分生孢子悬液的制备。

（2）根癌农杆菌介导金龟子绿僵菌转化原理和操作方法。

三、实　　验

实验二　根癌农杆菌介导的金龟子绿僵菌 *cag*-8 基因敲除

1. 实验材料和用具

（1）仪器和耗材　离心机、PCR 仪、电泳仪及电泳槽、分光光度计、摇床、培养箱等。

（2）菌株和质粒

①菌株：金龟子绿僵菌 *Metarhizium anisopliae*。

②质粒：pPK2SurGFP。

（3）试剂

①5mol/L KOH：7.013g KOH 溶解在去离子水中，定容至 25mL。

②10mmol/L 乙酰丁香酮：0.01962g 乙酰丁香酮溶解于 10mL 去离子水中，搅拌直至沉淀完全溶解，用 5mol/L KOH 调 pH 至 8，用 Whatman 0.22μm 孔径滤膜过滤灭菌，分装到 50mL 离心管中，于−20℃避光保存。

③2.5×MM（基本培养基）：终浓度为 3.625g/L KH_2PO_4，5.125g/L K_2HPO_4，0.375g/L NaCl，1.25g/L $MgSO_4 \cdot 7H_2O$，0.165g/L $CaCl_2 \cdot 2H_2O$，0.0062g/L $FeSO_4 \cdot 7H_2O$，1.25g/L $(NH_4)_2SO_4$。

④1mol/L MES［2-（*N*-吗啉代）乙磺酸］：19.52g MES 溶解在 80mL 去离子水中，用 5mol/L KOH 调节 pH 到 5.3，加去离子水至 100mL，用 Whatman 0.22μm 孔径滤膜

过滤灭菌，分装到 50mL 离心管中，存于-20℃备用。

使用前熔化，如有白色不溶颗粒，加热至 65℃，漩涡振荡直至沉淀溶解。

⑤M-100 培养基：终浓度为 100g/L 葡萄糖，1g/L KH_2PO_4，0.25g/L Na_2SO_4，0.5g/L KCl，0.125g/L $MgSO_4 \cdot 7H_2O$，0.0625g/L $CaCl_2$，3g/L $NaNO_3$，121℃高压蒸汽灭菌 15min。固体培养基添加 15g/L 琼脂粉。

⑥选择性培养基：待 M-100 固体培养基灭菌后降温至 50℃以下，加入相应浓度的抗生素，并作相应标记，即配即用。

⑦液体诱导培养基（induction medium，IM）：80mL 2.5×MM，0.36g 葡萄糖，1mL 甘油，加去离子水至 192mL，121℃高压蒸汽灭菌 15min，冷却至 50℃以下，加入 8mL 1mol/L MES，存于 4℃备用，其中诱导剂乙酰丁香酮在使用前加入，即配即用。

⑧固体诱导培养基：160mL 2.5×MM，0.36g 葡萄糖，2mL 甘油，加去离子水至 376mL，琼脂 6.0g，121℃高压蒸汽灭菌 15min，冷却至 50℃以下，加入 16mL 1mol/L MES，8mL 10mmol/L 乙酰丁香酮，避光，即配即用。

⑨PDA 培养基。

液体诱导培养基和固体诱导培养基中的葡萄糖、甘油以及诱导剂的浓度不同，需要现配现用。

⑩LB 培养基。

⑪SDB 培养基：葡萄糖 20g/L，蛋白胨 10g/L，121℃蒸汽灭菌 15min。

⑫SDA 培养基：葡萄糖 20g/L，蛋白胨 10g/L，琼脂 15g/L，121℃蒸汽灭菌 15min。

⑬DNA 提取液：0.2mol/L Tris-HCl（pH 7.5），0.5mol/L NaCl，0.01mol/L EDTA，10g/L SDS。

⑭体积分数 0.05% Tween 80 溶液。

⑮400mg/mL 头孢菌素溶液。

⑯100mg/mL 氯嘧磺隆溶液。

2. 操作步骤

（1）引物设计　根据 *cag*-8 基因上下游序列设计引物，序列见表 11-2。

表 11-2　引物

引物	序列（5′→3′）	备注
Cag-8 *UF*	GCTATCTAGAGTACTGGCAACCTGGACATG（*Xba* Ⅰ）	扩增上游同源臂
Cag-8 *UR*	ACTTAGATCTCTGACGAAGCCAAAAAAGTT（*Bgl* Ⅱ）	
Cag-8 *LF*	TTCAACTAGTGCGAGTCATGCACCGTCA（*Spe* Ⅰ）	扩增下游同源臂
Cag-8 *LR*	CCTAGTTAACAGCGAGTGTTGTGTTGTT（*Hpa* Ⅰ）	
Cag-8*CF*	CAACAAGTCTTCAAAGCCACAT	鉴定引物
Cag-8*CR*	TGTGATCGGGAAAAGGAACT	
SurDCUP	GTGGCGGGCTTGAGAGTC	

注：下画线表示酶切序列。

（2）*cag*-8 基因敲除质粒 pPK2SurGFP-Cag-8 的构建

①以金龟子绿僵菌基因组 DNA 为模板，分别利用引物 *Cag*-8 *UF* 和 *Cag*-8 *UR* 以及 *Cag*-8 *LF* 和 *Cag*-8 *LR* 扩增 *cag*-8 基因上游同源臂 *Cag*-8 *U* 和下游同源臂 *Cag*-8 *L*，PCR 产物经琼脂糖凝胶电泳后回收。

②分别将纯化后的 *Cag*-8 *U* 和 *Cag*-8 *L* T-A 克隆至 pGEM-T 载体，经转化、筛选、鉴定后，将对重组质粒的 *Cag*-8 *U* 和 *Cag*-8 *L* 部分测序，以确保其正确性。

③将含 *Cag*-8 *U* 的重组质粒用 *Xba* Ⅰ 和 *Bgl* Ⅱ 酶切，经琼脂糖凝胶电泳后回收 *Cag*-8 *U* 片段，连接至经相同酶切的 pPK2SurGFP，经转化、筛选、鉴定后，获得重组质粒 pPK2SurGFP-Cag-8U。

④同理用 *Spe* Ⅰ 和 *Hpa* Ⅰ 酶切步骤②中含 *Cag*-8 *L* 的重组质粒，连接至经 *Spe* Ⅰ 和 *Eco*R Ⅴ 酶切的 pPK2SurGFP-Cag-8U，经转化、筛选、鉴定后，获得重组质粒 *cag*-8 基因敲除质粒 pPK2SurGFP-Cag-8（图 11-6）。

Cag-8*L* 同源臂中有 *Eco*R Ⅴ 酶切位点，故无法用该酶酶切重组质粒，*Hpa* Ⅰ 和 *Eco*R Ⅴ 酶切后的序列均为平末端，故用 *Hpa* Ⅰ 酶切。

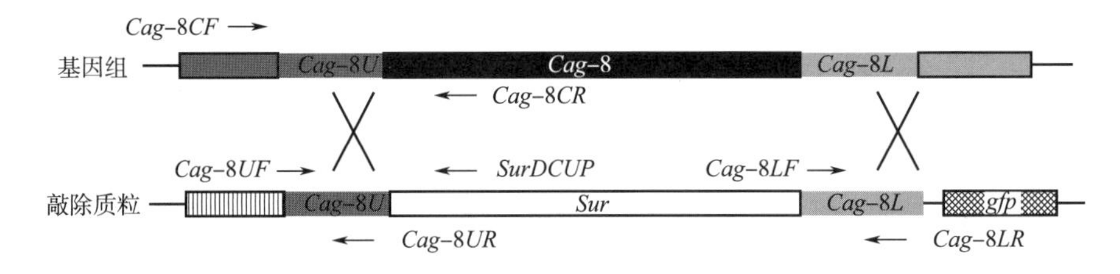

图 11-6 金龟子绿僵菌 *cag*-8 基因敲除质粒元件及引物设计

（3）根癌农杆菌 AGL-1 感受态细胞的制备

①将置于−80℃保存的根癌农杆菌 AGL-1 划线在含有 50μg/mL 羧苄青霉素 LB 平板上，27℃培养 2d。

不同农杆菌自身的抗性不同，根据实际菌株选取相应抗生素。

②挑取经活化的单菌落并接种于含有 50μg/mL 羧苄青霉素的 10mL LB 培养基中，28℃，250r/min 培养过夜。

③将 2mL 过夜培养的菌液转接至含有 50μg/mL 羧苄青霉素的 100mL LB 培养基中，28℃，250r/min，培养至 OD_{600}≈0.5。

④将培养液置于冰上 30min。

⑤将培养液转移至 50mL 预冷的无菌离心管中，8000r/min，4℃离心 10min，弃上清液。

⑥用预冷的 0.15mol/L NaCl 悬浮菌体，8000r/min，4℃离心 10min，弃上清液。

⑦用预冷的含 15%甘油的 20mmol/L $CaCl_2$ 溶液悬浮菌体，将 100μL 感受态分装到 2mL 的无菌离心管中，保存在−80℃冰箱中。

（4）根癌农杆菌 AGL-1 的转化

①将根癌农杆菌 AGL-1 感受态细胞置于冰上，待熔化。

②加入 10μL 重组质粒 pPK2SurGFP-Cag-8（质量浓度>100ng/μL），轻轻混匀，置于冰上 30min。

③将离心管放入液氮中5min。

④将离心管置于37℃培养箱中5min。

⑤将离心管置于冰上2min。

⑥加1000μL LB液体培养基，27℃，250r/min培养2h。

⑦室温下，10000r/min离心1min，弃上清液。

⑧将细胞悬浮在适当体积的LB培养基中，涂布在含有100μg/mL卡那霉素的LB固体培养基平板上，27℃倒置培养2d。

(5) 金龟子绿僵菌分生孢子的悬液制备

①从甘油保存管中取适量金龟子绿僵菌的孢子悬液接种在SDA培养基上，27℃培养14d左右至孢子产生。

②用接种针将活化后的孢子转接至新的SDA培养基平板上，27℃培养约14 d至孢子大量产生。

③将孢子从平板上收集到装有10mL无菌的0.05% Tween 80溶液中，剧烈涡旋2～5min，直至孢子完全分散，用无菌的玻璃丝过滤孢子悬液除去菌丝体。

④将孢子悬液转移至一个新的无菌的50mL离心管中，7000×g离心10min，弃上清液，收集孢子。

⑤用10mL 0.05% Tween 80溶液悬浮孢子，血球计数板计算孢子浓度，再用0.05% Tween 80调整到合适的浓度，于4℃保存。

所制备的孢子悬液可于4℃保存半年左右，但转化效率可能随着保存时间的延长而降低。

(6) 根癌农杆菌的培养及处理

①将含有双元载体的根癌农杆菌AGL-1单菌落接种到10mL含有100μg/mL卡那霉素和50μg/mL羧苄青霉素的LB培养基中，250r/min，28℃培养过夜（16～24h），直至OD_{600}≈0.5。

②用适量的IM液体培养基稀释至OD_{600}=0.15，加入终浓度为400μmol/L的诱导剂乙酰丁香酮，28℃培养4～6h至OD_{600}=0.5～0.6，备用。

加入诱导剂后要避光培养，可以用锡箔纸将药瓶或是离心管包裹。

(7) 金龟子绿僵菌的转化

①将孢子悬液和根癌农杆菌菌液各100μL加入无菌的2.0mL离心管中，轻柔地混匀。

②将上述混合物涂布在铺有Whatman黑色滤纸的IM固体培养基上，28℃培养48h。

使用Whatman黑色滤纸是为了增强转化子与背景颜色的对比，方便挑取转化子，若无法购买，可使用玻璃纸代替。

③将黑色滤纸转移至新鲜的含有400μg/mL头孢菌素和100μg/mL氯嘧磺隆M-100固体培养基上。

头孢菌素是为了杀死根癌农杆菌，而氯嘧磺隆是为了抑制未转化有重组质粒的金龟子绿僵菌（pPK2SurGFP含有氯嘧磺隆抗性基因）。

④在黑色滤纸上再覆盖一层含有400μg/mL头孢菌素和100μg/mL氯嘧磺隆的M-100固体培养基，28℃倒置培养。

除了加入丝状真菌筛选药物之外，在上层培养基中同样需要加入头孢菌素。

⑤培养 5～6d 后，平板上将出现转化子，每隔 12h 挑取转化子至新的含有 400μg/mL 头孢菌素和 100μg/mL 氯嘧磺隆的 M-100 固体培养基平板上。

⑥挑取转化子到新鲜的 PDA 固体培养基中，培养 3～4d 后，利用荧光显微镜观察选择无绿色荧光的菌落。

⑦利用引物 *Cag*-8*CF*/*SurDCUP* 和 *Cag*-8*CF*/*Cag*-8*CR* 进行菌落 PCR 鉴定。

3. 实验结果

以金龟子绿僵菌 *cag*-8 基因为例，利用氯嘧磺隆选择标记敲除该基因。将含有 pPK2SurGFP-Cag-8 的根癌农杆菌 AGL-1 与金龟子绿僵菌共培养后，经含有头孢霉素（杀死根癌农杆菌）和氯嘧磺隆筛选 6d，从培养基底层长出金龟子绿僵菌转化子。表明 pPK2SurGFP-Cag-8 转化到金龟子绿僵菌中（图 11-7）。

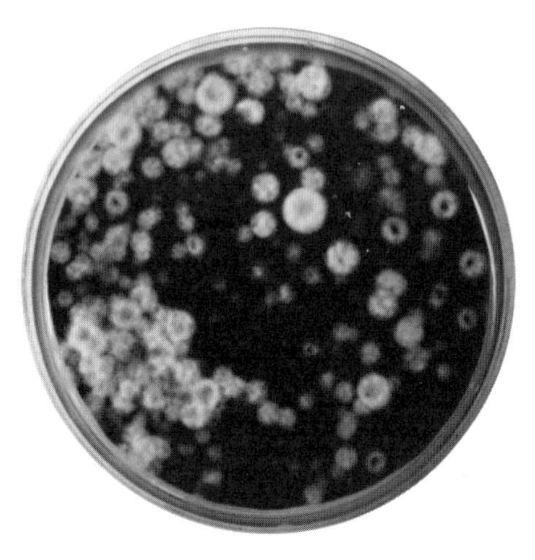

图 11-7　根癌农杆菌介导金龟子绿僵菌转化的选择性平板

从转化平板上随机挑取 50 个转化子到新鲜的 PDA 培养基中，培养 3d 或 4d 后，在荧光显微镜下观察菌落是否具有绿色荧光。如图 11-8（1）所示，根癌农杆菌介导的基因敲除方法是以同源双交换为依据。在 Ti 质粒上引入了绿色荧光蛋白作为初筛标记，可以实现高通量筛选，大大减少工作量。当同源重组发生时，绿色荧光蛋白表达元件将不会被插入到真菌基因组中，所以在转化子中不能观察到绿色荧光，而当随机插入发生时，处于 T-DNA 区中间的抗性标记基因和绿色荧光蛋白的表达元件都会一起随机插入到真菌的基因组中，因此可以在转化子中观察到绿色荧光（图 11-8）。结果显示，经过荧光显微镜的初筛，29 个转化子不具有绿色荧光，将其继续培养，并提取基因组 DNA，以此为模板，进行 PCR 验证。

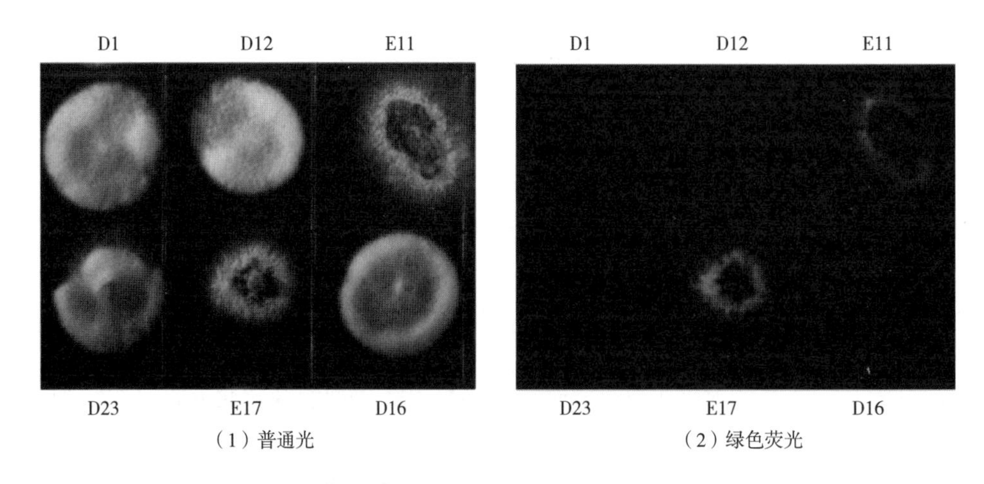

（1）普通光　　（2）绿色荧光

D—同源重组基因缺失菌株　E—随机插入的转化子

图 11-8　应用绿色荧光蛋白为标记的转化子初筛

提取上述内容中的29个阳性转化子的基因组DNA作为模板，*Cag*-8*CF*/*SurDCUP*和*Cag*-8*CF*/*Cag*-8*CR*作为引物，进行PCR验证。如图11-9所示，同源重组发生后，转化子*cag*-8基因被抗性基因*sur*所代替。因此，以*Cag*-8*CF*/*Cag*-8*CR*为引物，应该不能扩增出条带，而以*Cag*-8*CF*/*SurDCUP*为引物，则可以扩增出相应大小的片段。PCR验证结果显示，所测试的29个转化子均为阳性（图11-9）。而且，与野生型相比，这些转化子的产孢能力显著下降，在PDA培养基上表现为白色菌落，这一表型与所报道的Δ*cag*-8突变株的表型一致。

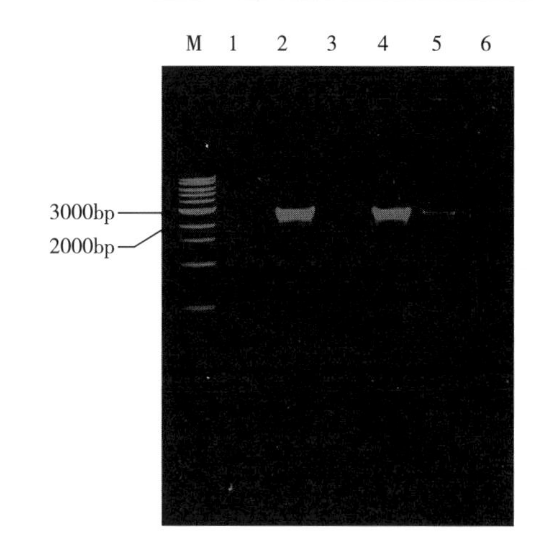

M—Marker 1、3、5—引物*Cag*-8*CF*和*Cag*-8*CR*
2、4、6—引物*Cag*-8*CF*和*SurDCUP*
1～4—*cag*-8基因缺失菌株 5和6—野生型菌株
图11-9 金龟子绿僵菌*cag*-8基因缺失菌株的PCR验证图谱

四、常见问题及分析

1. 丝状真菌培养条件

丝状真菌可以在PDA、SDA、YPD、M-100、察氏培养基等上生长，培养温度根据菌种特异性选择不同的温度，如曲霉、木霉30℃，粗糙脉孢菌25℃，嗜热毁丝霉37～45℃。

2. 根癌农杆菌菌株的选择

不同的根癌农杆菌菌株都可以被用于遗传操作。国内外的研究证实转化效率的高低一定程度上取决于菌株的类型，如AGL-1转化双色蜡蘑的转化效率是根癌农杆菌LBA1100的5倍，根癌农杆菌LBA4404不能用于转化黑曲霉，而根癌农杆菌LBA1126和根癌农杆菌EHA105则可以用于黑曲霉的转化。

3. 诱导剂使用的注意事项

乙酰丁香酮作为根癌农杆菌转化的诱导剂，是影响该方法效率的重要条件。在前期缺失乙酰丁香酮会导致转化效率明显下降，而在共培养阶段，缺失乙酰丁香酮将会直接导致转化的失败。提高乙酰丁香酮的浓度有利于提高转化的效率，在使用过程中，务必要避光使用。

4. 真菌细胞和根癌农杆菌细胞比例问题

真菌细胞和根癌农杆菌的浓度都可直接影响最终转化结果，提高两者的浓度可以提高转化效率，但过低或是过高的根癌农杆菌浓度都会显著降低转化效率。此外，过高的孢子浓度会造成菌体的大量生长而无法获得转化子的情况，从而导致效率显著下降。

5. 共培养温度和时间的选择

转化效率也会受到共培养时间及温度的影响。共培养时间的长短主要取决于受体丝状真菌，不同的菌株具有很大的差别。金龟子绿僵菌、球孢白僵菌、里氏木霉的共培养时间通常为48h，而双色蜡蘑的共培养时间则长达120h。通常情况下，最适转化温度为22～30℃，过高的温度会使根癌农杆菌丧失感染能力，进而降低效率，甚至使得转化失败。

五、思 考 题

（1）简述根癌农杆菌介导的基本原理。

（2）影响 ATMT 转化法转化效率的因素都有哪些？

第三节 里氏木霉的基因操作

里氏木霉（*Trichoderma reesei*）是最著名的天然纤维素降解丝状真菌，属于子囊菌，是红褐肉座菌（*Hypocrea jecorina*）的无性型，最初发现于二战期间的美军军营。在随后60多年的研究中，经过不断诱变筛选，里氏木霉发展出了数十种工业菌株，其胞外纤维素酶的产量可达40g/L，有报道称胞外总蛋白质可以超过100g/L，是迄今为止发现的各类纤维素降解微生物中纤维素酶产量最高的菌种。此外，里氏木霉具有极好的合成蛋白质和分泌蛋白质的能力，在蛋白质表达过程中可以进行转录后修饰，表达的外源蛋白质具有天然活性，而且里氏木霉属于公认食品安全（generally recognized as safe，GRAS）微生物，由其生产的酶制剂已广泛应用于洗涤、化纤及食品加工业。2008年，里氏木霉全基因组测序完成，极大地促进了纤维素酶表达调控机理的研究，推动了工业丝状真菌蛋白质高产菌株的创建。

里氏木霉 RL-P37 菌株具有耐高温，生长速率快，抗阻遏效应等特点，可以用于纤维素酶生产。该菌株吸引了越来越多各国学者的注意，已成为了生物能源领域研究的热点。

一、基 本 原 理

聚乙二醇（PEG）-$CaCl_2$介导的原生质体转化法是传统的丝状真菌转化方法。该方法是利用溶壁酶、纤维素酶等处理菌丝体或萌发的孢子获得原生质体，然后在$CaCl_2$和 PEG 的作用下，外源 DNA 进入原生质，再将其涂布于再生筛选培养基中选择转化子。绝大多数丝状真菌的转化载体在宿主菌中不能自主复制，而是通过同源重组或是异源整合到丝状真菌基因组中。

营养缺陷互补型标记是通过转入的标记基因能回补受体细胞相应的营养缺陷，使受体细胞在不添加该种营养成分的培养基上也能正常生长而作为筛选标记，是目前公认的安全的遗传操作方法。该种筛选标记的使用，要求有特定营养缺陷型受体菌，如敲除或是突变 *pyr*4 基因（编码乳清酸核苷-5′-单磷酸脱羧酶）可以使菌株不能在未添加尿苷的基本培养基上生长，同时还会对5-氟乳清酸（5-FOA）具有抗性。该筛选标记已用于黑曲霉、粗糙脉孢菌、构巢曲霉等菌株的遗传转化，是一个很好的筛选标记。因此，利用原生质体法敲除 RL-P37 菌株中的 *pyr*4 基因，构建营养缺陷型菌株。

*pyr*4 基因及其上下游同源序列如下所示，下画线部分为 *pyr*4 序列，灰色部分为上、下游同源臂序列（在 *pyr*4 基因下游1200bp有另一个基因存在，为了避免破坏该基因，因此只敲除了 *pyr*4 基因的部分序列）。

TTCTCCAAGGCGTCAAGCATGTGAGCAAAAACTCGAGTTGTCTAGACTCGACTCGACTTGCGGCTGCAGTACAACAATACAG
TACTACTCGTACACGTATGTACAGCAAGGAGCAGGTGGATCAGCAAAGTTGCATGATAATGGACTGGACCGGCAACGCTCAA
AGTTCGCCTTGCAGCTCCGGCATGAAGGGCAGACCCCCGCCATTATTAGCGATGACTAGCCGTGGAGGCCACTTTGGCTTTA
GTGATTTAAACCCCGAGATTCATGCTCGATGCTCTACAGGTATGTATGTACTAGCTCAGCTCAGCCTTAGTAGGTAGGTATT
GAAGTCTGGTGGTGCGAGGAGGACCTGCAGGTGGGAGTTTTGGGGGAAAAAGATGATGCTCACCAACTAAAATAAATAGTCA
GGCCACACACACAACCTACTGAGCAGAACCACCACAACCAGTGAAGAGCTACTAGTAGTAGAAATGGAGGGTAAACTGAACA
TCAGTCAAAAGACGTCGAGACGCAGATACTACTAGATACCTATCCCAGCGACGGAAAATGGACAAGGTGTCGCCGCCGCCAA
GCTCTCAGATGCGCTATCGTGCATGATGCCTCTCATCAACAAACGGCGCCAGTGACGGGCTAGCCGTGGGATTGACTCGAGC
TCGCCTCTTCTTTGTGCTTTTCTCCTGTCGACATCCCGGCTTGCGCTTGGACCTCGCCGGGACGTGCAAACGAACACATCAC
TTTCAAAGAGAGTGTTTGATGCTCACGCTCGGATGCTCCAGCCCCCCCTTGCTTGCTTGTCCATCATTGAGGCTCGAAGGGG
CAGTTGCTCCCCATTCCCTCTGCTCCAACAGGAACTGTAACCGAAAAAAAAGCCATCCTCCTTCTTCCTCTTCCTCTTCCGC
CTCCTCCTCTTCCTCCTCCTACTAATACCTACTCCTCCTCTCCTCATCGACTAGACTGACCCCCCCGGTTGGGCCCCTCGTC
CCGTCTCCAACAGAGCACCACCAGACAAAGACCCCTGCCCGCGCGAATCCAGACCCCCCCAGCAATTCCGGGCCTCGTTGAT
CCTCCTCTACTGTAGTTGTACATACATACCTACCGACTGCATTGCATTGGTACAGCTGCAGGCACTTCCAGGCACGGCCACC
AAATTGCAGCGGCCCTTGCTTGCTTGCTTGGTTCGAGAACTAGGATCTGTGTCTTTTGCCTTGCCTTGTCTTGTCTGGGTTC
CTGCTCGTCTGCGGCAATCGGAACGCCGCCAGTGCGGTGCCAAGCAAACCAGCCAAGGTAGGTACCTACCACTAGGCTTCTT
TTCTCGTTGTCTCACTCTCTCTTTTCCTCTTTGTCCTCTCTTATCCCCATCTTTTCTCTCTCTCTGCTCCTTTCCTAACC
ACTTCCCTACCTTTCTCTTTTTCCTTTTCTTGTCATCTCCATCTTGGCTGACGAAAAAGGTCTGACTGGGTAGGTATTATCT
GGCAGACTTGTGTGTATCATTCACCCTATTTCTGCTTCATAGTACATGTACTGTACCTGAACGGCTCAACCGCTATTTACGA
CTCTTATTTTTTTGTGGCGTTGGTCACGTTTGCCAGCTGTTGTCCGTCTTTCTAGGGCTCCTCAAACTTGACCTGACCGAGC
TCCCTTTCTGGACCCGGTGGGCTTCACTTCCAGCTGCTGAGCGACCTGAGCCGAACATCCTCAGTCCTTGTCCAGCGCAATT
CATTTTCTTTCCTTTTCTTTTTTTTTATTCCTTTCTTTACTTTTATTCTCTCTTTTTCTCCTCTTCCTCTTCTTCTTCTTTC
TCCTCCTCCTCCATATCCTCACTCTCGTCTCCCTCATTACTACCCTCTCGGCTCCTCAGGTCCACCAACCCTCCCGCACCCA
AACCTCTGCCGCTGAAACCCATTCGGTGGTCGCCGTTTTTTTTTTTTTTTTTTCTCACCCCCAAAGTCGCAATATCGGGTA
TCGCCGCCGGCATTGAATCGCCTTCTCCGCTAGCATCGACTACTGCTGCTCTGCTCTCGTTGCCAGCGCTGCTCCCTAGAAT
TTTGACCAGGGGACGAGCCCGACATTAAAGCAACTCCCTCGCCTCGAGACGACTCGGATCGCACGAAATTCTCCCAATCGCC
GACAGTTCCTACTCCTCTTCCTCCCGCACGGCTGTCGCGCTTCCAACGTCATTCGCACAGCAGAATTGTGCCATCTCTCTCT
TTTTTTTCCCCCCCTCTAAACCGCCACAACGGCACCCTAAGGGTTAAACTATCCAACCAGCCGCAGCCTCAGCCTCTCTCAG
CCTCATCAGCCATGGCACCACACCCGACGCTCAAGGCCACCTTCGCGGCCAGGAGCGAGACGGCGACGCACCCGCTGACGGC
TTACCTGTTCAAGCTCATGGACCTCAAGGCGTCCAACCTGTGCCTGAGCGCCGACGTGCCGACAGCGCGCGAGCTGCTGTAC
CTGGCCGACAAGATTGGCCCGTCGATTGTCGTGCTCAAGACGCACTACGACATGGTCTCGGGCTGGGACTTCCACCCGGAGA
CGGGCACGGGAGCCCAGCTGGCGTCGCTGGCGCGCAAGCACGGCTTCCTCATCTTCGAGGACCGCAAGTTTGGCGACATTGG
CCACACCGTCGAGCTGCAGTACACGGGCGGGTCGGCGCGCATCATCGACTGGGCGCACATTGTCAACGTCAACATGGTGCCC
GGCAAGGCGTCGGTGGCCTCGCTGGCCCAGGGCGCCAAGCGCTGGCTCGAGCGCTACCCCTGCGAGGTCAAGACGTCCGTCA
CCGTCGGCACGCCCACCATGGACTCGTTTGACGACGACGCCGACTCCAGGGACGCCGAGCCCGCCGGCGCCGTCAACGGCAT
GGGCTCCATTGGCGTCCTGGACAAGCCCATCTACTCGAACCGGTCCGGCGACGGCCGCAAGGGCAGCATCGTCTCCATCACC
ACCGTCACCCAGCAGTACGAGTCCGTCTCCTCGCCCCGGTTAACAAAGGCCATCGCCGAGGGCGACGAGTCGCTCTTCCCGG
GCATCGAGGAGGCGCCGCTGAGCCGCGGCCTCCTGATCCTCGCCCAAATGTCCAGCCAGGGCAACTTCATGAACAAGGAGTA
CACGCAGGCCTGCGTCGAGGCCGCCCGGGAGCACAAGGACTTTGTCATGGGCTTCATCTCGCAGGAGACGCTCAACACCGAG

CCCGACGATGCCTTTATCCACATGACGCCCGGCTGCCAGCTGCCCCCCGAAGACGAGGACCAGCAGACCAACGGATCGGTCG
GTGGAGACGGCCAGGGCCAGCAGTACAACACGCCGCACAAGCTGATTGGCATCGCCGGCAGCGACATTGCCATTGTGGGCCG
GGGCATCCTCAAGGCCTCAGACCCCGTAGAGGAGGCAGAGCGGTACCGATCAGCAGCGTGGAAAGCCTACACCGAGAGGCTG
CTGCGATAGGGGAGGGAAGGGAAGAAAGAAGTAAAGAAAGGCATTTAGCAAGAAGGGGGAAAAGGGAGGGAGGACAAACGGA
GCTGAGAAAGAGCTCTTGTCCAAAGCCCGGCATCATAGAATGCAGCTGTATTTAGGCGACCTCTTTTTCCATCTTGTCGATT
TTTGTTATGACGTACCAGTTGGGATGATGGATGATTGTACCCCAGCTGCGATTGATGTGTATCTTTGCATGCAACAACACGC
GATGGCGGAGGCGAACTGCACATTGGAAGGTTCATATATGGTCCTGACATATCTGGTGGATCTGGAAGCATGGAATTGTATT
TTTGATTTGGCATTTGCTTTTGCGCGTGGAGGGAACATATCACCCTCGGGCATTTTTCATTTGGTAGGATGGTTTGGATGCA
GTTGTCGACGATATCAGCTTCCATATATACGGAATTGTTCAATTGAGTATTACCTGATGGCTATTTGTGTCGATCCTTTGTG
ACATTGACATGTGATGGCGCCTGTACCTCTAAATGTATGCAGCGTA

二、重点和难点

（1）里氏木霉原生质体的制备。

（2）原生质体法介导转化的原理与操作方法。

三、实　　验

实验三　原生质体法介导的里氏木霉 *pyr*4 基因敲除

1. 实验材料和用具

（1）仪器和耗材　低温离心机、摇床、培养箱等。

（2）菌株和质粒

①菌株：里氏木霉 RL-P37。

②质粒：PGHT。

（3）材料

①基本培养基（minimal medium，MM）：20mL 50×Vogel's，20g 蔗糖，加水至 1L，121℃高压蒸汽灭菌 20min。固体培养基则加 15g 琼脂粉。筛选转化子时，加入相应抗生素。

②下层培养基（bottom medium，BM）：20mL 50×Vogel's，20g 蔗糖，15g 琼脂粉，加水至 1L。121℃高压蒸汽灭菌 20min。

③上层培养基（top medium，OM）：20mL 50×Vogel's，20g 蔗糖，1.5g 琼脂糖，加水至 1L。121℃高压蒸汽灭菌 20min。

④50mg/L 生物素：生物素称量 5mg 溶于体积分数 50%乙醇中，定量至 100mL，过滤除菌。

⑤微量元素：5g 一水柠檬酸，5g $ZnSO_4 \cdot 7H_2O$，1g $Fe(NH_4)_2(SO_4)_2 \cdot 6H_2O$，0.25g $CuSO_4 \cdot 5H_2O$，0.05g $MnSO_4 \cdot H_2O$，0.05g H_3BO_3，0.05g $Na_2MoO_4 \cdot 2H_2O$，溶于水中，定容至 100mL，过滤除菌。

⑥50×Vogel's：126.8g 二水柠檬酸钠，250g KH_2PO_4，100g NH_4NO_3，10g $MgSO_4 \cdot 7H_2O$，5g $CaCl_2 \cdot 2H_2O$，5mL 生物素（50mg/L），5mL 微量元素，溶于水中，定容至 1L，加入 5mL 的氯仿作为保护剂。

⑦溶液 A：1.0361g KH_2PO_4，21.864g 山梨醇，溶于 90mL 去离子水，KOH 调 pH 至 5.6，定量至 100mL，121℃高压蒸汽灭菌 20min，室温保存。

⑧溶液 B：0.735g $CaCl_2$，18.22g 山梨醇，1mL Tris-HCl（1mol/L，pH 7.5），溶于 90mL 去离子水，使用 HCl 调节 pH 到 7.6，定量至 100mL。121℃高压蒸汽灭菌 20min，室温保存。

⑨裂解液：称量 0.15g 裂解酶（Sigma ＃ L-1412），加至 30mL 溶液 A，过滤除菌，备用。

⑩PEG 溶液：12.5g PEG 6000，0.368g 氯化钙，500μL Tris-HCl（1mol/L，pH 7.5）。121℃高压蒸汽灭菌 20min，室温保存。

⑪裂解缓冲液：称取 0.4g NaOH、0.05845g EDTA 溶解至 150mL 去离子水中，加入 2mL Triton X-100 后补足至 200mL。

⑫去离子水（200mL）。

2. 操作步骤及注意事项

（1）引物设计　根据 *pyr*4 基因及其上下游序列以及 *hph* 基因序列设计引物，序列如表 11-3 所示。

表 11-3　引物

引物	序列（5′→3′）	备注
*pyr*4-*UF*	GATATCTTCTCCAAGGCGTCAAGCAT	扩增 *pyr*4 上游同源臂
*pyr*4-*UR*	GCGGCCGCTGATACACACAAGTCTGCCAGAT	
*pyr*4-*LF*	TTAATTAATTCGAGGACCGCAAGTTTG	扩增 *pyr*4 下游同源臂
*pyr*4-*LR*	TTTAAATACGCTGCATACATTTAGAGGT	
pGHT-F	GATATCAGTTGCGGCCGCTCTAGACTAGT-TGTGACGAACTCGTGAGCTCTG	扩增 *hph* 基因
pGHT-R	GTTAACCCAGTTAATTAAGTCCCTCGAGT-GCAGGTCGAGTGGAGATGTG	
*pyr*4*DC-up*	CAATCGCCGACAGTTCCTACT	鉴定引物
DC-down	GCCCGATTAGCATTGATATGT	
DC-hph-down	TCTTGGCTCCACGCGACTAT	

（2）重组敲除质粒 pGHT-Δ*pyr*4 的构建

①以 PPK2 质粒为模板，利用引物 *pGHT-F* 和 *pGHT-R* 扩增得到潮霉素抗性表达元件，将其连到 pMD19-T Simple Vector 上，获得 pGHT 载体。

②以里氏木霉 RL-P37 基因组 DNA 为模板，利用 *pyr*4-*UF*、*pyr*4-*UR* 和 *pyr*4-*LF*、*pyr*4-*LR* 分别扩增得到 *pyr*4 基因上下游同源臂 *pyr*4 5′-*flank* 和 *pyr*4 3′-*flank*。

③将上游同源臂用 *Eco*R Ⅴ和 *Not* Ⅰ酶切，并插入 pGHT 相应的酶切位点间，得到质粒 pGHT-pyr4U。

④用 *Pac* Ⅰ和 *Dra* Ⅰ酶切获得下游同源臂，将其插入 pGHT-pyr4U 的 *Pac* Ⅰ和 *Hpa* Ⅰ位点间，从而获得敲除质粒 pGHT-Δ*pyr*4，如图 11-10 所示。

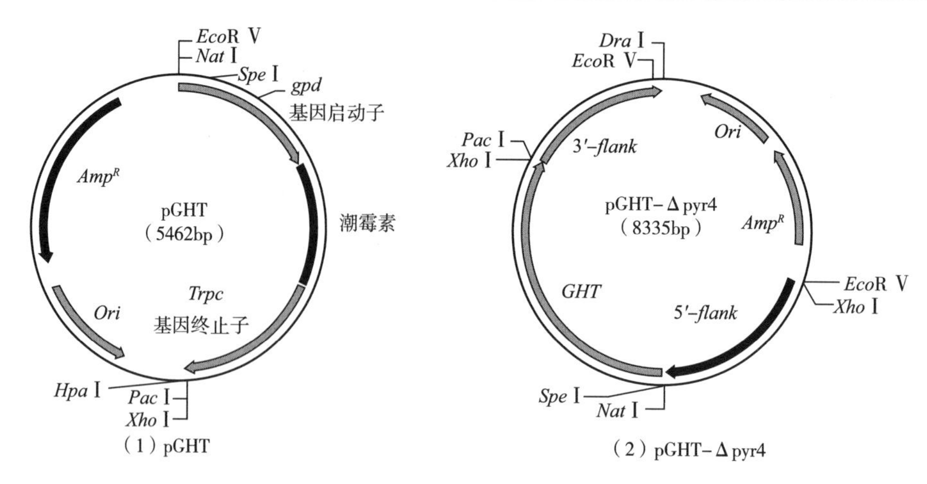

图 11-10 质粒构建示意图

(3) 新鲜菌丝体的获得

①生长 7～10d 的成熟孢子，用 0.05% Tween 80 灭菌水水洗，过滤除菌得孢子悬液。

②取适量浓度孢子悬液 100μL 涂布于 MM 平板上的平铺的玻璃纸上（涂布均匀且干燥)，28℃培养 14h。每转化一个质粒涂 5～10 块板。

培养时间与菌株有关，通常情况下，培养 12～16h 即可。

(4) 菌丝体的裂解及原生质体的制备

①将 0.1g 裂解酶加至 20mL 溶液 A 中，轻微振荡溶解，过滤除菌得到裂解液。

②取 1mL 裂解液于培养皿底部，再用镊子依次将上述步骤中准备好的玻璃纸平放于培养皿内，加入 1～2mL 裂解液覆盖玻璃纸（保证每张玻璃纸充分与裂解液接触)，封口膜密封培养皿，28℃裂解 2h，每隔 20min 轻轻摇动，以便菌丝体与裂解液充分接触。

在裂解过程中，将长满菌丝体的玻璃纸一面朝下放在裂解液中。

③用镊子取出玻璃纸，并用剪过尖端的无菌 1mL 吸头轻轻吹打玻璃纸。

一定要用剪去尖端的吸头进行吹打，否则吸头尖端的剪切力会破坏原生质体。

④用无菌的 3 层擦镜纸将裂解液中菌丝体过滤除去。

⑤4℃，2000×g 离心 10min，弃上清液。

⑥取 4mL 在－20℃预冷的溶液 B 于离心管中，4℃条件下，2000×g 离心 10min，弃上清液。

⑦加入一定体积溶液 B（建议 200μL/10 皿）悬浮所获得的原生质体。

(5) 原生质体转化

①在预冷的 15mL 离心管中，依次加入 50μL PEG 溶液、10μg 敲除质粒 pGHT-$\Delta pyr4$ 及 200μL 原生质体（10^6～10^7个)，轻轻混匀。

②冰上 20min 后加入 2mL 4℃ PEG 溶液，室温放置 5min，加入 4mL 溶液 B，轻轻混匀。

(6) 培养及鉴定

①取 3mL 步骤（5）的原生质体转化物加至 12mL 熔化后的 OM 培养基（约 50℃，含 2mg/mL 尿嘧啶、100μg/mL 潮霉素)，轻轻混匀。

②分别倒 4mL 混合液至 BM 固体培养基平板（含 2mg/mL 尿嘧啶、100μg/mL 潮霉素）上，含抗生素。

③置于适当温度（28～37℃）下培养 2～4d 后，挑取转化子至新鲜平板。

④挑取少量菌丝至 40μL 裂解缓冲液，沸水煮 10～15min，冷却后，加入 200μL 无菌水，混匀，取 0.5～1.0μL 作为模板，进行 PCR 验证。

对于绝大多数丝状真菌可以用煮沸法少量提取基因组，如无法提取，可采用第二章第七节中提取基因组的方法。

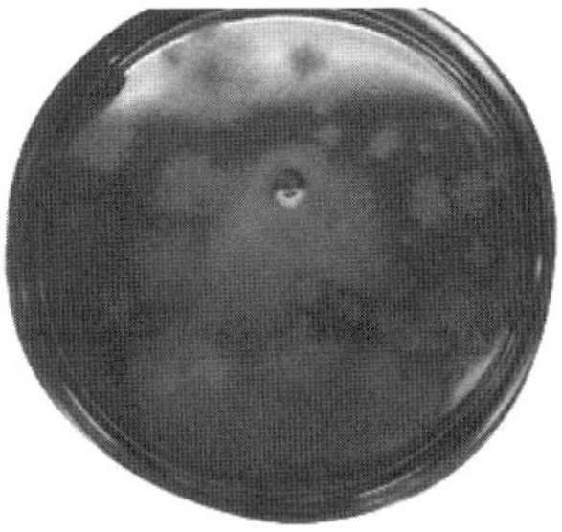

3. 实验结果

经含 2mg/mL 尿嘧啶、100μg/mL 潮霉素的培养基筛选，获得阳性转化子（图 11-11）。用无菌牙签挑取 2 株转化子，进行 PCR 验证，如图 11-12 所示。1# 菌株利用引物 *pyr4DC-up* 和 *DC-down* 未扩增出条带（泳道 1），而以 *pyr4DC-up* 和 *DC-hph-down* 为引物扩增出 2100bp 的片段（泳道 3），故该菌株的 *pyr4* 基因被 *hph* 基因代替。2# 菌株利用引物 *pyr4DC-up* 和 *DC-down* 扩增出条带（泳道 2），但利用引物 *pyr4DC-up* 和 *DC-hph-down* 扩增出条带，表明其 *pyr4* 基因未被 *hph* 基因代替。

图 11-11　原生质体法转化获得的转化子

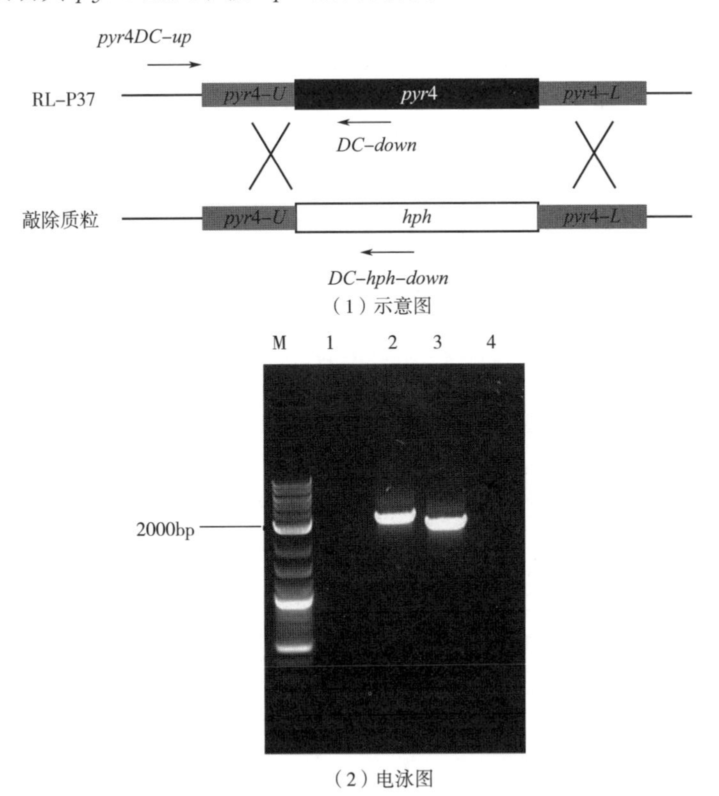

（1）示意图

（2）电泳图

M—Marker，1、3—*pyr4* 敲除菌株分别利用引物 *pyr4DC-up*/*pyr4DC-down* 及 *pyr4DC-up*/*pyr4DC-hph-down* 扩增
2、4—野生型菌株分别利用引物 *pyr4DC-up*/*pyr4DC-down* 及 *pyr4DC-up*/*pyr4DC-hph-down* 扩增

图 11-12　RL-P37Δ*pyr4* 转化子鉴定

四、常见问题及分析

1. 真菌培养方式和时间的确定

新鲜菌丝体的获得是制备高质量原生质体的前提，应根据不同菌株的特性选择合适的方法获得初生菌丝体。里氏木霉、粗糙脉孢菌以及嗜热毁丝霉等可以采用平板法，将这些真菌的新鲜孢子涂布于固体平板上，经过 12～24h 的培养即可。然而，黑曲霉更适用于液体培养获得新生菌丝体，将其孢子在 MM 等液体培养基中培养 12～24h 后，通过纱布过滤即可得到新鲜菌丝体。另外，值得注意的是，培养时间与菌株有很大关系，尤其是经过多轮操作的基因工程菌株或是生长有缺陷的菌株，其生长时间需要适当延长。

2. 菌丝体裂解时间

一般情况下，裂解时间不超过 90h，但有些菌株的细胞壁较厚或是在生长时形成菌丝球，这种情况下菌丝较难裂解，而且原生质体也不容易被释放出来。为了得到更多的原生质体，可以提高裂解酶浓度或是添加其他辅助酶制剂（蜗牛酶、几丁质酶等）来强化裂解效果，同时也可以适当延长裂解时间。

3. 原生质体转化的几点注意事项

菌丝体裂解后，通过三层拭镜纸过滤，获得原生质体后，必须镜检，观察是否有断裂的菌丝存在，如果有大量的断裂菌丝存在，将导致转化效率大幅降低，同时会出现大量假阳性转化子。为了避免上述情况的发生，可以过滤两次来确保短菌丝的去除。

温度是制备原生质体和转化的关键因素。在制备过程中，保持最适的酶反应温度非常重要。另外，在转化过程中，所有操作均在冰上进行。所用试剂和仪器都需要预冷，如离心机需预冷、吸头和离心管等都需要提前置于冰上。

PEG 的使用会使得整个转化体系不易混匀，切勿用漩涡振荡器等剧烈方式混匀，可以用剪去尖端的吸头轻柔地吹打混匀，尽量避免剪切力。

在转化的最后一步，将原生质体与上层培养基混匀的过程中，要防止培养基的温度过高，建议使用低熔点琼脂糖。

五、思　考　题

（1）原生质体介导转化的基本原理。

（2）影响原生质体制备的主要因素有哪些？

参考文献

［1］吴乃虎．基因工程原理（下册）［M］．北京：科学出版社，2001.

［2］Fang W，Pei Y，Bidochka M J. Transformation of *Metarhizium anisopliae* mediated by *Agrobacterium tumefaciens*［J］. Canadian Journal of Microbiology，2006，52（7）：623-626.

［3］Fang W，Pei Y，Bidochka M J. A regulator of a G protein signalling（RGS）gene，*cag8*，from the insect-pathogenic fungus *Metarhizium anisopliae* is involved in conidiation，virulence and hydrophobin synthesis［J］. Microbiology，2007，153（Pt 4）：

1017-1025.

［4］郭艳梅，郑平，孙际宾．黑曲霉作为细胞工厂：知识准备与技术基础［J］．生物工程学报，2010，26（10）：1410-1418.

［5］Andersen M R，Salazar M P，Schaap P J，et al. Comparative genomics of citric-acid-producing *Aspergillus niger* ATCC 1015 versus enzyme-producing CBS 513.88［J］. Genome Research，2011，21（6）：885-897.

［6］Lin L，Wang F，Wei D. Chlorimuron ethyl as a new selectable marker for disrupting genes in the insect-pathogenic fungus *Metarhizium robertsii*［J］. Journal of Microbiological Methods，2011，87（2）：241-243.

［7］陈永，林良才，肖冬光，等．里氏木霉 RL-P37 尿嘧啶营养缺陷型菌株的构建［J］．中国酿造，2014，33（12）：58-62.

［8］Xu Y，Shan L，Zhou Y，et al. Development of a Cre-*loxP*-based genetic system in *Aspergillus niger* ATCC 1015 and its application to construction of efficient organic acid-producing cell factories［J］. Applied Microbiology and Biotechnology，2019，103（19）：8105-8114.

第十二章　工业微生物组学分析

随着微生物育种技术的不断发展，人们越来越多地在工业中利用微生物作为细胞工厂，进行化学品的生产。对工业微生物进行组学分析，包括基因组学、转录组学、蛋白质组学、代谢组学等，可获得工业微生物基因、转录、蛋白质表达、代谢物等水平的生物信息，对于指导进一步的育种工作，具有十分重要的意义。本章着重介绍蛋白质组学和代谢组学的基本原理、具体方法等内容。

第一节　蛋白质组学分析

蛋白质组学（proteomics），被 Wilkins 定义为“生物体内蛋白质表达的大规模研究”，即对生物体内所有蛋白质的研究。但由于蛋白质的复杂性，目前很难实现全部蛋白质的检测与定量，尽可能多地对细胞内蛋白质进行鉴定及定量是当前蛋白质组学发展的技术目标。蛋白质组学实验包括蛋白质的提取、分离以及鉴定定量等环节，本节将以工业微生物为例，详细介绍蛋白质组学的基本原理、方法以及实验步骤。

一、基本原理

蛋白质组学的开发始于 1975 年由 Patrick H. O’Farrell 开创的双向凝胶电泳技术。蛋白质通过等电聚焦，按照等电点的不同获得初步分离，随后按照分子质量大小在 SDS-PAGE 凝胶电泳中实现进一步分离。该技术可以分离几千种蛋白质，因此是一种经典的蛋白质分离技术，很长一段时间被认为是蛋白质组学研究的“黄金标准”。开发早期，蛋白质的鉴定由于基因序列信息的匮乏存在诸多困难，鉴定过程时间长，价格昂贵。到了 20 世纪 90 年代，随着基因测序技术、现代质谱技术、计算能力、生物信息学的迅速发展，蛋白质组学也得到了飞速发展，实现了通过二级质谱图（MS/MS）进行肽段的鉴定。

1990 年前后开发了蛋白质的质谱鉴定中常用的两种电离技术：基质辅助激光解吸电离（matrix-assisted laser desorption/ionization，MALDI），与电喷雾电离（electrospray ionization，ESI）。MALDI 是将待测肽段嵌入基质中，通过激光束的轰击，产生带电荷的离子，适于一种或简单几种蛋白质的鉴定，在蛋白质组学研究中常用于双向凝胶电泳分离后的蛋白质鉴定。随着技术发展，目前实现了其与液相色谱（liquid chromatograph，LC）的串联（LC-MALDI TOF/TOF），使得在线连续检测更加方便。ESI 可以直接使液体样品中的溶质带电，产生带多电荷离子，且易于实现液相色谱与质谱的连接，常用于蛋白质的 LC-MS 检测，逐步成为目前主流的蛋白质组学研究方法。在此基础上，一系列新型的蛋白质定量方法涌现，包括 iTRAQ、cICAT、SILAC、Label-free 等。

同位元素标记相对与绝对定量技术（isobaric tags for relative and absolute quantitation，iTRAQ）是目前比较流行的一种蛋白质组学定量研究方法，于 2004 年在 52 届美国社会质谱会议上首次推出。它的定量原理如图 12-1 所示，iTRAQ 标记试剂由三部分组成：报告组（m/z 114、115、116、117）、平衡组（m/z 31、30、29、28），以及肽反应组（peptide reactive group，PRG）。通过 PRG 分别与不同样品的氨基酸 *N* 端结合，引入 4 种具有相同分子质量的标签，将其混合后进行液相分离以及质谱（mass spectrum，MS）的一级 MS 鉴定，然后选择母离子进行能量轰击（collision induced dissociation，CID），产生碎片的二级 MS/MS 谱图，其中，m/z 为 114、115、116、117 的报告基团被轰击下来。通过数据库检索进行蛋白质定性，通过比较报告基团的信号强度得到相对定量结果。目前，已开发出可以同时分析八组样品的 iTRAQ 标记试剂。这种方法对于低丰度蛋白质的检测具有明显的优势，但同时对质谱的精密度、灵敏度等都有更高的要求。

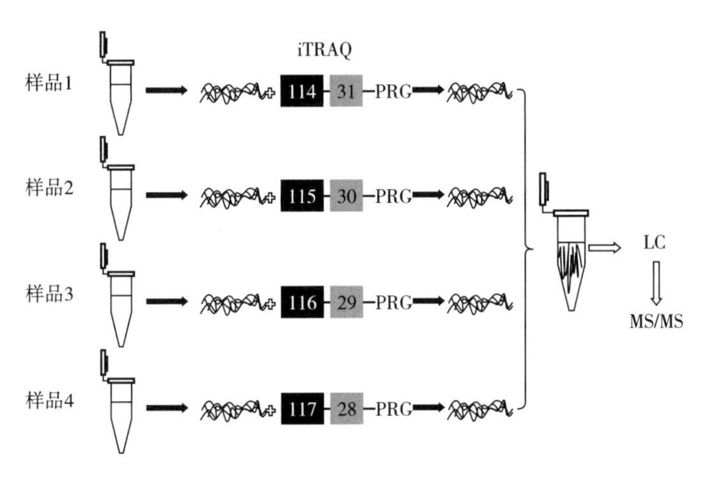

图 12-1　iTRAQ 四组标记定量的示意图

蛋白质组学分析常用于不同菌株或同一菌株不同状态间的蛋白质水平差异比较分析，获得差异表达蛋白，并进一步探索差异表达蛋白与表型/状态差异的联系。

二、重点和难点

（1）蛋白质组学的基本原理与方法。

（2）工业微生物蛋白质组学的实验流程。

三、实　　验

实验一　基于双向凝胶电泳分离的蛋白质组学实验

1. 实验材料和用具

（1）仪器　MALDI-TOF-MS、电泳仪、凝胶成像系统、分析系统等。

（2）菌株　酮古龙酸菌 *Ketogulonigenium vulgare*。

（3）试剂与溶液

①细胞裂解液：终浓度为 7mol/L 尿素，2mol/L 硫脲、体积分数 4%［(3-胆酰胺基丙基）二甲基铵基］-1-丙磺酸盐｛3-［(3-cholamidopropyl) dimethylammonio］-1-propanesulfonate，CHAPS｝、40mmol/L Tris。

②固定 pH 梯度（IPG）溶胀液：终浓度为 8mol/L 尿素，2% CHAPS、体积分数

0.5%IPG缓冲液，少量溴酚蓝。在使用前，向溶液中加入二硫苏糖醇（DTT）使其终浓度约为20mmol/L。

③IPG缓冲液（pH 4～7，以GE公司产品为例，17-6000-86）。

④30%丙烯酰胺与0.8%甲叉双丙烯酰胺溶液：300g丙烯酰胺、8g甲叉双丙烯酰胺溶于超纯水中，最后定容至1L。

⑤平衡液Ⅰ：终浓度为6mol/L尿素、50mmol/L Tris-HCl（pH 8.8）、20g/L SDS、10g/L DTT、体积分数30%甘油、少量溴酚蓝，分装为40mL一管，置于-20℃保存，使用前，每10mL此溶液中加入0.1g DTT。

⑥平衡液Ⅱ：终浓度为6mol/L尿素、50mmol/L Tris-HCl（pH 8.8）、20g/L SDS，25g/L碘乙酰胺、30%甘油、少量溴酚蓝，置于-20℃保存，使用前，每10mL此溶液中加入0.25g碘乙酰胺。

⑦SDS电泳缓冲液：终浓度为192mmol/L甘氨酸、25mmol/L Tris、1g/L SDS。

⑧凝胶固定液：终浓度为10%乙酸、50%甲醇（体积分数）。

⑨凝胶染色液：终浓度为10%乙酸、45%甲醇（体积分数）、0.25%考马斯亮蓝R250（质量分数）。

⑩脱色液（高浓度）：终浓度为10%乙酸、50%甲醇（体积分数）。

⑪脱色液（低浓度）：终浓度为10%乙酸、30%甲醇（体积分数）。

⑫磷酸缓冲液（PBS）：终浓度为0.25g/L氯化钾、10g/L氯化钠、1.8g/L磷酸二氢钾、0.25g/L磷酸氢二钠，pH 7.2～7.4。

⑬TA溶液：乙腈∶0.1%三氟乙酸=70∶30。

⑭基质溶液：0.5mg/mL的α-氰基-4-羟基肉桂酸（HCCA）溶于TA溶液。

⑮100mmol/L苯甲基磺酰氟（PMSF）异丙醇溶液。

2. 操作步骤

（1）细胞收集

①取含有菌体的发酵液，4℃离心10min，弃上清液。

②细胞沉淀用PBS缓冲液清洗两次，然后用去离子超纯水清洗一遍，离心后，将细胞沉淀置于液氮中保存。

（2）细胞内蛋白质组提取

①用液氮研磨的方法将上述细胞沉淀研磨成粉末状，立即称取约0.2g细胞粉末置于1.5mL离心管中，加入1mL细胞裂解液，振荡均匀后，置于冰面上进行间歇性超声破碎。

②加入10μL DNase Ⅰ/RNaseA混合液，振荡均匀后，置于4℃反应20min。

③加入10μL 100mmol/L的PMSF溶液，置于4℃反应2h。

④将上述细胞裂解液于4℃，12000×g离心40min，取上清液转移至另一离心管（10mL）中，加入5倍体积的冷丙酮，置于-40℃冰箱中沉淀过夜（12～20h）。

⑤于4℃，10000×g离心20min，弃上清液。

⑥沉淀用-20℃预冷的体积分数80%丙酮水溶液洗涤两遍，在通风橱中放置，待丙酮挥发干净后，冷冻干燥备用。

（3）蛋白质浓度测定　采用Bradford试剂盒，按说明书要求将不同体积的标准蛋白溶液加入考马斯亮蓝G-250溶液中，使总体积恒定，测定不同浓度蛋白质在595nm处的吸光值，以此为依据建立蛋白质浓度标准曲线。根据蛋白质浓度标准曲线，对样品蛋白质进行浓度测定。

（4）双向凝胶电泳分离蛋白质

①等电聚焦电泳分离（胶内泡胀上样法）

a. 将步骤（2）中获得的蛋白质溶于 300μL 溶胀液中，并测定各自浓度，计算不同样品等体积蛋白质量（如 800μg）对应的蛋白质上样体积，并用溶胀液补齐至 350μL，加入 1mg DTT。

b. 将蛋白质样品均匀铺于胶槽内，避免出现气泡，轻轻放入 IPG 干胶条（胶面朝下），并覆盖上一层矿物油（约 2mL），以防止样品液蒸发。

c. 盖好胶槽盖，按如下程序进行一维等电聚焦电泳：30V 12h，500V 1h，1000V 1h，8000V 4～7h，设置温度为 20℃。

d. 待电泳结束后，小心取出胶条，先后用平衡液Ⅰ、平衡液Ⅱ平衡 15min。

②SDS-PAGE 电泳分离

a. 配制 SDS-PAGE 胶液：终浓度为 125g/L 聚丙烯酰胺、3.75mol/L Tris-HCl（pH 8.8）、1g/L SDS，0.25g/L 过硫酸铵、1g/L TEMED。

b. 搅拌均匀后，迅速向胶盒内灌胶，待胶凝固后得到凝胶，将平衡后的 IPG 胶条小心地放入凝胶上端，在胶条位置旁边加入相对分子质量 14000～110000 的蛋白质 Marker。

c. 在胶条上面加入 4mL 质量浓度为 1.5％的低熔点胶溶液（0.9g 低熔点琼脂糖溶于 60mL SDS 电泳缓冲液中），避免出现气泡，同时，可用冰块从玻璃外侧擦拭，使胶快速凝固。

d. 将其放入垂直电泳槽中，先用 80 V 电压进行 30min 电泳，然后在 100 V 恒压下进行电泳，直到溴酚蓝到达胶的前沿时停止，进行 18～20h。

③固定、染色、脱色及保存

a. 固定：将凝胶浸泡在固定液中，置于脱色摇床上进行固定（60r/min，室温，90min）。

b. 染色：将固定后的凝胶置于染色液中，置于脱色摇床上进行染色（60r/min，37℃，60min）。

c. 脱色：将染色后的凝胶先用高浓度脱色液脱色 2.5h，再用低浓度脱色液脱色，直至背景清晰为止。

d. 保存：用 7％的甘油水溶液浸泡凝胶，以增加其硬度。扫描后用保鲜膜包裹，放入 4℃冰箱保存。

④图像分析：将扫描后的胶图导入 Image Master 软件，根据蛋白质的等电点、分子质量进行定位、匹配，并进行标准化后，找到不同样品间差异表达的蛋白质，根据扫描灰度值的差异，进行不同样品中蛋白质相对含量比较。

（5）差异表达蛋白质的质谱鉴定

①切胶：用剪掉尖的 1.5mL 的移液器吸头，切下差异表达的蛋白质点，置于 1.5mL EP 管中。

②清洗：200μL 超纯水清洗 2 次。

③脱色：加入 200μL 脱色液（终浓度 25mmol/L 碳酸氢铵，50％乙腈），超声脱色，

直至胶粒基本无色。

④离心，弃掉液体。

⑤脱水：加入100μL乙腈，使胶粒变白，弃掉乙腈。

⑥用真空离心浓缩仪离心10min，除去胶内残留的乙腈。

⑦酶解：20μg胰蛋白酶溶于200μL 25mmol/L的碳酸氢铵水溶液，然后稀释10倍，使其终浓度为0.01mg/mL。使用时，取5μL浸没胶粒，于4℃放置1～2h，使胰蛋白酶被充分吸收进胶中，然后补加15μL 25mmol/L碳酸氢铵溶液，置于37℃过夜（约20h），进行充分酶解。

⑧样品靶板（AnchorChip）点样：取酶解后的蛋白质样品液1μL，点在Anchorchip靶上；晾干后，在相同位置加入1μL基质溶液；晾干后，再点入1μL 0.1%的三氟乙酸，20 s后吸走，以除去样品中的杂质盐；同时，在几个样品周围点上肽混合物标准品，用于进行靶上不同位置的分子质量校正。

⑨MALDI-TOF-MS检测：选择合适的能量轰击靶上的样品点，获得蛋白质的一级肽段的指纹图谱（PMF），然后选择LIFT模式进行二级质谱鉴定，获得选择肽段的MS/MS图谱。

⑩蛋白质鉴定：将获得的PMF及MS/MS图谱信息导入搜索引擎MASCOT中进行数据库检索。搜索参数设置如表12-1所示。

表12-1　MASCOT数据库搜索参数设定

参数类型	参数设定
最多允许漏切位点数目	1
肽段质量误差	$\pm 100\times 10^{-6}$
二级碎片分子质量误差	±0.5u
蛋白质的可信鉴定	≥2个特异性肽段匹配

（6）数据分析　利用InterPro（http://www.ebi.ac.uk/interpro/）进行蛋白质序列与功能分析；KEGG（the Kyoto Encyclopedia of Genes and Genomes）进行代谢路径查询与分析；利用NCBI中的COG数据库（http://www.ncbi.nlm.nih.gov/COG）进行蛋白质功能分类分析。

3. 实验结果

通过对不同状态下的酮古龙酸菌蛋白组分别进行以上双向凝胶电泳实验，以及MALDI-TOF鉴定，可以获得不同状态下酮古龙酸菌蛋白质组的差异。根据蛋白质的等电点（p*I*）差异进行一维等电聚焦分离，根据蛋白质的相对分子质量（M_w）差异进行第二维分离，可获得若干如图12-2所示的蛋白质胶。利用ImageMaster软件进行胶图分析，找到不同样品之间的差异表达蛋白，并对差异表达蛋白进行酶解，利用MALDI-TOF对酶解蛋白进行鉴定，得到蛋白质的MS/MS图谱，通过进行MASCOT数据库检索，实现不同样品中差异表达蛋白质的鉴定。图12-3展示的是对图中圈出的差异表达蛋白进行MALDI-TOF鉴定的图谱，通过MASCOT数据库搜索鉴定，该差异表达蛋白为谷胱甘肽还原酶，相对分子质量为49107，通过凝胶的灰度比较，获知相对定量差异。

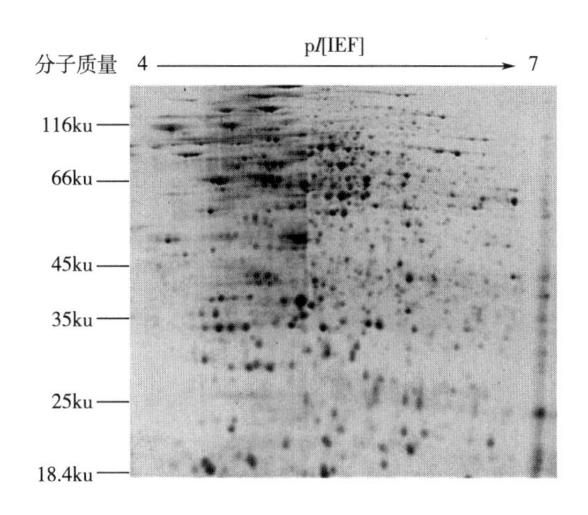

图 12-2　利用二维 SDS-PAGE 进行蛋白质分离结果示例

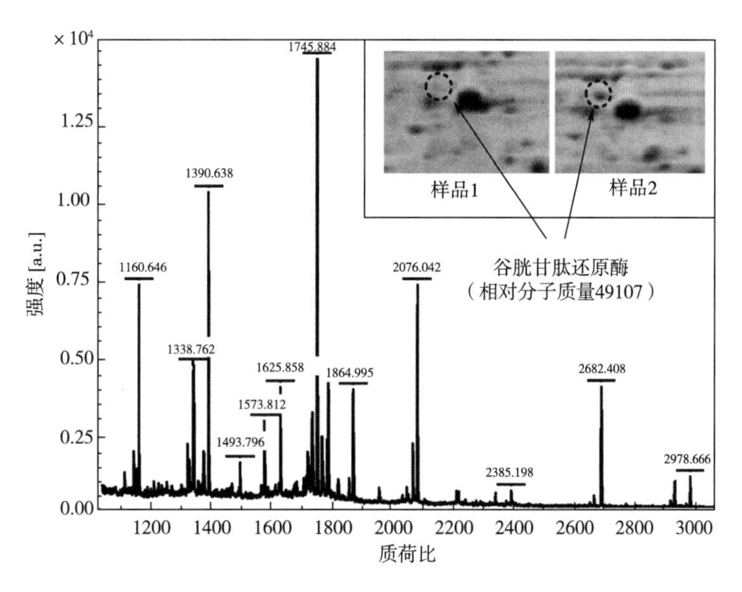

图 12-3　基于 MALDI-TOF MS/MS 进行差异蛋白质鉴定示例

实验二　基于二维液相色谱分离的蛋白质组分析

1. 实验材料和用具

(1) 仪器　Micro-Q-TOF Ⅱ、真空离心浓缩仪、二维液相色谱仪等。

(2) 菌株　酮古龙酸菌 *Ketogulonigenium vulgare*。

(3) 试剂和溶液

①细胞裂解液：终浓度为 8mol/L 尿素、4% CHAPS、40mmol/L Tris。

②磷酸缓冲液：终浓度为 0.25g/L KCl，10g/L NaCl，1.8g/L KH_2PO_4，0.25g/L K_2HPO_4，pH 7.2～7.4。

③流动相 A：终浓度为 5%乙腈，95%水，0.1%甲酸。

④流动相 B：95%乙腈，5%水，0.1%甲酸。

⑤iTRAQ 定量试剂盒、Bradford 蛋白质定量试剂盒等。

⑥其他试剂略。

2. 操作步骤

（1）细胞内蛋白质组提取

①细胞内蛋白质提取与纯化，与基于双向凝胶电泳分离的蛋白质组学分析技术相似，由于采用 iTRAQ 定量方法需要的蛋白质总量不超过 100μg，故初始细胞粉末约称取 0.1g 即可。

②在丙酮沉淀纯化之前测定细胞裂解液中蛋白质浓度，取 100μg 蛋白质对应的体积进行后续的丙酮沉淀过夜，80%丙酮水溶液清洗，冷冻干燥备用。

（2）蛋白质浓度测定　采用 Bradford 试剂盒，按说明书要求将不同体积的标准蛋白质溶液加入考马斯亮蓝 G-250 溶液中，使总体积恒定，测定不同浓度蛋白质在 595nm 处的吸光值，以此为依据建立蛋白质浓度标准曲线。根据蛋白质浓度标准曲线，对样品蛋白质进行浓度测定。

（3）蛋白质的 iTRAQ 标记　蛋白质的 iTRAQ 标记，按照试剂盒中的说明进行，主要包括如下步骤。

①蛋白质还原烷基化：向各个干燥蛋白质样品中，添加 20μL 50mmol/L 的三乙基碳酸氢铵水溶液（TEAB，溶解缓冲液），同时添加 1μL 变性剂（终浓度为 1g/L 的 SDS），溶解蛋白质。

加入 2μL 三（2-羧乙基）膦（TCEP，还原剂），在 60℃反应 1h，对各个蛋白质样品进行还原化处理。之后，加入 1μL 甲基硫代磺酸甲酯（MMTS，半胱氨酸封闭试剂），室温反应 10min。

②蛋白质酶解：向上述溶液中，加入浓度为 0.25μg/μL 的胰蛋白酶水溶液 20μL，37℃恒温反应过夜（12～16h），进行蛋白质酶解。

③同位素标记：在蛋白酶解液样品中，分别加入用 70μL 乙醇溶解的 iTRAQ 标记试剂，使不同样品的肽段上分别连接上质荷比为 114、115、116、117 的同位素标签，室温反应 1h。

④溶液合并与浓缩：将标记好的样品转移合并至新的 1.5mL 离心管中，混合均匀后，置于真空离心浓缩仪离心浓缩至干燥，然后再加入 400μL 流动相 A，使肽段浓度约为 1μg/μL。置于－20℃保存，等待检测。

（4）肽段的二维液相色谱分离　肽段的分离可采用安捷伦 1200 系列纳流液相系统，进行二维液相分离，具体如下。

①上样：使用毛细管泵将 5μL 肽段混合样品上到强阳离子交换柱（ZORBAX BIO-SCX Ⅱ，35×0.3mm，3.5μm），强阳离子交换缓冲液 A 流速为 10μL/min，设定洗脱时间为 30min，使肽段充分吸附到强阳离子交换柱上。

②一维分离：此后，依次用低浓度到高浓度（2mmol/L、10mmol/L、20mmol/L、40mmol/L、60mmol/L、80mmol/L、100mmol/L、300mmol/L、500mmol/L、1mol/L）的 NH_4Cl 溶液将强阳离子交换柱上的蛋白质洗脱并富集至 trap 柱（ZORBAX 300SB-C_{18}，5×0.3mm，5μm）上。每次 NH_4Cl 溶液进样量为 5μL，洗脱液为流动相 A，设定洗脱时间为 5min，使洗脱下的肽段富集到 trap 柱上，实现一维分离。

③二维分离：切换十通阀位置，使纳升泵流动相流经 trap 柱，通过设定流动相 A、B 梯度洗脱，使富集在 trap 柱上的一维分离肽段经过分析柱（ZORBAX 300SB-C_{18}，150×75μm，3.5μm）进行二维分离。流动相梯度洗脱程序设定如表 12-2 所示。

表 12-2　　流动相梯度洗脱程序

时间/min	流动相 B/%	时间/min	流动相 B/%
5	0	98	90
15	10	101	0
85	35	120	0
90	80		

流速设定为 300nL/min。

（5）质谱鉴定　经过液相分离后，进行二级质谱鉴定，使用 micrOTOF control 3.0（Bruker Daltonics，Germany）软件控制肽段的质谱采集，主要检测参数设定如下。

电压：1500V。

离子化针：(10±1) μm，石英电喷针（SilicaTip）。

界面温度：150℃。

干燥气流速：2L/min。

母离子相对分子质量采集范围：1200～2500m/z。

碎片离子相对分子质量采集范围：70～2500m/z。

（6）蛋白质鉴定与定量　质谱谱图经过平滑和扣除背景处理后，使用 DataAnalysis（Bruker Daltonics，Germany）软件进行分析，形成 .mgf 文件。将不同浓度 NH_4Cl 洗脱得到的数据文件合并后，进行数据库 MASCOT 搜索。搜索参数设定如下。

最多漏掉的酶切位点数目：1。

酶：胰蛋白酶。

定量方式：iTRAQ-4 plex。

固定修饰：该修饰为半胱氨酸修饰，检索界面输入格式“Methylthio（C）”。

可变修饰：甲硫氨酸氧化“oxidation of methionine”。

肽段分子质量误差：0.1u。

碎片分子质量误差：0.05u。

蛋白质至少有两个以上肽段与数据库匹配，才被认为是可信鉴定。标记蛋白质的定量分析也是通过 MASCOT 服务器进行的，选择“iTRAQ 4-plex quantification”，得到质荷比 115、116、117，相对于质荷比 114 同位素标签对应蛋白质样品中的含量比值。

3. 实验结果

通过计算不同样品中同种蛋白质产生的不同报告基团的相对信号强度（115/114、116/114、117/114）获得该蛋白质在不同样品中的相对定量结果。通过设定数据库检索的参数进行 MASCOT 数据库检索后，可以从系统导出分析结果的 Excel 表格，如表 12-3 所示，其中包括蛋白质的鉴定信息（蛋白质名称、等电点、分子质量等），以及不同样品中的相对定量信息（115/114、116/114、117/114）。可根据相对定量信息进行结果分析与图表绘制（图 12-4）。

表 12-3　**MASCOT 数据库检索后结果示例**

蛋白质检索编号	名称	分子质量	等电点	相对定量		
				115/114	116/114	117/114
gkv _ 2723	α/β 水解酶折叠家族蛋白	34122	5.72	0.518	0.854	1.323
gkv _ 1211	羧基端加工蛋白酶	48152	4.35	0.527	1.342	0.903
gkv _ 1745	细胞质氨肽酶家族，催化域蛋白	49387	4.96	0.629	0.392	0.641
gkv _ 2358	烯酰基-［酰基转运蛋白］还原酶（NADPH 依赖）	32108	5.23	0.6343333	0.6255	0.611
gkv _ 210	核糖体蛋白 L31	9077	6.81	0.642	1.105	0.646
gkv _ 2435	赖氨酸基序蛋白	39811	6.51	0.678	1.599	1.119
gkv _ 1426	分子伴侣蛋白 DnaK	75470	4.79	0.689	0.151	0.265
gkv _ 1072	硫酸转移酶 2 亚基	39357	6.61	0.71	0.7245	0.859
gkv _ 2608	蛋白质前体转位酶	12035	9.63	0.738	0.897	0.894
gkv _ 1177	核糖体蛋白 S3	29220	10.02	0.7636667	0.9256667	0.818
gkv _ 372	寡肽转运蛋白 OppF	33717	9.06	0.7636667	0.9256667	0.818

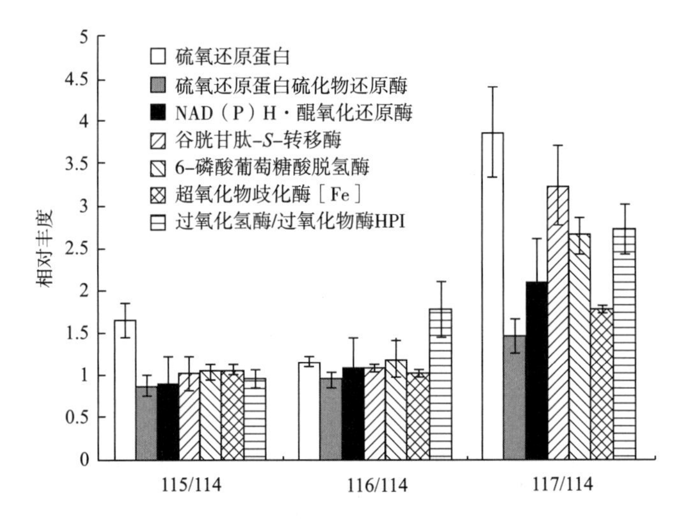

图 12-4　利用 iTRAQ 进行不同样品中蛋白质相对定量示例

四、常见问题及分析

（1）利用双向凝胶电泳-MALDI-TOF-MS 进行蛋白质组学实验时，蛋白酶解效果不好。

可能用乙腈对胶粒脱水后，未完全除去残留的乙腈，影响胰蛋白酶的活性，从而影响酶解效率。

（2）利用双向液相进行蛋白质组学实验，实验平行样品的蛋白质定量差异较大。

可能离子化针尖损坏，导致喷雾不均匀，造成信号强度波动较大，检查离子化针是否完好。

五、思　考　题

（1）蛋白质组学的主要方法有哪些？

（2）如何利用质谱进行蛋白质的鉴定？

第二节　代谢组学

代谢组学，是对生物体内的小分子物质（通常相对分子质量小于1500）进行研究。通过对细胞内代谢物进行提取、鉴定与定量分析，获得细胞的代谢水平信息，或者对不同样本的胞内代谢物进行定性与定量比较分析。由于受到提取技术的限制，目前很难采用一种方法提取细胞内所有的代谢物。通常针对目标代谢物种类，如极性化合物，有针对性地选择合适的提取方法，进行代谢组学分析。

一、基本原理

代谢组学常用的分析手段，包括气相色谱与质谱联用技术（gas chromatography-mass spectrometry，GC-MS）、液相色谱与核磁共振联用技术（liquid chromatography-nuclear magnetic resonance，LC-NMR）、液相色谱与质谱联用技术（LC-MS）等。这些分析方法，依赖不同的分离手段，实现复杂代谢物的分离，并基于代谢物的分子质量与结构特征，形成不同的谱图，通过数据库检索比对或者与标准品图谱的比对，获得代谢物鉴定结果，通过内标法或者外标法进行定量分析。NMR 通常能检测 25～100 个丰度最高的代谢物，GC-MS 或 LC-MS 可以使单次检测的代谢物数量达到成百上千。对于易挥发的小分子代谢物，如氨基酸、有机酸、脂肪酸等，适合利用 GC-MS 进行鉴定，而对于热不稳定的小分子化合物适合采用 LC-MS 进行检测。NMR 的鉴定可以提供更加准确的分子结构信息，常用于药物等复杂化合物的鉴定。本节将主要介绍利用 GC-MS 进行工业微生物细胞内极性代谢物分析的方法。

在 GC-MS 进行代谢组学分析时，常用的离子化技术是电子电离（electron ionization，EI），方法是用一定能量的电子轰击中性分子，使其电离，失去一个电子而成为带正电荷的分子离子，进而通过质谱得以检测。

二、重点和难点

（1）代谢组学的基本原理与方法。

（2）工业微生物代谢组学的实验流程。

三、实　　验

实验三　采用气相色谱与质谱联用技术（GC-MS）对谷氨酸棒状杆菌进行不同发酵时间的代谢组学分析

1. 实验材料和用具

（1）仪器　气相色谱-质谱联用仪（GC-MS，型号 7890A-5975C，美国 Agilent 科技有限公司）。

（2）菌株　谷氨酸棒状杆菌 *Corynebacterium glutamicum* ⅩⅤ。

（3）试剂与溶液

①甲氧基胺盐酸盐的吡啶溶液：20mg/mL。

②代谢物提取液：甲醇∶水＝1∶1（体积比）。

③定量内标：0.1mg/mL 氘标记琥珀酸水溶液。

④*N*-甲基-*N*-（三甲基硅烷）三氟乙酰胺［*N*-methyl-*N*-（trimethylsilyl）trifluoroacetamide，MSTFA，色谱纯］、甲氧基胺盐酸盐（色谱纯）、氘标记琥珀酸（色谱纯）、吡啶（色谱纯）。

⑤其他试剂略。

2. 操作步骤

（1）细胞收集

①取含有菌体的发酵液，4℃离心 10min，弃上清液。

②细胞沉淀用 PBS 缓冲液清洗两次。

③用去离子超纯水清洗一遍，离心后，将细胞沉淀置于液氮中保存。

（2）代谢物提取

①将收集好的细胞置于液氮中研磨成粉末，用天平称取 50mg 细胞粉末于 1.5mL 离心管中。

②加入 1mL 预冷的代谢物提取液，漩涡振荡均匀后，置于液氮中 1min，取出等待熔化，如此反复冻融 3 次，使胞内代谢物逐渐被提取液溶出。

③10000×*g* 离心 10min，取上清液 100μL 转移至新的 EP 管中，加入一定量的定量内标，混合均匀后，真空冷冻干燥。

（3）衍生化处理

①加入甲氧基胺盐酸盐的吡啶溶液 50μL 于 40℃水浴中反应 90min，进行肟化反应，使代谢物中的—C═O 变为—C═N—O—CH_3。

②反应结束后再加入 80μL MSTFA 于 37℃水浴，反应 30min，进行硅烷化反应，使代谢物中的活泼氢基团等被三甲基硅基团所取代。

③将溶液转移到样品瓶里，进行 GC-MS 测定。

（4）气质联用参数设定示例

色谱柱：HP-5MS 熔融石英毛细管柱（60m×0.32mm，0.25μm）。

进样口温度：290℃。

接口温度：280℃。

柱温箱温度梯度：70℃（2min）→5℃/min升至290℃→290℃（3min）。

离子源温度：250℃。

电流：40μA。

（5）代谢物鉴定与定量分析　通过查询NIST（National Institute of Standards and Technology）标准谱库，结合相关文献确定化合物结构；利用内标法对鉴定代谢物进行相对定量，后续可用MATLAB、SPSS等软件对定量的代谢物进行多元统计分析，如主成分分析（PCA）、聚类分析（HCA）等。

3. 实验结果

通过上述代谢组分析流程，可鉴定到糖、有机酸、氨基酸等多种小分子代谢物。通过GC-MS检测后，可以获得两种谱图：一种是随着时间变化，从气相色谱柱中依次流出的代谢物形成的色谱图，横坐标为物质保留时间，纵坐标为检测到的信号强度，如图12-5所示。该图上每一个呈正态分布的峰，通常是经气相色谱分离得到的一种流出物质，但有时也有物质分离不充分，呈现重叠的现象，这可以通过相应的质谱图是否一致做出判断。另一种是对应色谱图上每个时刻采集到的物质产生的碎片质谱图，横坐标为检测到粒子的质荷比（m/z），纵坐标为检测到信号的强度，图12-6所展示的是色谱图12-5上29.698min对应的质谱图。

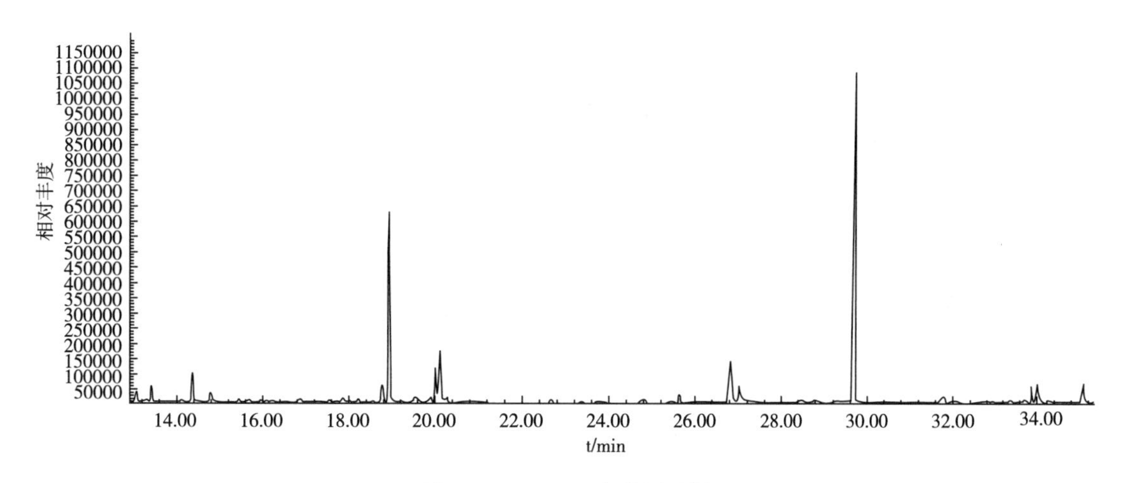

图12-5　GC-MS色谱图示例

根据得到的质谱图，可以进行数据库检索比对，如利用美国的NIST标准品谱库，将所得的质谱图与标准谱库中的质谱图进行比对，根据比对的结果，对代谢物进行鉴定。如图12-7所示，图12-6所示的代谢物经过NIST数据库检索，鉴定结果为L-谷氨酸。如果通过数据库检索，不能找到匹配的结果，可以进行文件检索，或借助分析软件进行谱图解析，推断物质结构。

完成代谢物定性后，对色谱图上的峰进行积分，通过峰面积大小对代谢物进行相对定量，或者利用内标法、外标法进行代谢物的准确定量。最后可利用多元统计分析，从大量数据中挖掘有生物学意义的信息。

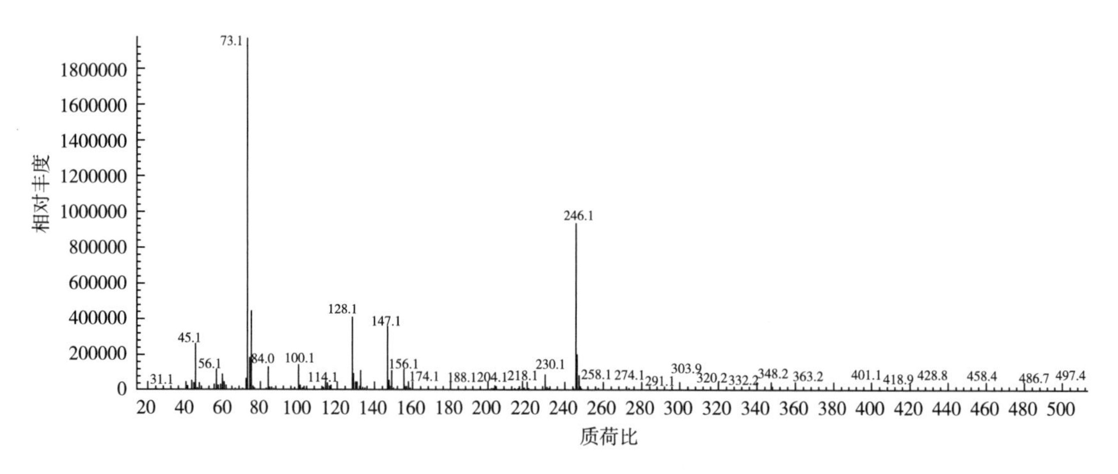

图 12-6　GC-MS 质谱图示例

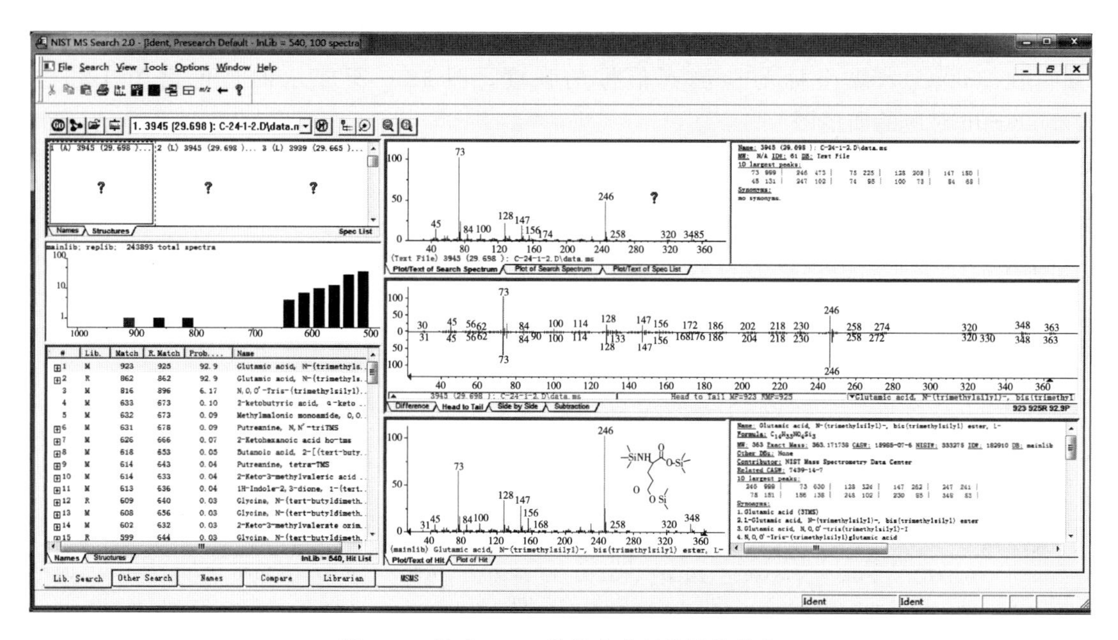

图 12-7　检索 NIST 数据库进行代谢物鉴定

四、常见问题及分析

（1）色谱峰顶端有分叉，峰宽较大，峰型不好　可能是对应的代谢物含量过高，可以对样品稀释后再进行测定。

（2）样品浓度不低，但检测信号很低　可能样品冷冻干燥不够充分，样品中含有残留水分，影响离子化效果。

（3）平行样品结果差异较大　可能衍生化处理等操作出现偏差，或分流比设置较大、仪器不稳定，影响定量准确性。

五、思　考　题

（1）代谢组学可以利用哪些分析手段？

（2）利用 GC-MS 进行代谢组学分析时，根据什么谱图进行代谢物定性？根据什么谱图进行代谢物定量？

参考文献

［1］O’Farrell P H. High resolution two-dimensional electrophoresis of proteins［J］. Journal of Biological Chemistry，1975，250（10）：4007-4021.

［2］Klose J. Protein mapping by combined isoelectric focusing and electrophoresis of mouse tissues［J］. Humangenetik，1975，26（3）：231-243.

［3］Hillenkamp F，Karas M，Beavis R C，et al. Matrix-assisted laser desorption/ionization mass spectrometry of biopolymers［J］. Analytical Chemistry，1991，63（24）：1193A-1203A.

［4］Fenn J B，Mann M，Meng C K，et al. Electrospray ionization for mass spectrometry of large biomolecules［J］. Science，1989，246（4926）：64-71.

［5］Wilkins M R，Sanchez J C，Gooley A A，et al. Progress with proteome projects：why all proteins expressed by a genome should be identified and how to do it［J］. Biotechnology and Genetic Engineering Reviews，1996，13（1）：19-50.

［6］Wilkins M R，Pasquali C，Appel R D，et al. From proteins to proteomes：large scale protein identification by two-dimensional electrophoresis and amino acid analysis［J］. Nature Biotechnolgy，1996（14）：61-65.

［7］Bodnar W M，Blackburn R K，Krise J M，et al. Exploiting the complementary nature of LC/MALDI/MS/MS and LC/ESI/MS/MS for increased proteome coverage［J］. Journal of the American Society for Mass Spectrometry，2003，14（9）：971-979.

［8］Viant M R，Rosenblum E S，Tieerdema R S，et al. NMR-Based metabolomics：A powerful approach for characterizing the effects of environmental stressors on organism health［J］. Environmental Science & Technology，2003，37（21）：4982-4989.

［9］Ding M Z，Wang X，Yang Y，et al. Comparative metabolic profiling of parental and inhibitors-tolerant yeasts during lignocellulosic ethanol fermentation［J］. Metabolomics，2012，8（2）：232-243.

［10］Zhou B，Xiao J F，Tulif L，et al. LC-MS-based metabolomics［J］. Molecular Biosystems，2012，8（2）：470-481.

［11］Ma Q，Mo X L，Zhang Q W，et al. Comparative metabolomic analysis reveals different evolutionary mechanisms for branched-chain amino acids production［J］. Bioprocess and Biosystems Engineering，2020，43（1）：85-95.

［12］陈德富，陈细文．现代分析生物学实验原理与技术［M］．北京：科学出版社，2006.

[13] 杨建雄. 生物化学与分子生物学实验教程 [M]. 北京：科学出版社，2002.

[14] http：//www.haigene.cn/index.php? m=content&c=index&a=show&catid=80&id=290.

[15] https：//international.neb.com/-/media/nebus/files/chart-image/cleavage_olignucleotides_old.pdf? rev=c2f94e1cdcd549c5bf8fdb59f7b63f67&hash=0C83C8F3C59132BE6A5B9A6D4050E3A0.

附　　录

附录一　常用培养基

1. 大肠杆菌培养基

（1）LB 培养基　终浓度为胰化蛋白胨 10g/L，酵母提取物 5g/L，NaCl 10g/L，用 1mol/L NaOH 溶液调节 pH 至 7.2 或自然 pH，121℃高压蒸汽灭菌 20min。固体培养基为 15g/L 琼脂。

（2）M9 培养基　配制 1L 培养基，在 750mL 无菌水中加入如下成分。

5×M9 盐溶液 200mL ，1mol/L $MgSO_4$ 2mL，20%碳源溶液（根据需要添加）20mL，1mol/L $CaCl_2$ 0.1mL，无菌水加至 1L。

5×M9 盐溶液、1mol/L $MgSO_4$、1mol/L $CaCl_2$ 于 121℃高压蒸汽灭菌 20min，20%碳源溶液，115℃高压蒸汽灭菌 15min 或过滤除菌。

5×M9 盐溶液：终浓度为 $Na_2HPO_4 \cdot 7H_2O$ 64g/L，KH_2PO_4 15g/L，NaCl 2.5g/L，NH_4Cl 5g/L，分装成每份 200mL。

（3）SOB 培养基　终浓度为酵母粉 5g/L，蛋白胨 20g/L，NaCl 0.5g/L，250mmol/L KCl 10mL，5mol/L NaOH 溶液调节 pH=7.0～7.2，121℃高压蒸汽灭菌 20min。使用前每 1L 加入 5mL 过滤除菌的 2mol/L $MgCl_2$。

（4）SOC 培养基　980mL SOB 培养基中加入 20mL 1mol/L 葡萄糖。

（5）2×YT 培养基　终浓度为胰化蛋白胨 16g/L，酵母提取物 10g/L，NaCl 5g/L，5mol/L NaOH 溶液调节 pH=7.0～7.2，121℃高压蒸汽灭菌 20min。

2. 谷氨酸棒状杆菌培养基

（1）BHI 培养基　终浓度为脑心浸液肉汤 37.5g/L，pH 7.0，121℃灭菌 20min。

（2）CGXⅡ培养基　$(NH_4)_2SO_4$ 5g，尿素 1g，KH_2PO_4 0.5g，K_2HPO_4 0.5g，$MgSO_4$ 0.125g，3-（*N*-吗啉基）丙磺酸（MOPS）21g，500μL 10g/L 的 $CaCl_2$ 溶液和 100μL V_H 溶液，然后加入 400mL 去离子水，用 1mol/L NaOH 溶液调节 pH 至 7.0～7.2，去离子水定容到 490mL，121℃灭菌 20min，冷却后向 490mL 的 CGXⅡ培养基中加入 10mL 50%的葡萄糖，再加入 500μL 原儿茶酸溶液和 500μL 微量元素溶液。

微量元素溶液：准确称取 $FeSO_4 \cdot 7H_2O$ 和 $MnSO_4 \cdot H_2O$ 1g，$ZnSO_4 \cdot 7H_2O$ 0.1g，$CuSO_4$ 0.02g，$NiCl_2 \cdot 6H_2O$ 0.002g，加入去离子水溶解，并用浓盐酸调节 pH 至 1.0 后加水定容到 90mL，过滤除菌，分装保存。

原儿茶酸溶液：准确称量 300mg 原儿茶酸（3，4-二羟基苯甲酸），加入去离子水至 8mL，再加入 1mL NaOH（10mol/L），过滤除菌，4℃保存。

生物素（V_H）溶液：20mg 生物素加入 100mL 去离子水中，过滤除菌，4℃保存。

3. 真菌培养基

（1）PDA（potato dextrose agar，PDA）固体培养基　马铃薯 200g，切成小块，加 1000mL 水煮沸 30min，用双层纱布滤成清液。然后加入 20g 葡萄糖完全溶解，加水定容至 1L。固体培养基需加入 1.5%～2.0%的琼脂粉，121℃高压蒸汽灭菌 20min。

（2）酵母提取物蛋白质葡萄糖培养基（YEPD）培养基　终浓度为葡萄糖 20g/L，蛋白胨 20g/L，酵母提取物 10g/L，固体培养基添加 15g/L 琼脂，115℃高压蒸汽灭菌 20min。

（3）察氏培养基　终浓度为 $NaNO_3$ 3g/L，KH_2PO_4 1g/L，$MgSO_4 \cdot 7H_2O$ 0.5g/L，KCl 0.5g/L，$FeSO_4$ 0.01g/L，蔗糖 30g/L，琼脂 15g/L，121℃高压蒸汽灭菌 20min。

附录二　常用溶液

1. 抗生素（以氨苄青霉素和氯霉素为例）

（1）100mg/mL 氨苄青霉素　称取 10g 氨苄青霉素溶于 100mL 去离子水中，于超净台用无菌注射器、0.22μm 过滤器过滤至无菌烧杯中，分装至无菌 EP 管，−20℃保存。

（2）60mg/mL 氯霉素　称取 6g 氯霉素溶于 100mL 去离子水中，于超净台用无菌注射器、0.22μm 过滤器过滤至无菌烧杯中，分装至无菌 EP 管，−20℃避光保存。

2. 5mol/L 乙酸钠溶液（pH 5.2）

称取 41g 无水乙酸钠（NaAc）于 80mL 去离子水中，用冰醋酸（乙酸）调节 pH 至 5.2，加去离子水定容至 100mL。

3. 3mol/L 乙酸钠（pH 5.2）

称取 24.609g 无水乙酸钠（NaAc）于 80mL 去离子水中，用冰醋酸（乙酸）调节 pH 至 5.2，加去离子水定容至 100mL。

4. TE 缓冲液

5mL 1mol/L Tris（pH 8.0），1mL 0.5mol/L EDTA（pH 8.0），水 494mL 混合。

5. 50×TAE 缓冲液

称取 242g Tris 溶于 800mL 去离子水中，加入 57.1mL 冰醋酸和 37.2g $Na_2EDTA \cdot 2H_2O$，定容至 1L，室温保存。

6. 10mg/mL EB 溶液

1g EB 充分溶解于含 100mL 去离子水的试剂瓶中，用铝箔纸包裹后 4℃保存。

7. 磷酸盐缓冲液（phosphate buffer saline，PBS，pH 7.4）

NaCl 8.0g，KCl 0.2g，$Na_2HPO_4 \cdot 12H_2O$ 3.58g，KH_2PO_4 0.272g 溶解于蒸馏水中并定容至 1L，调节 pH 至 7.4。

8. 生理盐水

称取 8.5g NaCl（有文献为 9g），溶解后定容至 1L。

9. 200mmol/L 苯甲基磺酰氟（phenylmethylsulfonyl fluoride，PMSF）

称取 3.48g PMSF 溶解于 100mL 无水乙醇中，分装后保存于−20℃或 4℃。PMSF 见水分解，因此须使用前加入。

10. 10% Triton X-100

量取 10mL Triton X-100 溶解于 100mL 0.1mol/L 磷酸盐缓冲液（pH 7.4）。

11. 0.1mol/L IPTG

称取 2.38g IPTG 充分溶于去离子水中，定容至 100mL，分装至无菌 EP 管，于 −20℃保存。

12. 20mg/mL X-gal

称取 1g X-gal 溶于 50mL *N*,*N*-二甲基酰胺，分装至无菌 EP 管，铝箔纸包裹后于 −20℃保存。

13. Tris-HCl 缓冲液

50mL 0.1mol/L Tris 溶液与 x mL 0.1mol/L HCl 混匀后，加水稀释至 100mL，对应的 pH 见附表 2-1。

附表 2-1　　不同 HCl 加入量对应 pH

pH	HCl/mL	pH	HCl/mL
7.10	45.7	8.10	26.2
7.20	44.7	8.20	22.9
7.30	43.4	8.30	19.9
7.40	42.0	8.40	17.2
7.50	40.3	8.50	14.7
7.60	38.5	8.60	12.4
7.70	36.6	8.70	10.3
7.80	34.5	8.80	8.5
7.90	32.0	8.90	7
8.00	29.2	9.1	5

14. 0.1mol/L Tris 溶液

称取 12.114g Tris 充分溶解于去离子水中，定容至 1L。Tris 溶液可从空气中吸收二氧化碳，使用时注意将瓶盖严。

附录三　部分限制性内切酶特性

部分限制性核酸内切酶识别序列及酶切位点见附表 3-1。

附表 3-1　　部分限制性核酸内切酶识别序列及酶切位点*

限制性核酸内切酶	识别序列	酶切位点
Aat Ⅱ	GACGTC	G A C G T│C C│T G C A G
Acc Ⅰ	GTMKAC	│A G G T│C T A C C A T C│T G G A│

续表

限制性核酸内切酶	识别序列	酶切位点
Acc Ⅱ（*FnuD* Ⅱ）	CGCG	CG|CG GC|GC
Acc Ⅲ（*BspM* Ⅱ）	TCCGGA	T|CCGGA AGGCC|T
Afa Ⅰ（*Rsa* Ⅰ）	GTAC	GT|AC CA|TG
Afl Ⅱ	CTTAAG	C|TTAAG GAATT|C
Alu Ⅰ	AGCT	AG|CT TC|GA
*Aor*13H Ⅰ（*BspM* Ⅱ，*Acc* Ⅲ）	TCCGGA	T|CCGGA AGGCC|T
*Aor*51H Ⅰ（*Eco*47 Ⅲ）	AGGCCT	AGG|CCT TCC|GGA
Apa Ⅰ	GGGCCC	GGGCC|C C|CCGGG
*Apa*L Ⅰ	GTGCAC	G|TGCAC CACGT|G
Bal Ⅰ	TGGCCA	TGG|CCA ACC|GGT
*Bam*H Ⅰ	GGATCC	G|GATCC CCTAG|G
Ban Ⅱ（*Hgi*J Ⅱ）	GRGCYC	A T GGGCC|C C|TCGAG C G
*BciT*130 Ⅰ（*Eco*R Ⅱ，*Mva* Ⅰ）	CCWGG	A CC|TGG GGT|CC A
Bcn Ⅰ（*Cau* Ⅱ）	CCSGG	C CC|GGG GGG|CC C
Bgl Ⅰ	GCCN_5GGC	GCCNNNN|NGGC CGGN|NNNNCCG
Bgl Ⅱ	AGATCT	A|GATCT TCTAG|A

续表

限制性核酸内切酶	识别序列	酶切位点
Bln Ⅰ（*Avr* Ⅱ）	CCTAGG	C|C T A G G G G A T C|C
Bme T110 Ⅰ（*Ava* Ⅰ）	CYCGRG	C|T/C C G A/G G G A/G G C T/C|C
Bmg T120 Ⅰ（*Asu* Ⅰ，*Cfr*13 Ⅰ）	GGNCC	G|G N C C C C N G|G
*Bpu*1102 Ⅰ（*Esp* Ⅰ）	GCTNAGC	G C|T N A G C C G A N T|C G
*Bsp*1286 Ⅰ（*Sdu* Ⅰ）	GDGCHC	G A/G/T G C A/C/T|C C|T/C/A C G T/G/A G
*Bsp*1407 Ⅰ	TGTACA	T|G T A C A A C A T G|T
*Bsp*T104 Ⅰ（*Asu* Ⅱ，*Nsp* Ⅴ）	TTCGAA	T T|C G A A A A G C|T T
*Bsp*T107 Ⅰ（*Hgi*C Ⅰ）	GGYRCC	G|G C/T G/A C C C C A/G T/C G|G
*Bss*H Ⅱ（*Bse*P Ⅰ）	GCGCGC	G|C G C G C C G C G C|G
*Bst*1107 Ⅰ（*Sna* Ⅰ）	GTATAC	G T A|T A C C A T|A T G
*Bst*P Ⅰ（*Bst*E Ⅱ，*Eco*O65 Ⅰ）	GGTNACC	G|G T N A C C C C A N T G|G
*Bst*X Ⅰ	CCAN$_6$TGG	C C A N N N N N|N T G G G G T N|N N N N N A C C
*Cfr*10 Ⅰ	RCAGGY	A/G|C C G G C/T T/C G G C C|A/G

续表

<table>
<tr><th>限制性核酸内切酶</th><th>识别序列</th><th>酶切位点</th></tr>
<tr><td>Cla Ⅰ</td><td>ATCGAT</td><td>A T|C G A T
T A G C|T A</td></tr>
<tr><td>Cpo Ⅰ（Rsr Ⅱ）</td><td>CGGWCCG</td><td>A
C G|G T C C G
G C C T G|G C
A</td></tr>
<tr><td>Dde Ⅰ</td><td>CTNAG</td><td>C|T N A G
G A N T|C</td></tr>
<tr><td>Dpn Ⅰ</td><td>CH_3
GATC
CH_3</td><td>CH_3
G A T C
C T A G
CH_3</td></tr>
<tr><td>Dra Ⅰ（Aha Ⅲ）</td><td>TTTAAA</td><td>T T T|A A A
A A A|T T T</td></tr>
<tr><td>Eae Ⅰ（Cfr Ⅰ）</td><td>YGGCCR</td><td>T A
C|G G C C G
A C C G G|T
G C</td></tr>
<tr><td>Eco52 Ⅰ（Xma Ⅲ）</td><td>CGGCCG</td><td>C|G G C C G
G C C G G|C</td></tr>
<tr><td>Eco81 Ⅰ（Sau Ⅰ）</td><td>CCTNAGG</td><td>C C|T N A G G
G G A N T|C C</td></tr>
<tr><td>EcoO109 Ⅰ（Dra Ⅱ）</td><td>RGGNCCY</td><td>A T
G G|G N C C C
T C C N G|G A
C G</td></tr>
<tr><td>EcoO65 Ⅰ（BstE Ⅱ，BstP Ⅰ）</td><td>GGTNACC</td><td>G|G T N A C C
C C A N T G|G</td></tr>
<tr><td>EcoR Ⅰ</td><td>GAATTC</td><td>G|A A T T C
C T T A A|G</td></tr>
<tr><td>EcoR Ⅴ</td><td>GATATC</td><td>G A T|A T C
C T A|T A G</td></tr>
<tr><td>EcoT14 Ⅰ（Sty Ⅰ）</td><td>CCWWGG</td><td>A A
C|C T T G G
G G T T C|C
A A</td></tr>
</table>

续表

限制性核酸内切酶	识别序列	酶切位点
*Eco*T22 Ⅰ（*Ava* Ⅲ）	ATGCAT	A T G C A|T T|A C G T A
Fba Ⅰ（*Bcl* Ⅰ）	TGATCA	T|G A T C A A C T A G|T
Fok Ⅰ	GGATG（N）$_{13}$	G G A T G N N N N N N N N N| C C T A C N N N N N N N N N N N N N|
Hae Ⅱ	RGCGCY	A　　　　T G G C G C|C T|C G C G A C　　　　G
Hae Ⅲ	GGCC	G G|C C C C|G G
Hap Ⅱ（*Hpa* Ⅱ，*Msp* Ⅰ）	CCGG	C|C G G G G C|C
Hha Ⅰ	GCGC	G C G|C C|G C G
*Hin*1 Ⅰ（*Acy* Ⅰ，*Bbi* Ⅱ）	GRCGYC	A　T G G|C G C C C T G C|A G C　G
Hinc Ⅱ（*Hind* Ⅱ）	GTYRAC	T|A G T C|G A C C A A|T T G G|C
Hind Ⅲ	AAGCTT	A|A G C T T T T C G A|A
Hinf Ⅰ	GANTC	G|A N T C C T N A|G
Hpa Ⅰ	GTTAAC	G T T|A A C C A A|T T G
Kpn Ⅰ	GGTACC	G G T A C|C C|C A T G G
Mbo Ⅰ（*Sau*3A Ⅰ）	GATC	|G A T C C T A G|
Mbo Ⅱ	GAAGA（N）$_{8}$	G A A G A N N N N N N N N| C T T C T N N N N N N N|

续表

限制性核酸内切酶	识别序列	酶切位点
Mfl Ⅰ（*Xho* Ⅱ）	RGATCY	A↓ T G↓GATCC TCTAG↑A C ↑G
Mlu Ⅰ	ACGCGT	A↓CGCGT TGCGC↑A
Msp Ⅰ（*Hpa* Ⅱ，*Hap* Ⅱ）	CCGG	C↓CGG GGC↑C
Mun Ⅰ（*Mfe* Ⅰ）	CAATTG	C↓AATTG GTTAA↑C
Nae Ⅰ	GCCGGC	GCC↓GGC CGG↑CCG
Nco Ⅰ	CCATGG	C↓CATGG GGTAC↑C
Nde Ⅰ	CATATG	CA↓TATG GTAT↑AC
Nhe Ⅰ	GCTAGC	G↓CTAGC CGATC↑G
Not Ⅰ	GCGGCCGC	GC↓GGCCGC CGCCGG↑CG
Nru Ⅰ	TCGCGA	TCG↓CGA AGC↑GCT
*Pma*C Ⅰ	CACGTG	CAC↓GTG GTG↑CAC
*Psh*A Ⅰ	GAC（N）$_4$GTC	GACNN↓NNGTC CTGNN↑NNCAG
*Psh*B Ⅰ（*Vsp* Ⅰ）	ATTAAT	AT↓TAAT TAAT↑TA
*Psp*1406 Ⅰ（*Acl* Ⅰ）	AACGTT	AA↓CGTT TTGC↑AA
Pst Ⅰ	CTGCAG	CTGCA↓G G↑ACGTC

续表

限制性核酸内切酶	识别序列	酶切位点
Pvu Ⅰ	CGATCG	C G A T|C G G C|T A G C
Pvu Ⅱ	CAGCTG	C A G|C T G G T C|G A C
*Rsp*RS Ⅱ（*Mse* Ⅰ）	TTAA	T|T A A A A T|T
Sac Ⅰ	GAGCTC	G A G C T|C C|T C G A G
Sac Ⅱ	CCGCGG	C C G C|G G G G|C G C C
Sal Ⅰ	GTCGAC	G|T C G A C C A G C T|G
*Sau*3A Ⅰ（*Mbo* Ⅰ）	GATC	|G A T C C T A G|
Sca Ⅰ	AGTACT	A G T|A C T T C A|T G A
Sfi Ⅰ	GGCC（N）$_5$GGCC	G G C C N N N N|N G G C C C C G G N|N N N N C C G G
Sma Ⅰ	CCCGGG	C C C|G G G G G G|C C C
Smi Ⅰ（*Swa* Ⅰ）	ATTTAAAT	A T T T|A A A T T A A A|T T T A
*Sna*B Ⅰ	TACGTA	T A C|G T A A T G|C A T
Spe Ⅰ	ACTAGT	A|C T A G T T G A T C|A
Sph Ⅰ	GCATGC	G C A T G|C C|G T A C G
*Sse*8387 Ⅰ	CCTGCAGG	C C T G C A|G G G G|A C G T C C

续表

限制性核酸内切酶	识别序列	酶切位点
Ssp Ⅰ	AATATT	A A T | A T T T T A | T A A
Stu Ⅰ	AGGCCT	A G G | C C T T C C | G G A
Taq Ⅰ（*Tth*HB8 Ⅰ）	TCGA	T | C G A A G C | T
*Van*91 Ⅰ（*Pfl*M Ⅰ）	CCA（N）$_5$TGG	C C A N N N N | N T G G G G T N | N N N N A C C
*Vpa*K11B Ⅰ（*Ava* Ⅱ）	GGWCC	A G | G T C C C C T G | G A
Xba Ⅰ	TCTAGA	T | C T A G A A G A T C | T
Xho Ⅰ	CTCGAG	C | T C G A G G A G C T | C
Xsp Ⅰ（*Bfa* Ⅰ，*Mae* Ⅰ）	CTAG	C | T A G G A T | C

注：M：A、C；R：A、G；Y：C、T；K：G、T；S：C、G；W：A、T；H：A、C、T；N：A、C、G、T。

部分限制性核酸内切酶常用保护性碱基及其酶切效率见附表 3-2。

附表 3-2　　部分限制性核酸内切酶常用保护性碱基及其酶切效率

限制性核酸内切酶	识别序列	2 h 酶切效率/%
*Bam*H Ⅰ	CGGGATCCCG	>90
Bgl Ⅱ	GAAGATCTTC	75
Bme T110 Ⅰ（*Ava* Ⅰ）	TCCCYCGRGGGA	>90
*Bss*H Ⅱ（*Bse*P Ⅰ）	TTGGCGCGCCAA	50
Cla Ⅰ	CCATCGATGG	>90
*Eco*O65 Ⅰ（*Bst*E Ⅱ，*Bst*P Ⅰ）	TTGGGTNACCCAA	10（20 h）
*Eco*R Ⅰ	CGGAATTCCG	>90
Hae Ⅲ	GGGGCCCC	>90
Hind Ⅲ	CCCAAGCTTGGG	10（2 h），75（20 h）
Kpn Ⅰ	GGGGTACCCC	>90

续表

限制性核酸内切酶	识别序列	2 h 酶切效率/%
Mlu Ⅰ	CGACGCGTCG	25 (2 h), 50 (20 h)
Nco Ⅰ	CATGCCATGGCATG	50 (2 h), 75 (20 h)
Nde Ⅰ	GGAATTCCATATGGAATTCC	75 (2 h), >90 (20 h)
Nhe Ⅰ	CTAGCTAGCTAG	10 (2 h), 50 (20 h)
Not Ⅰ	ATAAGAATGCGGCCGCTAAACTAT	25 (2 h), 90 (20 h)
Pst Ⅰ	AACTGCAGAACCAATGCATTGG	>90
Pvu Ⅰ	ATCGATCGTA	10 (2 h), 25 (20 h)
Sac Ⅰ	CGAGCTCG	10
Sac Ⅱ	TCCCCGCGGGGA	50 (2 h), >90 (20 h)
Sal Ⅰ	GCTGCGACGTCGGCCATAGCGGCCGCGGAA	10
Sma Ⅰ	TCCCCCGGGGGA	>90
Spe Ⅰ	GGACTAGTCC	10
Sph Ⅰ	ACATGCATGCATGT	10
Stu Ⅰ	AAGGCCTT	>90
Xba Ⅰ	GCTCTAGAGC	>90
Xho Ⅰ	TCCCCTCGAGGGGA	>90

附录四　密码子相关信息

20 种常见氨基酸的名称和结构式见附表 4-1。

附表 4-1　　20 种常见氨基酸的名称和结构式

名　　称	相对分子质量	英文缩写	表示字母	结构式
非极性氨基酸				
甘氨酸（α-氨基乙酸） (Glycine)	75.052	Gly	G	CH_2-COO^- $\mid$ $^{+}NH_3$
丙氨酸（α-氨基丙酸） (Alanine)	89.079	Ala	A	$CH_3-CH-COO^-$ $\mid$ $^{+}NH_3$
亮氨酸（γ-甲基-α-氨基戊酸）* (Leucine)	131.160	Leu	L	$(CH_3)_2CHCH_2-CHCOO^-$ $\mid$ $^{+}NH_3$

续表

名　称	相对分子质量	英文缩写	表示字母	结构式
异亮氨酸（β-甲基-α-氨基戊酸）* (Isoleucine)	131.160	Ile	I	$CH_3CH_2CH(CH_3)-CH(^+NH_3)COO^-$
缬氨酸（β-甲基-α-氨基丁酸）* (Valine)	117.133	Val	V	$(CH_3)_2CH-CH(^+NH_3)COO^-$
脯氨酸（α-四氢吡咯甲酸）(Proline)	115.117	Pro	P	吡咯烷环（$^+NH_2$，N上两个H）$-COO^-$
苯丙氨酸（β-苯基-α-氨基丙酸）* (Phenylalanine)	165.177	Phe	F	$C_6H_5-CH_2-CH(^+NH_3)COO^-$
甲硫氨酸（α-氨基-γ-甲硫基戊酸）* (Methionine)	149.199	Met	M	$CH_3SCH_2CH_2-CH(^+NH_3)COO^-$
色氨酸［α-氨基-β-（3-吲哚基）丙酸］* (Tryptophan)	204.213	Trp	W	吲哚环（N—H）$-CH_2CH(^+NH_3)-COO^-$
非电离的极性氨基酸				
丝氨酸（α-氨基-β-羟基丙酸）(Serine)	105.078	Ser	S	$HOCH_2-CH(^+NH_3)COO^-$
谷氨酰胺（α-氨基戊酰胺酸）(Glutamine)	146.131	Gln	Q	$H_2N-C(=O)-CH_2CH_2CH(^+NH_3)COO^-$
苏氨酸（α-氨基-β-羟基丁酸）* (Threonine)	119.105	Thr	T	$CH_3CH(OH)-CH(^+NH_3)COO^-$
半胱氨酸（α-氨基-β-巯基丙酸）(Cysteine)	121.145	Cys	C	$HSCH_2-CH(^+NH_3)COO^-$
天冬酰胺（α-氨基丁酰胺酸）(Asparagine)	132.104	Asn	N	$H_2N-C(=O)-CH_2CH(^+NH_3)COO^-$

续表

名　称	相对分子质量	英文缩写	表示字母	结构式
酪氨酸（α-氨基-β-对羟苯基丙酸）(Tyrosine)	181.176	Tyr	Y	HO—C_6H_4—CH_2—$CHCOO^-$（$^+NH_3$）
酸性氨基酸				
天冬氨酸（α-氨基丁二酸）(Aspartic acid)	133.089	Asp	D	$HOOCCH_2CHCOO^-$（$^+NH_3$）
谷氨酸（α-氨基戊二酸）(Glutamic acid)	147.116	Glu	E	$HOOCCH_2CH_2CHCOO^-$（$^+NH_3$）
碱性氨基酸				
赖氨酸（α，ω-二氨基己酸）* (Lysine)	146.17	Lys	K	$^+NH_3CH_2CH_2CH_2CH_2CHCOO^-$（$NH_2$）
精氨酸（α-氨基-δ-胍基戊酸）(Arginine)	174.188	Arg	R	H_2N—C(=$^+NH_2$)—$NHCH_2CH_2CH_2CHCOO^-$（NH_2）
组氨酸［α-氨基-β-（4-咪唑基）丙酸］(Histidine)	155.141	His	H	咪唑基(N—H)—CH_2CH—COO^-（$^+NH_3$）

注：* 为必需氨基酸。

常用氨基酸密码子见附表 4-2。

附表 4-2　　常用氨基酸密码子

碱基 1	碱基 2				碱基 3
	U	C	A	G	
U	苯丙氨酸	丝氨酸	酪氨酸	半胱氨酸	U
	苯丙氨酸	丝氨酸	酪氨酸	半胱氨酸	C
	亮氨酸	丝氨酸	终止	终止	A
	亮氨酸	丝氨酸	终止	色氨酸	G
C	亮氨酸	脯氨酸	组氨酸	精氨酸	U
	亮氨酸	脯氨酸	组氨酸	精氨酸	C
	亮氨酸	脯氨酸	谷氨酰胺	精氨酸	A
	亮氨酸	脯氨酸	谷氨酰胺	精氨酸	G

续表

碱基 1	碱基 2				碱基 3
	U	C	A	G	
A	异亮氨酸	苏氨酸	天冬酰胺	丝氨酸	U
	异亮氨酸	苏氨酸	天冬酰胺	丝氨酸	C
	异亮氨酸	苏氨酸	赖氨酸	精氨酸	A
	甲硫氨酸/起始	苏氨酸	赖氨酸	精氨酸	G
G	缬氨酸	丙氨酸	天冬氨酸	甘氨酸	U
	缬氨酸	丙氨酸	天冬氨酸	甘氨酸	C
	缬氨酸	丙氨酸	谷氨酸	甘氨酸	A
	缬氨酸/终止	丙氨酸	谷氨酸	甘氨酸	G

大肠杆菌密码子偏好性见附表 4-3。

附表 4-3　　大肠杆菌密码子偏好性

氨基酸	密码子	频率/‰	频次*	氨基酸	密码子	频率/‰	频次
丙氨酸	GCG	27.6	120611	异亮氨酸	AUU	29.6	129557
	GCC	23.7	103741		AUC	22.5	98422
	GCA	21.7	94680		AUA	8.5	37183
	GCU	17.5	76281	赖氨酸	AAA	35.6	155678
精氨酸	CGU	18.8	82093		AAG	13.2	57575
	CGC	18.2	79403	甲硫氨酸	AUG	25.8	112745
	CGG	6.6	28677	苯丙氨酸	UUU	22.6	98848
	AGA	4.6	20262		UUC	15.6	68039
	CGA	4.1	17923	脯氨酸	CCG	19.1	83496
	AGG	2.6	11526		CCA	8.7	37970
天冬酰胺	AAU	23.1	100823		CCU	8	35081
	AAC	21.1	92026		CCC	5.6	24688
天冬氨酸	GAU	32.9	143758	丝氨酸	AGC	14.9	65301
	GAC	18.8	82017		UCU	11	48112
半胱氨酸	UGC	6	26143		AGU	10.8	47381
	UGU	5.4	23498		UCC	9.3	40617
谷氨酸	GAA	37.9	165616		UCA	10.1	44257
	GAG	18.9	82509		UCG	8.5	37053

续表

氨基酸	密码子	频率/‰	频次*	氨基酸	密码子	频率/‰	频次
谷氨酰胺	CAG	28	122159	苏氨酸	ACC	21.2	92587
	CAA	14.4	62821		ACG	13.8	60170
甘氨酸	GGC	25.4	110862		ACU	11.1	48507
	GGU	24.8	108580		ACA	10.9	47835
	GGG	11.6	50660	色氨酸	UGG	13.8	60422
	GGA	10.8	47128	酪氨酸	UAU	18.5	80908
组氨酸	CAU	12.5	54598		UAC	12	52358
	CAC	8.8	38346	缬氨酸	GUG	23.2	101553
亮氨酸	CUG	45.6	199228		GUU	20.1	88035
	UUA	15.1	65883		GUC	14	61260
	UUG	12.9	56228		GUA	12	52343
	CUU	12.7	55331	终止	UAA	2	8683
	CUC	10.1	44179		UGA	1	4573
	CUA	4.6	19924		UAG	0.3	1262

注：* 频次是指利用该密码子翻译的氨基酸在大肠杆菌所有蛋白质中出现的次数。

附录五　其　　他

1. 透析袋处理方法

(1) 把透析袋剪成适当长度（10～20cm）的小段。

(2) 在含 20g/L 碳酸氢钠和 1mmol/L EDTA 溶液中将透析袋煮沸 10min。

(3) 用去离子水彻底清洗透析袋。

(4) 冷却后，存放于 4℃，必须确保透析袋始终浸没在去离子水内。

(5) 使用时须戴 PE 手套。

2. NTA 树脂再生

NTA 树脂在使用 3～5 次后，结合效率有所下降，可以通过再生提高树脂的使用寿命和与蛋白质的结合效率。

NTA 再生步骤：

(1) 从层析柱下端流干所有溶液，用 2 倍 NTA 树脂体积（估算）的再生液Ⅰ洗。

(2) 用 2 倍体积的去离子水洗。

(3) 用 3 倍体积的再生液Ⅱ洗。

(4) 用 1 倍体积的 25%乙醇洗。

(5) 用 1 倍体积的 50%乙醇洗。

(6) 用 1 倍体积的 75%乙醇洗。

（7）用 5 倍体积的 100%乙醇洗。

（8）用 1 倍体积的 75%乙醇洗。

（9）用 1 倍体积的 50%乙醇洗。

（10）用 1 倍体积的 25%乙醇洗。

（11）用 1 倍体积的去离子水洗。

（12）用 5 倍体积的再生液Ⅲ洗。

（13）用 3 倍体积的去离子水洗。

（14）如果立即使用，用 5 倍体积的 100mmol/L $NiSO_4$ 洗，再用 10 倍体积的平衡溶液（NTA-0 Buffer 或 GuNTA-0 Buffer）洗。

（15）如长期贮存，加入 1 倍体积的 20%乙醇，4℃保存，使用前需要执行步骤（14）。

再生液Ⅰ：终浓度为 6mol/L 盐酸胍，0.2mol/L 乙酸。

再生液Ⅱ：终浓度为 20g/L SDS 溶液。

再生液Ⅲ：终浓度为 100mmol/L EDTA（ pH 8.0）。